石油高职高专规划教材

城市燃气概论

赵伟章　董　征　主编

王立柱　主审

石油工业出版社

内 容 提 要

本书分燃气及行业发展、燃气输配基础、燃气工程施工基础、燃气应用概况四篇十三章，主要内容包括燃气概述、燃气行业发展、城市燃气安全管理、燃气输送系统、燃气调配运行系统、CNG/LNG/LPG供应及加气站简介、燃气工程施工技术、燃气工程预算、燃气工程监理、民用燃气具、工业用燃气具、燃气汽车、天然气分布式能源简介等。

本书既适用于高职院校城市燃气工程技术专业及暖通类、油气储运类相关专业的课程教学，也可作为中职院校和成人院校及职业资格培训的教材与参考用书，也可用于天然气市场经销商、投资商及相关院校师生阅读。

图书在版编目(CIP)数据

城市燃气概论/赵伟章，董征主编.
北京：石油工业出版社，2017.1(2024.8重印)
石油高职高专规划教材
ISBN 978-7-5183-1771-4

Ⅰ.城…
Ⅱ.①赵…②董…
Ⅲ.城市燃气—高等职业教育—教材
Ⅳ.TU966

中国版本图书馆CIP数据核字(2017)第013664号

出版发行：石油工业出版社
(北京市朝阳区安华里2区1号楼 100011)
网 址：www.petropub.com
编辑部：(010)64250091 图书营销中心：(010)64523633
经 销：全国新华书店
排 版：北京苏冀博达科技有限公司
印 刷：北京中石油彩色印刷有限责任公司

2017年1月第1版 2024年8月第4次印刷
787毫米×1092毫米 开本：1/16 印张：16.5
字数：420千字

定价：34.00元
(如出现印装质量问题，我社图书营销中心负责调换)

前　言

城市燃气应用于居民生活、工商业、发电、交通运输、分布式能源等多个领域，是城市发展不可或缺的重要能源。城市燃气在优化能源结构、改善城市环境、加速城市现代化建设和提高人民生活水平等方面的作用日益突出。随着西气东输、海气登陆、进口LNG等各大项目工程的建成与投产，我国城市燃气市场发展迅速，用气人口规模持续扩大，用气总量迅速增长，城市燃气行业总体上保持着较快的发展速度，竞争也日益激烈。

为进一步促进燃气行业学历教育和职业培训的改进与提高，石油工业出版社组织石油类高职院校、石油企业的多位教师、行业企业专家和技术人员召开了“十三五”行业教材编写研讨会。本书就是依据研讨会精神，为服务于城市燃气工程技术专业领域技术技能型人才的培养编写而成的。

本书内容涵盖了城市燃气工程从气源、管网到用户各个环节的管理、运行、施工和应用知识。从燃气及行业发展入手，阐述了燃气输配和燃气工程施工的基础知识，并进一步介绍了当前燃气行业的应用状况。在编写过程中针对职业院校的教学特点，结合了大量工程实例，并吸收和借鉴了国内外城市燃气工程领域的新材料、新技术、新工艺，全面系统、简明实用。

本书由河南交通职业技术学院赵伟章和董征担任主编并统稿。全书分工如下：河南交通职业技术学院赵伟章编写第1、2、3章，王平编写第4、5章，张涛编写第7、8章，董征编写第10、11、13章，秦军磊编写第12章，华润燃气郑州工程建设有限公司刘东海编写第6章，佛山市顺德区港华燃气有限公司张坤编写第9章。本书由天津石油职业技术学院王立柱担任主审。

本教材在筹划和编写过程中得到了省内外多家燃气公司有关领导和技术专家以及各兄弟院校的大力支持，在此表示衷心感谢！

在编写过程中除参考文献注明的参考内容之外，还有部分素材来源于网络，因知识点较多、出处不甚清晰，未能一一列出，在此一并致谢！

由于编者水平有限，教材难免有不足和不当之处，望广大读者和同行提出宝贵意见。

编　者

2016年9月

目　录

第1篇　燃气基础知识

第2篇　燃气输配基础

第3篇 燃气工程施工基础

第4篇 燃气应用概况

第1篇 燃气基础知识

第1章 燃气概述

1.1 燃气的分类与性质

1.1.1 燃料

燃料广泛应用于工农业生产和人民生活中，是指能通过化学反应释放出能量的物质。燃料有许多种，最常见的有煤炭、焦炭、天然气和沼气等。随着科技的发展，人类正在更加合理地开发和利用燃料，并尽量追求环保理念。燃料按照其形态可以分为固态、液态和气态三大类，其常见分类见表1.1。

表1.1 燃料的分类

燃料物态	来源	
	天然燃料	人造燃料
固态	木柴、煤、硫化矿、页岩等	木炭、焦炭、粉煤、块煤、硫化矿精矿等
液态	石油	汽油、煤油、重油、酒精等
气态	天然气	高炉煤气、发生炉煤气、沼气、石油裂化气等

1. 固体燃料

固体燃料是指能产生热能或动力的固态可燃物质，大都含有碳或碳氢化合物。

天然的固体燃料有木材、泥煤、褐煤、烟煤、无烟煤、油页岩等；经过加工而成的固体燃料有木炭、焦炭、煤砖、煤球等。此外，还有一些特殊品种，如固体酒精、固体火箭燃料。与液体燃料或气体燃料相比，一般固体燃料燃烧较难控制，效率较低，灰分较多。

图1.1 煤

煤(图1.1)是应用比较广泛的固体燃料，早在800年前就已经开始使用，它推动煤炭、钢铁、化工、采矿、冶金等工业的发展。但是煤炭在运输、储存等过程中需要一系列的装置和措施，费用比较高；而且使用后会出现灰渣、粉尘和有害气体，不利于环境保护。

2. 液体燃料

液体燃料是指能产生热能或动力的液态可燃物质，主要含有碳氢化合物或其混合物。

天然的液体燃料有天然石油或原油；加工而成的液体燃料有由石油加工而得的汽油、煤油、柴油、燃料油等，从油页岩干馏而得的页岩油，以及由一氧化碳和氢气合成的人造石油等。

石油是从地下深处或地表附近开采的具有特殊气味、有色的可燃性油质液体矿物，一般地壳上层部分区域有石油储存，以碳氢化合物为主要成分，是各种烷烃、环烷烃、芳香烃的混合物。石油及其产品是世界上最重要的动力燃料与化工原料，且广泛用于生产和生活的各个方面，故也被称为"黑色金子"。但是石油燃烧的尾气含有有害物质。

3. 气体燃料(燃气)

气体燃料是指能产生热能或动力的气态可燃物质。

天然的气体燃料有沼气、天然气、液化气等；经过加工而成的气体燃料有由固体燃料经干馏或气化而成的焦炉气、水煤气、发生炉煤气，由石油加工而得的石油气，以及炼铁过程中所产生的高炉气等。

天然气是指自然界中天然存在的一切气体，包括大气圈、水圈和岩石圈中各种自然过程形成的气体(如油田气、气田气、泥火山气、煤层气和生物生成气等)。而人们长期以来通用的"天然气"的定义，是从能量角度出发的狭义定义，是指天然蕴藏于地层中的烃类和非烃类气体的混合物。在石油地质学中，通常指油田气和气田气，其组成以烃类为主，并含有非烃气体。各种油气资源地质分布如图 1.2 所示。

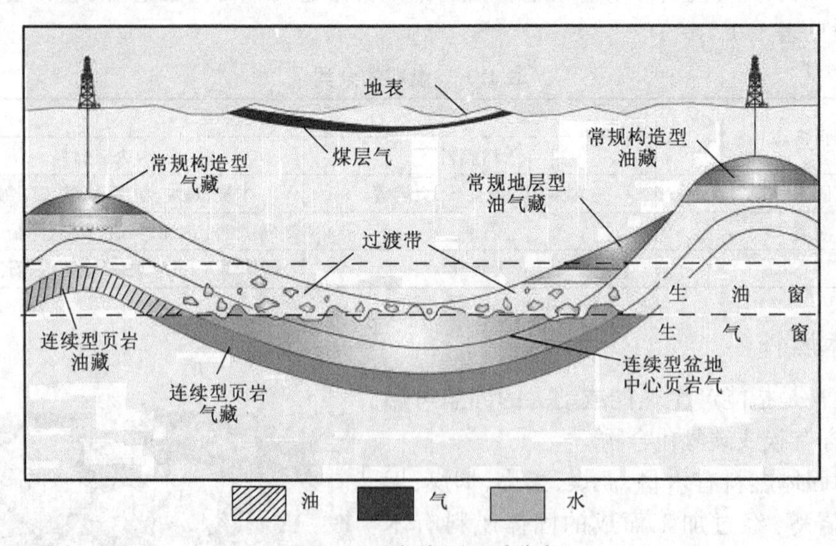

图 1.2 油气资源地质分布

1.1.2 燃气的分类

燃气是各种气体燃料的总称，它能燃烧而放出热量，供城市居民和工业企业使用。燃气主要由低级烃(甲烷、乙烷、丙烷、丁烷、乙烯、丙烯、丁烯)、氢气和一氧化碳等可燃组分，以及氨、硫化物、水蒸气、焦油、萘和灰尘等杂质组成。常用的燃气有纯天然气、石油伴生气、液化石油气、炼焦煤气、炭化煤气、高压化煤气、热裂解油制气、催化裂解油制气和矿井气等。

通常情况下，燃气可按其成因或生产方式分类，也可按热值大小分类，或者按燃烧特性分类，以便于设计和选择燃烧设备。

燃气热值(Calorific Value)理论上可以用于所有的可燃气体，但实际上更多地用于天然气、人工煤气和管道液化石油气领域，是城镇燃气分析中的重要指标。无论是天然气、液化石油气还是人工燃气，由于产地不同，即使是同一种类的燃气，其成分和热值也不尽相同，有时区别还可能很大。

按热值分类是燃气应用上一种较为简易的分类方法。燃气按热值高低习惯上可分为高热值燃气(HCV gas)、中等热值燃气(MCV gas)和低热值燃气(LCV gas)。高热值燃气是指热值在30MJ/m^3 以上的燃气，如纯天然气、液化石油气和部分油制气等；中等热值燃气是指热值在13～30MJ/m^3 之间的燃气，如干馏燃气等；气化煤气多属于低热值燃气，热值一般低于13MJ/m^3。

按成因或生产方式的不同，可将燃气分为天然气、人工燃气和液化石油气三大类，生物气则由于气源和输配方式的特殊性，习惯上另作一类。

1. 天然气

天然气是指通过生物化学作用及地质变质作用，在不同地质条件下生成、运移，在一定压力下储集的可燃气体。按形成条件不同，分为气田气、油田伴生气、凝析气田气等。但从广义来说，蕴藏在地壳中的可燃气体均可称为天然气，还包括煤成气、矿井气等，天然气的来源及热值见表1.2。

表1.2　天然气的来源及热值

分　类	来　源	热值，MJ/m^3
气田气	由气井开采出来	34.69
油田伴生气	伴随石油开采一起开采出来	45.47
凝析气田气	含石油轻质馏分	48.36
矿井气(煤层气)	井下煤层抽出的气体	18.84

1)气田气

气田气是产自天然气田中的天然气。在地层压力作用下燃气有很高的压力，往往可以达到1～10MPa，主要组分为甲烷，含量约80%～98%，此外还含有乙烷、丙烷、丁烷等烃类物质和二氧化碳、硫化氢、氮气等非烃类物质，其低热值约36MJ/m^3。我国四川的天然气属于气田气这一类，如图1.3所示。

图1.3　四川盆地发现国内最大海相整装气藏

2)油田伴生气

油田伴生气是石油开采过程中析出的气体，在分离器中由于压力降低而进一步析出。它包括气顶气和溶解气两类。油田伴生气的特征是乙烷和乙烷以上的烃类含量一般较高，所以热值很高，其低热值约 48 MJ/m^3。

我国典型的油田伴生气(图 1.4)中含有轻烃的体积分数为 11.7 %，质量分数为 28%，约占总能量的 25%，有时 C_{3+} 质量分数在 1/3 以上。而且，不同气源产生的伴生气，其贫富程度存在较大差异，因此选用回收技术时要特别注意。

图 1.4 我国油田伴生气

3)凝析气田气

凝析气田气是一种深层的天然气，它除含有大量甲烷外，还含有乙烷、丙烷、丁烷以及戊烷和戊烷以上烃类，即汽油的组分。

柯克亚凝析气田(图 1.5)位于塔里木盆地西南边缘、昆仑山北麓、喀什地区叶城县南 50km 处，1977 年 5 月发现，探明天然气地质储量 $399\times10^8m^3$，1978 年 10 月进行开发，至今已生产了 30 多年。为了保证南疆天然气利民工程用气，近两年正在开发深部气藏。目前，柯克亚凝析气田日处理天然气能力 $120\times10^4m^3$，年产气能力 $4.1\times10^8m^3$。

图 1.5 柯克亚凝析气田

4)煤层气

煤层气也称为煤田气，是成煤过程中所产生并聚集在合适地质构造中的可燃气体，其主要组分为甲烷，同时含有少量二氧化碳等气体，热值约为 40MJ/m^3。

我国煤层气资源广泛分布于24个省(自治区、直辖市),主要分布在鄂尔多斯盆地东缘、沁水盆地、准噶尔盆地、滇东黔西盆地群等地区,据2013年数据,部分国家煤层气资源对比如图1.6所示。

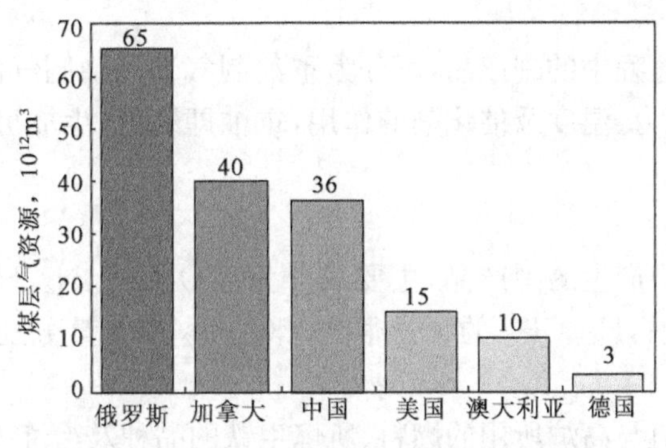

图1.6　部分国家煤层气资源对比图

5)矿井气

矿井气也称为矿井瓦斯,是从煤矿矿井中抽出的可燃气体。一般是当煤采掘后形成自由空间时,煤层伴生气移动到该空间与空气混合形成矿井气。其组分中甲烷含量气30%～55%、氮气30%～55%、氧气5%～10%、二氧化碳4%～7%。由于含氮量很高,所以热值较低,其热值约为12～20MJ/m^3。

早在18世纪上半叶,英国曾从矿井中抽出矿井气,在实验室进行燃烧试验。20世纪初,俄国抽取矿井气的试验规模曾达到每天4000m^3。直至40年代以后,苏联、英国、比利时、美国等国家的矿井气应用技术才工业化。1952年,中国在辽宁省抚顺煤矿实现了矿井气抽取和利用的工业化生产,并首次用作民用燃气气源,至80年代初,开滦、鹤岗、平顶山、阳泉等矿区城镇,相继建成以矿井气作为城市燃气的供气设施。

6)页岩气

页岩气是蕴藏于页岩层可供开采的天然气资源,形成和富集有着自身独特的特点,往往分布在盆地内厚度较大、分布广的页岩烃源岩地层中。较常规天然气相比,页岩气开发具有开采寿命长和生产周期长的优点。

世界页岩气资源量约为$457\times10^{12}m^3$,同常规天然气资源量相当,其中页岩气技术可采资源量为$187\times10^{12}m^3$。全球页岩气技术可采资源量排名前5位的国家依次为:中国($36\times10^{12}m^3$,约占20%)、美国($24\times10^{12}m^3$,约占13%)、阿根廷、墨西哥和南非。

2.人工燃气

人工燃气指以固体或液体可燃物为原料,经各种热加工制得的可燃气体,主要有干馏煤气、气化煤气、油制气和高炉气等。

1)干馏煤气

干馏煤气指煤在隔绝空气条件下加热、分解,生成焦炭(或半焦)、煤焦油、粗苯、煤气等产物的过程。按加热终温的不同,可分为三种:900～1100℃为高温干馏,即焦化;700～900℃为中温干馏;500～600℃为低温干馏。干馏煤气是最早用做城市燃气的传统气源。在天然气和油制气未广泛开发的地区,它仍是城市燃气的主要气源。

2)气化煤气

气化煤气指的是将煤与氧气、水蒸气等介质在一定温度和压力下反应生成的可燃气体。

气化煤气的主要有效成分为氢气、一氧化碳和甲烷，如果以空气为气化介质，则生成气中含有大量氮气，发热量偏低；如以水蒸气和氧为气化介质，则一氧化碳和氢气含量可达 80%或更高。

3)油制气

油制气是石油加工过程中的副产品，可分为重油制气和轻油制气两种。将原料重油或石脑油，放入工业炉内经压力、温度及催化剂的作用，重油即裂解，生成可燃气体，副产品有粗苯和碱渣等。

4)高炉气

高炉气为炼铁过程中产生的副产品，主要成分为：CO、CO_2、N_2、H_2、CH_4 等，其中可燃成分 CO 含量约占 25%左右，H_2、CH_4 的含量很少，CO_2、N_2 的含量分别占 15%、55 %，热值仅为 3500 MJ/m^3 左右。

高炉气的成分和热值与高炉所用的燃料、所炼生铁的品种及冶炼工艺有关，现代的炼铁普遍采用大容积、高风温、高冶炼强度、高喷煤粉量的生产工艺，采用这些先进的生产工艺提高了劳动生产率并降低了能耗，但所产的高炉煤气热值更低，增加了利用难度。

3. 液化石油气

液化石油气(LPG)是在提炼原油时生产出来的，或从石油、天然气开采过程中挥发出的气体，其大部分来自石油炼制时的副产品。液化石油气的主要组分为丙烷、丙烯、丁烷和丁烯，此外尚有少量戊烷及其他杂质。气态液化石油气热值为 93MJ/m^3 左右；液态液化石油气热值为 46MJ/kg 左右。

图 1.7 液化石油气

液化石油气(图 1.7)作为一种化工基本原料和新型燃料，用来生产合成塑料、合成橡胶、合成纤维及生产医药、炸药、染料等产品。用液化石油气作燃料，由于其热值高、无烟尘、无炭渣，操作使用方便，已广泛进入人们的生活领域。此外，液化石油气还用于切割金属，用于农产品的烘烤和工业窑炉的焙烧等。

4. 生物气

生物气是在低温条件下通过厌氧微生物分解有机物而生成的可燃气体，亦称沼气，其主要组分为甲烷和二氧化碳，还有少量氮气和一氧化碳，热值约为 22MJ/m^3。

沼气是有机物经微生物厌氧消化而产生的可燃性气体。人畜粪便、秸秆、污水等各种有机物在密闭的沼气池内，在厌氧(没有氧气)条件下发酵，即被种类繁多的沼气发酵微生物分解转化，从而产生沼气。沼气是一种混合气体，可以燃烧，其成分中甲烷含量约为 60%，二氧化碳约为 35%，此外，还含有少量的氢气、一氧化碳。沼气能利用原理如图 1.8 所示。

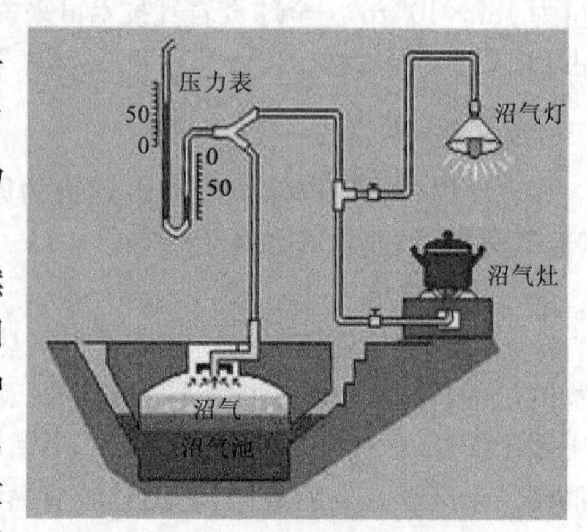

图 1.8 沼气能利用原理

1.1.3 燃气的基本性质

1. 燃气的相对分子质量

常用的燃气一般是由多种气体组成的混合气体，不可能写出一个分子式，也就不能像纯物质那样由分子式算出其恒定的相对分子质量。工程上为了计算方便，常常把其假想为单一的气体，其分子数目及总质量恰好和实际的混合气体相等，简称为燃气的相对分子质量。

混合气体的性质主要取决于各种气体的性质和含量。混合气体的组成通常用质量组成、体积组成两种方法表示。

质量组成是指在混合气体中，任何一种组成气体的质量与混合气体的总质量之比；体积组成是指在混合气体中，任何一种组成气体的体积与混合气体的总体积之比。

2. 燃气的密度和相对密度

燃气密度是指在一定的温度和压力下，单位体积燃气所具有的质量。相对密度是指气体密度和空气密度的比值。常见燃气的平均密度和相对密度见表 1.3。

表 1.3　常见燃气的平均密度和相对密度

燃气种类	平均密度，kg/m^3	相对密度
天然气	0.71～0.78	0.54～0.62
焦炉煤气	0.4～0.5	0.3～0.4
液化石油气	1.9～2.5	1.5～2.0

3. 燃气的含湿量

在储存输送等过程中，湿燃气中水蒸气的含量将发生变化，而干燃气的含量却保持不变。如果以干燃气为标准来衡量水蒸气量的多少那将给计算带来方便。

湿燃气中 1kg 干燃气所夹带的水蒸气量（以 g 计）称为湿燃气的含湿量。

天然气相对湿度是指 $1m^3$ 天然气中水蒸气含量与在相同压力和温度下的 $1m^3$ 天然气中最大水蒸气含量的比值。

天然气绝对湿度是指 $1m^3$ 或 1kg 天然气中所含水蒸气的质量。

4. 燃气的露点

饱和蒸气经冷却或加压，立即处于过饱和状态。当遇到接触面或凝结核便液化成露，这时的温度称为露点。

烃类混合气体的露点与混合气体的组成及其总压力有关，露点随混合气体的压力及各组分的含量而变化，混合气体的压力增大，露点升高。

当通过管道输送燃气时，必须要保持它的温度在露点以上，以防止凝结，阻碍输气。

5. 燃气的热值

$1m^3$ 燃气完全燃烧所放出的热量称为该燃气的热值，单位为 MJ/m^3。对于液化石油气，热值单位也可用 kJ/kg 表示，常用气体的热值见表 1.4。

热值可分为高热值和低热值。高热值是指燃气完全燃烧后其烟气被冷却至原始温度，而其中的水蒸气以凝结水状态排出时所放出的热量。低热值是指燃气完全燃烧后其烟气被冷却至原始温度，但烟气中的水蒸气仍为蒸汽状态时所放出的热量。

表 1.4 常用气体的热值

气体名称	高热值		低热值	
	MJ/m^3	kcal/m^3	MJ/m^3	kcal/m^3
氢气	12.74	3044	18.79	2576
一氧化碳	12.64	3018	12.64	3018
甲烷	39.82	9510	35.88	8578
乙烷	70.30	16792	64.35	15371
丙烷	101.20	24172	93.18	22256
正丁烷	133.80	31957	123.56	29513
戊烷	169.26	40428	156.63	37418
乙烯	63.40	15142	59.44	14197
丙烯	93.61	22358	87.61	20925
丁烯	125.76	30038	117.61	28092
乙炔	58.48	13968	56.49	13493

6. 着火温度

可燃气体与空气混合物在没有火源作用下被加热而引起自燃的最低温度称为着火温度（又称自燃点）。甲烷性质稳定，以甲烷为主要成分的天然气着火温度较高。即使是单一可燃组分，着火温度也不是固定数值，与可燃组分在空气混合物中的浓度、混合程度、压力、燃烧室形状、有无催化作用等有关。

工程上实用的着火温度应由试验确定，表 1.5 为常见可燃物的着火温度。

表 1.5 常见可燃物的着火温度

可燃物名称	在空气中燃烧，℃	在氧气中燃烧，℃	可燃物名称	在空气中燃烧，℃	在氧气中燃烧，℃
氢气	580～590	580～590	石油	367	242
一氧化碳	644～658	637～658	煤油	275	270
甲烷	650～750	556～700	焦炭	600～700	—
丙烷	520～630	520～630	木炭	350	—
乙烯	542～547	500～519	发生炉煤气	700～800	—

7. 爆炸极限

可燃气体（蒸气）与空气的混合物，并不是在任何浓度下，遇到火源都能爆炸，而必须是在一定的浓度范围内遇火源才能发生爆炸。这个遇火源能发生爆炸的可燃气浓度范围，称为可燃气的爆炸极限（包括爆炸下限和爆炸上限）。不同可燃气（蒸气）的爆炸极限是不同的，比如甲烷的爆炸极限是 5.0%～15%，意味着甲烷在空气中体积分数在 5.0%～15%之间时，遇火源会爆炸，而当甲烷的体积分数小于 5.0%或大于 15%时，即使遇到火源，也不会爆炸。

爆炸极限一般用可燃气在空气中的体积分数表示（%），表 1.6 为单组分常见可燃气体的爆炸极限。

表 1.6 常见可燃气体的爆炸极限

燃气名称	燃气在混合物中的含量，%		燃气名称	燃气在混合物中的含量，%	
	下限值	上限值		下限值	上限值
氢气	4.0	74.20	戊烷	1.40	7.80
一氧化碳	12.50	74.20	己烷	1.25	6.90
甲烷	5.0	15.0	乙烯	2.75	28.60
乙烷	3.22	12.45	乙炔	2.50	80.0
丙烷	2.37	9.5	丙烯	2.0	11.10
丁烷	1.86	8.41	水煤气	6.20	72.00

8. 沃伯指数

在燃气工程中，对不同类型燃气间互换时，要考虑衡量热流量大小的特性指数。当燃烧器喷嘴前压力不变时，燃具热负荷 Q 与燃气热值 H 成正比，与燃气相对密度的平方根成反比，这一数值称为沃伯指数。

沃伯指数是一项反映燃具热负荷恒定状况的指标，又称热负荷指数。若两种燃气的热值和密度均不相同，但只要它们的沃伯指数相等，就能在同一燃气压力下和同一燃具上获得同一热负荷。沃伯指数是一个互换性指数，各国规定在两种燃气互换时沃伯指数的变化不大于±5%～10%。

9. 燃烧势

燃烧势(C_p)就是燃气燃烧速度指数，又称燃烧过度指数，是反映燃烧稳定状态的参数，即反映燃烧火焰产生离焰、黄焰、回火和不完全燃烧的倾向性参数。在《城镇燃气分类和基本特性》(GB 13611—2006)定义燃烧势为燃烧特性指数，主要表征燃烧速度指标。

在判断两种燃气的互换性时，首先考虑的是两种燃气的沃伯指数是否相近，这决定了两种燃气能否在同一灶具上获得相近的热负荷。当两种燃气热负荷相差较大时，可以引入燃烧势作为燃气互换性的次要判定指标。

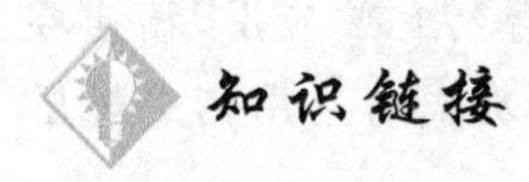

2015 年全国石油天然气资源勘查开采情况通报

(国土资源部地质勘查司)

受油价持续低迷影响，2015 年我国油气资源勘查开采投资、实物工作量下降明显，但新增油气探明储量仍保持较高水平，其中，石油新增探明地质储量 11.18×10^8t，天然气新增 $6772.2\times10^8\text{m}^3$。石油产量小幅增长，达到 2.15×10^8t；天然气产量连续五年超千亿立方米，达到 $1243.57\times10^8\text{m}^3$；煤层气与页岩气产量均创新高。

1. 勘查开采投入下降幅度较大，新增探明储量仍保持较快增长

2015 年，全国油气勘查投资 600.06 亿元，同比下降 19.2%。采集二维地震 8.44×10^4km、三维地震 $3.31\times10^4\text{km}^2$，同比下降 3.9% 和 24.0%；完成探井 3023 口，同比下降

13.7%。全国油气开采投资1893.43亿元，完成开发井20079口，同比下降29.7%和25.6%。

全国石油新增探明地质储量11.18×10^8t，连续9年超过10×10^8t。其中，大于1×10^8t的盆地有3个，分别为鄂尔多斯盆地、塔里木盆地和渤海湾盆地海域，合计新增探明地质储量7.21×10^8t；大于1×10^8t的油田2个，分别为鄂尔多斯盆地姬塬油田和环江油田。截至2015年年底，全国石油累计探明地质储量371.76×10^8t，剩余经济可采储量25.69×10^8t，储采比11.9。

全国天然气新增探明地质储量$6772.2\times10^8m^3$，连续13年超过$5000\times10^8m^3$。其中，大于$1000\times10^8m^3$的盆地有3个，分别为四川盆地、塔里木盆地和东海盆地，合计新增探明地质储量$4534.86\times10^8m^3$；大于$1000\times10^8m^3$的气田2个，分别为四川盆地的安岳气田和东海盆地的宁波17-1气田。截至2015年年底，全国累计探明天然气地质储量$13.01\times10^{12}m^3$，剩余经济可采储量$3.78\times10^{12}m^3$，储采比30.4。

2. 石油产量连续六年稳产两亿吨，天然气产量连续五年超千亿立方米

2015年，全国新投产油田11个，新建原油产能2032.5×10^4t。全年生产石油2.15×10^8t，再创历史新高。其中，产量大于1000×10^4t的盆地有渤海湾（含海域）、松辽、鄂尔多斯、珠江口、准噶尔和塔里木盆地，合计1.99×10^8t。

全国新投产气田10个，新建天然气产能$182.8\times10^8m^3$。全年生产天然气$1243.57\times10^8m^3$，连续五年超过千亿立方米。其中，产量大于$30\times10^8m^3$的盆地有鄂尔多斯、塔里木、四川、柴达木、松辽、珠江口和准噶尔盆地，合计$1116.76\times10^8m^3$。

截至2015年年底，全国已探明油气田980个。其中，油田713个，气田267个。累计生产石油64.04×10^8t，累计生产天然气$1.69\times10^{12}m^3$。

3. 油气勘查开采理论与技术取得重要进展，科技支撑能力不断加强

勘查理论与技术的发展促进了油气的战略突破。致密油气地质理论的深化促进了鄂尔多斯盆地我国首个亿吨级大型致密油田新安边油田的发现；隐蔽油气藏勘探理论指导了渤海成功发现多个优质油气田；含油气盆地成盆—成烃—成藏全过程物理模拟再现技术推进了塔里木盆地深层、超深层天然气勘探；深水宽频地震勘探技术提升了地震资料品质，推动了南海深水勘探发现。

开采技术的创新保障了油气储量产量稳步增长。三元复合驱油配套技术体系在大庆油田实现了工业化推广，进一步提高了采收率；直井火驱技术在稠油开发中得到有效应用，稠油冷采技术取得新成效；时移地震定量解释方法在南海轻质油油藏开发中首次成功应用；“爆燃压裂+酸化联合作业”技术在低孔低渗储层开发中逐步应用。

4. 油气基础地质调查取得新进展，资源动态评价成果丰硕

加大油气地质调查力度，围绕主攻北方新区新层系、突破南方页岩气、探索青藏高原新区的战略布局，在我国南方地区圈定了页岩气远景区10个，优选45个勘查区块；贵州遵义安页1井获重大突破，在志留系石牛兰组压裂获$10\times10^4m^3/d$天然气工业气流，湖北宜昌宜地2井钻获天然气流，鄂尔多斯盆地南部宜参1井钻获工业气流；在松辽盆地外围、青藏高原羌塘盆地和西北中小盆地圈定一批远景区或有利圈闭。继续开展我国南黄海、东海、南海北部陆坡新区域、新层系油气资源调查，海域和陆域冻土带天然气水合物资源调查取得新进展。

为及时反映我国油气资源潜力的最新状况，2013—2015年，国土资源部组织国家石油公司和有关科研院所，开展了全国油气资源评价工作，对石油、天然气、页岩气、煤层气进行分类评价，取得新认识。评价结果表明，我国常规石油地质资源量1257×10^8t、可采资源量$301\times$

10^8t。其中，致密油地质资源量 147×10^8t、可采资源量 15×10^8t。天然气地质资源量 $90.3\times10^{12}m^3$、可采资源量 $50.1\times10^{12}m^3$。其中，致密气地质资源量 $22.9\times10^{12}m^3$、可采资源量 $11.3\times10^{12}m^3$。全国埋深 4500m 以浅页岩气地质资源量 $122\times10^{12}m^3$，可采资源量 $22\times10^{12}m^3$，埋深 2000m 以浅煤层气地质资源量 $30\times10^{12}m^3$，可采资源量 $12.5\times10^{12}m^3$，具有现实可开发价值的页岩气有利区可采资源量 $5.5\times10^{12}m^3$、煤层气 $4\times10^{12}m^3$。

5. 常规油气勘查在中西部盆地和海域取得一批战略突破，为后续储量增长奠定基础

2015 年，全国油气勘查在新区、新领域、新层系取得一批重要战略突破。鄂尔多斯陇东地区发现了亿吨级整装环江大油田，奥陶系取得新发现，推动了古隆起东侧下古生界天然气勘探；四川盆地川中高石梯—磨溪—龙女寺构造下二叠统试气获得高产气流，证实有较大的勘探潜力；塔里木顺托果勒低凸起在鹰山组获高产气流，开辟了勘查新领域；准噶尔盆地达巴松凸起达探 1 井多层系石油勘查取得新发现，展现了达巴松凸起及周缘良好勘查前景；柴达木盆地英西地区狮子沟构造深层获日产 $605m^3$ 高产油流，具备亿吨级储量规模；吐哈盆地台北凹陷低饱和度油气藏勘查取得新突破；珠江口盆地西江主洼古近系和白云西洼新区新领域勘查取得成功；琼东南盆地中央峡谷水道勘查发现陵水 18-1 和陵水 25-1 气田。

6. 页岩气勘查开采取得重大进展，煤层气勘查稳步推进

2015 年全国页岩气新增探明地质储量 $4373.79\times10^8m^3$，产量 $44.71\times10^8m^3$。全国页岩气勘探开发投入 134.77 亿元，完钻探井(含参数井)108 口，进尺 18.78×10^4m；完钻开发井 187 口，总进尺 59.1×10^4m。其中，四川盆地长宁、威远和黄金坝地区页岩气新增探明地质储量 $1635\times10^8m^3$，涪陵焦石坝地区新增 $2738.48\times10^8m^3$，威页 1HF 井、焦页 8 井、金页 1HF 井、隆页 1HF 井取得新突破，扩展了四川盆地页岩气勘查领域。目前，我国已掌握了 3500m 以浅海相页岩气开发技术，勘查开采技术设备全面实现国产化，已从“跟跑”阶段进入和国外先进技术“并跑”阶段。

2015 年全国煤层气勘查开采投入 25.61 亿元，钻井 274 口，进尺 38.28×10^4m。地面开发的煤层气产量稳步提升，达到了 $44.25\times10^8m^3$。

1.2 城镇燃气的质量要求

不同种类的燃气供给城镇使用时，为了保证燃气系统和用户的安全，减少腐蚀、堵塞和损失，减少对环境的污染和保障系统的经济合理性，要求燃气具有一定的质量指标并保持其质量的相对稳定。

1.2.1 天然气的质量标准

天然气的质量指标应符合现行国家标准《天然气》(GB 17820—2012)中一类气或二类气的规定。《天然气》中规定的天然气的技术指标见表 1.7。

表 1.7 天然气的技术指标

项目	一类	二类	三类	实验方法
高热值，MJ/m^3		>31.4		GB/T 11062
总硫(以硫计)，mg/m^3	≤100	≤200	≤460	GB/T 11061.4
硫化氢，mg/m^3	≤6	≤20	≤460	GB/T 11060.1

续表

项目	一类	二类	三类	实验方法
二氧化碳，%(体积分)		≤3.0		GB/T 13610
水露点，℃	在天然气交接点的压力和温度条件下，天然气的水露点应比最低环境温度低5℃			GB/T 17283

注：《城镇燃气设计规范》规定应使用一类或二类气，但 CO_2 含量可放宽。

1. 硫化物

燃气中的硫化物分为无机硫和有机硫。无机硫主要指硫化氢(H_2S)，有机硫有二硫化氢(CS_2)、硫氧化碳(COS)、硫醇(CH_3SH、C_2H_5SH)、噻吩、硫醚等。

燃气中的硫化物约90%～95%为无机硫。硫化氢及其氧化后形成的二氧化硫，都具有强烈的刺鼻气味，对眼黏膜和呼吸道有损坏作用。有机硫除具有一定的毒性外，还会腐蚀燃气用具。

因此标准规定：总硫(以硫计)含量，一类气应小于100mg/m^3，二类气应小于200mg/m^3；硫化氢的含量，一类气应小于6mg/m^3，二类气应小于20mg/m^3。

2. 水分

水蒸气能加剧 O_2、H_2S 和 SO_2 与管道、阀门及燃气用具的金属之间的化学反应，造成金属腐蚀。特别是水蒸气冷凝，并在管道和管件内表面形成水膜时腐蚀更为严重。

由于水分具有上述危害，因此标准中规定：在天然气交接点的压力和温度条件下，天然气的水露点应比最低环境温度低5℃。

3. 二氧化碳

天然气中的二氧化碳是一种腐蚀剂，在输送过程中，二氧化碳遇到水分变成酸性物质，对管道和设备造成腐蚀；二氧化碳是非可燃物质，会降低天然气的热值，增加了燃烧后的烟气排放量。故通常要求天然气中二氧化碳含量小于3.0%(体积分数)。

4. 热值

标准中规定，天然气的高热值应大于31.4MJ/m^3。

5. 灰尘及其他杂质

天然气中的灰尘主要是氧化铁尘粒，是由管道腐蚀而产生的。输送天然气过程中由于灰尘所引起的故障发生远离气源的用户端。

标准中规定，每标准立方米天然气中灰尘含量应小于20mg，而且不得含有其他固态、液态或胶状物质。

1.2.2 对液化石油气的质量要求

液化石油气质量指标应符合现行国家标准《液化石油气》(GB 11174—2011)的规定。

1. 硫分

液化石油气中如含有硫化氢和有机硫，会造成运输、储存和蒸发设备的腐蚀。硫化氢的燃烧产物 SO_2，也是强腐蚀性气体。

因此标准中规定：气态液化石油气中总硫含量应小于 343mg/m^3，液态液化石油气中总硫分应小于 0.015%～0.02%（质量分数）。

2. 水分

由于液化石油气中存在有水，常常出现结冰问题。当气候条件变化或低温法储存时，温度下降到一定程度，水即离析出来并引起结冰或与烃类形成高熔点的水化物。由于水的存在，还会使管道及设备生锈，增加残渣量。因此，标准规定：不得含有游离水或携带水。

3. 二烯烃

从炼油厂获得的液化石油气中，可能含有二烯烃，它能聚合成相对分子质量高达 4×10^5 的橡胶状固体聚合物。在气体中，当温度大于 60～75℃时即开始强烈的聚合。在烃类液体中丁二烯的强烈聚合反应在 40～60℃时就开始了。

当含有二烯烃的液化石油气气化时，在气化装置的加热面上，可能生成固体聚合物，使气化装置在很短时间内就不能进行工作。因此，丁二烯在液化石油气中的含量不得大于 2%。

4. 乙烷和乙烯

由于乙烷和乙烯的饱和蒸气压总是高于丙烷和丙烯的饱和蒸气压，而液化石油气的容器多是按纯丙烷设计的，若乙烷和乙烯含量过多，容易发生事故。因此，液化石油气中乙烷和乙烯的含量不得大于 6%（质量分数）。

5. 残液

C_5 和 C_5 以上的组分沸点较高，在常温下不能气化，而留存在容器内，故称为残液。残液量大会增加用户更换气瓶的次数，增加运输量，因而对其含量应加以限制，要求残液量在 20℃条件下不大于 3.0%（体积分数）。

6. 其他要求

液化石油气与空气的混合气做主气源时，液化石油气的体积分数应高于其爆炸上限的 2 倍，且混合气的露点温度应低于管道外壁温度 5℃。

1.2.3 燃气的加臭

城市燃气是具有一定毒性的爆炸性气体，又是在压力下输送和使用的。由于管道及设备材质和施工方面存在的问题及使用不当，容易造成漏气，有时引起爆炸、着火和人身中毒的危险。因此，当发生漏气时能及时被人们发觉进而消除漏气是很必要的，这就要求对没有臭味和臭味不足的燃气加臭。

根据《城镇燃气设计规范》（GB 50028—2006）的规定，燃气中加臭剂的最小量应符合下列规定：

（1）无毒燃气泄漏到空气中，达到爆炸下限的 20%时，应能察觉；

（2）有毒燃气泄漏到空气中，达到对人体允许的有害浓度时，应能察觉；对于以一氧化碳为有毒成分的燃气，空气中一氧化碳含量达到 0.02%（体积分数）时，应能察觉。

所谓“应能察觉”，是指嗅觉能力一般的正常人，在空气—燃气混合物臭味强度达到 2 级时，应能察觉空气中存在燃气。臭味的强度等级如下：

0 级—没有臭味；

0.5级—极微小的臭味(可感点的开端);

1级—弱臭味;

2级—臭味一般,可由一个身体健康状况正常且嗅觉能力一般的人识别,相当于报警或安全浓度;

3级—臭味强;

4级—臭味非常强;

5级—最强烈的臭味,是感觉的最高极限;超过这一级,嗅觉上臭味不再有增强的感觉。

第 2 章　燃气行业发展

2.1　世界天然气产业发展史

在能源利用历史中,19 世纪是煤炭的世纪,20 世纪是石油的世纪,而 21 世纪则是天然气的世纪。世界天然气产业发展历史大致分为六个阶段,分别是:早期的天然气产业(1821 年以前),天然气的商业化使用(1821—1915 年),现代天然气产业的兴起(1916—1949 年),现代天然气产业的成熟(1950—1970 年),天然气产业的发展(1971—2000 年),新型天然气产业的出现(2001 年至今)。

2.1.1　早期的天然气产业(1821 年以前)

在古希腊、古印度、古波斯和中国的文献资料中,都有过天然气的记录。早期人类发现,在旷野和湖泊中会出现一种气体,能被闪电击中而自燃产生火焰。随着人类活动的扩展和对自然现象认识的加深,天然气逐渐用于人类生活。18 世纪末 19 世纪初期,英美两国陆续出现了使用天然气照明等商业行为。但由于缺乏一些必要的技术手段,这些使用活动一直无法得到大规模的商业化应用,对天然气产业发展几乎毫无影响。到 20 世纪初,美国出现了天然气矿井,开始了商业化、大规模运作,天然气产业由此诞生。

1. 中国是最早使用天然气的国家

中国是世界上最早大规模开采、应用天然气的国家。早在公元前 11 世纪至公元前 771 年,西周时期的《周易》中就出现了“泽中有火”的记载。据《汉书·郊祀志》记载,公元前 206—公元 25 年间,中国已出现了天然气井。公元 9 世纪,巴库油田就已被用来生产石油。除石油外,巴库还拥有相当大的天然气储量。早在公元 636 年,萨拉逊人入侵时,见到了当地寺庙中的“圣火”,这是最早的有关巴库天然气资源的史料记载。公元 12 世纪,意大利旅行家马可·波罗在其游记中写道,巴库寺庙闪耀着的天然气火炬已有数百年的历史。

2. 早期的燃气照明工业

英国最早开始将天然气用以街灯和家庭的照明。1732 年,英国的卡立舍·斯帕丁提出利用煤矿中排出的甲烷给怀特黑文街道提供照明。到 1813 年,英国伦敦和威士敏斯特燃气照明和焦炭公司取得了有史以来第一份市政煤气照明合同。而美国的天然气照明工业则始于 1816 年,马里兰的巴蒂尔摩开始将天然气用于街灯照明。但是,此时使用的天然气大都是从煤矿中提炼而来,即煤层气,相比自然的天然气而言,此时的天然气效率低下且对环境极为不利。由于没有引起世人的注意以及对其缺乏相应的了解,此时人们对天然气的商业化使用非常有限。

2.1.2　天然气的商业化使用(1821—1915 年)

天然气在 19 世纪初被用于照明后,其商业化进程逐渐加快。1821 年,美国出现了第一家天然气公司。随后，世界各国尤其是欧美等国，陆续成立了多家燃气照明公司。此时的天然气不再仅仅是煤矿中获得的极少且效率较低的煤层气，越来越多的天然气井被发现。到 19 世纪中后期及 20 世纪初期，天然气的消费不断增加，天然气贸易也随之出现。

1. 天然气商业公司的出现

1821 年，一位名叫威廉哈特的年轻人为了获取天然气，在纽约的佛雷多尼亚凿下了一口 9m 深的井，成功地取得较大量的天然气，并且创办了佛雷多尼亚天然气照明公司。这是美国第一家天然气公司，它为纽约小镇上的居民提供了照明燃料，威廉·哈特因而被认为是美国的“天然气之父”。随后，天然气逐渐开始被商业化、规模化使用，但仍然多用于照明。由于当时主流的燃料还是以容易获得的木材、煤炭为主，且天然气的开发需要相应的配套设施，否则易导致爆炸，因而天然气产业并未出现大规模的开采和商业贸易。

2. 早期的美国天然气产业

1859 年，在伊利湖附近的宾夕法尼亚州，德雷克在泰特威斯尔（Titusville）的小村庄打出了第一口现代工业油井，这被很多产业界学者认为是美国天然气产业开始的标志。而与此同时，天然气逐渐被工业和家庭广泛使用，且相比煤炭而言，燃烧天然气更高效、更清洁。1885 年，罗伯特·本生发明了本生灯——一种能安全燃烧混合天然气和空气的装置，本生灯的大范围推广也使得人们开始把天然气应用于烹饪和取暖，从而拓展了天然气的需求。在这样的背景下，美国的燃气公司犹如雨后春笋般相继成立。据不完全统计，至 1890 年，美国天然气公司共计达 400 余家，匹兹堡俨然成为美国的天然气产业中心。但是，由于天然气在长途运输过程中对管道的要求越来越高，因而限制了其进一步发展。

3. 天然气贸易的出现

19 世纪中后期，世界各地，尤其是欧美等国，陆续出现了多家燃气公司，天然气的用途也逐渐不局限于照明工业。随着天然气需求的增加，天然气贸易也随之出现。1886 年，随着美孚石油托拉斯的成功，约翰·洛克菲勒创办了美孚燃气托拉斯，并且迅速购买在匹兹堡的输气权和销售权。1891 年，加拿大和美国间敷设了一条从安大略巴特尔到纽约布法罗的输气管线，这标志着天然气国际贸易的出现。但是，这时的天然气产业正处于发展初期，因而贸易量极少，没有规模可言。

4. 世界各国天然气田的陆续发现

1821—1916 年间，世界各国在不断普及使用城市燃气的同时，也陆续发现了天然气气田资源。但是，此时的天然气使用仍集中在欧美国家，且由于有限的管道技术，发现的天然气资源大多在当地自行使用。其中，美国天然气的快速商业化为其在接下来的 30 年垄断世界天然气产业奠定了坚实的基础。1821—1916 年世界已发现气田国家见表 2.1。

表 2.1　1821—1916 年世界已发现气田国家

国家	城市燃气	气田发现	国家	城市燃气	气田发现
美国	1817	1821	印度	1853	1889
波兰	1856	1848	墨西哥	1855	1901
加拿大	1847	1858	澳大利亚	1841	1906
俄罗斯	1835	1858	阿根廷	1852	1907

续表

国家	城市燃气	气田发现	国家	城市燃气	气田发现
罗马尼亚	1860	1860	日本	1857	1907
秘鲁	1867	1863	德国	1825	1911
阿塞拜疆	—	1873	古巴	1844	1916

2.1.3 现代天然气产业的兴起(1916—1949年)

1945年以前的世界天然气生产,美国可谓是一枝独秀。据有关资料记载,世界上第一个完整的天然气产业体系于20世纪二三十年代首先形成于美国。在这个阶段,美国陆续发现了门罗和潘汉德—胡果顿两座大型气田,使得天然气产业进入了现代的开采使用阶段。随着天然气产量的不断增加,输送天然气的管道建设也相应地迅速开展,跨州贸易大量出现也为美国的天然气产业注入了新的发展动力。天然气产业不断发展壮大,天然气发电和天然气化工产业兴起,并成为日后天然气产业的重要支柱。

1.美国的门罗气田和潘汉德—胡果顿气田

1916年,美国在路易斯安那州发现了非伴生气气田——门罗气田(Monroe Field),原始可采储量$4248\times10^8m^3$,这是美国发现的第一座大型气田。

随后,1918—1922年美国再次发现了第一座特大气田——潘汉德—胡果顿气田(Panhandle-Hugoton Field),其原始可采储量高达$31442\times10^8m^3$,居世界第五位。潘汉德—胡果顿气田是世界上分布面积最大的气田,地跨19个县,面积$20235km^2$。

这两座大型气田的发现给美国的天然气产业带来了质的飞跃。据统计,1921年美国的天然气产量已达$184\times10^8m^3$,1925年则为$342\times10^8m^3$,1930年达到了$540\times10^8m^3$,天然气的消费量也随之迅速提高,美国的天然气产业蓬勃发展。

2.天然气运输管道的建设和跨州贸易

虽然石油油井多伴生天然气,但天然气产业的发展远远落后于石油产业。这是因为其不仅受限于开采和使用的设备技术,更受制于长距离运输的能力。管道运输技术的发展,刺激了天然气产业的发展。天然气长距离运输管线在20世纪20年代末成为事实,整个美国掀起了天然气管道建设的第一次高潮。1925年,美国建成了第一条长达1000km的跨州输气管道。1926年,美国敷设了第一条管径14~18in的天然气长输管线,把天然气运输到了得克萨斯州的博蒙特。有人由此认为,这就是美国乃至世界近代天然气工业的起点。随后在1931年,美国建成了输往芝加哥的24in管道,全长1600km。这是世界上第一条千公里以上跨州天然气管线,也标志着美国天然气跨州贸易的开始。

据统计,1927—1931年间,美国共建设了12条主要输气干线,每一条的直径都在20in左右,长度超过320km。这些管道为西半球储量最大的三个美国气田找到了市场,分别是潘汉德—胡果顿气田、路易斯安那州的门罗气田、加利福尼亚州的San Joaquin Valley气田。

3.俄罗斯天然气产业的起步及沉沦

虽然俄罗斯拥有阿塞拜疆巴库油气田这样大型的天然气资源,但其天然气产业的发展却是从20世纪30年代才开始的。1930年,俄罗斯建设了第一条距离很短的煤层气管道,使得一些城镇获得了煤气。随后,在重工业人民委员部下成立了天然气管理总局,负责天然气工业管理事务。俄罗斯的第一项天然气工程是建设萨拉托夫至莫斯科的一条长度超过800km的输气管道。不幸的是，这条管道的建设过程中出现了众多问题，使得整项工程至1943年才完成，此时，俄罗斯的天然气产业发展已远远落后于美国。

4. 美国垄断天然气产业及美国政府的介入

在第二次世界大战结束前，美国的天然气产业在世界范围内是居于垄断地位的。从1930年开始，美国的天然气每年平均增加储量$1920\times10^8m^3$，至1945年其天然气储量已达$4.18\times10^{12}m^3$。

5. 天然气发电和天然气化工的出现

1940年，瑞士的一家发电站出现了世界上第一个以天然气为动力的发电涡轮，这标志着天然气发电技术的诞生，也为天然气产业的发展开辟了新的空间。与此同时，天然气化工产业逐渐壮大。天然气化工起始于19世纪末，美国最早利用天然气制造槽法炭黑。20世纪20年代，美国和德国的天然气化工研究工作兴起，人们开始使用天然气分离生产甲醛、醋酸、合成橡胶等化工产品。至40年代初期，天然气化工产业已呈现出一定的轮廓。第二次世界大战后，天然气成为工业新秀，而非仅仅用作公用照明或取暖等。

2.1.4 现代天然气产业的成熟(1950—1970年)

第二次世界大战以及第二次世界大战后是世界天然气产业的大发展时期：一方面是战争中需要使用天然气等能源，同时战后美国、欧洲、日本的经济需要恢复振兴，因而对天然气等能源的需求十分巨大；另一方面，石油天然气勘探开发的高潮来临，在中东、北非等地相继发现了许多大气田、特大气田，而大批大油田的开发，也提供了巨大储量的伴生气气源。1950年世界一次能源消费中，煤炭占50.9%，石油占32.9%，天然气占10.8%；而到1970年，石油占53.4%，天然气占18.8%，煤炭占20.8%。天然气成为世界第三大消费能源。在这一阶段，俄罗斯的天然气产业迅速崛起，到1970年，其天然气储量超过美国，且产量增幅惊人。此外，液化天然气(LNG)技术在经过多年的试验研发后逐渐成熟，LNG开始投入生产和运输。

1. “第二次世界大战”后世界天然气产业蓬勃发展

第二次世界大战遍及欧洲大陆的大部分地区，所涉及的地域面积远大于第一次世界大战。第二次世界大战中持续的轰炸使绝大多数大城市遭到了严重破坏，特别是它们的工业生产。第二次世界大战结束后，世界各国开始战后经济复苏，天然气产业不再为美国所垄断，越来越多的国家，尤其是苏联开始对天然气这种新兴能源不断加大投入。在战后的20年里，越来越多的大型气田被发现，天然气的开采和运输技术也不断提高，天然气产业迅速发展。

意大利是欧洲国家中最早发展天然气产业的国家之一。早在1953年，意大利政府就成立了埃尼集团，并把开发利用天然气作为其主要业务。1960年，意大利发现了贝朗特气田，使得其本国天然气产量极大提高。据统计，到1970年，意大利天然气产量已达$130\times10^8m^3$。可以说，意大利的天然气产业是当时欧洲较为成熟的国家之一，其消费也相应较高。

1959年，荷兰北部发现了格罗宁根特大气田，这是欧洲天然气产业的重要突破，由此也揭开了北海油气勘探开发的序幕。格罗宁根气田规模大，其原始地质储量大于$25000\times10^8m^3$，且气层厚、气层物性好。气田的单井产量很高，日产量可达$(150\sim200)\times10^4m^3$，且由于其边底水不活跃以及生产中几乎不出砂等优越的属性，因而调整产量具有极大的灵活性。20世纪

70年代，为了克服世界石油危机的影响，荷兰政府提出了小气田政策，以激励石油公司去勘探和开采甚至是最小的边际气田，以避免在能源供应上对外国的依赖。而格罗宁根大气田则处于长期低负荷生产，扮演着调峰气田的角色。

英国天然气工业是于20世纪60年代北海油气田的发现起步的。1965年，北海英国海域发现了第一座气田——西索尔气田。实际上，60年代，英国北海发现了大量的油气资源，这为处于萌芽状态的英国天然气工业带来了丰富的气源，也使得英国不用继续从阿尔及利亚进口天然气。北海油气田现在已成为欧洲最重要的能源产区，英国经济也由此得到了提振。此外，为了扩大天然气消费，减少环境污染，英国政府采取了低价的销售政策来鼓励国内的用气，因而英国天然气的消费量在20世纪六七十年代几乎呈直线上升的状态。

20世纪60年代，中东相继发现了一大批特大油气田。例如，位于沙特阿拉伯的世界第一大油田——加瓦尔，科威特的第二大油田——布尔甘，以及沙特阿拉伯的第一大海上油田——萨法尼亚，这些大型油田都伴生有大量天然气。此外，最引人注目的是北非的阿尔及利亚。1965年，阿尔及利亚不仅发现了有巨大伴生气储量的哈西迈萨乌德大油田，还发现了哈西勒迈勒特大气田，这使得阿尔及利亚迅速成为世界主要天然气生产和出口国。但由于中东和北非国家经济环境落后，因此缺乏对天然气的认识以及相应的开发技术，因而他们对于其巨大的天然气资源并没有很好地利用。根据BP能源统计，1970年中东地区天然气产量为$19.9\times10^8m^3$，北非地区产量为$2.9\times10^8m^3$。

2.俄罗斯天然气产业的崛起

第二次世界大战以前，苏联虽在天然气方面有所投入，但其天然气产业并未获得较大进展。1943年，苏联的第一条输气管道历经十多年最终建成。1946年，苏联完成了天然气的第一次出口，是从白俄罗斯西部的斯特赖吉气田输气到华沙，管道由波兰建设。第二次世界大战后，俄罗斯的天然气产业迅速崛起，至1949年，苏联已有30个气田正在开采，而第二次世界大战前只有3个。

20世纪五六十年代，苏联开发了乌拉尔以东的“第二巴库”油区，其中包括奥伦堡大凝析气田。20世纪六七十年代，苏联又在西西伯利亚取得了一系列重大发现，包括乌连戈伊、麦德维热、扬堡、扎波利扬等储量上万亿立方米的特大气田被勘测发现。到1970年，苏联的天然气储量增长到$29.49\times10^{12}m^3$，比1951年增长了169倍，进而超过美国成为天然气储量最大的国家，其天然气产量也由1951年的$62.5\times10^8m^3$增加到1970年的$1979\times10^8m^3$，增加了30多倍。

3.石油巨头投身天然气产业

第一次世界大战前，世界石油产业已经初具规模，石油行业中出现了一些石油巨头，如著名的“石油七姐妹”——埃克森公司、荷兰皇家壳牌石油公司、美孚公司、德士古公司、英国石油公司、雪佛龙石油公司、海湾石油公司等。这些石油巨头在世界各地展开了油气田的勘测和开采，由于天然气通常伴生于石油油田，因此越来越多的石油公司开始对天然气产业进行发掘和投入。到第二次世界大战爆发前，许多石油巨头在天然气产业上已有所建树。

荷兰皇家壳牌石油公司是由荷兰皇家石油与英国的壳牌运输贸易有限公司两家公司于1907年合并组成的。荷兰皇家石油于1890年创立，并获得荷兰女王特别授权，因此被命名为荷兰皇家壳牌石油公司。他们的合并是为了与当时最大的石油公司——美国标准石油竞争。壳牌拥有五大核心业务，包括勘探和生产、天然气及电力、煤气化、化工和可再生能源。1969

年，壳牌成立了旗下的国际天然气公司，进军天然气产业。1959年，荷兰皇家壳牌石油公司在荷兰的格罗宁根发现了世界上最大的天然气田。随后，1966年壳牌公司又在北海北部发现了利曼天然气田（壳牌占50%股份）。1970年，其在北海北部又发现大油田，并在澳大利亚西北大陆架发现大型近海气田。

埃尼集团是意大利政府为保证国内石油和天然气供应，于1953年2月10日成立的国家控股公司，其前身是1926年成立的阿吉普公司，即意大利石油总公司。埃尼集团在意大利天然气行业的所有方面都居于支配地位，该公司几乎控制了意大利所有的天然气产量。埃尼集团下有三家重要的子公司，Snam公司拥有并运营意大利国内天然气运输系统，Stogit公司管理该国的大多数天然气储存设施，而Italgas公司则控制着该国零售分销市场1/4的份额。

埃克森美孚公司是世界最大的非政府石油天然气生产商，总部设在美国得克萨斯州爱文市。在全球拥有生产设施和销售产品，在六大洲从事石油天然气勘探业务；在能源和石化领域的诸多方面位居行业领先地位。埃克森美孚见证了世界石油天然气行业的发展，其历史可以追溯到约翰·洛克菲勒于1882年创建的标准石油公司，至今已经跨越了100多年的历程。由于第二次世界大战前美国在天然气行业中的垄断领先地位，埃克森美孚旗下的天然气产业开始较早，发展得也较为成熟。

1901年5月，在英国政府的努力下，伊朗国王与英国人达西签订石油租让权协议，得到伊朗$129\times10^4km^2$的石油租让地，期限为60年。1908年伊朗发现中东第一个大油田。1909年4月，成立“英国波斯石油公司”，1935年改名为英伊石油公司，1954年改名为英国石油公司。早在北海大型油气田区被发现以前，BP就已涉足油气勘探开发，1965年后，英国石油公司的天然气产量大幅提升。现在，天然气已是BP的重要产业支柱。

4.液化天然气(LNG)技术的出现和成熟

天然气产业发展的瓶颈在于其运输和储存技术，早期的天然气产业由于技术落后经常会在运输途中发生爆炸等事故。因而，天然气的液化是天然气产业的重大进展。实际上，液化天然气的技术早在1914年就出现了，1917年，世界上第一家LNG工厂在美国弗吉尼亚州成立。但不幸的是，1944年，美国东俄亥俄气体公司LNG储罐发生爆炸，死亡28人，这对LNG产业的发展造成很大打击，许多研究因此陷入僵局。

LNG的真正成熟是在第二次世界大战以后。1959年，“甲烷先锋号”载着第一船液化天然气从美国路易斯安那州穿越大西洋，运抵英国的坎威岛，实现了世界第一次天然气液化运输。1964年，阿尔及利亚阿尔泽天然气液化厂投入生产，此后英法两国很快就签订了供气合同。这是世界第一座商业化、大规模的天然气液化厂，液化天然气海上跨洲运输也从此开始，从非洲运送至英国和法国。但是液化天然气在20世纪70年代前并未有过多发展，其地位的提高是在20世纪90年代末期。

2.1.5 天然气产业的发展(1971—2000年)

天然气大规模发展的年代是1970年以后。1990年世界天然气产量突破$2\times10^{12}m^3$，达到$2.1397\times10^{12}m^3$。20世纪70年代初至90年代末，世界天然气储量继续增长，2000年达到$125.7\times10^{12}m^3$，同年世界天然气产量$2.4134\times10^{12}m^3$。在这一时期，不仅大量的气田被发现并开采，而且随着管道建设的发展以及配套储气设施的完善，跨国天然气贸易迅速增长。此外，政府在70年代后逐渐放松了对天然气市场的交易和价格管制，使得天然气价格趋于合理水平，20世纪90年代初期美国率先出现了天然气期货交易，天然气产业体系的发展更加完善。

1. 世界各国天然气产业的发展进程

进入21世纪，随着经济水平的不断提高，天然气的开采和储运技术也迅速提升，各国天然气产业都进入了大增长的阶段。2000年，天然气产量最多的国家依次是美国、俄罗斯、加拿大、英国、阿尔及利亚、印度尼西亚、伊朗等。美国、俄罗斯占据了世界天然气市场约40%的产量，图2.1为2000年世界天然气产量。

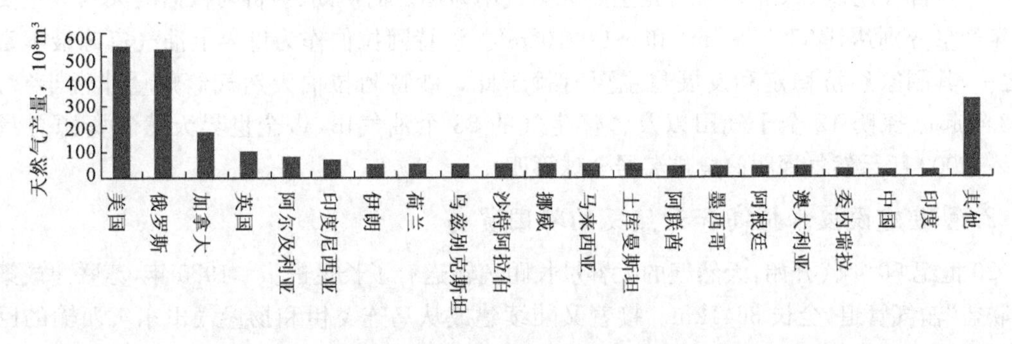

图2.1 2000年世界天然气产量

1)俄罗斯

俄罗斯2000年年底的天然气剩余可采储量高达$42.3\times10^{12}m^3$，年产量$5285\times10^8m^3$，产量仅略次于美国。1989年，俄罗斯天然气工业股份公司（Gazprom）成立，这是世界上最大的天然气公司，其前身是俄罗斯国家天然气康采恩。俄罗斯天然气工业股份公司在俄罗斯经济中地位显赫，它生产着俄罗斯8%的工业产值，保证了25%的国家预算，控制着俄罗斯70%的天然气储量和世界18%的天然气储量。它所掌握的天然气已探明储量有$26\times10^{12}m^3$，掌握着$29.9\times10^{12}m^3$天然气的开采许可证，开采的天然气占世界天然气开采量的1/5，占俄罗斯全部开采量的90%。公司的天然气输送管道则为世界之最，总长15.5×10^4km。Gazprom是俄罗斯天然气出口权的唯一享有者。

2)北美

北美仍然是天然气生产大区，虽然美国天然气产量缓慢下降，2000年仍有$5432\times10^8m^3$的产量额。但是，这并满足不了美国这个天然气第一消费国的国内需求，其必须靠从加拿大大量进口。加拿大石油、天然气资源蕴藏十分丰富，根据BP的数据，2000年，加拿大的产量是$1822\times10^8m^3$，是世界第三大天然气生产国，其每年输出到美国的天然气占其消费量的1/3，是世界第二大天然气出口国。

3)欧洲

对于欧洲而言，由于北海油气田的发现，英国1970年的天然气产量达$107\times10^8m^3$，1999年则突破了$1000\times10^8m^3$，达$1047.7\times10^8m^3$，成为世界大产气国之一。英国政府采取由政府授权英国天然气公司(BG)垄断天然气购买与销售、BG获得较多差价利润、通过低税政策支持气田开发等办法，鼓励其完成管道建设等天然气产业配套设施投资。因而，20世纪80年代，英国的天然气产业一跃而起，居于世界领先行列。

荷兰的国土面积仅有$4.1\times10^4km^2$，但却是世界上最重要的天然气生产国之一。自

1959年发现格罗宁根大气田后，荷兰累计找到了260多个大小气田。自1973年以来，2000年以前荷兰的天然气年产量大体保持在$800\times10^8m^3$左右；1994年产气$784\times10^8m^3$，居世界第四位。

此外，欧洲天然气大国中出现了一个新秀——挪威。挪威天然气产业起步于1975年，但发展迅速。2000年，挪威天然气的产量达到$497\times10^8m^3$，成为欧洲天然气出口大国之一，有力地支持了欧洲国家对天然气的需求。

4)中东、北非和亚太

在中东、北非和亚太的油气资源大国中，阿尔及利亚和印度尼西亚的天然气产量名列前茅，年产量都在超过$900\times10^8m^3$，是主要天然气出口国。而伊朗、沙特阿拉伯的天然气主要内销，年产量分别达到$870\times10^8m^3$和$695\times10^8m^3$。沙特阿拉伯作为世界上油气资源最丰富国家之一，其国家经济稳定和发展也主要有赖于此。沙特阿拉伯天然气储藏量非常丰富，自1933年起已探明12个干气田以及含伴生气的83个油气田，占全世界天然气资源总量的4.1%，2000年天然气探明储量排名居全球第四。

2.管道建设技术提高和天然气的跨国贸易

20世纪70年代开始，天然气的大容量长距离输送有了长足进步。1975年，苏联建成第一条"联盟"输气管道，全长3641km。接着又陆续建成从乌连戈伊和扬堡气田东气西输的巨型管廊，年输气能力都达到$2000\times10^8m^3$。

1981年，世界第一条跨洲、跨海输气管道建成，即阿尔及利亚到意大利的跨地中海管道，年输气$120\times10^8m^3$。截至1988年，美国的天然气高、中压管线全长25×10^4km，地方配气公司所有的天然气输气管线全长75×10^4km，基本上形成了覆盖全国完善的输气管网。

在输气管道建设以及配套储气设施逐步完善的背景下，天然气的跨国贸易越来越频繁，主要由俄罗斯、加拿大、北非、中东流向欧洲、美国和东亚地区。1980年以来，世界天然气贸易以约6%的速度增长着。目前，俄罗斯、加拿大、挪威是世界主要的管道天然气出口国，出口量占世界的60%以上。

3.美国政府放宽天然气价格限制

1978年美国开始对天然气政策逐步进行调整，议会通过了《天然气政策法令》，成立了美国联邦能源管理委员会(FERC，由FPC改名)来直接改革天然气的定价，该法令授权FERC开放天然气市场。

从20世纪80年代开始的美国天然气立法改革主要围绕三个主要问题：第一，逐步解除对所有天然气价格的控制，由市场决定气价。第二，逐步解除对天然气使用的限制，使天然气能够在各领域与其他能源竞争。第三，开放管道运输业，使买主能够选购成本最低的天然气，促进竞争。这三方面的开放使得天然气产量和运输量有所增加，价格也趋于合理水平，同时也促进了天然气的生产和科研。但是由于1982年后美国经济不景气，其天然气产业政策的全部调整直到1992年才完成。

4.美英先后开始天然气期货交易

20世纪90年代，在解除管制10余年后，美国天然气市场完全开放而且极具竞争性。生产商、管线公司、经纪公司、分销公司和大用户在很多区域性市场进行天然气交易。由于天然气现货价格偶尔会表现出高度不稳定性，因此美国天然气现货市场的参与者都要承受一定的价格风险，因此他们迫切需要在金融市场寻求一种方法来消除价格风险。

20世纪80年代末期，美国几家金融机构开始提供一些比较简单的天然气金融合约，开始了美国金融天然气市场的探索。1990年8月，纽约商业期货交易所(NYMEX)推出了第一个标准化金融天然气合约，该合约以天然气期货合约的形式，交货地点在美国路易斯安那州的亨利集输中心。这标志着美国天然气期货交易的开始。纽约商业期货交易所天然气期货合约一经推出，就在天然气市场参与者中受到欢迎。其交易量快速增加，1991年天然气期货合约的交易量日均为1654手，年交易天然气$0.42\times10^{12}ft^3$，占美国全国当年天然气实际消费量的23%。伦敦国际石油交易所(IPE)于1997年1月开始天然气期货合同交易。目前，世界上主要的天然气期货和期权交易都在美国与英国。

5. LNG产业的发展

进入20世纪70年代，天然气液化技术产业发展迅猛。一方面，天然气液化生产线能力不断增大，1964年阿尔及利亚阿尔泽液化厂的3条生产线年产才110×10^4t，而卡塔尔新建的RasGasⅡ单条生产线年产就可达470×10^4t，在建的RasGasⅢ单条生产线能力达到$780\times10^4t/a$。另一方面，液化天然气船的运载能力不断增大，20世纪60年代，单船运输能力为$2.7\times10^4m^3$，70年代达到$8.7\times10^4m^3$，90年代以来，更增加到$13\times10^4m^3$。现在最大的液化天然气运输船可运载$26.5\times10^4m^3$。2011年，全世界LNG运输船数量达到了361艘；根据目前的订单，未来5年内，将陆续有近60艘LNG船交付。

但是，LNG产业的发展并非一帆风顺。1980年，LNG贸易量达到$313.4\times10^8m^3$，比1970年的贸易量增长了12倍。由于1979年第二次石油危机爆发，全世界对LNG的需求量上升了1/3，销售利润也提高将近60%。一年后，LNG市场却产生动摇，因为供销双方在价格上发生争议，不履行合约。这导致的后果是，美国关闭了两座LNG接收站以及几个大型计划被取消或延迟。到90年代初期，全世界只建了两座新的LNG工厂，液化天然气工业经历了发展中的一次重大打击。90年代中后期，LNG产业渐渐恢复并重新成为天然气产业中的重要支柱支链，其发展也更为成熟。

2.1.6 新型天然气产业的出现(2001年至今)

由于石油危机的影响和天然气产业的逐渐壮大及成熟，以俄罗斯、伊朗和阿尔及利亚为主的相关国家提出了“天然气OPEC”的概念并不断推动其最终成立。此外，近十多年来，随着技术的改革和创新，越来越多的新型天然气产业开始出现并不断发展。其中，受到最多关注的包括：天然气直接转化为高性能燃料技术(GTL)、非常规天然气等。由于这些非传统意义的天然气产业不断壮大，天然气的使用率也不断提高。

1.“天然气欧佩克”的提出

天然气在全球的分布并不均衡。俄罗斯、伊朗、阿尔及利亚和卡塔尔等十几个天然气出口国论坛成员控制着全球72%的天然气储备以及42%的天然气开采量。由于20世纪七八十年代两次石油危机的爆发，加上欧洲和美国市场天然气的现货价格达到或接近历史高位，国际社会开始担忧一些国家也会把天然气当作武器。

有关组建“天然气欧佩克”的想法实际上是俄罗斯政府于20世纪初首先向天然气开采量位居世界第二位的伊朗提出的，只是当时伊朗政府未做出反应。随后几年里，俄罗斯一直在努力协调天然气出口国之间的行动。2001年5月，在俄、伊的共同推动下举行了包括俄罗斯和伊朗在内的10个天然气出口国参加的能源部长会议，决定成立“天然气出口国论坛”。随后，该论坛陆续通过了成立“天然气出口国论坛执行局”和论坛秘书处等决议。至此，“天然气欧佩克”的雏形已经出现。

2008年10月21日，伊朗石油部长诺扎里在伊朗、卡塔尔、俄罗斯三方会议结束之后表示，三方已同意组建一个欧佩克类型的天然气出口国组织。对于“天然气欧佩克”的筹划，美国和欧洲一直持坚决反对的态度。他们认为，“成立类似欧佩克的国际天然气卡特尔，将可能对能源价格和供应、对美国和全世界的经济与安全造成巨大威胁”。目前这一组织事实上是非正式的，其活动目前并不影响世界天然气价格；这是因为天然气一般依靠管道运输，供求双方多签订长期的供货合同，因而价格也是长期协定的。所以，“天然气欧佩克”近期至多会有心理层面的影响，但在远期可能对国际天然气市场产生重大影响。

2. 天然气直接转化为高性能燃料技术(GTL)

所谓GTL，就是由天然气直接转化为高性能燃料，其先导者是壳牌集团。1993年，壳牌在马来西亚建成了世界第一座天然气转化为石油的工厂，日产能力仅1.45万桶($2306m^3$)。

20世纪90年代中期，卡塔尔为开发其北方大气田大力发展GTL技术，其国家石油公司提出了建设6座GTL厂的计划。其中一座取名“Pearl GTL”工程，与壳牌合作，采用马来西亚的工艺，日产可以放大到$2.23\times10^4m^3$。另一座是与南非萨索尔公司合作建设的Oryx GTL项目，规模较小，日产仅为$5565m^3$，于2007年建成，但投产后运行上出现了一些问题。1996年，卡塔尔又宣布同埃克森美孚合作建设GTL项目。此外雪佛龙也计划于2008年投产同尼日利亚国家石油公司合作的Escravos GTL项目，日生产能力是$406m^3$。

2008年，金融风暴席卷全球，石油天然气受到冲击，首当其冲的正是GTL。此外，近年来，GTL装置的建造成本增加很快，使GTL项目的总造价一增再增。因而各种GTL项目都宣告破产。2008年年初，埃克森美孚宣布中止Palm项目；卡塔尔也于2005年宣布停止GTL新项目的审批；雪佛龙推迟了Escravos项目投产时间。

3. 非常规天然气产业

非常规天然气资源是指尚未被充分认识、缺乏可借鉴的成熟技术和经验进行开发的一类天然气资源，主要包括：致密气、煤层气、页岩气、天然气水合物等。就地质而言，其生、储、盖与石油和天然气非常相似，因而非常规天然气资源勘探开发与石油和天然气的勘探开发有相似之处，但其资源品位低、勘探开发难度较大，必须采用特殊的工艺技术才能获得经济产量。专家指出，与常规天然气相比，包括页岩气等在内的非常规天然气具有大面积连续型分布、资源规模大的特点。

据IEA(2009)预测，除天然气水合物质外，全球非常规天然气资源量有$921\times10^{12}m^3$，约为常规天然气资源量的5倍。其中煤层气资源量$256\times10^{12}m^3$、致密气$210\times10^{12}m^3$、页岩气$456\times10^{12}m^3$。据IEA统计，2008年全球天然气产量约$3\times10^{12}m^3$，其中非常规天然气产量占世界天然气总产量的12%，非常规天然气产量中的75%是由美国生产的。

1)北美的非常规天然气开发

北美是非常规天然气开发的核心区域。美国是世界上非常规天然气开发时间最早、规模最大、水平最高的国家，1990年以来，美国陆上发现的大型天然气田主要为非常规天然气田。美国对致密砂岩、页岩和煤层气等非常规气田的不断开发，使得本国天然气储量大幅增长。非常规天然气资源已成为美国重要的供应来源，未来的地位有望进一步上升。

美国非常规天然气的成功开发，使美国跃居2009年世界第一大天然气生产国，基本实现了自给自足，彻底改变了美国天然气的供给格局。目前，在非常规天然气产业中，页岩气堪称21世纪最重大的能源创新。2000年，页岩气还只占美国天然气供应量的1%，美国能源信息署(EIA)在公布的《2012能源展望报告》中称，2010年页岩气占美国天然气产量的23%，这一数字到2035年预计将达到49%。随着页岩气产量的不断增长，2016年美国将成为LNG净出口国，2025年美国将成为管道天然气净出口国，2021年美国将成为天然气净出口国。

除美国外，加拿大的非常规天然气储产业非常丰富；墨西哥也拥有丰富的非常规天然气储量。

2)欧洲及其他地区的非常规天然气开发

欧洲的非常规天然气开发主要集中在波兰、奥地利、瑞典、德国和英国。据预测，欧洲的非常规天然气产量2030年最高可达$600\times10^8 m^3/a$，其中波兰的产量将占大头，其他的则来自瑞典、德国、法国、奥地利和英国。在美国非常规天然气领域取得重大进展的鼓舞下，欧洲各国对此的开发热情也日益高涨。根据欧盟委员会与IEA的预测，目前欧洲已探明的全部可开采储量大概在$(33\sim38)\times10^{12} m^3$，其中页岩气储量为$15\times10^{12} m^3$，煤层气储量为$8\times10^{12} m^3$。但欧洲缺乏对非常规天然气的储存地、深度、地质结构等的了解，且目前在欧洲做的有关开发非常规天然气的测试也十分有限。

因而，欧洲非常规天然气开发面临的不确定因素较多，非常规天然气初期产量不高将是欧洲不得不面临的现实。此外，亚太、非洲、中东、中南美等地区也有大量非常规天然气储备，开采活动主要集中在澳大利亚、中国、印度尼西亚等地。

2.2 我国燃气行业发展

我国是世界上最早发现和利用天然气的国家。我国燃气事业经历了人工煤气—液化石油气—清洁能源天然气这三个阶段。1949—1980年前后，全国建成了一批以利用焦炉气和化肥厂释放气为主的城市燃气利用工程；20世纪80年代至90年代初期，在南方沿海等经济发达且能源缺乏的地区，开始大规模利用液化石油气；20世纪90年代末至21世纪初，以陕气进京为代表的天然气供应标志着城市燃气进入了一个新的时代，西气东输工程、川气东送等一系列燃气工程的建设更是将之推向高潮，我国的城市燃气跨入了高速发展阶段。

2.2.1 我国天然气发展史

1.天然气发现和发展阶段(公元前—1878年)

我国天然气是伴随着盐业钻井而发展起来的。在钻井汲取卤水的同时，得到天然气用以熬盐，民间作坊式的操作。在这个阶段的后期，我国钻井技术世界领先，而且利用天然气的规模已经相当可观。

早在西周初年的《周易》(即《易经》)记载："象曰：泽中有火"。这是关于天然气在水面上燃烧这一自然现象的最早文字记载。它反映了在大自然中油气苗燃烧的现象，并赋予浓厚的神秘色彩，用以占卜吉凶。

据《华阳国志·蜀志》记载，战国时期，李冰父子在四川兴修水利、钻凿盐井。而后在临邛

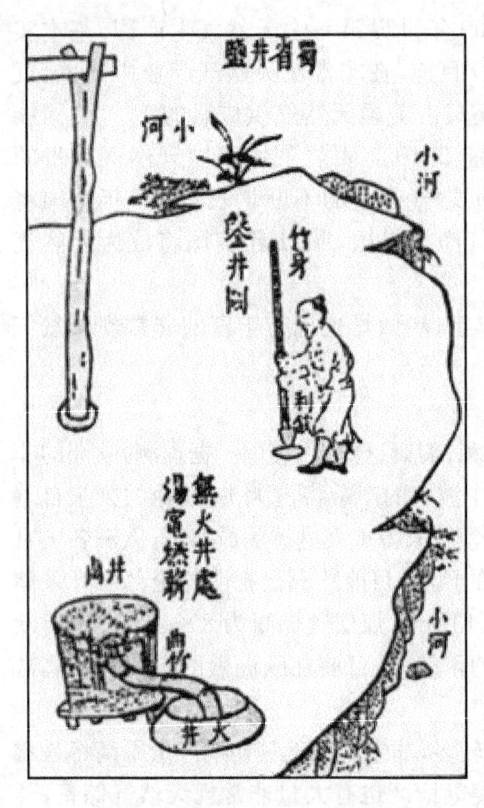

图 2.2　古代用天然气熬盐图

（今邛崃）的盐井中发现了天然气，已经用于熬盐。如图 2.2 所示为古代用天然气熬盐图，当时称之为“火井”。

据班固（32—92 年）著《汉书·郊祀志》记载：“祠天封苑火井于鸿门（今陕西神木县一带）”。钻凿“火井”“火从地中出”，并立“火井祠”。

据西晋文学家左思（约 250—305 年）所著的《蜀都赋》中有“火井沉荧于幽泉，高焰飞煽于天垂”之句，说明 1700 年前在四川地区已发现有“火井”，即天然气井。

对天然气的开采和利用有较详细的描述则始于西晋张华（232—300 年）著《博物志》，其中记载：“临邛火井一所，……深二三丈。井在县南百里，昔时人以竹木投以取火。……盆盖井上，煮卤得盐……”。

世界第一口天然气气井——临邛火井（图 2.3），位于成都市西南 100km 的邛崃市（古称临邛县）火井镇一带。早在公元前 2 世纪的西汉中叶，这里的人们就开掘了世界上第一口天然气井，利用长竹引气煮卤水，制造井盐。这种操作简易、产量高、成本低的生产工艺，我国许多古代文献中屡书不绝，赞誉为“临邛火井”。

图 2.3　世界第一口天然气气井——临邛火井

在北宋仁宗庆历、皇祐年间（1041—1053 年），中国的钻井工艺技术有一次大的革新，出现了“卓筒井”。这是从大口径的浅井向小口径的深井发展的标志。当时在世界上，中国的钻井技术处于遥遥领先的地位，促进了天然气的开发利用，并传到西方各国。当时，火井正式列入国家税课，天然气业开始从盐业中独立出来。

据《元一统志》记载，宝祐元年以畜力（牛）代替人工进行钻井和提升汲筒等繁重劳动。

宋应星著《天工开物》（1637 年）对于用竹管输气作为燃料有详细的描述："长竹剖开，去节，合缝，漆布，一头插入井底，其上曲接，以口紧对釜脐"。图 2.4 为我国古代凿井工具。

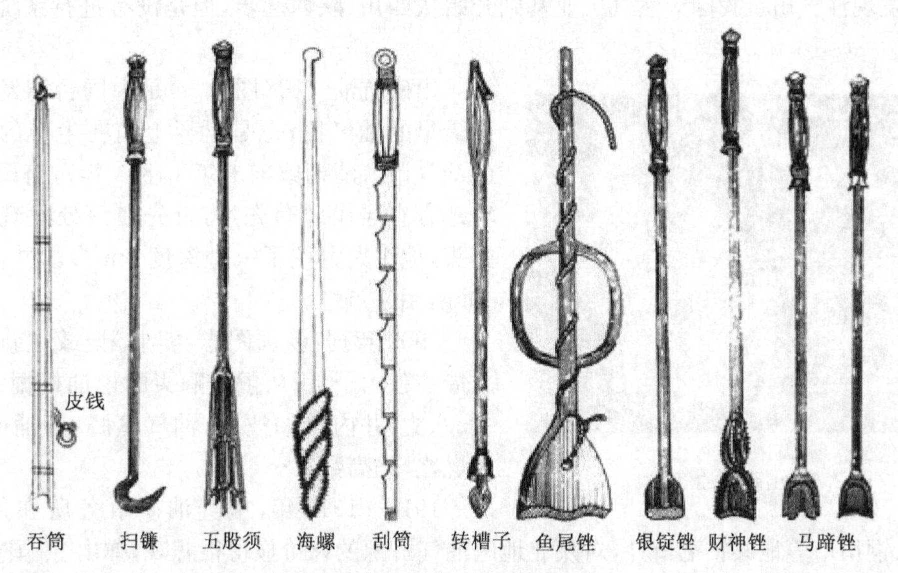

图 2.4　我国古代凿井工具

我国在世界上首先使用竹管管道输送天然气。当钻遇天然气时，用竹管把气从井口引到井旁，通向几根内径、长度相同，垂直向上排列的竹管。用火点燃，称为"亮筒子"。根据火焰高度和亮筒子的数目，估计天然气流量。这是中国古代天然气井的测试法。1600 年左右，四川自贡一带浅层气已大量开发，当时使用木制的采气井口以及石块凿成的燃气喷嘴点火熬盐。16 世纪四川自流井盐田的天然气投入开发利用，成为世界上第一个开发的气田。

燊海井（图 2.5）为世界上第一口由人工钻凿的超千米深井，坐落在四川省自贡大安区阮家坝山下，占地面积 3 亩[1]，井位在海拔 341.4m，地处长堰塘的堰塘旁边。据《川鹾概略》记载，该井开钻于清代道光十五年（1835 年），历时 3 年，方始凿成。井深 1001.42m，既产卤，又产气。当时，卤水自喷量每日约 $14m^3$，并且能日产 $4800\sim8000m^3$ 天然气，可供生产 14t 盐的燃烧。

图 2.5　燊海井

公元 1600 年前后，四川省自流井气田不但在平地敷设管道，而且"高者登山，低者入地"，输卤水的"渡水之枧，则于河底掘沟置笕，凿石为槽复其上，又用敞盐锅镇之，以防水涨冲激"，并有"凌空构木若长虹……纵横穿插，逾山渡水"等记载，说明当时管道地面建设的技术已达一定水平。由于木竹管道制作简单，又能耐腐蚀且便于就地取材，因而从古代直到中华人民共和国成立以前，在中国浅层气低压天然气集输中起着巨大作用。

---

[1] 1 亩＝$666.67m^2$（平方米）。

2. 天然气田发现阶段(1877—1949年)

我国第一个石油天然气管理机构诞生，在政府组织下，我国天然气先驱者不畏艰苦地工作，陆续发现油气田。我国天然气工业基础开始从四川、陕西起步，但是没有进行系统的地质勘探。

图 2.6　出磺坑油气田

出磺坑油气田(图 2.6)是中国台湾发现和开发最早的油气田，也是世界上尚在生产的最古老的油气田。清朝咸丰末年(1861年)，苗栗县出磺坑地方有居民邱苟先生，首先在该处发现了石油露头，他用人力挖了一个深度3m多的井，日产油40kg，用来点灯。

1909年据《新疆图志:实业》记载:“新疆商务总局在独山子，用从俄国购买的挖油机掘井，井深七、八丈，井内声如波涛，油气蒸腾，直涌而出，以火燃之，焰高数尺……”。

1914—1916年，中美油矿事务所在黄陵、延安、延长、铜川市等地共钻七口井，对陕北地区油气资源的评价显得很悲观，弹出“中国贫油”的论调。

1935年10月中央红军到达陕北，新成立延长石油厂，恢复老井生产，开展石油勘探，发现七里村油田，产量迅速增加。到1943年延长石油厂年产量超过1200t，同时生产出伴生天然气，产量相当于1935年前14年产量的总和。

1895—1945年日本侵占中国台湾时期，在21个构造上钻探井251口，并对出磺坑、锦水、竹东、牛山、六重溪等油气田进行开发，有油气井140口，深浅不等。最深的锦水气田38井，井深3583m;浅的只有500m左右。累计生产天然气$10\times10^8m^3$、原油17×10^4t。

截至1948年，全国投入开发的气田有四川自流井、石油沟、圣灯山和台湾锦水、竹东、牛山、六重溪等七个气田，我国大陆生产天然气累计约$11.7\times10^8m^3$。

1949年全国生产天然气$1117\times10^4m^3$，其中四川石油勘探处共在四个构造上开钻六口井，完钻五口，累计进尺6028m，获气井两口，探明储量$3.85\times10^8m^3$，产气$3593.6\times10^4m^3$。

3. 天然气工业初级阶段(1949—1997年)

我国现代天然气工业起步，从四川地质勘探开始，延伸至陕甘宁和塔里木盆地及沿海地区，进行了大规模的天然气勘探活动;区域内长输管线联网、海底管道建成、天然气汽车启动，但是所有活动都在本区域内进行。

1954年3月，石油管理总局在西安召开第五次全国石油勘探会议。会议确认第一个五年计划期间的勘探任务是:加强酒泉及四川盆地的勘探工作，继续进行陕北、潮水、民和盆地的勘探，稳步开展吐鲁番及柴达木盆地的勘探，并为第二个五年计划准备勘探区域。

1958年，在四川盆地铺设了第一条输气管道，长20km，管径159mm，从永川黄瓜山气田输气到永川化工厂。

从1958年起，四川石油管理局在川东、川南地区进行天然气勘探，到1961年12月底，相继在邓井关、纳溪、阳高寺、龙洞坪、长恒坝、卧龙河和打鼓场等七个构造的三叠系中钻获工业气流，并在纳溪、阳高寺、沙坪坝和自流井等4个构造的二叠系中获工业气流。天然气产量从

1957年的0.67×10^8m^3激增至1961年的14.4×10^8m^3。

1964年，在柴达木盆地涩北首钻参3井获高产工业气流，发现涩北一号气田，地面构造面积70.7km^2，预测探明储量近500×10^8m^3。

1976年5月塔里木盆地西南边缘昆仑山北麓的柯克亚潜伏构造顶部的柯参1井开钻。1977年5月17日钻至第三系，井深3783.1m时，发现强烈井喷，经测定日喷天然气350×10^4m^3、液量3000m^3，最高自喷液量9500m^3，其中含油1000t，是新疆地区油气勘探史上罕见的。

1977年，燃料化学工业部南海石油勘探筹备处"南海一号"在涠西南构造带钻了北部湾的第一口探井——湾1井，获得日产原油超过20t、天然气9490m^3，这是在北部湾首次发现油气。

1980年，我国第一座天然气储气库于1975年在大庆油田建成，经过五年检验运行，效果良好。

1981年中国海洋地质工作者完成了100×10^4km^2近海石油地质调查，发现6个含油气盆地。

1985年，在辽东湾锦州20-2构造上，海洋石油公司钻探的第一口探井，发现高产油气流，经测试日产凝析油226m^3、天然气53×10^4m^3，证实辽东湾有良好的油气前景。

1987年，建成四川北环输气干线，东起渠县天然气净化厂，途经南充、射洪、中江等地，西到成都，全长297.8km，是当时国内最长的一条720mm管径的输气管线。

1989年，陕甘宁盆地中央古隆起东北斜坡的陕参1井，于1988年1月24日开钻，1989年2月7日完钻。在井深4068.45m奥陶系组马家沟酸化后获无阻流量28.3×10^4m^3天然气。这是发现中部大气田的重大突破。

1990年，长庆油田成为中国新兴石油工业基地。位于陕甘宁盆地的长庆油田是从1970年起在进行石油天然气调查和勘探的基础上开始进行油气勘探开发会战的一个布局分散的油气田。20年来，已在黄土高原上勘探和开发19个油气田，累计探明石油地质储量2.73×10^8t，探明天然气储量30×10^8m^3。

1991年2月，辽东湾海域铺设我国第一条海底输气管道。这条管线全长48.6km，首起锦州20—2凝析油气田，在辽宁兴城连山湾登陆，将年产5×10^8m^3天然气输到锦西化工厂。

1991年，胜利油田水平井首次试油成功，日获高产油流268m^3、天然气11551m^3。这标志着我国水平井技术达到了新水平。

1993年，塔里木盆地沙漠腹地的塔中4号背斜构造经钻探在塔中4井获日产原油285m^3、天然气5.3×10^4m^3。塔中402井获日产原油589m^3、天然气6.5×10^4m^3。共有三套油气层，总厚度为42～98m，说明这一地区是一个大型油气田富集区。

1996年，中国海洋石油总公司、美国阿科公司及科威特国家石油公司对外石油勘探公司联合宣布，由三家公司合作投资开发建设的南海崖13-1气田，于1995年10月胜利建成，试运投产一次成功。1996年1月1日已正式向香港输气，3月1日正式向海南岛南山发电厂和海南化肥厂供气。崖13-1气田年产天然气34×10^8m^3，其中29×10^8m^3供给香港，日供气量792.9×10^4m^3；5×10^8m^3供给海南省，日供气量141.6×10^4m^3。

1996年11月，东海平湖油气田项目海上工程典礼和海上开钻仪式分别在上海和中国海洋石油南方钻井公司"南海六号"钻井平台举行。该项目总投资5.6亿美元，项目包括钻井13口生产井；建造一座集钻井、采油、生活于一体的海上综合平台；铺设一条385km长、14in海底输气管线和一条306km长10in海底输油管线；建设一座陆上天然气处理厂和一座原油中转站。该项目建成后年产天然气(4.5～5.0)$\times 10^8 m^3$，轻质原油 $100\times 10^4 m^3$。每天向上海市供应天然气 $120\times 10^4 m^3$。

4. 天然气工业发展时期（1997 年至今）

以陕京管线建成为起点，天然气管道从区域内向外延伸。液化天然气接收站工程启动、非常规天然气开始研究和勘探，并且频繁与国外政府和公司谈判进口天然气问题，表明我国天然气进入大发展阶段，但是这个阶段没有进口天然气。

1997 年 6 月，中国石油天然气总公司与哈萨克斯坦签署了关于购买阿克列宾斯克油气公司 60%股份的合同。该公司包括两块油田，其石油地质储量分别为 $4\times 10^8 t$ 和 $1.9\times 10^8 t$；天然气地质储量分别 $2000\times 10^8 m^3$ 和 $200\times 10^8 m^3$ 之多。

1997 年 9 月 10 日，陕京线建成。从陕西靖边到北京琉璃河分输站，全长 860km，管径 660mm，于 10 月正式建成投入运营。这条管道由中国石油天然气集团公司和北京市政府联合投资，造价 39.4 亿元。

1997 年，我国陆上天然气采输工艺自动化程度最高的四川盆地川东地区大天池龙门气田正式投产。大天池气田是我国目前陆上最富集的整装气田，下辖五百梯、龙门、沙坪等三个气田，含气面积 $45.1 km^2$，探明储量约 $1168.81\times 10^8 m^3$。单井产量高，开发成本低，工程总投资 20 亿元。大天池气田全部建成后，年产天然气量达 $30\times 10^8 m^3$。

1998 年 4 月 17 日，彩南—石西—克拉玛依输气管线建成。这是我国最长的一条沙漠输气管线，从准噶尔盆地中部的彩南油田，经石西油田到克拉玛依油田，全长 290km，建造费用 3.9 亿元。输送能力为 $180\times 10^4 m^3/d$。

1998 年 5 月 19 日，位于柴达木盆地北缘冷湖地区的我国海拔最高的科探井——冷科 1 井，经历两年的钻探胜利完井。这口井在柴达木盆地石油天然气勘探中获得重大突破，证明这个地区侏罗系油层广泛存在。初步估算，柴达木北缘的油气资源量达 $17\times 10^8 t$，天然气资源量达 $300\times 10^8 m^3$。

1998 年 7 月 15 日，中国石油天然气总公司勘探局新区勘探事业部组织煤层气勘探系统工程攻关，经过五年工作，在山西省南部沁水盆地发现我国当前第一个大型煤层气气田。单井日产气 $300\sim 5000 m^3$，预测含气面积 $300 km^2$，地质储量 $1000\times 10^8 m^3$。

1999 年 10 月 29 日，我国自行设计建设的第一座地下储气库——大张坨地下储气库开始动工。建成后最大库容量 $16\times 10^8 m^3$，有效工作气量 $6\times 10^8 m^3$。该库建成后，可满足北京市用气季节调峰及输气管线发生事故时紧急安全供气的需要，并且可平衡北京市东西部的供气，改善华北以及天津市的天然气供应状况。

2001 年 1 月 5 日，我国“西气东输”管道工程获准立项，对外招商工作正式启动。

2001 年 2 月 8 日，我国首次采用最先进的地下岩洞储存液化石油气技术，在广东省汕头市建成大型储库。

2001 年 12 月 12 日，西部大开发重点项目、中国石油天然气股份有限公司涩北—西宁—兰州管道工程全线竣工，并在兰州举行点火仪式。该工程全长 930km，设计年输气量为 $20\times 10^8 m^3$。总投资为 22.5 亿元。

2002 年 7 月 4 日，西气东输工程试验段正式开工建设。2003 年 10 月 1 日，靖边至上海段试运投产成功，2004 年 1 月 1 日正式向上海供气，2004 年 10 月 1 日全线建成投产，2004 年 12 月 30 日实现全线商业运营。西气东输管道工程起于新疆轮南，途经新疆、甘肃、宁夏、陕西、山西、河南、安徽、江苏、上海以及浙江10省(区、市)66个县,全长约4000km。穿越戈壁、荒漠、高原、山区、平原、水网等各种地形地貌和多种气候环境,还要抵御高寒缺氧,施工难度世界少有。一线工程开工于2002年,竣工于2004年。

西气东输二线西段工程于2009年12月31日建成投产;西气东输二线干线工程于2011年6月30日建成投产,2012年内八条支干线及香港支线将全部建成投产。截至2012年10月,西气东输二线已惠及21个省(区、市)数亿人口。截至2012年10月中旬,西二线已累计接输中亚天然气约$368\times10^8m^3$。

2009年12月,中国石油天然气集团公司与缅甸能源部签署了中缅原油管道权利与义务协议,中缅油气管道境外和境内段分别于2010年6月3日和9月10日正式开工建设。

2013年5月30日,我国第四条能源进口战略通道中缅油气管道将全线贯通。届时,海上进口原油和缅甸天然气资源将绕过马六甲海峡输送至国内。

2014年5月21日,中国石油与俄罗斯天然气工业股份公司签署《中俄东线供气购销合同》,商定从2018年起俄罗斯开始通过中俄天然气管道东线向中国供气,输气量逐年增加,最终达到每年$380\times10^8m^3$,累计30年。这条天然气管道总长4000km,从伊尔库茨克州经雅库特和哈巴罗夫斯克到符拉迪沃斯托克。在斯沃波德内伊与布拉戈维申斯克之间将建造对华输气管道分支。

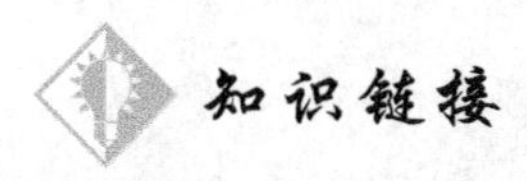

我国石油天然气管理机构发展历程

1878年清政府在台湾苗栗设置矿油局,负责出磺坑油田的钻井采油业务。这是中国近代石油工业的第一个管理机构。

1904年在台湾发现天然气田。

1907年在陕西成立延长石油官厂,隶属清政府农工商部。

1914年北洋政府在北京设立"筹办全国煤油矿事宜处",统一经营全国的石油事业。

1934年南京国民党政府成立资源委员会,下设陕北油矿勘探处、四川石油勘探处、甘肃油矿局。

1946年在上海成立中国石油有限公司,隶属于国民党政府经济部,翁文灏任董事长兼总经理。

1949年10月1日中华人民共和国成立。中央人民政府设立燃料工业部。在燃料工业部石油管理总局下设西北石油管理局、东北石油管理局。

1953年撤销西北石油管理局,成立石油钻探局和石油地质局。

1955年9月1日成立石油工业部。部机关设地质勘探等13个司,下属单位有3个勘探局、10座炼油厂、4个机械厂、2个工程公司等,职工总数为8万人。当时拥有12个地震队、55个重磁力队、120个钻井队,共有10个油田,年产原油96.6×10^4t。

1970年6月22日煤炭工业部、石油工业部、化学工业部合并,成立燃料化学工业部。

1975年1月17日撤销燃料化学工业部,成立煤炭工业部和石油化学工业部。

1978 年 3 月 5 日撤销石油化学工业部，成立石油工业部和化学工业部。

1982 年 2 月 15 日在石油工业部领导下成立了中国海洋石油总公司，全面负责开采海洋石油对外合作业务。

1988 年 9 月石油工业部更名为中国石油天然气总公司。

1997 年原地矿部石油海洋地质局更名为中国新星石油公司。

1998 年 3 月 16 日九届全国人大一次会议通过的国务院机构改革方案提出“将化学工业部、中国石油天然气总公司、中国石油化工总公司的政府职能合并，组建国家石油和化学工业局，由国家经济贸易委员会管理。化工部和两个总公司下属企业及石油公司和加油站，按照上下游结合的原则，分别组建两大特大型石油、石化企业集团公司和若干大型化肥、化工产品公司。原属中国石油天然气总公司的八个油田：胜利、中原、江苏、河南、江汉、滇黔桂、安徽和浙江等转移到中国石油化工集团公司。中国石油天然气总公司更名为中国石油天然气集团公司(CNPC)。原属中国石油化工总公司的 13 座主要炼厂包括大庆、抚顺、辽阳、锦州、锦西、大连、兰州和乌鲁木齐等转移到中国石油天然气集团公司。中国石油化工总公司更名为中国石油化工集团公司(SINOPEC)。

2000 年 3 月 31 日中国新星石油有限责任公司整体并入中国石油化工集团公司，成为中国石油化工集团公司的全资子公司，更名为中国石油化工集团新星石油有限责任公司。

2001 年 2 月撤销国家石油和化学工业局。

2.2.2 我国天然气行业发展现状

1. 资源探明程度低，发展潜力大

2016 年最新一次全国油气资源潜力评价结果显示，天然气地质资源量 $90.3\times10^{12}m^3$、可采资源量 $50.1\times10^{12}m^3$，探明率 14%，天然气产量连续五年超千亿方，达到 $1243.57\times10^8m^3$。总体上分析，我国天然气资源丰富，发展潜力较大。鄂尔多斯盆地、四川盆地、塔里木盆地和南海海域是我国四大天然气产区，是今后增储上产的重要地区。

2. 非常规油气资源潜力可观

全国埋深 4500m 以内浅页岩气地质资源量为 $122\times10^8m^3$，可采资源量为 $22\times10^{12}m^3$，具有现实可开发价值的有利区可采资源量为 $5.5\times10^{12}m^3$，主要分布在四川盆地及周缘。埋深 2000m 以内浅煤层气地质资源量为 $30\times10^{12}m^3$，可采资源量约为 $12.5\times10^{12}m^3$，具有现实可开发价值的有利区可采资源量为 $4\times10^{12}m^3$，主要分布在沁水盆地南部、鄂尔多斯盆地东缘、滇东黔西盆地北部和准噶尔盆地南部。

3. 全国天然气管网架构逐步形成

我国天然气管网初步形成，管网里程达到 8.5×10^4km，地下储气库工作气量达到 $30\times10^8m^3$，相继建成 9 座液化天然气(LNG)接收站，基本形成了“西气东输、北气南下、海气登陆、就近供应”供气格局。管网架构形成以西气东输、陕京线、川气东送、中缅天然气管道、永唐秦等为主的主干网络，以冀宁线、兰银线、忠武线、中贵线等联络线为主的联络管道，实现了川渝、长庆、西北三大产气区与东部市场的连接，实现了储气库、LNG 接收站、主干管道的连通。完成西北、西南及东部沿海三大进口通道，基础设施建设逐步呈现以国有企业为主、民营和外资企业为辅多种市场主体共存的局面，促进了多种所有制经济共同发展。

4. 进口量持续增加，对外依存度不断攀升

2015 年进口天然气 $617\times10^8m^3$，对外依存度继续上升达到 33%。我国进口管道气始于 2009 年 12 月中亚天然气管道 A 线与西气东输二线西段工程的正式建成投产，目前中亚—中国、中缅、中俄管道构成进口管道气三大渠道，随着天然气骨干管网的逐步建成，我国管道天然气进口量已经超过液化天然气的进口量，进口天然气的比例还将不断上升。

5. 市场快速发展，消费结构逐步调整

据发展与改革委员会运行快报统计，2016 上半年，天然气产量 $675\times10^8m^3$，同比增长 2.9%；天然气进口量 $356\times10^8m^3$，增加 21.2%；天然气消费量 $995\times10^8m^3$，增长 9.8%。2016 年我国天然气表观消费量有望增长 7.3%，达到 $2050\times10^8m^3$；天然气在我国一次能源消费结构中的比重也有望从 2015 年的 5.9%提升至 6.45%。其中，城市燃气、发电、工业燃料和化工行业用气量将分别增长 9.1%、8.7%、6.1%和 3.7%，消费量增加到 $827\times10^8m^3$、$319\times10^8m^3$、$611\times10^8m^3$ 和 $293\times10^8m^3$。

6. 科技创新能力增强，装备自主化水平提高

初步形成岩性地层气藏理论、海相碳酸盐岩成藏理论、前陆盆地成藏理论等，以及以地球物理识别为核心的天然气藏勘查技术。攻克超低渗透天然气藏经济开发，高含硫化氢气田安全开采，含 CO_2 火山岩气藏安全高效开发、集输处理和驱油循环利用等关键技术。研制成功 3000m 深水半潜式钻井平台等重大装备；3000 型大型压裂车、可钻式桥塞等页岩气关键装备研制有所突破。以西气东输、广东 LNG 接收站和西气东输二线等一批重大工程为依托，实现了 X70、X80 钢级管材国产化；大型 LNG 运输船国产化工作顺利推进，已经实现批量生产；20 兆瓦级电驱、30 兆瓦级燃气轮机驱动离心式压缩机组总成满负荷试验成功。

2.2.3 我国天然气行业发展趋势

1. 天然气需求增速超过 10%

2015 年 12 月，国家能源局提出到 2016 年能源消费总量控制在 43.6×10^8 tce[1] 以内，天然气消费要达到 $2050\times10^8m^3$ 及以上，天然气比重将提高到 6.2%以上。“十三五”期间，我国经济年增长速度预计在 6.5%左右，天然气需求在稍早预测的基础上有所调整，预计 2020 年天然气需求将达到 $3140\times10^8m^3$ 左右，年均增长速度约为 10.45%，在亚洲和全世界，天然气需求增速仍然居于最高速度。2020 年，天然气消费比重有望达到 10%以上。

2. 天然气稳定发展

“十三五”期间，相对较低的国际原油价格预期，天然气相对比价有所提高，天然气投资的相对经济效益获得改观，天然气带来的现金流量所占比例大幅度提升，石油企业投资天然气积极性受到的影响较小。《国家应对气候变化规划(2014—2020 年)》设定的天然气生产目标，有条件如期实现，2020 年天然气产量有条件达到约 $1850\times10^8m^3$，天然气产量年均增长速度预计约为 6.50%。

---

[1] tce(ton of standard coal equivalent)，吨标准煤当量，是按标准煤的热值计算各种能源量的换算指标。

3. 致密气马不扬鞭自奋蹄

据国土资源部的最新评价，致密气资源量约 23×10^{12} m^3，其中可采资源量约为 11×10^{12} m^3，约占全国天然气可采资源量的 27.5%，广泛分布于鄂尔多斯、四川、松辽、渤海湾、柴达木、塔里木及准噶尔等 10 余个盆地。虽然致密气在我国尚不是独立气种，一直纳入天然气管理，也没有针对致密气的扶持政策，但是“十一五”“十二五”时期以来，致密气勘探开发仍然双双获得成果。中国石油、中国石化、中国海油、延长石油和中联煤层气公司投资致密气勘探开发的积极性高涨，部分新兴油企已经开始关注致密气勘探开发领域。据专家预计，2020 年致密气产量有望达到 800×10^8 m^3。

4. 煤层气开发利用

2015 年年初国家能源局印发的煤层气勘探开发行动计划提出，“十三五”期间，新增煤层气探明地质储量 1×10^{12} m^3，2020 年煤层气产量力争达到 400×10^8 m^3，其中地面煤层气产量 200×10^8 m^3，煤矿瓦斯抽采量约为 200×10^8 m^3。按照《行动计划》目标测算，“十三五”期间，煤层气产量年均增长速度将达到 18.53%，其中地面煤层气产量的年均增长速度约为 35.21%，煤矿瓦斯产量的年均增长速度约为 9.55%。制约煤层气发展的最突出因素仍是体制制约导致的投资积极性不高和对煤层气矿权的非法侵占等，亟须加快开发利用步伐。

5. 页岩气迎接新跨越

按照国家能源局关于页岩气发展规划，到 2020 年页岩气产量将达到 300×10^8 m^3。当前一大批新兴油企、非公油企正在页岩气勘探开发实践中向传统油企、中央油企、国际油企学习经验，为页岩气快速提升发挥着越来越重要的推动作用。中国石油、中国石化等传统油企继续加大页岩气勘探开发投资力度。“十三五”期间，页岩气的年均发展速度将高达 46.07%。在未来的五年，页岩气将成为石油天然气领域发展最快的产业。

6. 生物天然气面临重要发展机遇

据专家估计，我国生物燃气总产气潜力达 3017×10^8 m^3/a。国家发展和改革委员会办公厅、农业部办公厅最近联合印发了关于申报 2016 年规模化大型沼气工程中央预算内投资计划的通知，对生物天然气项目进行新一轮扶持和鼓励行动。按照《国家应对气候变化规划（2014—2020 年）》，预计 2020 年生物天然气产量有望达到 440×10^8 m^3，年均增长速度约 14.35%。

7. 煤制气期待新刺激

2015 年年底以来，国际原油价格下跌打击了煤制气投资的积极性，但随着低煤价、煤制气工程的建设成本和原料成本降低或成为煤制气的救赎，治理大气污染也需要加快煤改气。总体分析，煤制气产业的发展，首先需要通过技术创新来实现低成本才能真正开启煤制气快速发展的新时代。在各项努力取得成果的基础上，如果 2020 年煤制气产量能够到达 $(150\sim180)\times10^8$ m^3，应该就算取得重大进展。

8. 进口天然气管道延伸，LNG 求稳

2015 年全国进口天然气约为 614×10^8 m^3，比 2014 年增长约 6.3%；进口天然气量是全国天然气产量的约 46.22%，占全国天然气消费总量的 32.3% 左右，也就是说，天然气对外依存度创新高，达到近 1/3。展望 2016 年和“十三五 ”时期，LNG 终端项目建设热潮显著减退，

潜在投资者大都停滞在深化前期工作阶段，等待好的投资时机。已经建成投产的 LNG 终端项目，比较关注出让容量或者寻求合作。与 LNG 领域形成对比的是，跨国天然气管道建设积极性较高，将在进口天然气领域发挥更大作用。2020 年进口天然气量将达到$(930\sim1000)\times10^8 m^3$ 可能性较大。

2.2.4 我国燃气产业链简介

天然气产业链从上游到下游，可以分为三类，如图 2.7 所示。上游的天然气勘探生产、中游的管道运输及地下储存和下游的城市配送，是组成天然气工业的基本业务单元。

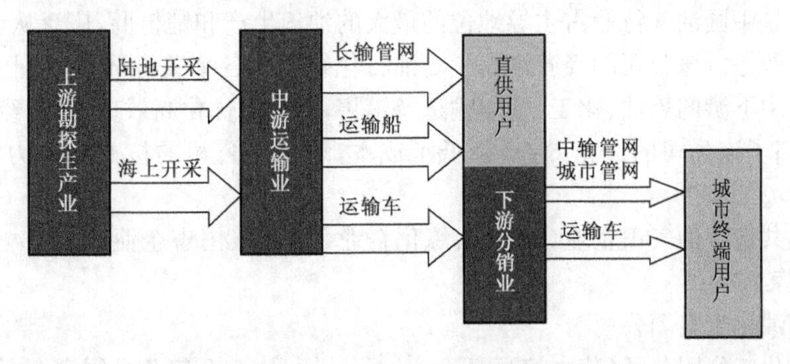

图 2.7 天然气产业链

随着 LNG 国际贸易的发展，天然气工业的业务构成又增添了新内容，即天然气液化、液化天然气(LNG)远洋运输及 LNG 的接收、储存和再气化，天然气产业链布局和结构也需进一步优化，如图 2.8 所示。

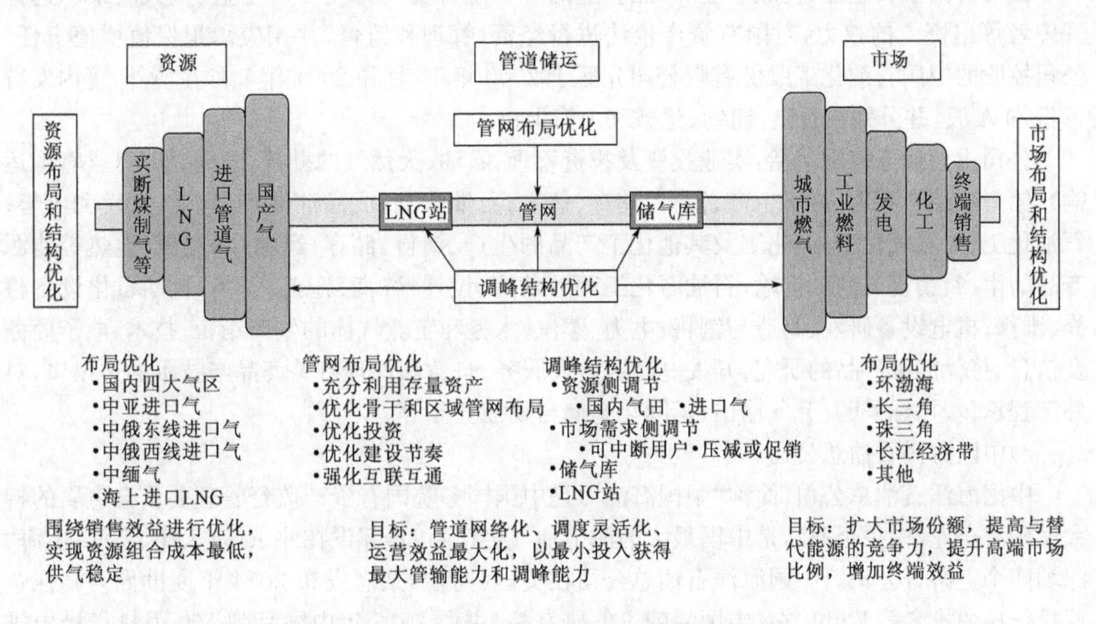

图 2.8 我国天然气产业链布局和结构优化

1. 上游勘探生产业

勘探生产业主要是指对天然气进行勘探、开采和净化，根据需要有时也进一步进行压缩或液化加工。我国的天然气资源集中于中国石油、中国石化和中国海油三家。

1)中国石油天然气集团公司

中国石油天然气集团公司(China National Petroleum Corporation,英文缩写“CNPC”,中文简称“中国石油”)是国有重要骨干企业,是以油气业务、工程技术服务、石油工程建设、石油装备制造、金融服务、新能源开发等为主营业务的综合性国际能源公司,是中国主要的油气生产商和供应商之一。2015 年,在世界 50 家大石油公司综合排名中位居第三,在《财富》杂志全球 500 家大公司排名中位居第四。中国石油以建成世界水平的综合性国际能源公司为目标,通过实施战略发展,坚持创新驱动,注重质量效益,加快转变发展方式,实现到 2020 年主要指标达到世界先进水平,全面提升竞争能力和盈利能力,成为绿色发展、可持续发展的领先公司。

中国石油是中国油气行业占主导地位的最大的油气生产和销售商,广泛从事与石油、天然气有关的各项业务。该公司的经营涵盖了石油石化行业的各个关键环节,从上游的原油天然气勘探生产到中下游的炼油、化工、管道输送及销售,形成了优化高效、一体化经营的完整业务链,极大地提高了该公司的经营效率,降低了成本,增强了公司的核心竞争力和整体抗风险能力。

成员企业共包含油气田企业(16 家)、炼化企业(32 家)、销售企业(36 家)、天然气与管道储运企业(14 家)。

2)中国石油化工集团公司

中国石油化工集团公司(英文缩写 Sinopec Group)是 1998 年 7 月国家在原中国石油化工总公司基础上重组成立的特大型石油石化企业集团,是国家独资设立的国有公司、国家授权投资的机构和国家控股公司。公司注册资本 2316 亿元,董事长为法定代表人,总部设在北京。中国石油化工集团公司在 2015 年《财富》世界 500 强企业中排名第 2 位。

公司对其全资企业、控股企业、参股企业的有关国有资产行使资产受益、重大决策和选择管理者等出资人的权力,对国有资产依法进行经营、管理和监督,并相应承担保值增值责任。公司控股的中国石油化工股份有限公司先后于 2000 年 10 月和 2001 年 8 月在境外、境内发行 H 股和 A 股,并分别在香港、纽约、伦敦和上海上市。

公司主营业务范围包括:实业投资及投资管理;石油、天然气的勘探、开采、储运(含管道运输)、销售和综合利用;煤炭生产、销售、储存、运输;石油炼制;成品油储存、运输、批发和零售;石油化工、天然气化工、煤化工及其他化工产品的生产、销售、储存、运输;新能源、地热等能源产品的生产、销售、储存、运输;石油石化工程的勘探、设计、咨询、施工、安装;石油石化设备检修、维修;机电设备研发、制造与销售;电力、蒸汽、水务和工业气体的生产销售;技术、电子商务及信息、替代能源产品的研究、开发、应用、咨询服务;自营和代理有关商品与技术的进出口;对外工程承包、招标采购、劳务输出;国际化仓储与物流业务等。

3)中国海洋石油总公司

中国海洋石油总公司(简称“中国海油”)是中国国务院国有资产监督管理委员会直属的特大型国有企业(中央企业),是中国最大的海上油气生产商,总部设在北京,有天津、湛江、上海、深圳四个上游分公司。中国海洋石油总公司在美国《财富》杂志发布 2014 年度世界 500 强企业排行榜中排名第 79 位,在《中国品牌价值研究院》主办 2015 年中国品牌 500 强排行榜中排名第 27 位,2016 年 8 月,中国海洋石油总公司在 2016 中国企业 500 强中,排名第 22。

自 1982 年成立以来,中国海油通过成功实施改革重组、资本运营、海外并购、上下游一体化等重大举措,企业实现了跨越式发展,综合竞争实力不断增强,保持了良好的发展态势,由一家单纯从事油气开采的上游公司,发展成为主业突出、产业链完整的国际能源公司,形成了油气勘探开发、专业技术服务、炼化销售及化肥、天然气及发电、金融服务、新能源等六大业务板块。

中国海油围绕“二次跨越”发展纲要，公司紧紧抓住海洋石油工业发展的新趋势、新机遇，正视公司发展中遇到的新问题、新挑战，稳健经营，实现“十二五”良好开局，为全力推进中国海洋石油工业的“二次跨越”创造了有利条件。

海洋石油981深水半潜式钻井平台(图2.9)，简称“海洋石油981”，是中国海油深海油气开发“五型六船”之一，于2008年4月28日开工建造，是中国首座自主设计、建造的第六代深水半潜式钻井平台，由中国海洋石油总公司全额投资建造，整合了全球一流的设计理念和一流的装备，是世界上首次按照南海恶劣海况设计的，能抵御200年一遇的台风；选用DP3动力定位系统，1500m水深内锚泊定位，入级CCS(中国船级社)和ABS(美国船级社)双船级。整个项目按照中国海洋石油总公司的需求和设计理念引领完成，中国海油拥有该船型自主知识产权。该平台的建成，标志着中国在海洋工程装备领域已经具备了自主研发能力和国际竞争能力。

图2.9 “海洋石油981”深水半潜式钻井平台

2014年7月15日，“海洋石油981”钻井平台已结束在西沙中建岛附近海域的钻探作业，按计划顺利取全取准了相关地质数据资料。2014年8月30日，深水钻井平台“海洋石油981”在南海北部深水区陵水17-2-1井测试获得高产油气流。据测算，陵水17-2为大型气田，是中国海域自营深水勘探的第一个重大油气发现。

2. 中游运输业

中游运输业，是将天然气由加工厂或净化厂送往下游分销商经营的指定输送点(一般为长距离输送)，包括通过长输管网、LNG运输船和CNG运输车等。我国的天然气中游也呈现垄断性，长输管线中国石油占垄断地位，中国石化、中国海油等公司拥有少部分或者区域性的长输管道。

1)西气东输

“西气东输”工程是中国天然气发展战略的重要组成部分。它以新疆塔里木盆地、鄂尔多斯盆地和中亚天然气为主气源，先后以我国长江三角洲地区和华南沿海地区为目标消费市场，以干线管道、重要支线和储气库为主体，连接沿线用户，形成横贯中国西东的天然气供气系统。早先的西气东输工程特指2004年12月投产之西气东输一线工程，后期则指代更为广泛的、由中国石油投资、运营管理的西气东输系列干线和支干线组成的管网。

2000年2月国务院第一次会议批准启动“西气东输”工程，这是仅次于长江三峡工程的又一重大投资项目，是拉开西部大开发序幕的标志性建设工程。2004年10月1日全线建成投产，2004年12月30日实现全线商业运营。西气东输管道工程起于新疆轮南，途经新疆、甘肃、宁夏、陕西、山西、河南、安徽、江苏、上海以及浙江10省(区、市)66个县，全长约4000km。

2011年6月30日，我国第一条引进境外天然气资源的大型管道工程——西气东输二线工程正式建成投产。西气东输二线全长分1为一条干线8条支线，共8900km，国内外投资超过 2000 亿元人民币。西气东输二线与横跨土乌哈中四国的中亚管道一脉相承，西起新疆霍尔果斯，东至上海，南至广州。

西气东输三线是规划中的第三条西气东输天然气管道，路线基本确定为从新疆通过江西抵达福建，把俄罗斯和中国西北部的天然气输往能源需求量庞大的中部、东南地区。以中亚天然气为主供气源，经过我国 10 省区的西气东输三线工程在北京、新疆、福建同时开工，将年供应天然气 $300\times10^8m^3$。西气东输三线工程途经新疆、甘肃、宁夏、陕西、河南、湖北、湖南、江西、福建、广东等 10 个省(区)，总长度约为 7378km，设计年输气量 $300\times10^8m^3$。主要气源来自中亚国家，国内塔里木盆地增产气和新疆煤制气为补充气源。

2)陕京天然气管道

陕京天然气，我国已经建成的输气管线陕京线(靖边—北京，918km)是北京天然气的重要来源。陕京天然气管道由陕京一线、二线、三线和四线(目前在建)组成，如图 2.10 所示。其中，陕京一线 1997 年 10 月建成投产，陕京二线于 2005 年 7 月正式进气，陕京三线于 2011 年 1 月正式投产通气。目前，日输气量稳定在$(6700\sim7500)\times10^4m^3$。

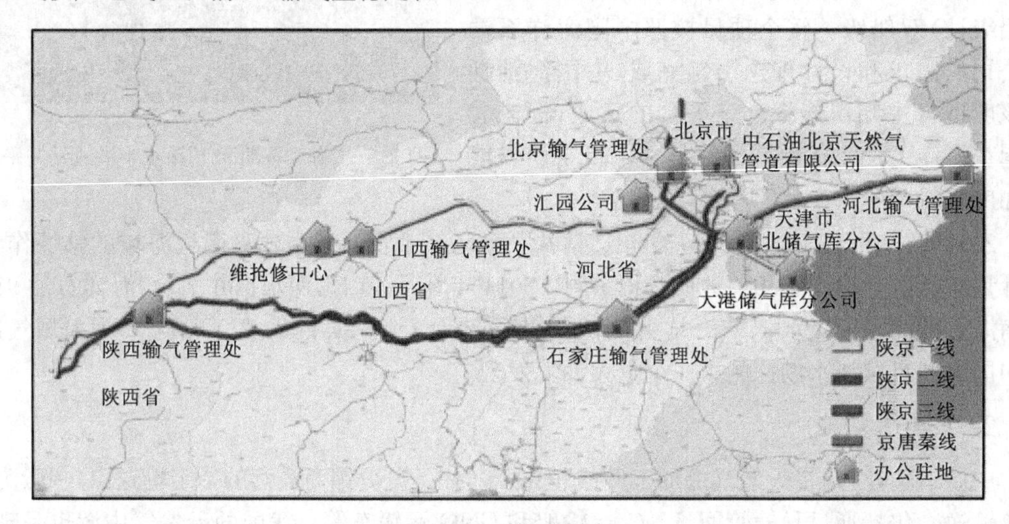

图 2.10　陕京天然气

陕京一线的总投资 50 亿元，投资比例为中国石油 60%，北京市 40%。一线工程管道总长 1098km，途经三省两市(陕、晋、冀和京津)，由靖边首站至北石景山管径，设计年供气能力为 $33\times10^8m^3$。陕京一线采用 X60 管材钢，管道直径 660mm，设计工作压力 6.4MPa。管道于 1992 年动工，1997 年 10 月完工，我国当时陆上距离最长、管径最大、所经地区地质条件最为复杂、自动化程度最高的输气管道，达到 20 世纪 90 年代国际先进水平，在我国油气长输管道建设史上具有里程碑意义。

陕京二线输气管道途经陕西、内蒙古、山西、河北，东达北京市大兴区采育镇。管线经过毛乌素沙漠东南边缘、晋陕黄土高原、吕梁山、太行山脉和华北平原，全线总长 935km，设计年输气量 $120\times10^8m^3$。管材钢种等级为 X70，管径 1016mm，管壁厚度 14.6～26.2mm，设计压力 10MPa。管道于 2005 年 7 月正式通气。另外，连接陕京二线和西气东输管道的冀宁联络线工程也于 2005 年 12 月完工。自此，陕京输气管道实现了“双管线”“多气源”供气，改变了陕京管道建设初期单管线、单气源的供应紧张局面，使其逐步发展成为我国第一个含有管道、增压站和地下储气库在内的长距离、自动化的高压输配气系统。

陕京三线西起自陕西省榆林首站，东止于北京市昌平区西沙屯末站，途经陕西、山西、河北、北京 3 省 1 市，管道全长 896km，设计年输量 $150\times10^8m^3$。如每年按此输量供应，可替代 2100×10^4t 煤，降低二氧化碳排放约 630×10^4t。工程采用设计加 PC 模式，管径 1016mm，设计压力 10MPa，管径 1016mm，采用 X70 管线钢制造。陕京三线于 2009 年 5 月 15 日开工，2011 年 1 月正式投产通气。陕京三线是向北京及环渤海地区供应天然气的又一重要通道，对于进一步满足该区域迅速增长的用气需求和提高供气可靠性具有十分重要的意义。

3)川气东送

川气东送，是我国继西气东输工程后又一项天然气远距离管网输送工程。该工程西起四川达州普光气田，跨越四川、重庆、湖北、江西、安徽、江苏、浙江、上海 6 省 2 市，如图 2.11 所示，管道总长 2170km，年输送天然气 $120\times10^8m^3$，总投资 626.76 亿元，2010 年 8 月 31 日正式运营。

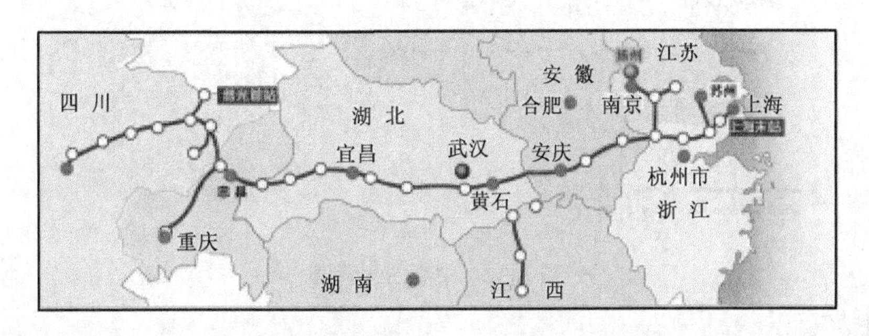

图 2.11　川气东送

“川气东送”使沿线天然气供应增长逾 30%，极大提高了川渝地区和长三角地区天然气供应能力。仅 2012 年“川气东送”销售 $70.8\times10^8m^3$，实现销售收入约 110 亿元，超额完成计划。

普光气田位于四川省东北部的达州市宣汉县，是迄今为止中国投产规模最大、丰度最高的特大型整装海相碳酸盐气田，也是世界第二个年产能百亿立方米级特大型超深高含硫气田，天然气资源量达 $3.8\times10^{12}m^3$，已探明可采储量高达 $6000\times10^8m^3$ 以上。

普光气田外输管道——“川气东送”天然气管道工程西起四川达州市普光首站，东抵上海末站，直接造福沿线 6 省 2 市逾 80 个城市 2 亿多人口和数千家大型工矿企业，2010 年 3 月建成，同年 8 月 31 日正式投入商业化运行，是继“西气东输”管线工程之后建成的又一条横贯中国东西部地区的绿色能源管道大动脉。

4)中缅油气管道

中缅油气管道是继中亚油气管道、中俄原油管道、海上通道之后的第四大能源进口通道。它包括原油管道和天然气管道，可以使原油运输不经过马六甲海峡，从西南地区输送到中国。中缅原油管道的起点位于缅甸西海岸皎漂港东南方的微型小岛马德岛，天然气管道起点在皎漂港，如图 2.12 所示。总投资约 25.4 亿美元，设计输油能力为每年向中国输送 2200×10^4t 原油、$120\times10^8m^3$ 的天然气。天然气主要来自缅甸近海油气田，原油主要来自中东和非洲。2013 年 9 月 30 日，中缅天然气管道全线贯通，开始输气。2015 年 1 月 30 日，中缅石油管道全线贯通，开始输油。

3. 下游分销业

下游分销业：在通过中游输运将上游天然气输送后，一部分直接供给了直供用户，另外一部分销售给城市燃气分销商，然后其通过自建的城市管网、运输车等对城市内的最终用户进行销售。该市场市场化程度较高，主要由各城市燃气公司运营。

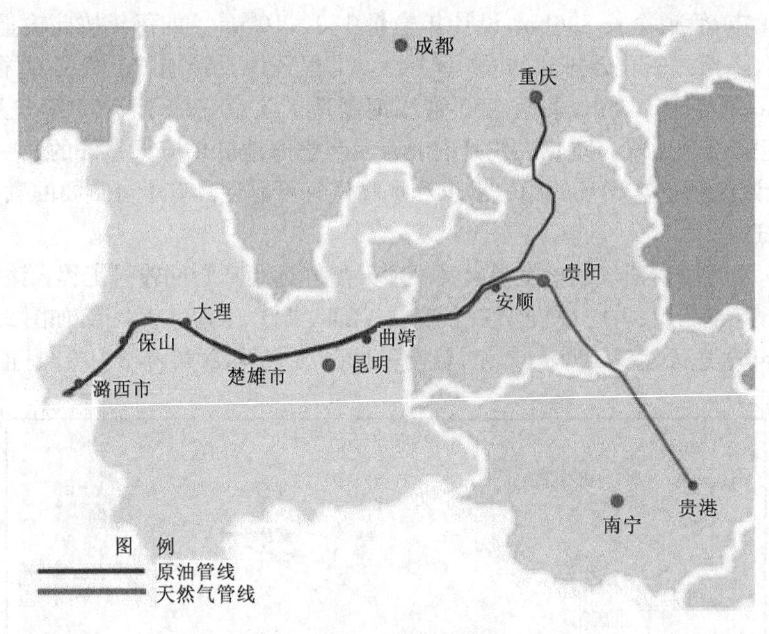

图 2.12 中缅油气管道

1)华润燃气

华润燃气集团成立于 2007 年 1 月,是华润集团战略业务单元之一,主要在中国内地投资经营与大众生活息息相关的城市燃气业务,包括管道燃气、车用燃气及燃气器具销售等。

华润燃气从无到有、从弱到强,几年来实现了跨越式发展,目前已在南京、成都、武汉、昆明、济南、福州、郑州、重庆、南昌、天津、苏州、无锡、厦门等 200 多座大中城市投资设立了燃气公司,业务遍及全国 22 个省、3 个直辖市,燃气年销量超过 $140\times10^8 m^3$,用户逾 2300 万户,华润燃气已经发展成为中国最大的城市燃气运营商。2008 年 10 月底华润燃气在香港成功上市,成为华润集团旗下燃气板块的上市平台,现已位列香港恒生综合指数成分股。

华润燃气秉承专业、高效、亲切的服务宗旨,供应安全清洁燃气,努力改善环境质量,提升人们生活品质,坚持海纳百川、包容开放的用人理念,致力于成为综合实力“中国第一、世界一流”的燃气企业。

2)港华燃气

港华集团是香港中华煤气有限公司(中华煤气)在内地经营的公用事业企业,旗下有港华燃气、华衍水务、港华紫荆三大品牌。

中华煤气于 1994 年开始于内地投资设立燃气项目,首先在华南珠三角地区成立城市管道燃气企业,之后在华东长三角地区配合国家天然气清洁能源政策,大力推进发展城市管道燃气,并陆续拓展至华中、西南及东北等地区。2002 年,中华煤气在深圳成立港华投资有限公司,负责管理内地的投资项目。至今,港华燃气于内地南京、武汉、西安、济南、成都、长春及深圳等地发展超过 131 个城市燃气企业,业务遍布华东、华中、华北、东北、西北、西南、华南共 23 个省、直辖市及自治区,住宅及工商业客户数目由最初的约 5000 户已发展至 2170 多万户,售气量达到 $155\times10^8 m^3$,供气管网总长逾 86554km,已成为内地最具规模的城市燃气集团之一。

为了更进一步提升客户用气安全,港华燃气于 2005 年在内地市场推出燃气具产品品牌“港华紫荆”。由于优良的品质和优质的服务,港华紫荆系列燃气具产品销售量节节攀升,至今累计销售量已突破 350 万台。

3)新奥燃气

新奥能源控股有限公司(原新奥燃气)于1992年开始从事城市管道燃气业务,构建了能源分销、智能能源、太阳能源、能源化工等相关多元产业,是国内规模最大的清洁能源分销商之一。截至2012年12月,新奥集团拥有员工3万人,总资产超过600亿元人民币,100多个全资、控股公司和分支机构分布在国内100多个城市及亚洲、欧洲、美洲、大洋洲等地区。

新奥能源已在中国16个省、自治区、直辖市成功投资、运营了142个城市燃气项目,并取得越南国家城市燃气经营权;为1060万居民用户、24000家工商业用户提供各类清洁能源产品和服务;敷设管道逾27000km,天然气最大日供气能力超过$3000\times10^4m^3$;市场覆盖国内城区人口逾6500多万;在全国71个城市,投资、运营527座天然气汽车加气站,同时在20多个大中城市开展了包括供能系统外包和多联供等形式在内的整体解决方案服务。

4)中国燃气

中国燃气控股有限公司是中国最大的跨区域能源服务企业之一,在香港联交所主板上市。自2002年成立以来,专注于在中国大陆从事投资、建设、经营、管理城市燃气管道基础设施和液化石油气的仓储、运输、销售业务,向居民、商业、公建和工业用户输送各种燃气,建设及经营车船燃气加气站,开发与应用石油、天然气及其他新能源等相关的技术产品。

中国燃气的主要股东包括北京控股集团有限公司、英国富地石油公司、韩国SK集团、印度燃气公司等;主要合作伙伴有国家开发银行、中国工商银行和中国石油天然气集团公司等。

中国燃气经过十年的快速发展,已在全国28个省、市、自治区进行了广泛的项目布局。在资源共享、技术交流和项目运营上,中国燃气先后引进了来自中国、韩国、印度、美国等国家的战略投资者和合作伙伴,搭建了独一无二的国际化能源合作平台。截至2015年,中国燃气总资产达500多亿元,员工总数近4万人。旗下公司已超600家,拥有300多个城市燃气项目,600多座天然气汽车加气站项目,98个液化石油气分销项目、13个天然气长输管线项目,燃气管网总长超过6×10^4km,各类管道燃气用户1500万户,瓶装液化石油气用户达600多万户,燃气供应覆盖城市人口超过1亿。

5)深圳燃气

深圳市燃气集团股份有限公司是一家以城市管道燃气供应、液化石油气批发、瓶装液化石油气零售为主的大型燃气企业。公司创立于1982年,2004年改制为中外合资企业,2009年在上海证券交易所成功上市。公司总部所在的深圳市是中国改革开放的前沿,毗邻香港、澳门,经济总量持续稳定增长,具有明显国际化区位优势。

目前,公司总资产超过150亿元人民币,年销售收入近100亿元人民币;公司坚持“走出去”发展战略,实现了“深圳燃气”品牌在广东、广西、湖南、江西、江苏、浙江、安徽、山东、内蒙古等多个省区的战略布局,拥有管道天然气客户超过220万户,瓶装石油气客户超过110万户,覆盖人口超过1000万人。

深圳燃气推行天然气“多气源、一张网、互联互通、功能互补”的管网供气模式,建设深圳市天然气利用工程和高压输配系统工程,在全国20多个城市建设完备的燃气输配系统,已建成各类天然气加气站42座。公司率先开展天然气分布式能源示范项目,积极寻求上下游产业链延伸。

第3章　城市燃气安全管理

3.1　安全技术基础知识

3.1.1　事故定义

事故，指造成人员伤害、死亡、职业病或设备设施等财产损失和其他损失的意外事件。

安全事故是指生产经营单位在生产经营活动(包括与生产经营有关的活动)中突然发生的，伤害人身安全和健康，或者损坏设备设施，或者造成经济损失的，导致原生产经营活动(包括与生产经营活动有关的活动)暂时中止或永远终止的意外事件。

3.1.2　事故特性

大量的事故调查、统计、分析表明，事故有其自身特有的属性。掌握和研究这些特性，对于指导人们认识事故、了解事故和预防事故具有重要意义。

1. 普遍性

自然界中充满着各种各样的危险，人类的生产、生活过程中也总是伴随着危险。所以，发生事故的可能性普遍存在。危险是客观存在的，在不同的生产、生活过程中，危险性各不相同，事故发生的可能性也就存在着差异。

2. 随机性

事故发生的时间、地点、形式、规模和事故后果的严重程度都是不确定的。何时、何地、发生何种事故，其后果如何，都很难预测，从而给事故的预防带来一定困难。但是，在一定的范围内，事故的随机性遵循数理统计规律，亦即在大量事故统计资料的基础上，可以找出事故发生的规律，预测事故发生概率的大小。因此，事故统计分析对制定正确的预防措施具有重要作用。

“海因里希法则”(图3.1)是美国著名安全工程师海因里希提出的300∶29∶1法则。海因里希通过分析工伤事故的发生概率，发现在一件重大的事故背后必有29件轻度的事故，还有300件潜在的隐患。

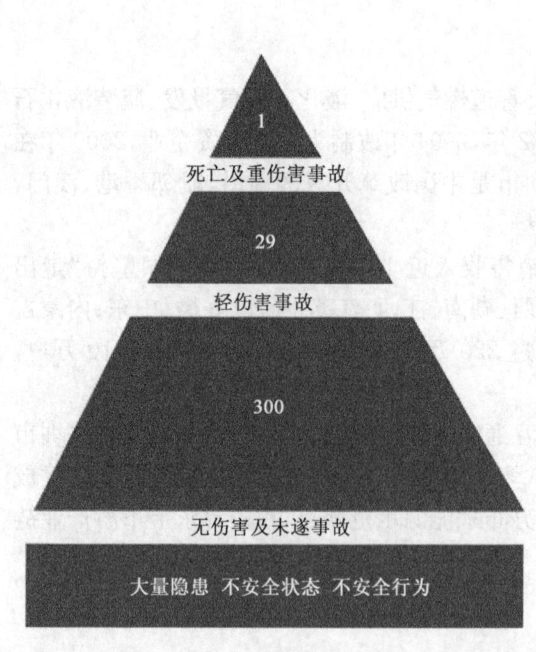

图3.1　海因里希法则

3. 必然性

危险是客观存在的，而且是绝对的。因此，人们在生产、生活过程中必然会发生事故，只不过是事故发生的概率大小、人员伤亡的多少和财产损失的严重程度不同而已。人们采取措施预防事故，只能延长事故发生的时间间隔，降低事故发生的概率，而不能完全杜绝事故。

4. 因果相关性

事故是由系统中相互联系、相互制约的多种因素共同作用的结果。导致事故的原因多种多样。从总体上事故原因可分为人的不安全行为、物的不安全状态、环境的不良刺激作用。从逻辑上又可分为直接原因和间接原因，等等。这些原因在系统中相互作用、相互影响，在一定的条件下发生突变，即酿成事故。通过事故调查分析，探求事故发生的因果关系，搞清事故发生的直接原因、间接原因和主要原因，对于预防事故发生具有积极作用。

5. 突变性

系统由安全状态转化为事故状态实际上是一种突变现象。事故一旦发生，往往十分突然，令人措手不及。因此，制定事故预案，加强应急救援训练，提高作业人员的应急反应能力和应急救援水平，对于减少人员伤亡和财产损失尤为重要。

6. 潜伏性

事故的发生具有突变性，但在事故发生之前存在一个量变过程，亦即系统内部相关参数的渐变过程，所以事故具有潜伏性。一个系统，可能长时间没有发生事故，但这并非就意味着该系统是安全的，因为它可能潜伏着事故隐患。这种系统在事故发生之前所处的状态不稳定，为了达到系统的稳定态，系统要素在不断发生变化。当某一触发因素出现，即可导致事故。事故的潜伏性往往会引起人们的麻痹思想，从而酿成重大恶性事故。

7. 危害性

事故往往造成一定的财产损失或人员伤亡。严重者会制约企业的发展，给社会稳定带来不良影响。因此，人们面对危险，能全力抗争而追求安全。

8. 可预防性

尽管事故的发生是必然的，但可以通过采取控制措施来预防事故发生或者延缓事故发生的时间间隔。充分认识事故的这一特性，对于防止事故发生有促进作用。通过事故调查，探求事故发生的原因和规律，采取预防事故的措施，可降低事故发生的概率。

3.1.3 事故分类

1. 按损失分类

根据生产安全事故（以下简称事故）造成的人员伤亡或者直接经济损失，事故一般分为以下等级：

（1）特别重大事故。特别重大事故是指造成 30 人以上死亡，或者 100 人以上重伤（包括急性工业中毒，下同），或者 1 亿元以上直接经济损失的事故。

（2）重大事故。重大事故是指造成 10 人以上 30 人以下死亡，或者 50 人以上 100 人以下重伤，或者 5000 万元以上 1 亿元以下直接经济损失的事故。

（3）较大事故。较大事故是指造成 3 人以上 10 人以下死亡，或者 10 人以上 50 人以下重伤，或者 1000 万元以上 5000 万元以下直接经济损失的事故。

（4）一般事故。一般事故是指造成 3 人以下死亡，或者 10 人以下重伤，或者 1000 万元以下直接经济损失的事故。

所称的“以上”包括本数，所称的“以下”不包括本数。

2.按危险源分类

根据国家标准《企业职工伤亡事故分类标准》，按事故类别来分，伤亡事故可分为以下 20 种类型：

(1)物体打击。物体打击指失控物体的惯性力造成的人身伤害事故。如落物、滚石、锤击、蹦块、砸伤等造成的伤害，不包括爆炸而引起的物体打击。

(2)车辆伤害。车辆伤害指本企业机动车辆引起的机械伤害事故。如机动车辆在行驶中的挤、压、撞车或倾覆等事故，在行驶中上下车、搭乘矿车或者放飞车所引起的事故，以及车辆运输挂钩、跑车事故。

(3)机械伤害。机械伤害指机械设备与工具引起的绞、辗、碰、割戳、切等伤害。如工件或刀具飞出伤人，切屑伤人，手或身体被卷入，手或其他部位被刀具碰伤或者被转动的机构缠压住等。但属于车辆、起重设备的情况除外。

(4)起重伤害。起重伤害指从事起重作业时引起的机械伤害事故。包括各种起重作业引起的机械伤害，但不包括触电、检修时制动失灵引起的伤害以及上下驾驶室引起的坠落式跌倒。

(5)触电。触电指电流经过人体，造成生理伤害的事故，适用于触电、雷击伤害。如人体接触带电的设备外壳或裸露的临时线、漏电的手持电动手工工具，起重设备误触高压线或感应带电，雷击伤害，触电坠落等事故。

(6)淹溺。淹溺指因大量水经口、鼻进入肺内，造成呼吸道阻塞，发生急性缺氧二窒息死亡的事故。适用于船舶、排筏、设施在航行、停泊、作业时发生的落水事故。

(7)灼烫。灼烫指强酸、强碱溅到身体引起的灼伤，或因火焰引起的烧伤，高温物体引起的烫伤，放射线引起的皮肤损伤等事故。适用于烧伤、烫伤、化学灼伤、放射性皮肤损伤等伤害，不包括电烧伤以及火灾事故引起的烧伤。

(8)火灾。火灾指造成人身伤亡的企业火灾事故。不适用于非企业原因造成的火灾，比如，居民火灾蔓延到企业。此类事故属于消防部门统计的事故。

(9)高处坠落。高处坠落指由于危险重力势能差引起的伤害事故。适用于脚手架、平台、陡壁施工等高于地面的坠落，也适用于山地面踏空失足坠入洞、坑、沟、升降口、漏斗等情况。但排除以其他类别为诱发条件的坠落。如高处作业时，因触电失足坠落应定为触电事故，不能按高处坠落划分。

(10)坍塌。坍塌指建筑物、构筑、堆置物等倒塌以及土石塌方引起的事故。适用于因设计或施工不合理而造成的倒塌，以及土方、岩石发生的塌陷事故。如建筑物倒塌，脚手架倒塌，挖掘沟、坑、洞时土石的塌方等情况。不适用于矿山冒顶片帮事故，或因爆炸、爆破引起的坍塌事故。

(11)冒顶片帮。矿井工作面、巷道侧壁由于支护不当、压力过大造成的坍塌，称为片帮；顶板垮落为冒顶。两者常同时发生，简称为冒顶片帮。适用于矿山、地下开采、掘进及其他坑道作业发生的坍塌事故。

(12)透水。透水指矿山、地下开采或其他坑道作业时，意外水源带来的伤害事故。适用于井巷与含水岩层、地下含水带、溶洞或与被淹巷道、地面水域相通时，涌水成灾的事故。不适用于地面水害事故。

(13)放炮。放炮指施工时，放炮作业造成的伤亡事故。适用于各种爆破作业，如采石、采矿、采煤、开山、修路、拆除建筑物等工程进行的放炮作业引起的伤亡事故。

(14)瓦斯爆炸。瓦斯爆炸指可燃性气体瓦斯、煤尘与空气混合形成了达到燃烧极限的混合物,接触火源时,引起的化学性爆炸事故。主要适用于煤矿,同时也适用于空气不流通,瓦斯、煤尘积聚的场合。

(15)火药爆炸。火药爆炸指火药与炸药在生产、运输、储藏的过程中发生的爆炸事故。适用于火药与炸药生产在配料、运输、储藏、加工过程中,由于振动、明火、摩擦、静电作用,或因炸药的热分解作用,储藏时间过长或因存药过多发生的化学性爆炸事故,以及熔炼金属时,废料处理不净,残存火药或炸药引起的爆炸事故。

(16)锅炉爆炸。锅炉爆炸指锅炉发生的物理性爆炸事故。适用于使用工作压力不大于0.7MPa,以水为介质的蒸汽锅炉(以下简称锅炉)但不适用于铁路机车、船舶上的锅炉以及列车电站和船舶电站的锅炉。

(17)容器爆炸。容器(压力容器的简称)是指比较容易发生事故,且事故危害性较大的承受压力载荷的密闭装置。容器爆炸是压力容器破裂引起的气体爆炸,即物理性爆炸,包括容器内盛装的可燃性液化气在容器破裂后,立即蒸发,与周围空气混合形成爆炸性气体混合物,遇到火源时产生的化学爆炸,也称容器的二次爆炸。

(18)其他爆炸。凡不属于上述爆炸的事故均列为其他爆炸事故,如:可燃性气体(如煤气,乙炔等)与空气混合形成的爆炸,可燃蒸气与空气混合形成的爆炸性气体混合物(如汽油挥发气)引起的爆炸;可燃性粉尘以及可燃纤维与空气相混合形成的爆炸性气体混合物引起的爆炸;间接形成的可燃性气体与空气相混合,或者可燃蒸气与空气相混合(如可燃固体、自燃物品受热、水、氧化剂的作用会迅速反应,分解出可燃气体或蒸汽与空气混合形成爆炸性气体),遇火源爆炸的事故。炉膛爆炸、钢水包爆炸、亚麻粉尘爆炸,都属于其他爆炸。

(19)中毒和窒息。中毒和窒息指人接触有毒物质,如误吃有毒食物或呼吸有毒气体引起的人体急性中毒事故,或在废弃的坑道、暗井、涵洞、地下管道等不通风的地方工作,因为氧气缺乏,有时会发生人突然晕倒,甚至死亡的事故称为窒息。两种现象合为一体,称为中毒和窒息事故。不适用于病理变化导致的中毒和窒息的事故,也不适用于慢性中毒的职业病导致的死亡。

(20)其他伤害。凡不属于上述伤害的事故均称为其他伤害,如扭伤、跌伤、冻伤、野兽咬伤、钉子扎伤等。

燃气事故主要引起火灾、瓦斯爆炸、容器爆炸、其他爆炸、中毒和窒息等伤害。

3.根据受伤害者的伤害分类

(1)轻伤。轻伤指损失工作日低于105天的失能伤害。

(2)重伤。重伤指损失工作日等于或大于105天的失能伤害。

(3)死亡。死亡指损失工作日为6000天的失能伤害。

3.2 城市燃气防火防爆技术

3.2.1 燃烧的定义和必要条件

所谓燃烧,是指可燃物与氧化剂作用发生的放热反应,通常伴有火焰、发光和(或)发烟现象。燃烧过程中,燃烧区的温度较高,使其中白炽的固体粒子和某些不稳定(或受激发)的中间物质分子内电子发生能级跃迁，从而发出各种波长的光；发光的气相燃烧区就是火焰，它是燃烧过程中最明显的标志；由于燃烧不完全等原因，会使产物中混有一些小颗粒，这样就形成了烟。

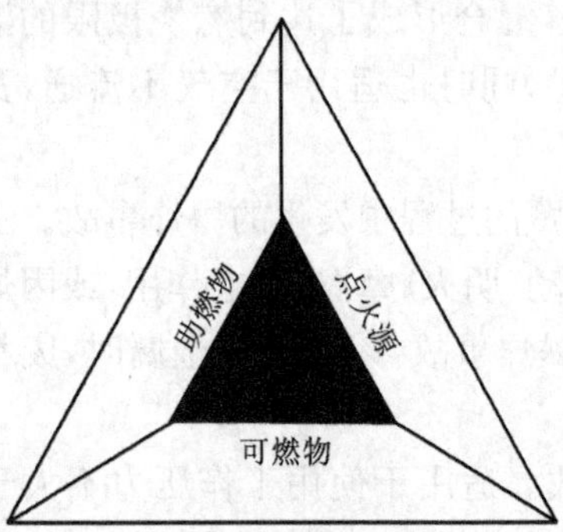

燃烧可分为有焰燃烧和无焰燃烧。通常看到的明火都是有焰燃烧；有些固体发生表面燃烧时，有发光发热的现象，但是没有火焰产生，这种燃烧方式则是无焰燃烧，如木炭的燃烧。

燃烧的发生和发展，必须具备三个必要条件，即可燃物、助燃物和温度（点火源）。当燃烧发生时，上述三个条件必须同时具备，如果有一个条件不具备，那么燃烧就不会发生或者停止发生，如图 3.2 所示。

图 3.2　着火三角形

3.2.2　闪点、燃点、自燃点的概念

气体、液体、固体物质的燃烧各有特点，通常根据不同燃烧类型，用不同的燃烧性能参数来分别衡量气体、液体、固体可燃物的燃烧特性。

1.闪点

1)闪点的定义

在规定的试验条件下，液体挥发的蒸气与空气形成的混合物，遇火源能够闪燃的液体最低温度（采用闭杯法测定），称为闪点。

2)闪点的意义

闪点是可燃性液体性质的主要标志之一，是衡量液体火灾危险性大小的重要参数。闪点越低，火灾危险性越大，反之则越小。闪点与可燃性液体的饱和蒸气压有关，饱和蒸气压越高，闪点越低。当液体的温度高于其闪点时，液体随时有可能被火源引燃或发生自燃，若液体的温度低于闪点，则液体是不会发生闪燃的，更不会发生着火。常见的几种易燃或可燃液体的闪点见表 3.1。

表 3.1　常见的几种易燃或可燃液体的闪点

名称	闪点，℃	名称	闪点，℃
汽油	−50	二硫化碳	−30
煤油	38～74	甲醇	11
酒精	12	丙酮	−18
苯	−14	乙醛	−38
乙醚	−45	松节油	35

2.燃点

1)燃点的定义

在规定的试验条件下，应用外部热源使物质表面起火并持续燃烧一定时间所需的最低温度，称为燃点。

2)常见可燃物的燃点

可燃物的温度没有达到燃点时是不会着火的，物质的燃点越低，越易着火。几种常见可燃

物的燃点见表3.2。

表3.2 几种常见可燃物的燃点

物质名称	燃点,℃	物质名称	燃点,℃
蜡烛	190	棉花	210～255
松香	216	布匹	200
橡胶	120	木材	250～300
纸张	130～230	豆油	220

3.燃点与闪点的关系

易燃液体的燃点一般高出其闪点1～5℃,且闪点越低,这一差值越小,特别是在敞开的容器中很难将闪点和燃点区分开来。因此,评定这类液体火灾危险性大小时,一般用闪点。对于闪点在100℃以上的可燃液体,闪点和燃点差值达30℃,这类液体一般情况下不易发生闪燃,也不宜用闪点去衡量它们的火灾危险性。固体的火灾危险性大小一般用燃点来衡量。

4.自燃点

1)自燃点的定义

在规定的条件下,可燃物质产生自燃的最低温度,称为自燃点。在这一温度时,物质与空气(氧)接触,不需要明火的作用,就能发生燃烧。

2)常见可燃物的自燃点

自燃点是衡量可燃物质受热升温导致自燃危险的依据。可燃物的自燃点越低,发生自燃的危险性就越大。几种常见可燃物在空气中的自燃点见表3.3。

表3.3 几种常见可燃物在空气中的自燃点

物质名称	自燃点,℃	物质名称	自燃点,℃
氢气	400	丁烷	405
一氧化碳	610	乙醚	160
硫化氢	260	汽油	530～685
乙炔	305	乙醇	423

3.2.3 火灾的定义及分类

1.火灾的定义

根据国家标准《消防词汇　第1部分:通用术语》(GB 5907.1—2014),火灾是指在时间或空间上失去控制的燃烧所造成的灾害。

2.火灾的分类

按照国家标准《火灾分类》(GB/T 4968—2008)的规定,火灾分为A、B、C、D、E、F六类。

A类火灾:固体物质火灾,这种物质通常具有有机物性质,一般在燃烧时能产生灼热的余烬,如木材、棉、毛、麻、纸张火灾等。

B类火灾:液体或可熔化固体物质火灾,如汽油、煤油、原油、甲醇、乙醇、沥青、石蜡火灾等。

C类火灾:气体火灾,如煤气、天然气、甲烷、乙烷、氢气、乙炔等。

D类火灾:金属火灾,如钾、钠、镁、钛、锆、锂等。

E类火灾:带电火灾,物体带电燃烧的火灾,如变压器等设备的电气火灾等。

F类火灾:烹饪器具内的烹饪物(如动植物油脂)火灾。

3.2.4 火灾发生的原因

事故都有起因,火灾也是如此。分析起火原因,了解火灾发生的特点,是为了更有针对性地运用技术措施,有效控火,防止和减少火灾危害。

1. 电气

电气原因引起的火灾在我国火灾中居于首位,据有关资料显示,2012年,全国因电气原因引起的火灾占火灾总数的32.2%。电气设备过负荷、电气线路接头接触不良、电气线路短路等是电气引起火灾的直接原因。其间接原因是电气设备故障或电气设备设置使用不当所造成,如将功率较大的灯泡安装在木板、纸等可燃物附近,将日光灯的镇流器安装在可燃基座上,以及用纸或布做灯罩紧贴在灯泡表面上等,在易燃易爆的车间内使用非防爆型的电动机、灯具、开关等。

2. 吸烟

烟蒂和点燃烟后未熄灭的火柴梗虽然是个不大的火源,但它能引起许多可燃物质燃烧,在起火原因中,占有相当的比重。2012年,全国因吸烟引发的火灾占到了总数的6.2%。具体情况如将没有熄灭的烟头和火柴梗扔在可燃物中引起火灾;躺在床上,特别是醉酒后躺在床上吸烟,烟头掉在被褥上引起火灾;在禁止一切火种的地方吸烟引起火灾等案例很多。

3. 生活用火不慎

主要是城乡居民家庭生活用火不慎,如炊事用火中炊事器具设置不当,安装不符合要求,在炉灶的使用中违反安全技术要求等引起火灾;家中烧香祭祀过程中无人看管,造成香灰散落引发火灾等。2012年,全国因生活用火不慎引发的火灾占到了总数的17.9%。

4. 生产作业不慎

主要指违反生产安全制度引起火灾。比如,在易燃易爆的车间内动用明火,引起爆炸起火;将性质相抵触的物品混存在一起,引起燃烧爆炸;在用气焊焊接和切割时,飞迸出的大量火星和熔渣,因未采取有效的防火措施,引燃周围可燃物;在机器运转过程中,不按时加油润滑,或没有清除附在机器轴承上面的杂质、废物,使机器这些部位摩擦发热,引起附着物起火;化工生产设备失修,出现可燃气体,易燃、可燃液体跑、冒、滴、漏现象,遇到明火燃烧或爆炸等。2012年,全国因生产作业不慎引发的火灾占到了总数的4.1%。

5. 设备故障

在生产或生活中,一些设施设备疏于维护保养,导致在使用过程中无法正常运行,因摩擦、过载、短路等原因造成局部过热,从而引发火灾。再如,一些电子设备长期处于工作或通电状态下,因散热不济,最终内部故障而引发火灾。

6. 玩火

因小孩玩火造成火灾,是生活中常见的火灾原因之一。尤其在农村里,未成年儿童缺乏看管,玩火取乐,这一现象尤为常见。

此外,每逢节日庆典,不少人喜爱燃放烟花爆竹来增加气氛。被点燃的烟花爆竹本身即是火源,稍有不慎,就易引发火灾,还会造成人员伤亡。我国每年春节期间火灾频繁,其中约有70%～80%是由燃放烟花爆竹所引起的。2012 年,全国因玩火引发的火灾占到了总数的3.8%。

7. 放火

主要指采用人为放火的方式引起的火灾。一般是当事人以放火为手段,而为达到某种目的。这类火灾为当事人故意为之,通常经过一定的策划准备,因而往往缺乏初期救助,火灾发展迅速,后果严重。此外,放火人群中还有一部分是精神病人。2012 年,全国因放火引发的火灾占到了总数的 2%。

8. 雷击

雷电导致的火灾原因,大体上有三种:一是雷电直接击在建筑物上发生的热效应、机械效应作用等;二是雷电产生的静电感应作用和电磁感应作用;三是高电位雷电波沿着电气线路或金属管道系统侵入建筑物内部。在雷击较多的地区,建筑物上如果没有设置可靠的防雷保护设施,便有可能发生雷击起火。

3.2.5 灭火的基本方法

为防止火势失去控制,继续扩大燃烧而造成灾害,需要采取一定的方式将火扑灭,通常有以下几种方法,这些方法的根本原理是破坏燃烧条件。

1. 冷却

可燃物一旦达到着火点,即会燃烧或持续燃烧。将可燃物的温度降到一定温度以下,燃烧即会停止。对于可燃固体,将其冷却在燃点以下;对于可燃液体,将其冷却在闪点以下,燃烧反应就会中止。用水扑灭一般固体物质的火灾,主要是通过冷却作用来实现的,水具有较大的热容量和很高的汽化潜热,冷却性能很好。在用水灭火的过程中,水大量吸收热量,使燃烧物的温度迅速降低,致使火焰熄灭、火势控制、火灾终止。水喷雾灭火系统的水雾,其水滴直径细小,比表面积大,和空气接触范围大,极易吸收热气流的热量,也能很快地降低温度,效果更为明显。

2. 隔离

在燃烧三要素中,可燃物是燃烧的主要因素。将可燃物与氧气、火焰隔离,就可以中止燃烧,扑灭火灾。如自动喷水泡沫联用系统在喷水的同时,喷出泡沫,泡沫覆盖于燃烧液体或固体的表面,在冷却作用的同时,将可燃物与空气隔开,从而可以灭火。再如,可燃液体或可燃气体火灾,在灭火时,迅速关闭输送可燃液体和可燃气体的管道上的阀门,切断流向着火区的可燃液体和可燃气体的输送,同时打开可燃液体或可燃气体的管道通向安全区域的阀门,使已经燃烧或即将燃烧或受到火势威胁的容器中的可燃液体、可燃气体转移。

3. 窒息

可燃物的燃烧是氧化作用,需要在最低氧浓度以上才能进行,低于最低氧浓度,燃烧不能进行,火灾即被扑灭。一般氧浓度低于 15%时,就不能维持燃烧。在着火场所内,可以通过灌注不燃气体,如二氧化碳、氮气、蒸汽等,来降低空间的氧浓度,从而达到窒息灭火。此外,水喷雾灭火系统实施动作时，喷出的水滴吸收热气流热量而转化成蒸汽，当空气中水蒸气浓度达到35%时，燃烧即停止，这也是窒息灭火的应用。

4. 化学抑制

由于有焰燃烧是通过链式反应进行的，如果能有效地抑制自由基的产生或降低火焰中的自由基浓度，即可使燃烧中止。化学抑制灭火的灭火剂常见的有干粉和卤代烷(已淘汰)。化学抑制法灭火，灭火速度快，使用得当可有效地扑灭初期火灾，减少人员和财产损失。但抑制法灭火对于有焰燃烧火灾效果好，对深度火灾，由于渗透性较差，灭火效果不理想。在条件许可的情况下，采用抑制法灭火的灭火剂与水、泡沫等灭火剂联用，会取得满意效果。

3.2.6 爆炸及爆炸极限

1. 爆炸的定义

爆炸是物质从一种状态迅速转变成另一状态，并在瞬间放出大量能量，同时产生声响的现象。火灾过程有时会发生爆炸，从而对火势的发展及人员安全产生重大影响，爆炸发生后往往又易引发大面积火灾。

由于物质急剧氧化或分解反应产生温度、压力增加或两者同时增加的现象，称为爆炸。爆炸是由物理变化和化学变化引起的。在发生爆炸时，势能(化学能或机械能)突然转变为动能，有高压气体生成或者释放出高压气体，这些高压气体随之做机械功，如移动、改变或抛射周围的物体。一旦发生爆炸，将会对邻近的物体产生极大的破坏作用，这是由于构成爆炸体系的高压气体作用到周围物体上，使物体受力不平衡，从而遭到破坏。

2. 爆炸的分类

爆炸有着不同的分类，按物质产生爆炸的原因和性质不同，通常将爆炸分为物理爆炸、化学爆炸和核爆炸三种，物理爆炸和化学爆炸最为常见。

1)物理爆炸

物质因状态或压力发生突变而形成的爆炸称为物理爆炸。物理爆炸的特点是前后物质的化学成分均不改变。如蒸汽锅炉因水快速汽化，容器压力急剧增加，压力超过设备所能承受的强度而发生的爆炸；以及压缩气体或液化气钢瓶、油桶受热爆炸等。物理爆炸本身虽没有进行燃烧反应，但它产生的冲击力可直接或间接地造成火灾。

2)化学爆炸

化学爆炸是指由于物质急剧氧化或分解产生温度、压力增加或两者同时增加而形成的爆炸现象。化学爆炸前后，物质的化学成分和性质均发生了根本的变化。这种爆炸速度快，爆炸时产生大量热能和很大的气体压力，并发出巨大的声响。化学爆炸能直接造成火灾，具有很大的火灾危险性。各种炸药的爆炸和气体、液体蒸气及粉尘与空气混合后形成的爆炸都属于化学爆炸，特别是后一种爆炸几乎存在于工业、交通、生活等各个领域，危害性很大，应特别注意。

3)核爆炸

由于原子核裂变或聚变反应，释放出核能所形成的爆炸，称为核爆炸。如原子弹、氢弹、中子弹的爆炸都属核爆炸。

3. 爆炸极限

可燃气体、液体蒸气和粉尘与空气混合后，遇火源会发生爆炸的最高或最低的浓度范围，称为爆炸浓度极限，简称爆炸极限。能引起爆炸的最高浓度称爆炸上限，能引起爆炸的最低浓度称爆炸下限，上限和下限之间的间隔称爆炸范围。可燃气体、液体蒸气和粉尘与空气混合后形成的混合物遇火源不一定都能发生爆炸，只有其浓度处在爆炸极限范围内，才发生爆炸。浓度高于上限，助燃物数量太少，不会发生爆炸，也不会燃烧；浓度低于下限，可燃物的数量不够，也不会发生爆炸或燃烧。但是，若浓度高于上限的混合物离开密闭的空间或混合物遇到新鲜空气，遇火源则有发生燃烧或爆炸的危险。

气体和液体的爆炸极限通常用体积百分比%表示。不同的物质由于其理化性质不同，其爆炸极限也不同；即使是同一种物质，在不同的外界条件下，其爆炸极限也不同。如在氧气中的爆炸极限要比在空气中的爆炸极限范围宽，下限会降低。部分可燃气体在空气和氧气中的爆炸极限见表3.4。

表3.4 部分可燃气体的爆炸极限

物质名称	在空气中，%		在氧气中，%	
	下限	上限	下限	上限
氢气	4.0	75.0	4.7	94.0
乙炔	2.5	82.0	2.8	93.0
甲烷	5.0	15.0	5.4	60.0
乙烷	3.0	12.45	3.0	66.0
丙烷	2.1	9.5	2.3	55.0
乙烯	2.75	34.0	3.0	80.0
丙烯	2.0	11.0	2.1	53.0
氨	15.0	28.0	13.5	79.0
环丙烷	2.4	10.4	2.5	63.0
一氧化碳	12.5	74.0	15.5	94.0
乙醚	1.9	40.0	2.1	82.0
丁烷	1.5	8.5	1.8	49.0
二乙烯醚	1.7	27.0	1.85	85.5

除助燃物条件外，对于同种可燃气体，其爆炸极限还受以下四方面影响。

1)火源能量的影响

引燃混气的火源能量越大，可燃混气的爆炸极限范围越宽，爆炸危险性越大。

2)初始压力的影响

混气初始压力增加，爆炸范围增大，爆炸危险性增加。值得注意的是，干燥的一氧化碳和空气的混合气体，压力上升，其爆炸极限范围缩小。

3)初温对爆炸极限的影响

混气初温越高，混气的爆炸极限范围越宽，爆炸危险性越大。

4)惰性气体的影响

可燃混气中加入惰性气体，会使爆炸极限范围变宽，一般上限降低，下限变化比较复杂。当加入的惰性气体超过一定量以后，任何比例的混气均不能发生爆炸。

3.3 燃气场站安全管理

3.3.1 天然气场站安全管理

1.天然气场站构成

天然气输气场站作为输气管道的重要组成部分承担着保障输气运行和管道安全平稳的任务发挥着至关重要的作用，但输气场站点多面广环境偏远人员结构复杂工作任务重要，所以如何实现天然气供应的可靠性、稳定性和灵活性，需要按照科学发展观的要求研究和解决输送过程中最基本的单元管理输气站场的安全管理，是天然气输送行业安全生产最基本的需要。

压缩天然气是把井口的天然气或管道天然气净化压缩后进行高压储存和运输，到达使用地点，经过多级换热、减压直接输入管网供应各类用户使用或经过售气机为汽车加气。

城市压缩天然气(CNG)供应系统主要由天然气加压站(母站)(图 3.3)、城镇 CNG 供应站(子站)、CNG 汽车加气站(子站)(图 3.4)、天然气撬车(图 3.5)、CNG 汽车及城市燃气管网所组成。

图 3.3　天然气加压站

图 3.4　CNG 汽车加气站

2.天然气场站事故特征

天然气储配站(图 3.6)所发生的事故一般具有以下特征。

图 3.5　天然气撬车

图 3.6　天然气储配站

(1)易发生火灾、爆炸事故。站内存在大量管线和设备，若由于腐蚀或设备失效导致气体泄漏，由于天然气的易燃易爆性，极易引发火灾和爆炸事故。

(2)故突发性强。天然气场站安全事故的发生一般具有突发性，往往是在人们毫无察觉时就发生了气体的泄漏，由于气体的易燃易爆性，从而引发火灾或爆炸，造成设备和管道的破坏。

(3)影响范围大。天然气储配站事故一旦发生，不但会影响场站，周围的一定区域都会受到事故影响。

(4)后果严重。一般天然气场站事故都会造成人员伤亡和巨大的财产损失。

(5)既可形成主灾害，也可成为其他灾害的次生灾害。天然气储配站事故本身可以形成主灾害，在地震、山体滑坡、地层变化、洪水等情况下，场站设施的破坏可能会引起二次破坏，酿成重大损害，而且给灾后救援带来困难。

3. 天然气储配站平面布置要求

总平面应分区布置，即分为生产区(包括储罐区、调压计量区、加压区等)和辅助区。

站内各建、构筑物之间以及与站外构筑物之间的防火间距应符合现行国家标准《建筑设计防火规范》(GB 50016—2014)的有关规定。站内生产用房应符合现行国家标准《建筑设计防火规范》“甲类生产厂房”设计规定，建筑物的耐火等级不应低于现行国家标准《建筑设计防火规范》“二级”的有关规定。站内消防设施和器材的配备应符合《建筑设计防火规范》的有关规定。站内所设仪表控制室应设置可燃气体浓度监测仪表安全报警系统，站内建筑物室内电气防爆等级应符合现行国家标准《爆炸危险环境电力装置设计规范》(GB 50058—2014)的“工”区设计规定，站内防雷等级应符合国家现行标准《建筑物防雷设计规范》(GB 50057—2010)的“第二类”设计规定和要求。

站内露天工艺装置区边缘距明火或散发火花地点不应小于 20m，距办公、生活建筑不应小于 18m，距围墙不应小于 10m。

储配站的生产区域应当设置环形的消防车道，其宽度不应该小于 3.5m。

4. 天然气场站安全规程及管理

在天然气输送过程中，场站是输送过程中最基本的生产运行单位，其地位和作用不可小觑。作用发挥得如何直接决定天然气公司经营生产与安全，是天然气企业生存发展的大事。

1)安全环境基础管理

天然气输气场站属于易燃易爆场所，安全第一预防为主综合治理是输气场站管理的出发点和落脚点，是基础管理工作的中心工作。围绕这个中心应加强对安全知识的学习，加强安全法律法规的学习，提高场站员工安全意识和责任，建立并完善各项安全规章制度。用制度约束员工行为建立健全安全环境责任体系，坚持安全事故的处理原则，把预防为主的安全工作落到实处。

2)生产设备基础管理

输气场站尽管工艺流程简单，设备种类较化工企业偏少，但责任却非常重大。必须安全连续向下游用户供气，肩负着国计民生的社会责任。为此做好场站的设备管理是夯实基础管理工作的重点，具体可以从以下方面开展工作：建立健全设备管理台账，完善设备维护保养检修制度，编制设备操作使用手册，制定设备完好和考核的标准等不断提高设备管理水平。

3)制定应急预案并进行应急处理能力演练

针对国内外天然气输气生产场站出现的各种事故，制定各种模拟方案进行演练，以提高场站生产人员对事故的应变及处理能力；也可以针对具体的生产特点，在不同时期(汛期、冬季高峰期、地震等)，不同输气任务的情况下制定相应的演练方案，从而提高场站员工的应急处理能力。

3.3.2 LNG场站安全管理

天然气属于易燃易爆介质，在天然气的应用过程中，安全问题应该始终放在非常重要的地位。液化天然气是天然气储存和输送的一种有效方法，在实际应用中，液化天然气也要转化为气态使用。所以，在考虑LNG场站的安全问题时，不仅要考虑天然气所具有的易燃易爆的危险性，还要考虑LNG的低温特性和液体特征所引起的安全问题，对可能出现的事故进行预防和紧急处理，减少造成的危害。

LNG是以甲烷为主要组成的烃类混合物，其中通常含有少量的乙烷、丙烷、氮等其他组分，其密度取决于其组分，通常在420～470kg/m³之间。LNG的沸腾温度取决于其组分，在一个大气压下通常在－166～－157℃之间。沸腾温度随气压的变化梯度约为1.25×10^{-4}℃/Pa。当LNG转变为常温气体时，其密度为0.72kg/m³，比空气轻，相对密度为0.5548。

图3.7 LNG场站

LNG的特点为：LNG处于超低温状态，在一个大气压下温度可达到－162℃；气液膨胀比大、能效高、易于运输和储存；天然气被认为是地球上最干净的化石能源；LNG安全性能高，气化后比空气轻，易于扩散，且无毒、无味；燃点较高，自燃温度约为450℃；其爆炸极限为5%～15%。LNG场站如图3.7所示。

1. LNG的特点及潜在的危险性

1）特点

LNG燃烧后基本不产生污染。

LNG供应的可靠性，由此整个链系的合同和运作得到保证。

LNG的安全性是通过在设计、建设及生产过程中，严格地执行一系列国际标准的基础上得到充分保证。LNG运行至今30年，未发生过恶性事故。

LNG作为电厂能源发电，有利于电网的调峰、安全运行和优化，以及电源结构的改善。

LNG作为城市能源，可以极大提高供气的稳定性、安全性及经济性。

LNG虽然是在低温状态下储存、气化的，但和管输天然气一样，均为常温气态应用，这就决定了LNG潜在的危险性。

2）低温的危险性

人们通常认为天然气的密度比空气小，LNG泄漏后可气化向空气飘散，较为安全。但事实远非如此，当LNG泄漏后迅速蒸发，然后降至某一固定的蒸发速度。开始蒸发时，其气体密度大于空气的密度，在地面形成一个流动层，当温度上升到约－110℃以上时，蒸气与空气的混合物在温度上升过程中形成了密度小于空气的“云团”。同时，由于LNG泄漏时的温度很低，其周围大气中的水蒸气被冷凝成“雾团”，然后，LNG在进一步与空气混合过程中完全气化。LNG的低温危险性还能使相关设备材料脆性断裂和遇冷收缩，从而损坏设备。操作过程主要是防止LNG对操作人员的低温灼伤。

3)BOG(蒸发气体)的危险性

虽然 LNG 存在于绝热的储罐中,但外界传入的能量均能引起 LNG 的蒸发,这种蒸发气体就是 BOG。因此要求 LNG 储罐有一个极低的日蒸发率,要求储罐本身设有合理的安全系统放空。否则,BOG 将极大增加,严重时使罐内温度、压力上升过快,直至储罐破裂。

4)着火的危险性

天然气在空气中百分含量在 5%~15%(体积分数)时,遇明火可产生爆燃。因此,必须防止可燃物、点火源、氧化剂(空气)这三个因素同时存在。

5)涡旋的危险性

液化天然气在储运过程中常常发生一种被称为"涡旋"的非稳定性现象。涡旋是由于向已经装有 LNG 的低温储槽中注入新的 LNG 液体,或是由于 LNG 中的氮优先蒸发而引起储槽内液体发生分层(图 3.8)。分层后,各层液体在储槽壁漏热的加热下,形成各自独立的对流循环。该循环使得各层液体的密度不断发生变化,当相邻两层液体密度近似时,两个液层发生强烈混合,从而引起储槽内过热的天然气大量蒸发引发事故。

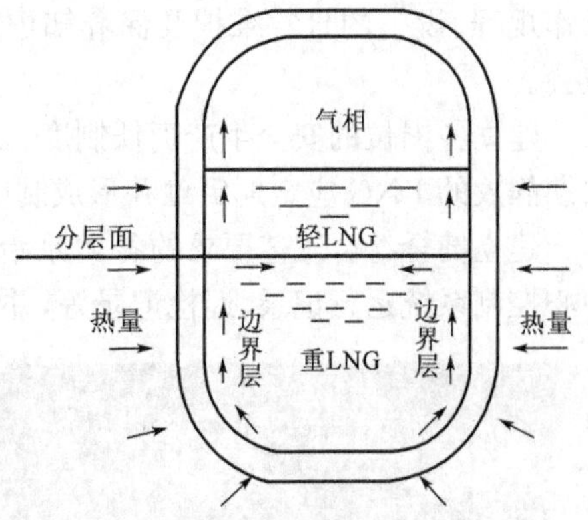

图 3.8 LNG 分层现象

6)翻滚的危险性

通常,储罐内的 LNG 长期静止将形成上下稳定的液相层,下层密度大于上层密度。当外界热量传入罐内时(如罐壁漏热),两个液相层就会发生传质和传热进而相互混合,液层表面也开始蒸发,下层由于吸收了上层的热量,而处于过热状态。当上下液相层密度接近时,可在短时间内产生大量气体,使罐内压力急剧上升,这就是翻滚现象。

2. LNG 供气站的安全运营管理

LNG 供气站安全运营管理的基本要求是:

(1)防止天然气泄漏与空气形成可燃的爆炸性混合物。

(2)在储罐区、气化区、卸车台等可能产生天然气泄漏的区域均设置可燃气体浓度监测报警装置。

(3)消除引发燃烧、爆炸的基本条件,按规范要求对 LNG 工艺系统与设备进行消防保护。防止 LNG 设备超压和超压排放。

(4)防止 LNG 的低温特性和巨大的温差对工艺系统的危害及对操作人员的冷灼伤。必须制定严格的安全措施,认真落实安全操作规程,消除潜在危险和火灾隐患。供气站站长应每日定时检查站内生产设备和消防设施。

3. LNG 场站的安全技术管理

LNG 固有的特性和潜在的危险性,要求必须对 LNG 场站进行合理的工艺、安全设计及设备制造,这将为做好 LNG 场站的安全技术管理打下良好的基础。

LNG 场站(图 3.9)的机构与人员配置:应有专门的机构负责 LNG 场站的安全技术基础;同时应配备专业技术管理人员;要划清各生产岗位,并配齐岗位操作人员。不论是管理人员,还是岗位操作人员均应经专业技术培训,考核合格后方可上岗。

建立健全 LNG 场站的技术档案,包括前期的科研文件、初步设计文件、施工图、整套施工资料、相关部门的审批手续及文件等。

制定各岗位的操作规程，包括 LNG 卸车操作规程、LNG 储罐增压操作规程、LNG 储罐倒罐操作规程、LNG 空浴(水浴)气化(器)操作规程、BOG 储罐操作规程、消防水泵操作规程、中心调度控制程序切换操作规程、LNG 进(出)站称重计量操作规程、天然气加臭操作规程等。

4. LNG 场站的生产安全管理

做好岗位人员的安全技术培训，包括 LNG 场站工艺流程、设备的结构及工作原理、岗位操作规程、设备的日常维护及保养知识、消防器材的使用与保养等，都应进行培训，做到应知应会。

建立各岗位的安全生产责任制度、设备巡回检查制度，这也是规范安全行为的前提。如对长期静放的 LNG 应定期倒罐并形成制度，以防"翻滚"现象的发生。

建立健全符合工艺要求的各类原始记录，包括卸车记录、LNG 储罐(图 3.10)储存记录、中心控制系统运行记录、巡检记录等，并切实执行。

图 3.9　LNG 场站

图 3.10　LNG 储罐

建立事故应急抢险救援预案，预案应对抢险救援的组织、分工、报警、各种事故(如 LNG 少量泄漏、大量泄漏直至着火等)处置方法等，应详细明确，并定期进行演练，形成制度。

加强消防设施的管理，重点对消防水池(罐)、消防泵、LNG 储罐喷淋设施、干粉灭火设施、可燃气体报警设施定期检修(测)，确保其完好、有效。

加强日常的安全检查与考核，通过检查与考核，规范操作行为，杜绝违章，克服麻痹思想。如 LNG 的卸车，从槽车进站、计量称重、槽车就位、槽车增压、软管连接、静电接地线连接、LNG 管线置换、卸车完毕后余气的回收、槽车离位以及卸车过程中的巡检、卸车台(位)与进液储罐的衔接等，都应有一套完整的规程要求。

5. 设备的安全管理

由于 LNG 场站的生产设备(储罐、气化设备等)均为国产，加之规范的缺乏，应加强对站内生产设施的管理。

1)建立台账

建立健全生产设备的台账、卡片，专人管理，做到账、卡、物相符。LNG 储罐等压力容器应取得《压力容器使用证》；设备的使用说明书、合格证、质量证明书、工艺结构图、维修记录等应保存完好并归档。

2)建立管理制度

建立完善的设备管理制度、维修保养制度和完好标准。具体的生产设备应有专人负责,定期维护保养。

3)强化设备的日常维护与巡回检查。

(1)LNG 储罐。外观是否清洁;是否存在腐蚀现象;是否存在结霜、冒汗情况;安全附件是否完好;基础是否牢固等。

(2)LNG 气化器。外观是否清洁;(气化)结霜是否不均匀;焊口是否有开裂泄漏现象;各组切换(自动)是否正常;安全附件是否正常完好(图 3.11)。

图 3.11 LNG 气化器

(3)LNG 工艺管线。装(卸)车管线、LNG 储罐出液管线保温层是否完好;装(卸)车及出液气化过程中,工艺管线伸缩情况是否正常,是否有焊口泄漏现象;工艺管线上的阀门(特别是低温阀门)是否有泄漏现象;法兰连接下是否存在泄漏现象;安全附件是否完好。

(4)对设备日常检验过程中查出的问题都不能掉以轻心,应组织力量及时排除。

4)抓好设备的定期检查。

(1)LNG 储罐。储罐的整体外观情况(周期为一年);真空粉末绝热储罐夹层真空度的测定(周期为一年);储罐日蒸发率的测定(可通过 BOG 的排出量来测定)(周期可长可短,但发现日蒸发率突然增大或减小时,应找出原因,立即解决);储罐基础牢固、变损情况(周期为三个月)。必要时可对储罐焊缝进行复检,同时,应检查储罐的原始运行记录。

(2)LNG 气化器。外观整体状况;翅片有无变形,焊口有无开裂;设备基础是否牢固;必要时可对焊口进行无损检测。检查周期为一年。

(3)LNG 工艺管线。根据日常原始巡检记录,检查工艺管线的整体运行状况,必要时可检查焊口;也可剥离保冷层检查保冷情况;对不锈钢裸管进行渗碳情况检查。检查周期为一年。

(4)安全附件。对各种设备、工艺管线上的安全阀、压力表、温度计、液位表、压力变送器、差压变送器、温度变送器及连锁装置等进行检验。检验周期为一年。值得说明的是,上述安全附件的检验应由具有相应检验资质的单位进行。

(5)其他。防雷、防静电设施的检验一年两次。其他设备、设施也应定期检查。

3.4 城市燃气用户用气安全管理

城市燃气终端用户的类型一般可分为城镇居民、商业和工业企业用户。这些燃气终端用户应用的设备主要包括燃气调压器、燃气表、燃烧器具等,应用中首先考虑使用燃气类别及其特性、安装条件、工作压力和用户要求等因素加以选择,强调燃气应用设备铭牌上规定的燃气必须与当地供应的燃气一致。

3.4.1 燃气管道的敷设要求

室内燃气管道的敷设方式主要有两种,分别是室内明设和室内暗设。一般埋于地下,或敷设在地下室、半地下室。设备层的管道敷设方式为室内暗设;肉眼能够观察到的则为室内明设。不论采用何种敷设方式,都应遵守以下安全规范。

1.地下室等房间要求

地下室、半地下室、设备层和地上密闭房间敷设燃气管道时,应符合下列要求:

(1)净高不宜小于2.2m。

(2)应有良好的通风设施。房间换气次数不得小于3次/h;并应有独立的事故机械通风设施,其换气次数不应小于6次/h。

(3)应有固定的防爆照明设备。

(4)应采用非燃烧体实体墙与电话间、变配电室、修理间、储藏室、卧室、休息室隔开。

(5)应设置燃气监控设施。

(6)燃气管道应符合有关要求。

(7)当燃气管道与其他管道平行敷设时,应敷设在其他管道的外侧。

(8)地下室内燃气管道末端应设放散管,并应引出地上。放散管的出口位置应保证吹扫放散时的安全和卫生要求。

2.液化石油气使用要求

液化石油气管道和烹调用液化石油气燃烧设备不应设置在地下室、半地下室内。当确需要设置在地下一层、半地下室时,应针对具体条件采取有效的安全措施,并进行专题技术的论证。

3.燃气管道的要求

敷设在地下室、半地下室、设备层和地上密闭房间以及竖井、住宅汽车库(不使用燃气,并能设置钢套管的除外)的燃气管道应符合下列要求:

(1)管材、管件及阀门、阀件的公称压力应按提高一个压力等级进行设计。

(2)管道宜采用钢号为10、20的无缝钢管或具有同等及同等以上性能的其他金属管材。

(3)除阀门、仪表等部位和采用加厚管的低压管道外,均应焊接与法兰连接,应尽量减少焊缝数量,钢管道的固定焊口应进行100%射线照相检验,活动焊口应进行10%射线照相检验。其质量不得低于现行国家标准《现场设备、工业管道焊接工程施工及验收规范》(GB 50236—2011)中的Ⅲ级;其他金属管材的焊接质量应符合相关标准的规定。

(4)燃气管道不应敷设在潮湿或有腐蚀性介质的房间内。确需敷设时,必须采取防腐蚀措施。

(5)输送湿燃气的燃气管道敷设在气温低于0℃的房间或输送气相液化石油气管道处的环境温度低于其露点温度时,其管道应采取保温措施。

(6)室内燃气管道与电气设备、相邻管道之间的净距应该符合相应的要求。

(7)沿墙、柱、楼板和加热设备构件上明设的燃气管道,应采用管支架、管卡或吊卡固定。管支架、管卡、吊卡等固定件的安装不应妨碍管道的自由膨胀和收缩。

(8)室内燃气管道穿过承重墙、地板或楼板时,必须加钢套管,套管内管道不得有接头,套管与承重墙、地板或楼板之间的间隙应填实,套管与燃气管道之间的间隙应采用柔性防腐、防水材料密封。

(9)工业企业用气车间、锅炉房以及大中型用气设备的燃气管道上应设放散管,放散管管口应高出屋脊(或平屋顶)1m 以上或设置在地面上安全处，并应采取防止雨雪进入管道和放散物进入房间的措施。

(10)当建筑物位于防雷区之外时，放散管的引线应接地，接地电阻应小于 10Ω。

(11)室内燃气管道的下列部位应设置阀门：燃气引入管；调压器前和燃气表前；燃气用具前；测压计前；放散管起点。

(12)室内燃气管道阀门宜采用球阀。

(13)输送干燃气的室内燃气管道可不设置坡度。输送湿燃气(包括气相液化石油气)的管道，其敷设坡度不宜小于 0.003。燃气表前后的湿燃气水平支管应分别坡向立管和燃具。

(14)敷设燃气引入管、立管、干管和支管时，应根据不同工程需要，严格遵守相关规范，采用不同的敷设方式。

3.4.2 居民用户安全用气

居民生活的各类用气设备应采用低压燃气，用气设备前(灶前)的燃气压力应在 0.75～1.5倍的燃具额定压力。

燃气主管部门及经营企业、传媒和教育机构，应加强对居民燃气安全知识的宣传和普及，提高用户安全意识，积极防范燃气事故的发生。

1. 安全使用燃气的注意事项

管道燃气用户需要扩大用气范围、改变燃气用途，或者安装、改装、拆除固定的燃气设施和燃气器具的，应当与燃气经营企业协商，并由燃气经营企业指派专业技术人员进行操作。

燃气用户应当安全用气，不得有如下行为：盗用燃气，损坏燃气设施；用燃气管道作为负重支架或者接引电器地线；擅自拆卸、安装、改装燃气计量装置和其他燃气设施；实施危害室内燃气设施安全的装饰、装修活动；使用存在事故隐患或者明令淘汰的燃气器具；在不具备安全使用条件的场所使用瓶装燃气；使用未经检验、检验不合格或者报废的钢瓶；加热、碰撞燃气钢瓶或者倒卧使用燃气钢瓶；倾倒燃气钢瓶残液；擅自改换燃气钢瓶检验标志和漆色；无故阻挠燃气经营企业的人员对燃气设施的检验、抢修和维护更新；法律、法规禁止的其他行为。安全使用燃气应注意以下内容：

(1)居民生活用气设备严禁设置在卧室内。

(2)住宅厨房内宜设置排气装置和燃气浓度检测报警器。

(3)厨房内不能堆放易燃、易爆物品。

(4)使用燃气时，一定要有人照看，人离关火，一旦人离开，燃气就有被风吹灭或锅烧干、汤溢出的后果，致使火焰熄灭而燃气继续排出，造成人身中毒或引起火灾、爆炸事故。

(5)装有燃气管道及设备的房间不能睡人，以防漏气，造成煤气中毒或引起火灾、爆炸事故。

(6)教育小孩不要玩弄燃气灶的开关，防止发生危险。

(7)检查燃具连接是否漏气可用携带式可燃气检测仪或采用刷肥皂水的方法，如发现有漏气应及时紧固、维修；严禁用明火试漏。

2. 燃气灶的安装和安全使用

厨房的面积不应小于 2m²，安装燃气灶的房间净高不宜低于 2.2m。因为燃气一旦漏气，尚有一定的缓冲余地。同时，燃气燃烧时会产生一些废气，如果厨房空间小，废气不宜排除，易发生人身中毒事故。

厨房应设门并与卧室隔开，防止泄漏的燃气相互串通。

燃气灶与墙面的净距不得小于10cm。当墙面为可燃或难燃材料时，应加防火隔热板。燃气灶的灶面边缘和烤箱的侧壁距木质家具的净距不得小于20cm，当达不到时，应加防火隔热板。

放置燃气灶的灶台应采用不燃烧材料，当采用难燃材料时，应加防火隔热板。

厨房为地上暗厨房（无直通室外的门和窗）时，应选用带有自动熄火保护装置的燃气灶，并应设置燃气浓度检测报警器、自动切断阀和机械通风设施，燃气浓度检测报警器应与自动切断阀和机械通风设施连锁。厨房内不能放置易燃、易爆物品。

燃气管道与灶具用软管连接时，要使用经燃气公司技术认定的耐油胶管，软管与管道、灶具的连接处应采用压紧螺帽（锁母）或管卡（喉箍）固定。在软管的上游与硬管的连接处应设阀门（球阀），软管长度不应超过2m，并不得有接口，使用2年后胶管容易老化变质，应及时更换。

厨房内保持通风良好，室内空气清新。

不带架的灶具应水平放在不可燃材料制成的灶台上，灶台不能太高，一般以600～700mm为宜。同时，灶具应放在避风的地方，以免风吹火焰，降低灶具的热效率，还可能把火焰吹熄引起事故。

燃气灶从售出当日起，判废年限为8年。

非自动打火灶具应先点火后开气，即“火等气”。如果先开气后划火柴，燃气向周围泄漏，再遇火易形成爆炸。

要调节好风门。根据火焰状况调节风门大小，防止脱火、回火或黄焰。

要调节好火焰大小。在做饭的过程中，炒菜时用大火，焖饭时用小火。调节旋塞阀时宜缓慢转动，切忌猛开猛关，火焰不出锅底为度。

3.燃气热水器的安装和使用

燃气热水器应当安在通风良好和给排气方便的非居住房间、过道或阳台内，但不得安装在浴室、客厅、卧室、地下室、楼梯间和橱柜内。安装热水器的房间必须有进气口，进气口的最小面积应按其热负荷的大小而配置。热水器应装在厨房，用户不得自行拆、改、迁、装，烟道式热水器未安烟道的不得使用。

有外墙的卫生间内，可安装密闭式热水器，但不得安装其他类型热水器。

装有半密闭式热水器的房间，房间门或墙的下部应设有效截面积不小于0.02m^{2}的格栅，或在门与地面之间留有不小于30mm的间隙。

房间净高宜大于2.4m。

可燃或难燃烧的墙壁和地板上安装热水器时，应采取有效的防火隔热措施。

热水器的给排气筒宜采用金属管道连接。

热水器的安装位置应便于操作和检修，且不易被碰撞，其高度一般距地面1.2～1.5m，即热水器的观火孔与一般身高人的眼部相齐为宜。

热水器的安装部位应是由不可燃材料建造，否则应采用防热板隔热，防热板与墙面距离应大于100mm。不允许把热水器安装在燃气表处，二者的水平间距不得小于300mm。热水器安装处不得存放易燃、易爆及产生腐蚀气体物品。

热水器安装位置的上方不得有明装的电线、电器、燃气管道，下方不能设置燃气烤炉、燃气灶等燃气具。

不论在何时使用热水器，厨房必须开窗或启用排风换气装置，并关闭对内的房门使烟气排向室外，以保证室内空气新鲜。打开安装热水器房间的外窗，检查进气口是否畅通。

热水器附近不准放置易燃、易爆物品，不能将任何物品放在热水器的排烟口处和进风口处。

在使用热水器淋浴过程中，如果突然关闭热水阀，热水器内存留了少量热水，而且水温还要升高 18℃左右。因此，再打开阀门用热水淋浴时，容易被热水烫伤。所以，要特别注意在重开热水阀门的瞬间不能将热水直接淋到身上。

在使用热水器过程中，如果出现热水阀关闭而主燃烧器不能熄灭时，应立即关闭燃气阀，并通知燃气管理部门或厂家的维修中心检修，切不可继续使用。

热水器发现故障时，必须立即停止使用，并及时报修，不得自行修理、拆卸。

在淋浴时，不要同时使用热水洗衣或做他用，以免影响水温和使水量发生变化。

使用热水器时间过长（超过 0.5h）时，室内要通风换气，以免因排烟效果差而使室内出现缺氧或一氧化碳超标现象。

发现热水器有燃气泄漏现象，应立即关闭燃气阀门，打开外窗，禁止在现场点火或吸烟。随后应报告燃气管理单位或厂家的维修中心检修热水器，严禁自己拆卸或“带病”使用。

在炊事时，不要使用热水器淋浴，以免因烟气污染或缺氧而影响炊事人员的健康。

浴室内注意通风换气，以防缺氧发生意外事故。身体虚弱的人员洗澡时，家中应有人照顾，连续使用时间不应过长。

燃气热水器从售出当日起，人工煤气热水器判废年限为 6 年，液化气和天然气热水器判废年限为 8 年。

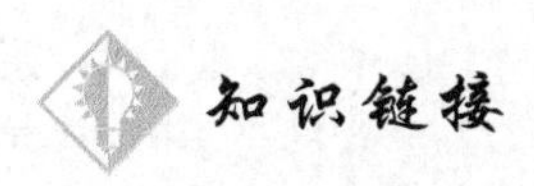

2015 年燃气爆炸事故大数据分析报告

天然气与百姓的日常生活联系越来越紧密，越来越多的人在使用它。天然气在拥有众多优点的同时，也存在一定的危险性，具有易燃易爆的特点。包头市燃气有限公司通过对 2015 年全国燃气爆炸事故的数据搜集和整合做出了一个大数据分析，如下：

（1）据不完全统计，2015 年全国燃气爆炸事故 350 余起，共造成受伤 712 人，死亡 127 人。其中天然气爆炸事故 217 起，死伤共计 530 人，液化气罐爆炸事故 88 起，死伤共计 236 人（统计数字来源于媒体与网络）。

（2）燃气爆炸事故发生频度较高的省份为北京、福建、湖南、河北、江西，2015 年内蒙古发生事故的频率大幅上升，占比达到 7.6%，燃气安全应该引起人们的注意，燃气爆炸离人们并不遥远也许就在我们身边。

（3）燃气爆炸事故发生的地点主要分布在民居（69%）、商户/商场（23%），希望大家能保持警惕，注意安全。

（4）发生燃气爆炸前，都会有天然气发生泄漏，2015 年导致泄漏的因素为，设备安全、老化问题、操作不当、管道漏气、忘关气阀、人为故意等原因造成的燃气泄漏。与2014年的数据对比，设备安全问题较2014年略显严重，提醒大家平时要注意检查设备安全状况，不要超期使用燃气设备，严禁私自改装，及时更换软管，提高设备安全意识。

(5)燃气爆炸事故发生泄漏后引爆的主要原因依然是点火做饭(占11%)和开灯(占6%)，还有点烟、失火、操作不当、静电等原因也是引发爆炸的元凶，说明大家对燃气泄漏的情况发现不够及时，即便发现了，但是不能做出正确的应对措施，应该多加关注燃气安全常识，杜绝错误操作。

通过以上对2015年燃气爆炸事故大数据分析，清晰地让人们认识到每起事故的发生都是存在一定的共性和特点，今后只有做到避免此类情况的发生，做到防微杜渐，防患于未然，这样才能最终避免事故的发生。

第2篇 燃气输配基础

第4章 燃气输送系统

4.1 燃气的生产与净化

4.1.1 天然气的集输与分离

1.天然气的集输

天然气的集输，是把气田上各个气井开采出来的天然气聚集起来，并经过分离计量后处理送入输气干线，它主要由井场装置、集气站、矿场压气站、天然气处理厂和输气首站等部分组成。

(1)井场装置。一般设于气井附近。从气井开采出来的天然气，经过节流，进入分离器除去油、游离水和机械杂质等，通过计量后送入集气网，如图4.1所示。

图4.1 天然气矿井开采

(2)集气站。将集气网的天然气集中起来的地方就是集气站。在集气站上，对天然气再一次进行节流、分离、计量，然后送入集气管线。

(3)矿场压气站。在气田开采后期(或低压气田)，当气层压力不能满足生产和输送要求时，需设置矿场压气站，将集气站输入的低压天然气增压至规定的压力，然后输送到天然气处理厂或输气干线。

(4)天然气处理厂。当天然气中硫化氢、二氧化碳、凝析油等含量和含水量超过管输标准或不能满足城市煤气的要求时，则需设置天然气处理厂，对外供天然气进行净化处理。

(5)输气首站。在输气干线起点设置压气站，则称为输气首站。它的任务是接收天然气处理厂来的净化天然气，经除尘、计量、增压后进入输气管线。

2.天然气的分离

天然气分离基本上是物理过程，可以采用吸附法、吸收法和低温冷凝法三种。

(1)吸附法。吸附法是利用固体吸附剂对各种烃类吸附容量的不同而使各组分得以分离的方法。各种脱水吸附剂都可以用来吸附烃类，而活性炭是用得最广的分离烃类的吸附剂。吸附法多用于气体量小及含液态烃少（液态烃体积含量为0.3%～1%）的天然气分离。吸附法工艺流程比较简单，不需使用特殊钢材，但吸附剂的再生耗能较多，生产运行成本较高。

(2)油吸收法。油吸收法主要是利用天然气的各组分在吸收油中溶解度不同而达到回收液态烃组分的目的。近年来随着低温冷凝法的发展，已逐步取代油吸收法。

(3)低温冷凝法。低温冷凝法是在低温和加压下，天然气中的较重组分会冷凝而与甲烷等轻组分分开。

4.1.2 天然气的净化处理

天然气中的杂质，随气田地质构造、成气条件和开采方式的不同而异。其中的杂质可分为固态杂质、液态杂质和气态杂质。固态杂质主要是天然气中携带的泥沙、岩屑以及在输送过程中形成的水化物；液态杂质主要是水和凝析油；气态杂质主要是硫化物及二氧化碳等。上述杂质的存在，会影响天然气的输送及用户的使用，因此必须进行净化处理。目前国内天然气的净化通常采用以下工艺流程：

来自井场的天然气→脱凝析油→脱硫及二氧化碳→脱水→用户

1.水化物的防止及解除

由于天然气在开采和集输过程中处于高压状态并被水蒸气所饱和。当处于一定温度时，会形成一种白色结晶物质——水化物。由于水化物的生成，将影响高压气井的开采和集输。为此，必须采取相应措施防止及解除水化物的生成。在生产中常采用以下几种方法：降低压力解堵法、加热天然气法和注入防冻剂法。

2.凝析油的脱除

天然气中所含的凝析油，其主要成分是 C_4～C_8 馏分，并含有少量的 C_3 馏分以及微量的 C_{11} 以上馏分。通常将含凝析油 $100g/m^3$ 以上的天然气称为富气，$100g/m^3$ 以下的称为贫气。通常凝析油含量在 $15g/m^3$ 以上的天然气都可以回收。回收后的凝析油经过一定处理后，就成为燃料或化工原料。另外，当天然气中含有硫化氢及二氧化碳时，假如在脱除硫化氢回收硫黄前不预先脱除凝析油，则将影响硫黄的质量。所以，天然气中所含的凝析油必须先脱除。从天然气中脱除凝析油的方法有压缩法、吸收法、吸附法和低温分离法等几种。

1)压缩法

压缩法脱除凝析油是将天然气加压，使其中要回收的烃类的分压达到操作条件下的饱和蒸气压，使要回收的烃类凝结下来，然后再进行冷却、分离，就可以得到凝析油。压缩法适用于处理富气，在单独使用压缩法时，气体中凝析油含量超过 $150g/m^3$，在经济上才合算。所以，实践中主要把压缩法作为回收凝析油的第一步，其目的不仅是回收油，而是为了更有效地使用其他方法作准备。压缩法的优点是操作简单，但动力消耗大，对设备要求较高。

2)吸收法

吸收法是用某些液体（吸收剂）选择性地吸收天然气中的凝析油。常用的吸收剂为石油或焦油的200～320℃馏分。首先，使吸收剂与含油天然气接触，使天然气中的凝析油组分被吸收剂吸收，然后再通过蒸馏使吸收剂与凝析油分离，吸收剂经冷却后再循环使用。

吸收法根据压力与温度不同可分为常压和加压吸收法、常温与低温吸收法。显然，压力越大，回收率越高。要回收 C_4 以下的烃类，需在加压下进行吸收，此法可回收70%以上的丙烷及几乎全部重烃。低温吸收法是将吸收与吸收剂冷冻相结合的方法，可以回收包括乙烷在内的烃类。

3）吸附法

吸附法是指含油天然气通过装有某种吸附剂的吸附装置，利用吸附剂对凝析油的吸附作用，使天然气与凝析油分离，然后用水蒸气将凝析油从吸附剂中蒸脱出采，经冷却后予以回收。

常用的吸附剂有活性炭、硅胶、硅藻土等。这些吸附剂，对于烃类与水蒸气混合物的吸附具有选择性，只对 C_3 以上的烃类具有吸附能力。这也是用吸附法从天然气中回收凝析油的重要原因。

4）低温分离法

低温分离法是指在低温条件下，将天然气中呈气态的凝析油和水汽转变为液态的凝析油和水，然后进行分离的方法。对于高压天然气可通过使天然气节流膨胀来获得低温，对于低压天然气，则采取人工制冷来获得所需的低温。在低温分离装置中，为保证凝析油的充分回收，天然气必须冷却至生成天然气水化物的温度以下，但为了确保装置的正常运行，又需阻止天然气水化物的生成，为此常采用添加水化物抑制剂（如乙二醇）的办法来抑制天然气水化物的形成；或者不采用水化物抑制剂，而在生成水化物后将水化物进行分离。

3. 硫化物及二氧化碳的脱除

天然气中的硫化物主要是 H_2S。H_2S 和 CO_2 均属于酸性气体，因此可采用酸性气体的脱除方法将它们一并脱除。常用的脱除方法有下列三种。

1）醇胺法

从天然气中脱除 H_2S 和 CO_2 一般都采用醇胺类溶剂，其中最重要的是单乙醇胺和二乙醇胺。但是羰基硫及 CS_2 与单乙醇胺发生的是不可逆反应，使溶剂损耗，而与二乙醇胺则几乎不起反应，所以二乙醇胺采用较多。其他如二甘醇胺法是用二乙醇胺与甘醇相结合，能同时脱硫和脱水。

2）环丁砜法

环丁砜法采用的是一种混合溶剂，由环丁砜、二异丙醇胺和水组成。环丁砜是一种物理吸收溶剂，与酸性组分的结合是一种物理吸收作用。当酸性气体具有低分压或中等分压时，与环丁砜有较好的亲和力，当酸性气体分压高时，亲和力更高。二异丙醇胺是一种化学吸收剂，它与酸性组分的结合是一种酸碱反应，因此，基本上与分压无关，故这种混合溶剂兼具有化学溶剂和物理溶剂的特性。

环丁砜法的主要优点是，吸收酸性气体的能力强，溶剂循环量少，所需设备比醇胺法少，溶剂热容较低，故水、电燃料等消耗低，溶剂无腐蚀性，不易发泡，结冰时不膨胀，脱除 COS、CS_2 和硫醇效果好，且溶剂降解率低。该法的缺点是环丁砜价格较贵，而且会吸收重质烃和芳香烃。

3）铁碱法

铁碱法是一种液体吸收氧化法。H_2S 与碱性化合物（如 Na_2CO_3 或 NH_3 等）反应，生成硫氢化物，再与氧化剂（如 Fe_2O_3）作用生成 Fe_2S_3。后者经再生可得硫黄。

该法脱硫剂廉价易得，并能选择性地脱除 H_2S，脱硫容量比较高，不产生新的污染。

4. 脱水

天然气的脱水除可以采用前述的乙二醇（俗称甘醇）法、固体吸附剂脱水法外，还可用低温分离法。前面均已述及，此处不再赘述。

4.2 燃气的长距离输送系统

燃气的长距离输送系统，是指燃气(一般为天然气)从气源(气田或油田)输送到城镇或工业区的这段系统，简称输气系统。城镇或工业区内的燃气系统则称为城镇燃气管网系统，用以与输气系统相区别。

4.2.1 天然气长输系统构成

天然气的长距离输气系统(图4.2)一般由矿场集输系统、天然气处理厂、输气管线起点站、输气干线、输气支线、中间压气站、管理维修站、阴极保护站、燃气分配站(城市门站)等组成。

由于气源种类、压力、气质及输送距离等的不同，长距离输气系统的站场设置也有所差异。

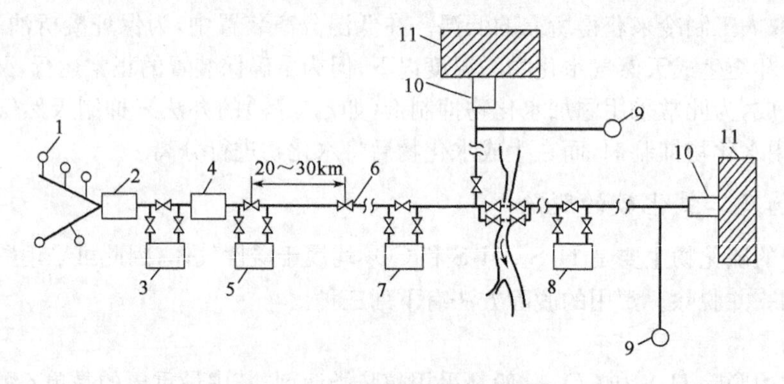

图4.2 天然气长距离输气系统

1—井场装置；2—集气装置；3—矿场压气站；4—天然气处理厂；5—起点站(或起点压气站)；6—管线上阀门；7—中间压气站；8—终点压气站；9—储气设备；10—燃气分配站；11—城镇或工业基地

4.2.2 矿场集输系统

集输管网的任务是将天然气田各气井生产的天然气进行分离、计量，集中起来输送到天然气处理厂或直接进入输气干线。集输管网一般有两种形式：单井集输管网和多井集输管网。

1.单井集输管网

单井集输管网的流程如图4.3所示。气体自井口采出，在井场经减压、加热、分离杂质、计量后，进入集气干线，送至气体净化处理厂或输气干线起点的输气首站。这种流程的优点是集气管网操作压力较低、机动灵活；缺点是每口井需设置一套集气装置，因而投资大且维修管理不便。

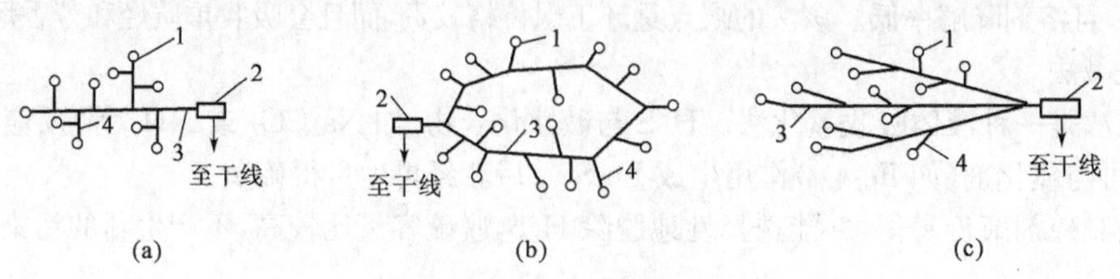

图4.3 单井集输管网示意图

(a)枝状单井集输管网；(b)环状单井集输管网；(c)放射状单井集输管网

1—气井；2—集气站；3—集气干线；4—集气支线

2. 多井集输管网

多井集输管网的流程如图 4.4 所示。气体自井口采出，在井场减压后送至集气站，再经加热、分离杂质、计量后，送至气体净化处理厂或输气干线起点的输气首站。与单井集输流程相比，其操作压力较高，但生产管理方便、需要的人员较少；特别是在气田开发后期，气体压缩机设在集气站上，可以几口井共同使用，便于调节，容易实现集输自动化。

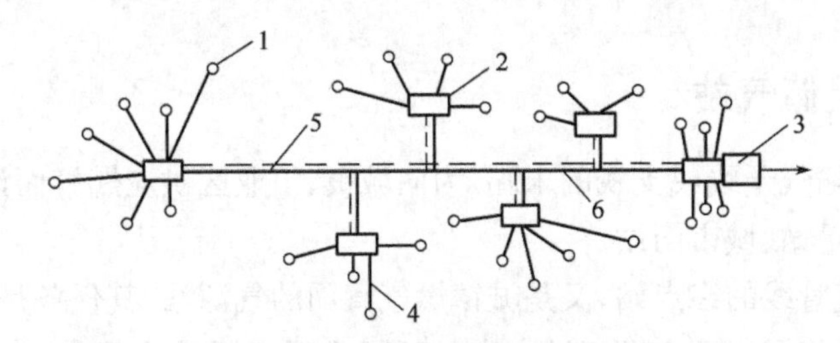

图 4.4　多井集输管网示意图

1—气井；2—集气站；3—处理厂；4—集气支线；5—凝析油集输线；6—集气干线

4.2.3　输气站

输气站是输气系统中各类工艺站场的总称，一般包括输气首站、输气末站、压气站、燃气接收站、燃气分输站等站场。

输气首站，是输气管道的起点站，也称起点压气站。其主要任务是保持输气压力平稳，对燃气压力进行自动调节，计量燃气流量以及除去燃气中的液滴和机械杂质；当输气管线采用清管工艺时，为便于集中管理，还在站内设置清管球发射装置。图 4.5 为目前常采用的输气首站流程示意图。

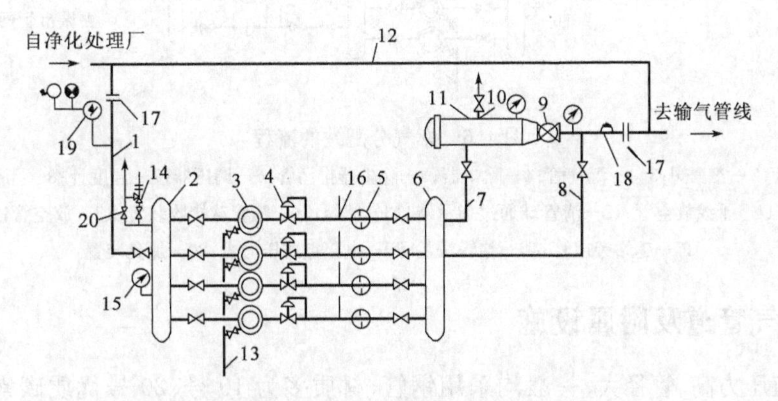

图 4.5　输气干线起点站的流程

1—进气管；2，6—汇气管；3—气液分离器；4—调压器；5—孔板流量计；7—清管用旁通管；8—燃气输出管；9—球阀；10—放空管；11—清管球发送装置；12—越站旁通管；13—分离器排污管；14—安全阀；15—压力表；16—温度计；17—绝缘法兰；18—清管球通过指示计；19—带声光信号的电接点式压力表；20—放空阀

输气末站，是输气管道的终点站，也称终点压气站。其主要任务是根据储气设备的种类及城市管网的压力进行调压，如地下储气，则应根据储气构造及储气量要求，将燃气净化、加压后储入地下储气库；同时还具有分离、计量等功能；当输气管线采用清管工艺时，还可在站内设置清管球接收装置。

压气站，一般是指中间压气站，即在输气管道沿线，为用压缩机对燃气增压而设置的站。中间压气站的数目应通过技术经济计算确定，一般为每隔 100～150km 设置一个。

燃气接收站，是指在输气管道沿线，为接收输气支线来气而设置的站，一般具有分离、调压、计量、清管等功能。

燃气分输站，是指在输气管道沿线，为分输燃气至用户而设置的站，一般具有分离、调压、计量、清管等功能。

4.2.4 配气站及储气站

配气站，是指在输气干线或支线的末端，为向城镇、工业区供应燃气而设置的站，亦称燃气分配站、终点调压计量站、城市门站。

配气站既是输气管线的终点站，又是城镇燃气管网的气源站，其任务是接收输气管线输送来的燃气，经过除尘，将燃气压力调至城市高压环网或用户所需的压力，计量和加臭后送入城镇或工业区的管网(图 4.6)。

储气站及前述输气站中的输气末站、燃气分输站经常与配气站合并设置，有时也单独设置。

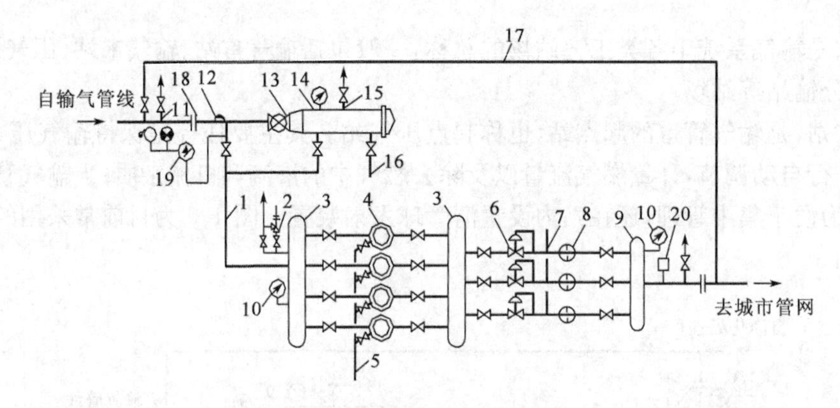

图 4.6 燃气分配站的流程

1—进气管；2—安全阀；3，9—汇气管；4—除尘器；5—除尘器排污管；6—调压器；7—温度计；8—孔板流量计；10—压力表；11—干线放空管；12—清管球通过指示器；13—球阀；14—清管球接收装置；15—放空管；16—排污管；17—越站旁通管；18—绝缘法兰；19—电接点式压力表；20—加臭装置

4.2.5 输气管道及附属设施

输气管道压力高、管径大，一般均采用钢管，材质多为 10 号、20 号优质碳素钢和 16Mn、09Mn2V 等低合金钢，也可采用普通碳素钢制成的钢管，连接方法为焊接。

输气管道的附属装置主要有：清管装置、凝水器、阀室、阴极保护站等。

1. 清管装置

清管的主要作用是清除管线施工后积存于管内的泥土、水、石块、焊渣、遗忘的小型零件等杂物以及管线运行过程中积存的凝析物、管壁锈蚀物、灰尘等。另外，通过清管还可查找管径偏差、测量管壁厚度、检查泄漏点、置换管道介质及为管道内壁作涂层等。

清管器(图 4.7)一般有三种形式：清管球、皮碗清管器和塑料清管器。清管球一般为橡胶空心球，其直径比清洗管内径大 2%～5%，壁厚为 30～50mm；皮碗清管器是在一个轴上安装一个皮碗，皮碗可做成平面、锥面或球面等形式，然后用万向连轴节将几个装有皮碗的轴连在一起而制成；塑料清管器则为表面涂有聚氨酯外壳的塑料制品。

(a)皮碗清管器

(b)塑料清管器

图 4.7　清管器

清管装置一般设在输气站或配气站内，以便管理。收发站的间距一般为 50～80km。清管装置包括发送筒、接收筒、工艺管线、阀门以及装卸工具和通过指示仪等辅助设备等。

收发筒是清管装置的主要构成部分，一般朝球的滚动方向倾斜 8°～10°，筒径一般比管径大 1～2 级，长度一般不小于筒径的 3～4 倍，接收筒更长些；接收筒的底部设有排污管，放空管安装在接收筒的顶部，两管的接口都焊有挡条以阻止大块物体进入，避免堵塞；接收筒前应有清洗排污坑，排出的污水存在污水池内；从主管引向收发筒的连通管起平衡导压作用，可选用较小的管径；主管三通之后和接收筒异径管前的直管上，应设通过指示器，以确定清管器是否已经发入管道和进入接收筒；收发筒上还须安装压力表，面向盲板开关操作者的位置；快速开关盲板设在收发筒的开口端，一般为一个牙嵌式或挡圈式，另一端经过偏心异径管和一段直管与一个全通径阀(球阀)连接，全通径阀必须有准确的阀位指示。

2. 凝水器

凝水器(图 4.8)的作用是收集并排出管道内的凝结水，以确保线路畅通。

凝水器在线路上的分布，应接线路起点气体温度和线路上各点的温度变化，并计算出凝析水量后确定。凝水器的布置应结合线路地形条件，一般设置在线路的局部低点。

图 4.8　凝水器

3. 阀室

穿、跨越大型河流、铁路干线的管段，其两端应设阀室。除此之外，为便于检修、维护、抢修以及为检修时减少天然气放散量，需在一定距离内设置阀室。一般 20～30km 设一个阀室，对人口稠密，交通频繁地区应取下限值，空旷地区取上限值。

阀室分地上式和地下式两种。阀室内的阀门前后均应设放散管，放散管管径一般为主管管径的 1/4～1/2。阀门通常采用球阀或闸阀，驱动方式有手动、电动、气动、电液联动和液动等。

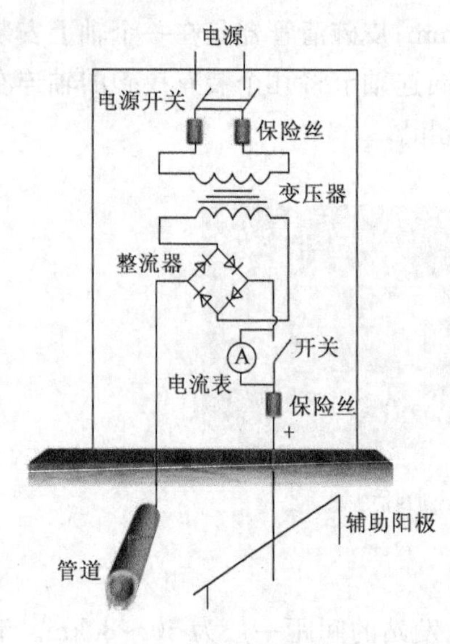

图 4.9　阴极保护原理图

4. 阴极保护站

阴极保护站的作用是保护管道免受土壤的腐蚀，其原理如图 4.9 所示。

阴极保护站直流电源的正极与接地阳极（常用的阳极材料有废旧钢材，永久性阳极材料有石墨和高硅铁）连接，负极与被保护的管道在通电点连接。外加电流从电源正极通过导线流向接地阳极，它和通电点的连线与管道垂直，连线两端点的水平距离约为 300～500m。直流电由接地阳极经土壤流入被保护的管道，再从管道经导线流回负极。这样使整个管道成为阴极，而与接地阳极形成腐蚀电池，接地阳极的正离子流入土内，不断受到腐蚀，管道则受到保护。

阴极保护站的保护半径，应根据现场经验、实验室测定和理论计算等三个方面综合考虑。一般一个阴极保护站的保护半径为 15～20km，根据叠加原理，两个阴极保护站之间的保护距离则为 40～60km。

4.3　城镇燃气输配系统

城镇燃气输配系统有两种基本方式，一种是管道输配系统，一种是液化石油气瓶装系统，这里，只讲述管道输配系统。

4.3.1　城镇燃气输配系统的组成

城镇燃气输配系统管理一般由门站、储配站、输配管网、调压站、监控及数据采集系统、维护与管理中心组成，如图 4.10 所示。

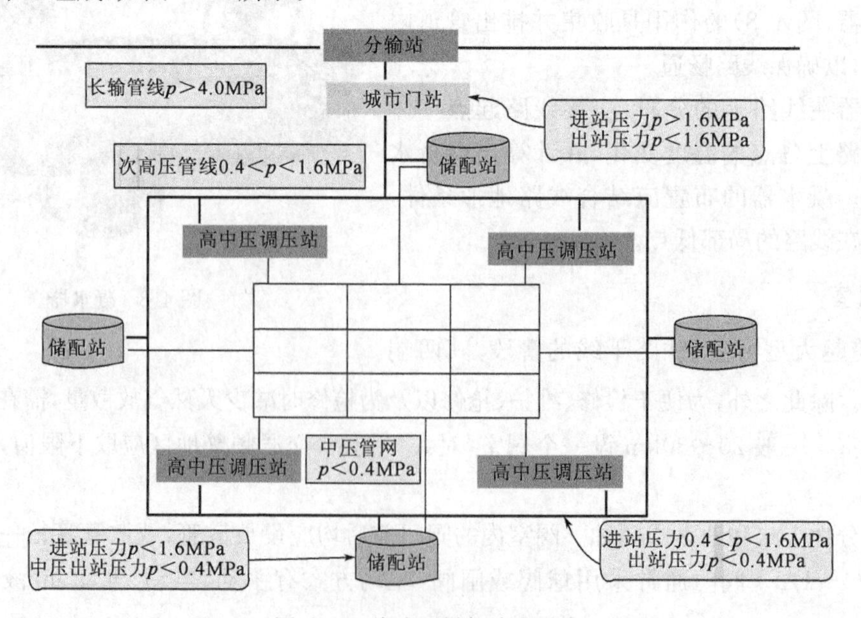

图 4.10　中小型燃气输配系统

1. 门站

门站负责接收气源(包括煤制气厂、天然气、煤层气及有余气可供应用的工厂等供城镇使用的燃气),进行计量、质量检测,按城镇供气的输配要求,控制并调节向城镇供应的燃气流量与压力,必要时还需对燃气进行净化、加臭。长输管道的末站和城镇接收门站宜安排在城镇的外围。

2. 储配站

储配站的主要作用是储存一定量的燃气以供用气高峰时调峰;当上游输气设施发生故障或维修管道时,保证一定的供气;对使用的多种燃气进行混合,使其成分均匀;将燃气加压(或降压)以保证输配管网或用户燃具前燃气的压力。

3. 输配管网

燃气输配管网是将储配站(包括门站)的燃气输送至各储气点、调压站及燃气用户,并保证输气安全可靠。管网布置应尽量靠近用户,以保证用最短的线路长度,达到同样的供气效果。

4. 调压站

调压站是将输气管网的压力调节至下一级管网或用户所需的压力,并使调节后的燃气压力保持稳定。

5. 监控及数据采集系统

监控及数据采集系统,即 SCADA(Supervisory Control And Data Acquisition)系统。SCADA 系统具有数据采集、生产调度自动化、营业收费自动化及决策支持等功能。

6. 维护与管理中心

维护与管理中心主要负责燃气管网系统的日常运行、维护以及收费,一般燃气企业需要设置燃气维修所。维护与管理中心的布局,应满足其服务半径的需要,保障燃气输配系统正常运行。

4.3.2 城镇燃气管网

1. 燃气管道及其类型

燃气管道的作用是为各类用户输气和配气,其分类方式有以下四种。

1)根据管道材质分类

根据管道材质燃气管道可分为:钢燃气管道、铸铁燃气管道、塑料燃气管道、复合材料燃气管道。

2)根据输气压力分类

燃气管道的气密性与其他管道相比,有特别严格的要求,漏气可能导致火灾、爆炸、中毒或其他事故。燃气管道中的压力越高,管道接头脱开或管道本身出现裂缝的可能性和危险性也越大。当管道压力不同,对管道材质、安装质量、检验标准和运行管理的要求也不同。我国城镇燃气管道根据输气压力不同分类见表 4.1。

表 4.1 城镇燃气管道分类

燃气管道		压力
高压	A	2.5MPa$<p\leqslant$4MPa
	B	1.6MPa$<p\leqslant$2.5MPa

续表

燃气管道		压力
次高压	A	0.8MPa<p≤1.6MPa
	B	0.4MPa<p≤0.8MPa
中压	A	0.2MPa<p≤0.4MPa
	B	0.01MPa<p≤0.2MPa
低压		p<0.01MPa

3)根据敷设方式分类

(1)埋地燃气管道。一般在城市中常采用埋地敷设。

(2)架空燃气管道。在工厂区内、特殊地段或通过某些障碍物时，常采用架空敷设。

4)根据用途分类

(1)长距离输气管道。

长距离输气管道其干管及支管的末端连接城市或大型工业企业，作为该供应区的气源点。

(2)城镇燃气管道。

①分配管道，其作用是将燃气分配给各个用户。分配管道包括街区的和庭院的分配管道。

②用户引入管，将燃气从分配管道引到用户室内。

③室内燃气管道，通过用户管道引入口的总阀门将燃气引向室内，并分配到每个燃气用具。

(3)工业企业燃气管道。

①工厂引入管和厂区燃气管道，将燃气从城市燃气管道引入工厂，分送到各用气车间。

②车间燃气管道，从车间的管道引入口将燃气送到车间内各个用气设备(如窑炉)。车间燃气管道包括干管和支管。

③炉前燃气管道，从支管将燃气分送给炉上各个燃烧设备。

2.城镇燃气管网系统

1)城镇燃气管网的压力级制

压力级制是指高压、次高压、中压、低压等不同压力级别管道的不同组合。据此，城镇燃气管网可分为：

(1)一级系统：仅用低压管网来分配和供给燃气；

(2)二级系统：由低压和中压A或中压B二级管网组成；

(3)三级系统：由低压、中压A、次高压A或B三级管网组成；

(4)多级系统：由低压、中压A、中压B、次高压A、次高压B(或高压)等多级管网组成。

城镇燃气管网采用不同的压力级制，其原因如下：

(1)管网采用不同的压力级制是比较经济的。因为燃气由较高压力的管道输送，管径可以选得小一些，单位长度的压力损失可以选得大一些，以节省管材。如由城市的一地区输送大量燃气到另一地区，则应采用较高的压力比较经济合理。有时对城市里的大型工业企业用户，也可敷设压力较高的专用输气管线。当然管网内燃气的压力增高了，输送燃气所消耗的能量也随之增加。

(2)各类用户所需要的燃气压力不同。如居民用户和小型商业用户需要低压燃气，即使有单户调压器或楼栋调压装置时，一般也只与压力小于或等于中压的管道相连。而大多数工业企业则需要中压甚至高压燃气。

(3)在城市未改建的老区,建筑物密集、街道狭窄、人口密度大,不宜敷设高压、次高压或中压A管道,只能敷设中压B和低压管道。同时大城市燃气系统的建造、扩建和改建过程是要经过许多年的,所以在城市的老区原来燃气管道的压力,大都比近期建造的管道的压力低。

2)城镇燃气管网系统举例

(1)中压(A或B)—低压二级管网系统。

该城市以天然气为气源,采用长输管线末端储气,如图4.11所示。天然气长输管线从东西两个方向将燃气经城市门站送入该市。中压A管道连接成环网,通过区域调压站向低压管道供气,通过专用调压站向工业企业供气。低压管网根据地理条件分成三个不连通的区域管网。

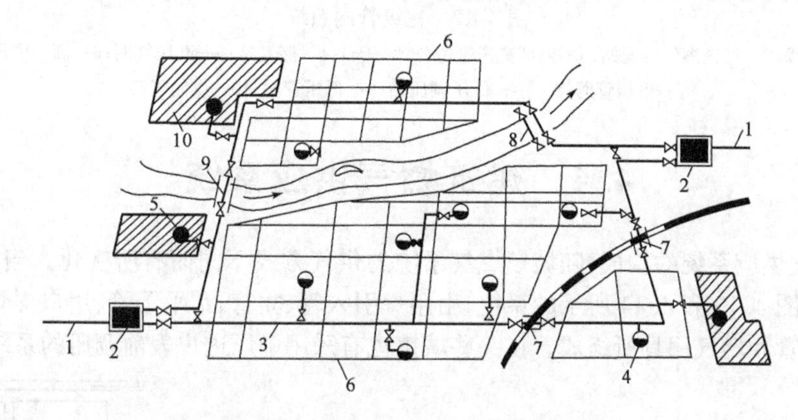

图4.11　中压A—低压二级管网系统

1—长输管线;2—城镇燃气分配站;3—中压A管网;4—区域调压站;5—工业企业专用调压站;6—低压管网;7—穿越铁路的套管敷设;8—穿越河底的过河管道;9—沿桥敷设的过河管道;10—工业企业

中—低压二级管网系统的特点是:

①因输气压力高于低压一级管网系统,输气能力较大,可取较小的管径输送较多数量的燃气以减少管网的投资费用;

②只要合理设置中—低压调压器,就能维持比较稳定的供气压力;

③管网系统有中压和低压两种压力级别,而且设有压送机和调压器,因而维护管理复杂,运转费用较高;

④由于压送机运转需要动力,一旦储配站停电或其他事故,将会影响正常供应。

因此,中—低压二级管网系统适用于供应区域较大,供气量较大,采用低压一级管网系统不经济的大中型城镇。

(2)三级管网系统。

图4.12为次高、中、低压三级管网系统。次高压燃气从气源厂或城市的天然气接收站(天然气门站)输出,由次高压管网输气,经次高—中压调压器调至中压,输入中压管网,再经中—低调压器调成低压,由低压管网供应燃气用户。一般在燃气供应区域内设置储气柜,用于调节用气不均匀性,但目前国外多采用管道储气调节用气的不均匀性。

上述几种管网系统中,均采用区域调压站向低压环网供气的方式。此外,也可不设区域调压室,而在各街坊内设调压装置或设楼栋调压箱,向居民和公共建筑用户供应低压燃气。在有些国家允许采用中压或更高压力的燃气管道进户的供气方式,将调压器设在楼内或用气房间内,燃气经降压后直接供燃具使用。

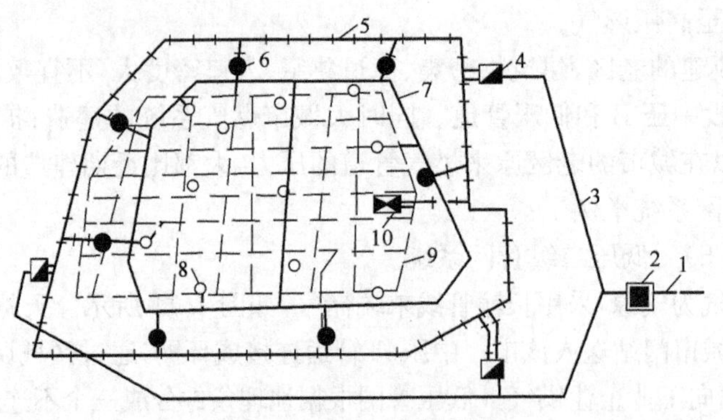

图 4.12　三级管网系统

1—长输管线；2—城镇燃气分配站；3—郊区高压管道(1.2MPa)；4—储气站；5—高压管网；6—高—中压调压站；7—中压管网；8—中—低压调压站；9—低压管网；10—煤制气厂

4.4　建筑燃气供应系统

建筑燃气供应系统的构成，随城镇燃气系统的供气方式不同而有所变化。当燃气低压进户时，采用如图 4.13 和 4.14 所示的系统，由用户引入管、立管、水平干管、用户支管、燃气计量表、用具连接管和燃气用具所组成。在一些城镇也有采用中压进户表前调压的系统。

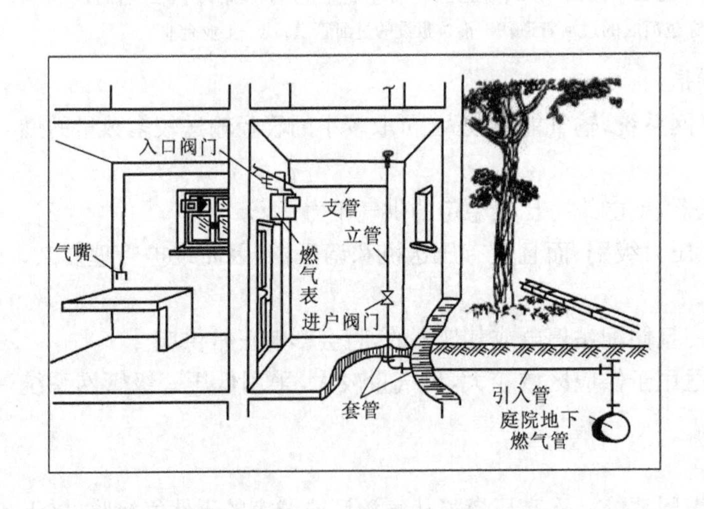

图 4.13　建筑燃气供应图

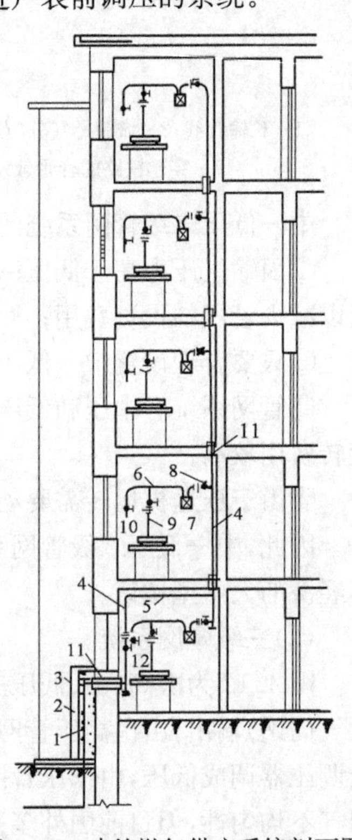

图 4.14　建筑燃气供应系统剖面图

1—引入管；2—砖台；3—保温层；4—立管；5—水平干管；6—用户支管；7—燃气计量表；8—表前阀门；9—灶具连接管；10—燃气灶；11—套管；12—燃气热水器接头

用户引入管与城镇或庭院低压分配管道连接，在分支管处设阀门。输送湿燃气的引入管一般由地下引入室内，当采取防冻措施时也可由地上引入。在非采暖地区或采用管径不大于75mm的管道输送干燃气时，则可由地上直接引入室内。输送湿燃气的引入管应有不小于0.005的坡度，坡向城镇燃气分配管道。引入管穿过承重墙、基础或管沟时，均应设在套管内（图4.15所示为用户引入管的一种做法），并应考虑沉降的影响，必要时应采取补偿措施。

引入管上既可连接一根燃气立管，也可连接若干根立管，后者则应设置水平干管。水平干管可沿楼梯间或辅助房间的墙壁敷设，坡向引入管，坡度应不小于0.002。管道经过的楼梯间和房间应有良好的自然通风。

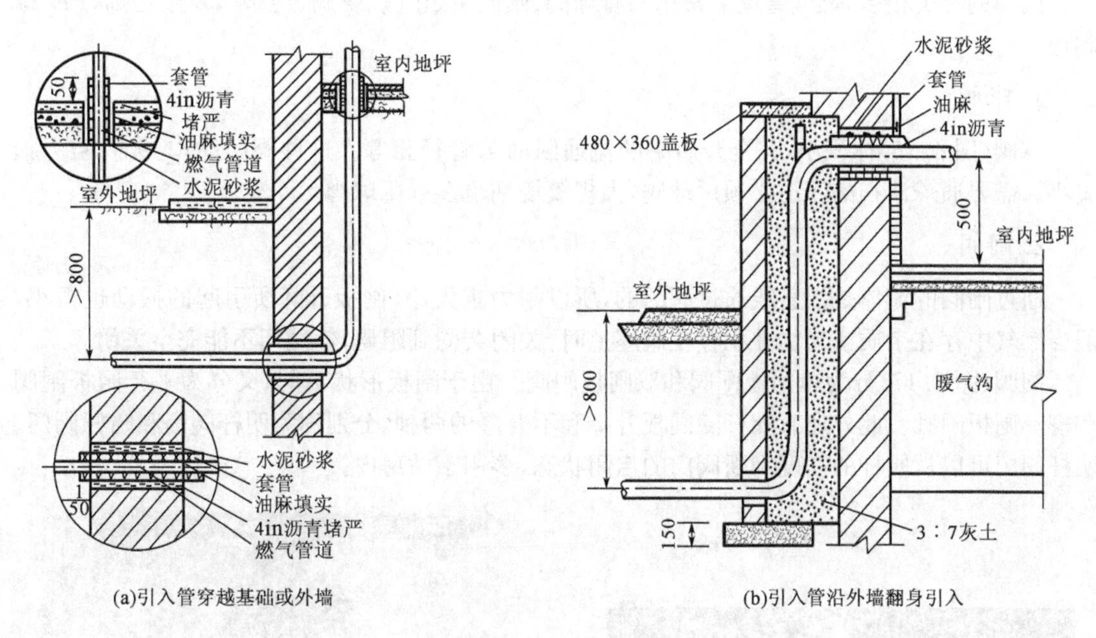

图4.15　用户引入管

燃气立管一般应敷设在厨房或走廊内。当由地下引入室内时，立管在第一层处应设阀门。阀门一般设在室内，对重要用户尚应在室外另设阀门。立管的直径一般不小于25mm，立管通过各层楼板处应设套管。套管高出地面至少50mm，套管与燃气管道之间的间隙应用沥青和油麻填塞。

由立管引出的用户支管，在厨房内其高度不低于1.7m。敷设坡度不小于0.002，并由燃气计表分别坡向立管和燃具。支管穿过墙壁时也应安装在套管内。

用具连接管（又称下垂管）是指燃气表后的垂直管段，其上的旋塞应距地面1.5m左右。

室内燃气管道应为明管敷设。当建筑物工艺有特殊要求，需要采用暗管敷设时，按规范要求采取必要的安全防护措施。为满足安全、防腐和便于检修需要，室内燃气管道不得敷设在卧室、浴室、地下室、易爆品仓库、配电间、通风机室、潮湿或腐蚀性介质的房间内。当输送湿燃气的管道敷设在可能冻结的地方时，应采取防措施。

4.5　城镇燃气管网附属设施

为了保证管网的安全运行，并考虑到检修、接线的需要，在管道的适当地点设置必要的附属设备。这些设备包括阀门、补偿器、放散管等。

4.5.1 阀门

阀门是用于启闭管道通路或调节管道介质流量的设备。因此要求阀体的机械强度高，转动部件灵活，密封部件严密耐用，对输送介质的抗腐蚀性强，同时零部件的通用性好。

燃气阀门必须进行定期检查和维修，以便掌握其腐蚀、堵塞、润滑、气密性等情况以及部件的损坏程度，避免不应有的事故发生。然而，阀门的设置达到足以维持系统正常运行即可，尽量减少其设置数，以减少漏气点和额外的投资。

阀门的种类很多，燃气管道上常用的有球阀、闸阀、截止阀、蝶阀、旋塞阀及聚乙烯(PE)球阀等。

1. 球阀

球阀(图4.16)体积小，完全开启时的流通断面与管径相等。这种阀门动作灵活，阻力损失小。需要通球清扫的管道必须用球阀，大规模场站也多采用球阀。

2. 闸阀

通过闸阀的流体是沿直线通过阀门的，所以阻力损失小，闸板升降所引起的振动也很小，但当燃气中存在杂质或异物并积存在阀座上时，关闭会受到阻碍，使阀门不能完全关闭。

闸阀(图4.17)分为单闸板闸阀和双闸板闸阀。由于闸板形状不同，又分为平行闸板闸阀和楔形闸板闸阀。此外还有阀杆随闸板升降和不升降的两种，分别称为明杆阀门和暗杆阀门。明杆阀门可以从阀杆的高度判断阀门的启闭状态，多用于站房内。

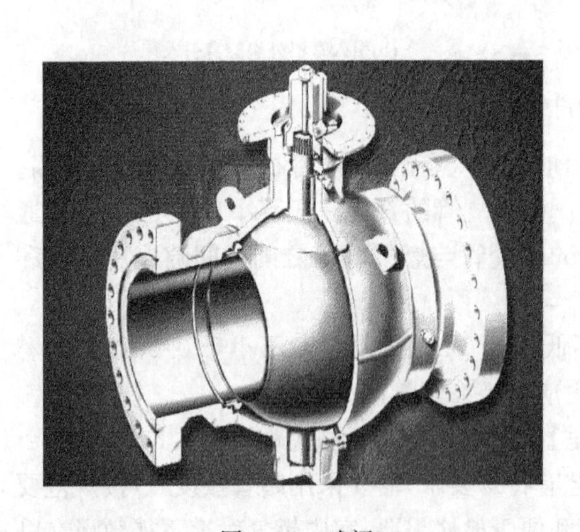

图4.16　球阀

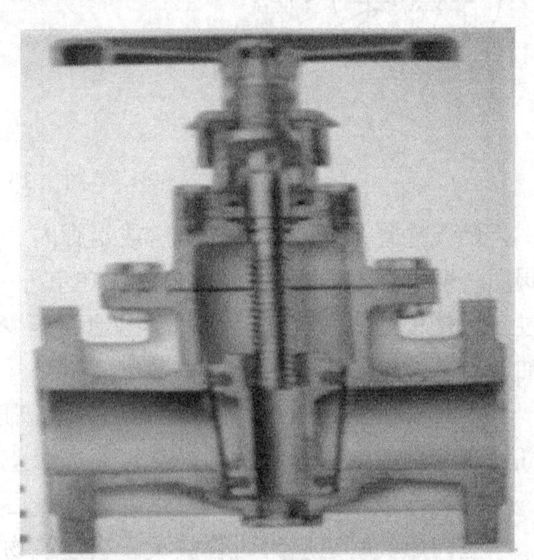

图4.17　闸阀

3. 截止阀

截止阀(图4.18)依靠阀瓣的升降以达到开闭和节流的目的。这类阀门使用方便，安全可靠，但阻力较大。

4. 蝶阀

蝶阀(图4.19)是阀瓣绕阀体内固定轴旋转关启的阀门，一般作管道及设备的开启或关闭用，有时也可以作为调节流量用。

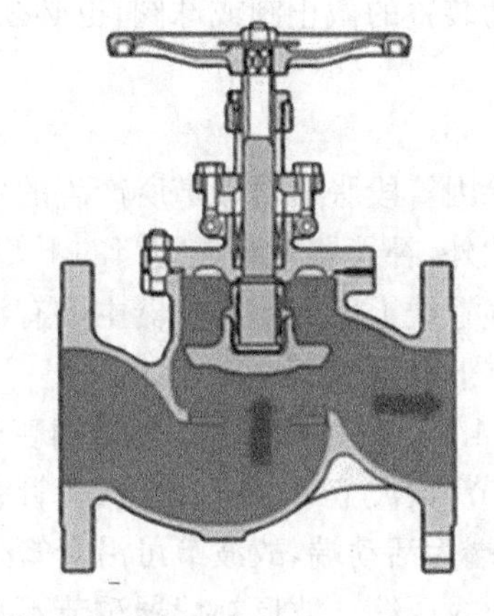

图 4.18　截止阀

5. 旋塞阀

旋塞阀(图 4.20)是一种动作灵活的阀门，阀杆转 90°即可达到启闭的要求。杂质沉积造成的影响比闸阀小，所以广泛用于燃气管道上。常用的旋塞有两种：一种是利用阀芯尾部螺母的作用，使阀芯与阀体紧密接触，不致漏气，称无填料旋塞，这种旋塞只允许用于低压管道上，主要是室内管道；另一种称为填料旋塞，利用填料以堵塞旋塞阀体与阀芯之间的间隙而避免漏气，这种旋塞体积较大，但较安全可靠。

图 4.19　蝶阀

图 4.20　旋塞阀

6. PE 球阀

根据材料等级，常用 PE 球阀可以分为 PE80 和 PE100 球阀；根据性能 PE 球阀可分标准球阀、单放散球阀、双放散球阀。所有 PE 球阀均采用专用扳手开启和关闭。构成阀门壳体的各个部件之间均为热熔或电熔连接方式，因此整个阀门壳体的连接强度高、密封性好，PE 球阀与管道直接焊接形成不可拆卸整体，无漏点。标准阀无须建造阀门井，可直埋。放散型阀门只需建浅井。PE 球阀施工方便，开启、关闭力矩小，便于操作。PE 球阀寿命长，使用寿命不低于 50 年，工程造价低。

由于结构上的原因，闸阀、蝶阀只允许安装在水平管段上，而其他几类阀门则不受这一限制。但如果是有驱动装置的截止阀或球阀，也必须安装在水平管段上。

4.5.2 补偿器

补偿器作为消除因管段胀缩对管道所产生的应力的设备，常用于架空管道和需要进行蒸汽吹扫的管道上。此外，补偿器安装在阀门的下侧(按气流方向)，利用其伸缩性能，方便阀门的拆卸和检修。燃气管线上所用的补偿器主要有波形补偿器和波纹管补偿器两种，在架空燃气管道上偶尔也用方形补偿器。

波形补偿器(图 4.21)俗称调长器，是采用普通碳钢的薄钢板经冷压或热压而制成半波节，两段半波焊成波节，数波节与颈管、法兰、套管组对焊接而成波形补偿器。因为套管一端与颈管焊接固定，另一端为活动端，故波节可沿套管外壁做轴向移动，利用连接两端法兰的螺杆可使波形补偿器拉伸或压缩。波形补偿器波节不宜过多，燃气管道上用的一般为二波。

波纹管(图 4.22)是用薄壁不锈钢板通过液压或辊压而制成波纹形状，然后与端管、内套管及法兰组对焊接而成补偿器。

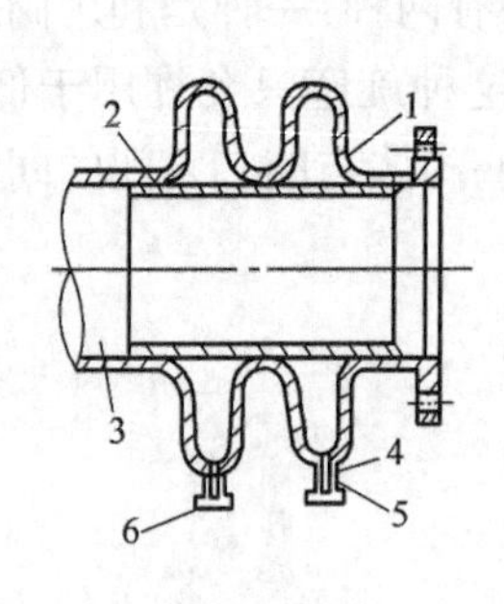

图 4.21　波形补偿器

1—波形节；2—套筒；3—管子；4—疏水管；5—垫片；6—螺母

图 4.22　波纹管补偿器

方形补偿器又称Ⅱ形补偿器，一般用无缝钢管煨弯而成；当管径较大时常用焊接弯管制成。它的补偿能力大、制造方便、严密性好、运行可靠、轴向推力小。

4.5.3 放散管

放散管是用来排放管道中的燃气或空气的装置，它的作用主要有两方面：一是在管道投入运行时，利用放散管排空管内的空气或其他置换气体，防止在管道内形成爆炸性混合气体；二是在管道或设备检修时，利用放散管排空管道内的燃气。放散管一般安装在阀门前后的钢短管上，在单向供气的管道上则安装在阀门之前的钢短管上。

4.5.4 套管及检漏管

燃气管道在穿越铁路或其他大型地下障碍时，需采取敷设在套管或地沟内的防护措施进行施工。为判明管道在套管或地沟内有无漏气及漏气的程度，需在套管或地沟的最高点(比空气密度轻的燃气)或最低点(比空气密度重的燃气)设置检查装置，即检漏管。套管及检漏管的做法如图 4.23 所示。

4.5.5 阀门井

为保证管网的安全运行与操作维修方便，地下燃气管道上的阀门一般都设置在阀门井中，凝水器、补偿器、法兰等附属设备、部件有时根据需要也需砌筑阀井予以保护，阀门井作为地下燃气管道的一个重要设施，应坚固结实，具有良好的防水性能，并保证检修时有必要的操作空间，井室结构如图 4.24 所示。

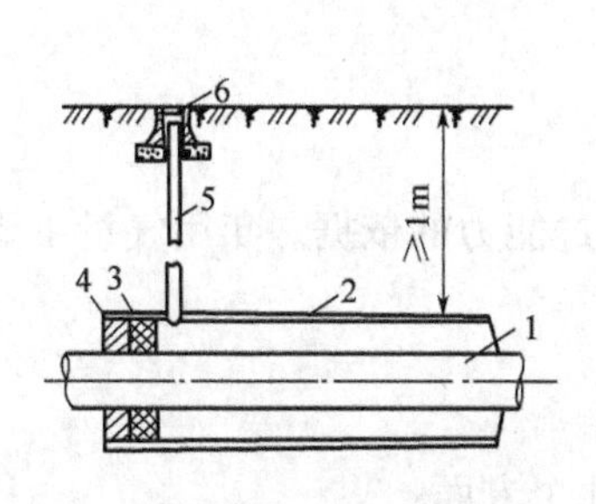

图 4.23　敷设在套管内的燃气管道

1—燃气管道；2—套管；3—油麻填料；4—沥青密封层；5—检漏管；6—防护罩

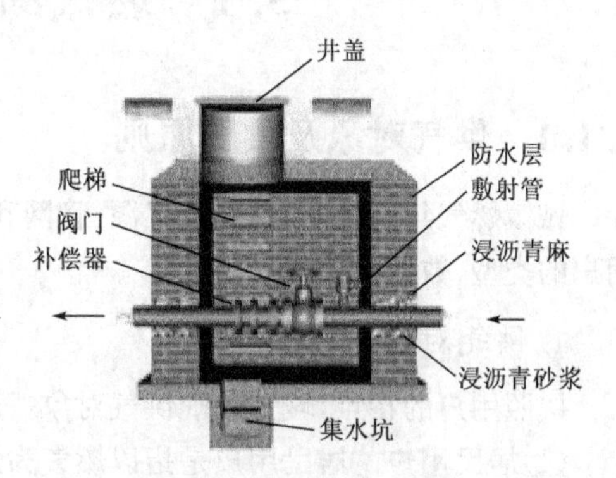

图 4.24　单管阀门井构造图

第5章　燃气调配运行系统

5.1　燃气的供需工况与调节

5.1.1　供气对象及供气原则

城镇燃气年用气量，是确定气源、管网和设备燃气通过能力的依据。年用气量主要取决于用户的类型、数量及用气量指标。

1. 供气对象

按照用户的特点，城镇燃气供气对象一般分为以下几个方面：

(1)居民用户。居民用户是指以燃气为燃料进行炊事和制备热水的家庭燃气用户。居民用户是城镇供气的基本对象，也是必须保证连续稳定供气的用户。

(2)商业用户。商业用户是指用于商业或公共建筑制备热水或炊事的燃气用户。商业用户包括餐饮业、幼儿园、医院、宾馆酒店、洗浴、洗衣房、超市、机关、学校和科研机构等，对于学校和科研机构，燃气还用于实验室。

(3)工业用户。工业用户是以燃气为燃料从事工业生产的用户。工业用户用气主要用于各种生产工艺。

(4)采暖、制冷用户。采暖、制冷用户是指以燃气为燃料进行采暖、制冷的用户。

(5)燃气汽车用户。指以燃气作为汽车动力燃料的燃气用户。

另外，当电站采用城镇燃气发电或供热时，也应包括电站用户。

2. 供气原则

在确定用气量分配时，一般优先发展居民生活用气和商业用气，它们是城镇燃气供应的基本对象。居民生活用户和商业用户数量多，而且分散，把燃气优先供给这些用户可以提高热效率，节约能源，改善大气环境，节约劳动力，减少能源的交通运输压力。

在发展民用和商业用户的同时，也要发展一部分工业用户，二者应兼顾。这有利于调节城镇用气供需平衡，降低储气系数，减少工程投资，扩大销售市场，提高燃气企业的经济效益。

我国天然气利用政策指出，当以天然气作为气源时，优先发展城镇(尤其是大中城市)居民炊事、生活热水和公共服务设施用气的商业用户以及天然气汽车(尤其是双燃料汽车)、分布式热电联产和热电冷联产用户。允许发展集中式燃气采暖用户(指中心城区的中心地带)、分户式燃气采暖用户和中央空调用户；允许建材、机电、轻纺、石化、冶金等工业领域中以天然气替代油、液化石油气、人工燃气和可中断用户使用天然气；重要用电负荷中心且天然气供应充足的地区允许利用天然气调峰发电。限制非重要用电负荷中心利用天然气调峰发电，并禁止陕、蒙、晋、皖等十三个大型煤炭基地所在地区建设天然气发电项目。

5.1.2 燃气需用工况

城镇各类用户的用气情况是不均匀的，是随月、日、时而变化的，这是城镇燃气供应的一个特点。

用气不均匀性可以分为三种，即月不均匀性(或季节不均匀性)、日不均匀性和小时不均匀性。

城镇燃气需用工况与各类用户的需用工况及这些用户在总用气量中所占的比例有关。

各类用户的用气不均匀性取决于很多因素，如气候条件、居民生活水平及生活习惯，机关的作息制度和工业企业的工作班次，建筑物和车间内设置用气设备的情况等，这些因素对不均匀性的影响，从理论上是推算不出来的，只有经过大量积累资料，并加以科学整理，才能取得需用工况的可靠数据。

1.月用气工况

影响居民生活及商业用户用气月不均匀性的主要因素是气候条件。气温降低则用气大，因为冬季水温低，故用气量较多；又因为在冬季，人们习惯吃热食，制备食品需用的燃气量增多，需用的热水也较多。反之，在夏季用气量将会降低。

商业用户用气的月不均匀规律及影响因素，与各类用户的性质有关，但与居民生活用气的不均匀情况基本相似。

工业企业用气的月不均匀规律主要取决于生产工艺的性质。连续生产的大工业企业以及工业炉用气比较均匀。夏季由于室外气温及水温较高，这类用户的用气量也会适当降低。

根据各类用户的年用气量及需用工况，可编制年用气图表。依照此图表制订常年用户及缓冲用户的供气计划和所需的调峰设施，还可预先制订在用气量低的季节维修燃气管道及设备的计划。

一年中各月的用气不均匀情况用月不均匀系数表示。根据字面上的意义，应该是各月的用气量与全年平均月用气量的比值，但这并不确切，因为每个月的天数是在28～31天的范围内变化的。因此月不均匀系数 K_m 值应按式(5.1)确定：

$$K_m = \frac{\text{该月平均日用气量}}{\text{全年平均日用气量}} \tag{5.1}$$

一年十二个月中，平均日用气量最大的月，即月不均匀系数最大的月称为计算月，并将该月的月不均匀系数 K_m 称为月高峰系数。

2.日用气工况

一个月或一周中日用气的波动主要由居民生活习惯、工业企业的工作和休息制度及室外气温变化等因素决定。

居民生活习惯对于各周(除了包含节日的一些周)的影响几乎是一样的。工业企业的工作和休息制度，也比较有规律。室外气温变化没有一定的规律性，一般来说，一周中气温低的日子，用气量就大。

一个月(或一周)的日用气不均匀情况用日不均匀系数 K_d 表示，可按式(5.2)计算：

$$K_d = \frac{\text{计算月中某日用气量}}{\text{计算月中平均日用气量}} \tag{5.2}$$

计算月中，日最大不均匀系数 K_d 称为日高峰系数。

3. 小时用气工况

各类用户的小时用气工况均不相同。居民生活和商业用户的小时用气不均匀性最为显著；工业用户小时用气波动很小；对于供热和空调用户，如为连续供热和供冷，小时用气波动很小，若为间歇供热和供冷，小时用气波动则较大。

小时用气不均匀情况用小时不均匀系数 K_h 表示，可按式(5.3)计算：

$$K_h = \frac{\text{计算月中最大日的某小时用气量}}{\text{计算月中最大日的平均小时用气量}} \tag{5.3}$$

5.1.3 燃气的供需调节

用户的用气是不均匀的，但气源的供应量不可能完全按照用气量的变化而随时变化，为了解决均匀供气和不均匀耗气之间的矛盾，如图 5.1 所示，必须采取合适的方法使燃气输配系统供需平衡。

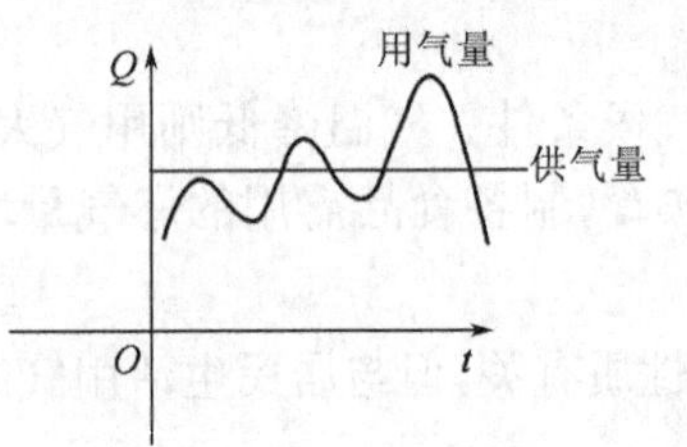

图 5.1 燃气供需图

1. 改变气源的生产能力

焦炉煤气由于受焦炭生产的限制，通常是不能改变的。直立式连续炭化炉煤气的产量可以有少量的变化幅度，主要是通过改变投料量、干馏时间等手段来实现。油制气、发生煤及液化石油气混空气等气源具有机动性，设备启动和停产比较方便，负荷调整范围大，可以调节月(或季节)及日用气的不均匀性，甚至可以平衡小时用气不均匀性。采用天然气做气源时，一般由气源方(即供气方)来统筹调度，以平衡月、日的用气不均匀性。

当采用改变气源的生产能力时，必须综合考虑气源运转和停止的难易程度、生产负荷变化的可能性和幅度、供气的安全可靠性及技术经济的合理性等诸多因素，并经科学的论证后才能实施。

2. 采用机动气源调节

有条件的地方可以设置机动气源，用气高峰时供气，用气低峰时储气、停产或作它用。采用这种方式时应根据当地的实际情况，充分考虑机动气源与主气源的置换性，并作综合的技术经济论证方可。

3. 利用缓冲用户进行调节

一些大中型工业企业、锅炉房等可使用多种燃料的用户都可以作为燃气供应的缓冲用户。在夏季用气低峰时，把余气供给他们使用。在冬季用气高峰时，这些用户可以改烧固体燃料或液体燃料。在节假日用气高峰时，可以有计划地停供大中型工业企业用气。这些大中型工业企业也应尽可能在这段时间内安排进行大修。

4. 利用液化石油气进行调节

在用气的高峰期，特别是节假日，可用液化石油气进行调节。一般的做法是，直接将汽车槽车运至输配管网的罐区，通过储气罐的进气管道充入储气罐混合后外供。当然，使用的液化石油气应符合质量要求，特别是含硫量，以避免腐蚀储气罐和燃气输配系统。

5. 利用储气设施调节

(1)地下储气。地下储气库储气量大，可用以平衡季节不均匀用气和一部分日不均匀用气，但不能用来平衡采暖、空调日不均匀用气及小时不均匀用气，因为急剧增加采气强度，会使储气库的投资和运行费用增加，很不经济。

(2)液态储存。液态储存主要适用于液化石油气和天然气，天然气的主要成分甲烷在常压、－162℃时即可液化。将液化天然气储存在绝热良好的低温储罐或冻穴储气库中，当用气高峰时，经气化后供出。液态储存储气量大、负荷调节范围广，适于调节各种不均匀用气。

(3)高压管束和长输干管的末端储气。高压燃气管束储气及长输干管末端储气，是平衡小时不均匀用气的有效办法。高压管束储气是将一组或几组管道埋在地下，对管内燃气加压，利用燃气的可压缩性储气；长输干管末端储气是在夜间用气低峰时，燃气储存在管道中，这时管道内压力增高，白天用气高峰时，再将管内储存的燃气送出。

(4)储气罐储气。储气罐一般用来平衡日不均匀用气和小时不均匀用气。

5.2 燃气的储存与压送

燃气在供应过程中，由于供气量和用气量在时间上存在着很大的不平衡，因此必须将低峰用气时多余的燃气储存起来，高峰用气时压送出去，以补偿燃气消耗量的不足，从而保证各类用户安全稳定用气。

燃气储存的方式主要有储气罐储存、管道储存、管束储存、地下储存及低温液化储存等。燃气种类不同，储存手段也不尽相同。以人工煤气为气源时，多采用低压储存，以天然气为气源时，多采用高压储存，至于压缩天然气、液化天然气、液化石油气供应系统，也各自有不同的储存手段。

5.2.1 储气罐储存

1. 储气罐的作用

储气罐的作用体现在以下六个方面：

(1)解决燃气生产与使用不平衡的矛盾；

(2)当发生意外事故(如停电、设备暂时故障等)，保证有一定的供气量；

(3)混合不同组分的燃气，使燃气性质(成分、热值、燃烧特性等)均匀；

(4)对间歇循环制气设备起缓冲、调节、稳压作用；

(5)回收高炉煤气及其他可燃、可用废气；

(6)对工业企业用户供气时，由于工业窑炉一般采用高压或中压燃烧，需经压缩机加压，此时压缩机进口则设置储气罐稳压及保持稳定的安全储存量。

2. 储气罐的分类

储气罐按照储存压力、密封方式及结构形式分类见表5.1。

表 5.1　储气罐分类

按储存压力分类	按密封方式分类	按结构形式分类
高压储气罐		圆筒形(立式或卧式)
		球　形
低压储气罐	湿式(水封)	直立升降式、螺旋升降式
	干　式	阿曼阿恩型干式罐
		可隆型干式罐
		威金斯型干式罐

3.低压储气罐

1)低压湿式罐

湿式罐是在水槽内放置钟罩和塔节,钟罩和塔节随着燃气的进出而升降,并利用水封隔断内外气体来储存燃气的容器。罐的容积随燃气量的变化而变化。

根据罐的结构不同,低压湿式罐又有直立升降式(简称直立罐)和螺旋升降式(简称螺旋罐)两种。

(1)直立罐。

直立罐的结构如图 5.2 所示,它是由水槽、钟罩、塔节、水封、顶架、导轨、导轮、立柱、外导轨框架、增加压力的加重装置及防止造成真空的装置等组成。

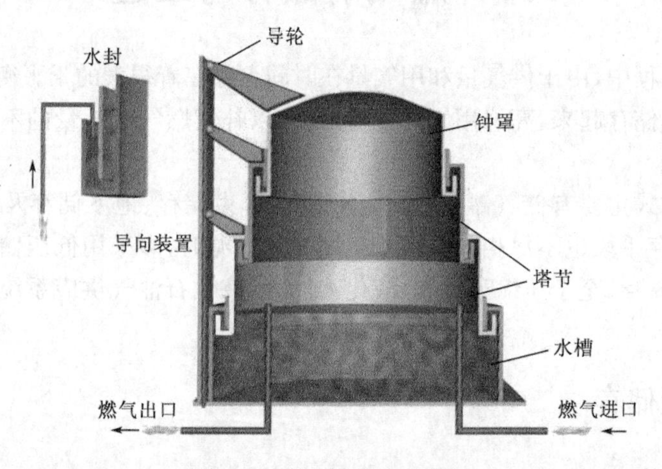

图 5.2　直立罐结构示意图

水槽通常是由钢板或钢筋混凝土制成。钢筋混凝土水槽主要是在设置半地下式水槽时防止腐蚀的情况下使用的。与钢筋混凝土水槽相比,钢制水槽施工比较容易,施工费用低,产生漏水及腐蚀等情况时容易修补,不会产生龟裂现象。其缺点是使用年限短,水槽设于地面上增加了罐体总高度,承受风荷载较大。

通常由钢板制造的坪地圆筒形水槽设置在环形或板状钢筋混凝土的基础上。为了减轻水对基础及土体的压力,大容积储罐的钢筋混凝土水槽做成如图 5.3 所示的形式是比较合适的。

水槽的附属设备有人孔、溢流管、进出气管、给水管、垫块、平台、梯子及在寒冷地区防冻用的蒸气管道等。

水槽侧板的下部一般设有一至两个人孔,以供储气罐停气检修时进入罐内清扫时用。人孔的直径通常在 500mm 左右。

进气管可以分为单管和双管两种。当供应组分经常变化的燃气时,为使输出的燃气组分均匀，必须设置双管，以利于燃气混合。

当燃气中含油分及焦油比较多时，近水面处需设排油装置，如图 5.4 所示，而靠近底部则需要设置排焦油设施。

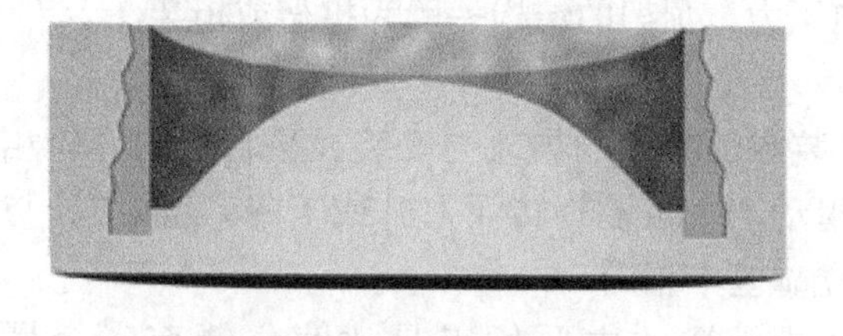

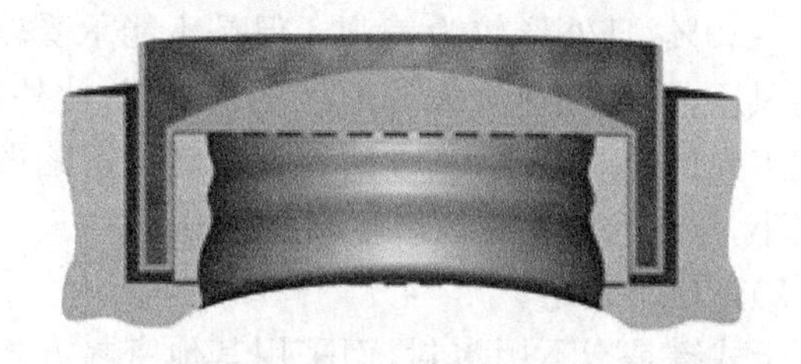

图 5.3　环形水槽

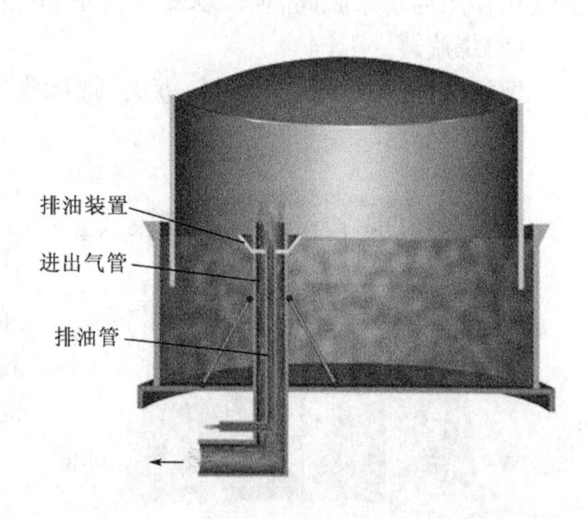

图 5.4　排油装置

钟罩顶板上的附属设备有人孔和放散管，放散管应设在钟罩中央最高位置，人孔应设在正对着进气管和出气管的上部位置，如图 5.5 所示。它不仅可以使罐不必放出全部燃气来清扫进气管，而且还可以防止储罐被压缩机抽空时钟罩顶部塌陷。

多节储气罐的塔节之间均设有水封。水封是湿式储气罐的密封机构，由上挂圈和下杯圈组成，上挂圈和下杯圈之间形成 U 形水封，达到气密效果。

钟罩和塔节是储存燃气的主要结构，由钢板制成，每节的高度与水槽高度相当，总高度约为直径的 60%～100%。

导轮与导轨是湿式储气罐的升降机构，如图 5.6 所示。导轮数量按储气罐升足时承受风力、半边雪载及地震力等条件计算确定。导轨与导轮的数量相等，且其数量应均能被 4 整除。

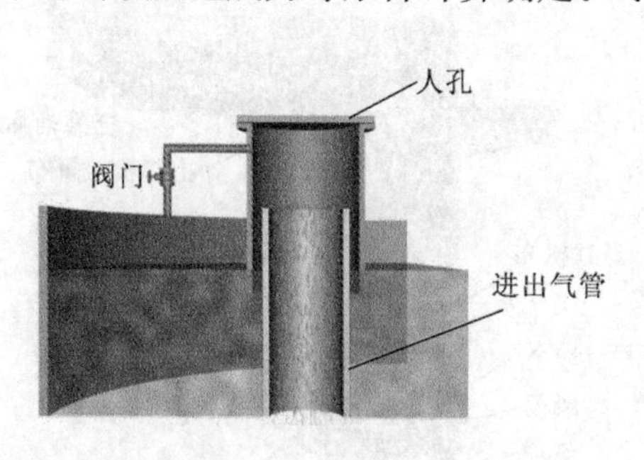

图 5.5　顶板人孔装置

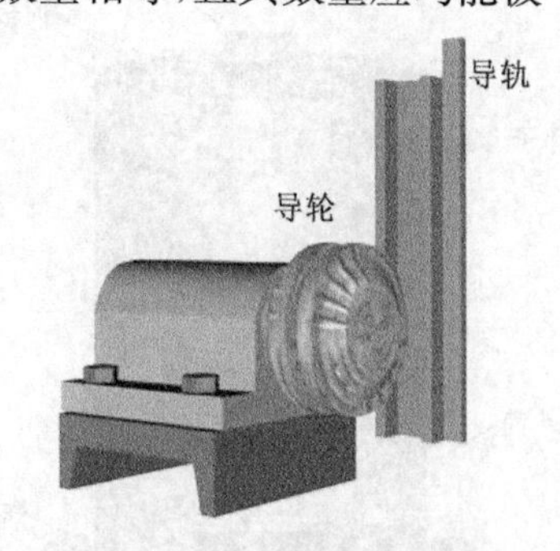

图 5.6　导轨和导轮

立柱是储气罐钟罩及塔节侧壁板的骨架。未充气时承受钟罩及塔节的自重，其断面由稳定计算控制。

外导轨框架是储气罐升降的导向装置，它既承受钟罩及塔身所受的风压，又作为导轮垂直升降的导轨。外导轨框架一般在水槽周围单独设置。另外，在外导轨框架上还设有与塔节数相应的人行平台，同时可作为横向支承梁。

顶环，即钟罩穹顶与侧壁板交界处的结构，是储气罐的重要结构。顶环的受力特点是：无气时承受顶板、顶架自重和雪载，使顶环受拉；充气后，顶环在内部气压和钟罩各节自重的作用下受压。

顶架的主要作用是安装和支撑顶板，未充气时承受顶板、顶架自重和雪载。充气后，顶板受气压作用与顶架脱离，顶架承受其自重和径向压力。顶架的结构一般为拱架或桁架。

(2)螺旋罐。

螺旋罐(图5.7)设有外导轨框架，罐体靠安装在侧板上的导轨与安装在平台上的导轮相对滑动产生缓慢旋转而上升或下降，其他结构与直立罐基本相同。

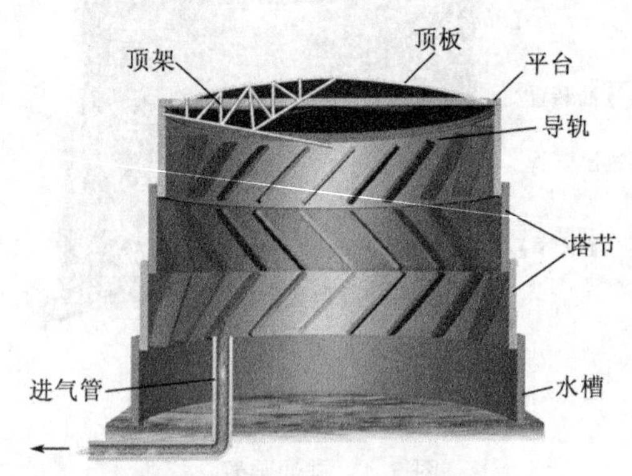

图5.7 螺旋罐结构示意图

螺旋罐的主要优点是比直立罐节省金属15%～30%，且外形较为美观。但是不能承受较强的风压，故在风速太大的地区不宜采用；此外，其施工允许误差较小，基础的允许倾斜或沉陷值也较小，导轮与轮轴往往产生剧烈磨损。

2)低压干式罐

干式罐是指不用水封，而采用其他密封方式的储气罐，也称无水储气罐。根据密封方式结构形式的不同，干式罐可分为三种类型。

(1)稀油密封型干式罐。

稀油密封型(MAN型)干式罐也称阿曼阿恩型干式罐(图5.8)，它是由钢制正多边形外壳、活塞、密封机构、底板、柜顶(包括通风换气装置)、密封油循环系统、进出口燃气管道、安全放散管、外部电梯、内部吊笼等组成。活塞随燃气的进入与排出，在壳体内上升或下降。支承于活塞外缘密封机构(图5.9)紧贴壳体侧板内壁同时上升或下降。其中的密封油借助于自动控制系统终保持一定的油位，形成油封，使燃气不会逸出。燃气压力由活塞自重或在活塞上面增加的配重所决定。目前，此种储气罐的最高压力可达6400Pa。

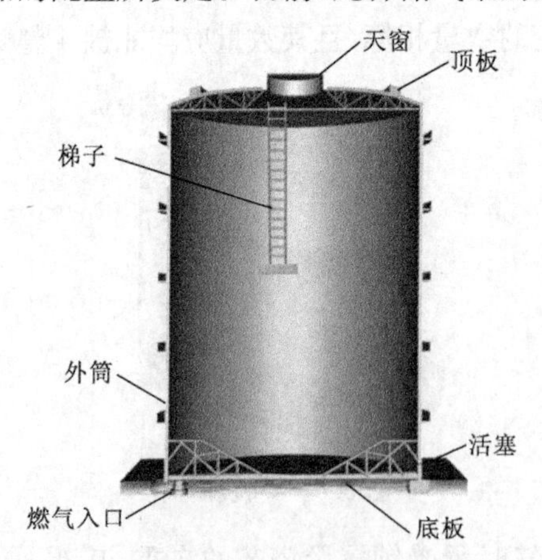

图5.8 阿曼阿恩型干式罐的构造

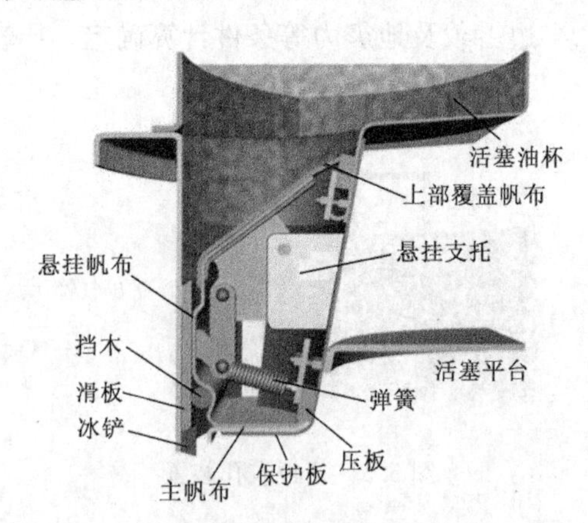

图5.9 阿曼阿恩型干式罐活塞密封机构

(2)可隆型干式罐。

可隆(KLONNE)型干式罐(图5.10)的横截面为圆形，侧板的外部设有加强用的基柱，以承受风压和内压。罐顶制作成球缺形状。为了使活塞板具有更大强度，往往将其设计成碟形。活塞的外周由环状桁架所组成，在活塞外周的上下配置两个为一组的木制导轮，以防止活塞同侧板摩擦而引起火花。活塞为圆形，它能够沿着侧板自由旋转，故其上下滑动的阻力很小而且可避免严重倾斜。

活塞上也放置了为增高燃气压力用的配重块，其最大工作压力可达 5.5kPa。

可隆型干式罐(图 5.11)采用干式密封的方法，由树胶和棉织品薄膜制成的密封垫圈安装在活塞的外周，借助于连杆和平衡重物的作用紧密地压在侧板内壁上。这种构造已经满足了气体密封的要求，但为了使活塞能够灵活平稳地沿着侧板滑动，还需注入润滑脂。

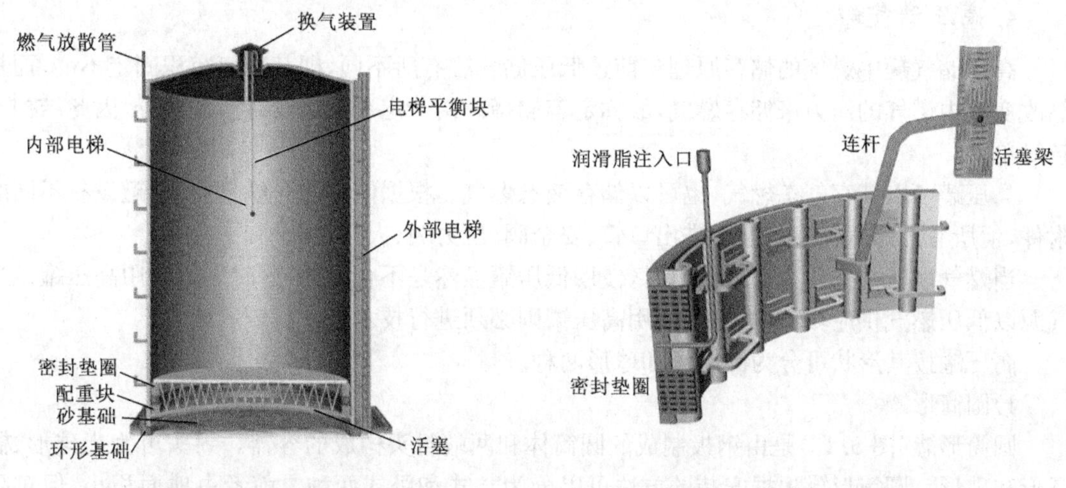

图 5.10　可隆型干式罐　　图 5.11　可隆型干式罐密封机构

这种罐的密封方法不同于阿曼阿恩型，它不需要循环密封油，故不必设置油泵及电动机设备。

(3)威金斯型干式罐。

威金斯(WIGGINS)型干式罐(图 5.12)的主要部分有底板、侧板、顶板、可动活塞、套筒式护栏、活塞护栏及为了保持气密作用而特制的密封帘和平衡装置等。

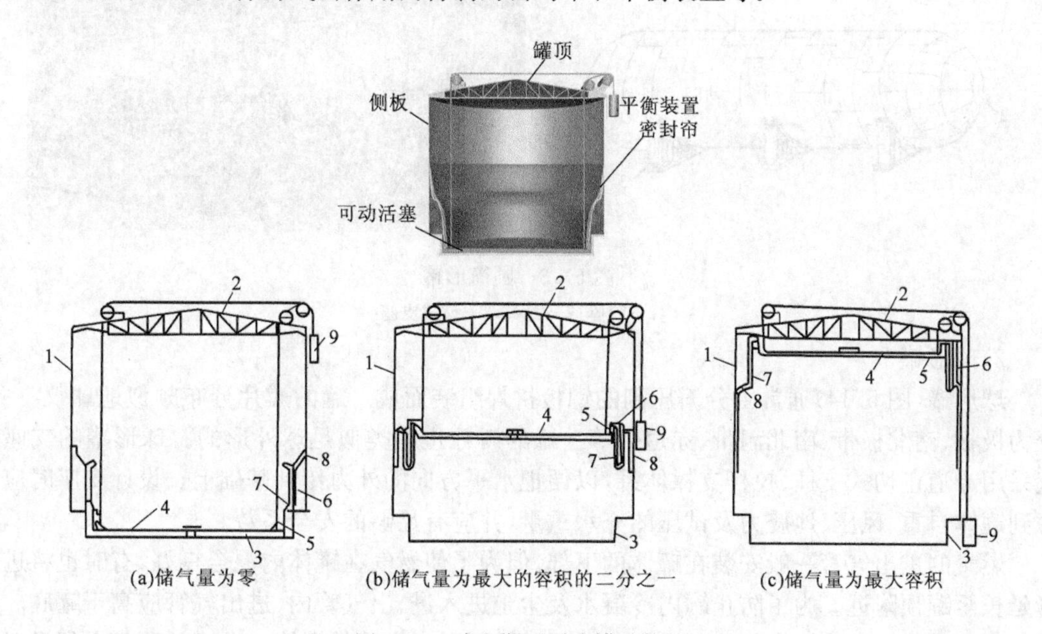

图 5.12　威金斯型干式罐的构造

1—侧板；2—罐顶；3—底板；4—活塞；5—活塞护栏；6—套筒式护栏；7—内层密封帘；8—外层密封帘；9—平衡装置

威金斯型干式罐的密封机构由橡胶夹布帘和套筒式护栏组成。其工作原理为无气时活塞全部落在底板上，当充气达到一定压力值后，活塞上升，带动套筒式护栏同时上升，活塞与护栏之间的橡胶夹布帘随活塞及护栏的升降做卷上卷下的变形，起密封气体作用。这种密封方式要求钢制圆筒形外壳侧板自下部起 1/3 高度必须气密，但剩余 2/3 高度不要求气密。因此可根据需要灵活设置洞口，既可作为通风罩使用，又便于进入活塞上部检查保养，管理方便。威金斯型干式罐的储气压力高达 6000Pa。

4. 高压储气罐

高压储气罐中燃气的储存原理与前述低压储气罐有所不同，即其几何容积固定不变，而是靠改变其中燃气的压力来储存燃气，故称定容储罐。由于定容储罐没有活动部分，因此结构比较简单。

高压罐可以储存气态燃气，也可以储存液态燃气。根据储存的介质不同，储罐设有不同的附件，但所有的燃气储罐均设有进出口管、安全阀、压力表、人孔、梯子和平台等。

当燃气以较高的压力送入城市时，使用低压罐显然是不合适的，这时一般采用高压罐。当气源以低压燃气供应城市时，是否要用高压罐则必须进行技术经济比较后确定。

高压罐按其形状可分为圆筒形和球形两种。

1)圆筒形罐

圆筒形罐(图 5.13)是由钢板制成的圆筒体和两端封头构成的容器。封头可为半球形、椭圆形和碟形。圆筒形罐根据安装的方法可以分为立式和卧式两种。前者占地面积小，但对防止罐体倾倒的支柱及基础要求较高。后者占地面积大，但支柱和基础做法较为简单。如果罐体直接安装在混凝土基础上时，其接触面之间由于容易积水而加速罐的腐蚀，故卧式储罐罐体都设钢制鞍式支座。支座与基础之间要能滑动，以防止罐体热胀冷缩时产生局部应力。

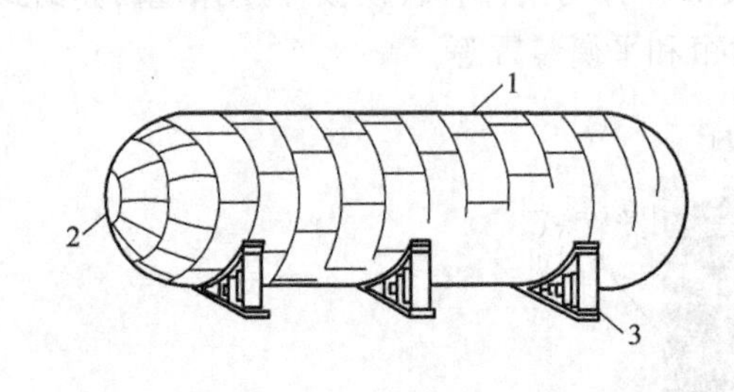

图 5.13　圆筒形罐

1—筒体；2—封头；3—鞍式支座

2)球形罐

球形罐(图 5.14)通常由分瓣压制的钢板拼焊组装而成。罐的瓣片分布颇似地球仪，一般分为极板、南北极带、南北温带、赤道带等。罐的瓣片也有类似足球外形的。球形罐的支座一般采用赤道正切式支柱、拉杆支撑体系，以便把水平方向的外力传到基础上。设计支座时应考虑到罐体自重、风压、地震力及试压的充水重量，并应有足够的安全系数。

燃气的进出气管一般安装在罐体的下部，但为了使燃气在罐体内混合良好，有时也将进气管延长至罐顶附近。为了防止罐内冷凝水及尘土进入进、出气管内，进出气管应高于罐底。

为了排除积存于罐内的冷凝水，在储罐的最下部，应安装排污管。在罐的顶部必须设置安全阀。

储罐除安装就地指示压力表外，还要安装远传指示控制仪表。此外根据需要可设置温度计。储罐必须设防雷防静电接地装置。

储罐上的人孔应设在维修管理及制作储罐均较方便的位置，一般在罐顶及罐底各设置一个人孔。现在大型的天然气储配站多采用球形罐，如图 5.15 所示。

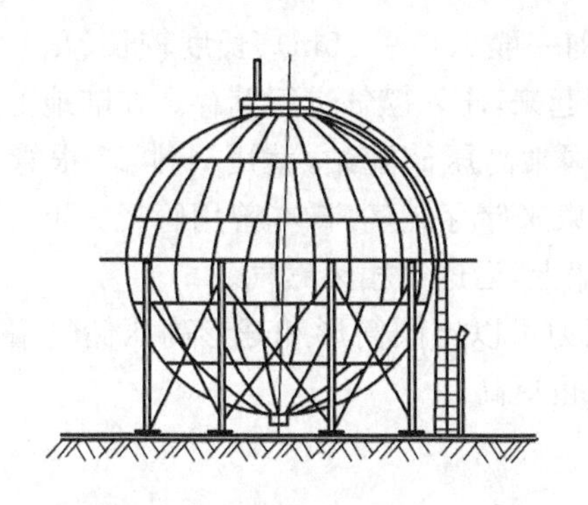

图 5.14　球形罐

图 5.15　天然气储配站

容量较大的圆筒形罐与球形罐相比较，圆筒形罐的单位金属耗量大，但是球形罐制造较为复杂，制造安装费用较高，所以一般小容量的储罐多选用圆筒形罐，而大容量的储罐则多选用球形罐。各种类型储气罐优缺点比较见表 5.2。

表 5.2　各种类型储气罐优缺点比较

项目	湿式储气罐	干式储气罐	高压储气罐
优点	(1)结构简单，安装、操作及保养方便； (2)储气罐内部不会形成爆炸性混合气体，安全可靠； (3)造价低，非采暖地区运行费用极少； (4)制作安装精度要求相对于干式罐和高压罐低，施工难度较小； (5)小容量的储气罐采用湿式罐比较经济合理	(1)占地面积小，节约土地； (2)荷重小，基础易处理，土建投资少； (3)使用年限长，其寿命约为湿式罐的 2 倍； (4)因为没有水槽，燃气可以保持干燥状态，因而适合储存已脱水的燃气； (5)密封油凝固点低，寒冷地区也不需采取防冻采暖措施； (6)适合大容量的储气，且单位耗钢量随容量的增大而减少	(1)耗钢量少(球形罐最少)，占地面积小； (2)重量轻，基础费用较湿式和干式罐少； (3)可以利用罐内压力直接输送燃气，特别是在高压制气、高压净化、高压输配的工艺条件下，用高压储气更为经济合理
缺点	(1)荷重大，基础费用高； (2)使用年限较短，其寿命约为干式罐的一半； (3)占地面积大，不利于节约土地； (4)对于寒冷地区必须采取防冻采暖措施，增加了运行管理费用	(1)一次投资大，容量越小越不经济； (2)需经常监视活塞运行情况及活塞上部空间是否有爆炸性混合气体产生，运行管理复杂； (3)制作安装精度要求较高，施工需高空作业，难度较大	(1)中、低压供气系统需用压缩机加压方能存入，耗能较多，运行管理费用高； (2)这类储罐属于高压容器，制作安装精度要求较高，施工难度大

5.2.2　燃气的其他储存方法

1. 管道储存

管道储存，是指在高压供气系统中，利用管道中较高的压力与供气压力之差，达到储气目的。供气低峰时，将多余的燃气储存在高压供气管道内，高峰时再从高压管道内输出，将输气和储存结合在了一起，是一种比较理想的储气方法。但是，它有局限性，只有具备高压输配供气的条件下才能实现。管道储存主要适用于长输管线末端储气。

2. 管束储存

管束储存是高压储气的一种，是用直径较小(目前一般1.0～1.5m)、长度较长(几十米或几百米)的若干根乃至几十根钢管按一定的间距排列起来，压入燃气进行储存。在陆地上和海运天然气船上都可用这种方法储存燃气。例如，英国某高压储配站，就用一排17根管径为1.10m、长度为320m、压力为0.68～6.8MPa的钢管束来储存燃气；日本曾用管径为lm、长度为15m、压力为14～15MPa的钢管组成管束安装在船上，运送气相天然气。

管束储存的最大特点是由于管径较小，其储存压力可以比圆筒形和球形高压储气罐的压力更高，因而更经济，效率更高，但是相应的技术要求也更高。

3. 地下储存

燃气的地下储存主要有下列三种形式。

1)利用枯竭的油气田储气

要利用地层储气，必须准确地掌握地层的下列参数：孔隙度、渗透率、有无水浸现象、构造形状和大小、油气岩层厚度、有关井身和井结构的准确数据及地层和邻近地层隔绝的可靠性等。而枯竭的油气田一般都经过了长期的开采，其多数参数都是已知的，因此一般不需要采取特殊措施即可使用，所以，已枯竭的油田和气田是最可靠和最经济的地下储气库。目前此种方法应用的也最多。

2)利用地下含水多孔地层储气

这种地质构造的特点是具有多孔质浸透性地层，其上面是不浸透的冠岩层，下面是地下水层，形成完全密封结构。燃气的压入与排出是通过从地面至浸透层的井孔。由于浸透性砂层内水的流动比较容易，因此燃气压入时水被排挤，燃气充满空隙，达到储气目的，如图5.16所示。但是这种地质结构只有在合适的深度，才能作为储气库，一般为400～700m。深度超过700m，由于管道太长而不经济，太浅则在连续排气时，储库不能保证必要的压力。

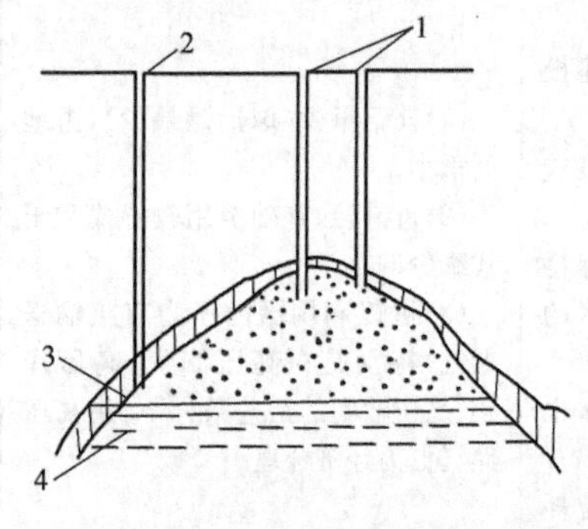

图5.16　地下含水多孔示意图气意图

1—生产井；2—检查(控制)井；3—不透气覆盖层；4—水

3)利用岩盐矿层储气

利用岩盐矿床里除去岩盐后的孔穴，或者打井注入淡水使盐层的一部分被溶解而成为孔洞，然后压入燃气，进行储存。

图5.17为利用盐矿层建造地下储气库的示意图。首先，将井钻到盐层后，把各种管道安装至井下；然后用工作泵将淡水通过内管压到盐层，饱和盐水从内管和溶液套管之间的管腔排出。当通过几个测点测出的盐水饱和度达到一定值时，排除盐水的工作即可停止。为了防止储库顶部被盐水冲溶，要加入一种遮盖液，它不溶于盐水，而浮于盐水表面。不断地扩大遮盖液量和改变溶解套管长度，使储库的高度和直径不断扩大，直至达到要求为止。储库建成后，在第一次注气时，要把内管再次插到储库底部，从顶部压入燃气，将残留的盐水置换出库。

地下储存的储气量较大，一般适用于大、中城市或用气负荷变化较大的情况。但是，采用地下储存方式必须有适宜于燃气压入和输出的地质构造方可。

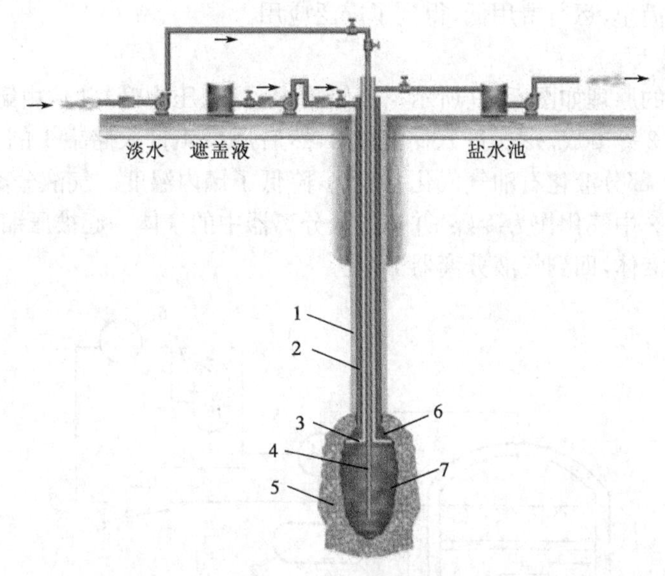

图 5.17　利用盐矿层建造地下储库的示意图

1—套管;2—遮盖液输送管;3—溶液套管;4—内管;5—盐层;6—遮盖液垫;7—储穴

4. 液化储存

液化石油气由气态转变为液态后,其体积约缩小 250 倍;天然气液化后,其体积约缩小 600 倍。因此,液化储存是一种效率很高的储气方式。

气体的液化是通过加压、降温或者既加压又降温来实现的。液化石油气较易液化,有常温下加压和常压下降温两种方式,前者是通常采用的也是液化石油气常规的储存方式;天然气的液化则较难,需在低温高压下才能实现。

1)液化石油气的低温储存

液化石油气实现低温的方式有三种:直接冷却、间接气相冷却和间接液相冷却。

(1)直接冷却。

直接冷却的原理如图 5.18 所示。当储罐内温度及压力升高到一定值时,开启压缩机 2,从罐内抽出气态液化石油气,使罐内压力降低。已被抽出的液化石油气经压缩机加压再经冷凝器 3 冷凝成液体,进入储液槽 4 内,并经泵 5 打入储罐上部,经节流喷淋到气相空间,其中一部分再次吸热气化,依次循环,储罐内的液化石油气不断被冷却,使罐内的温度和压力保持为设计值。

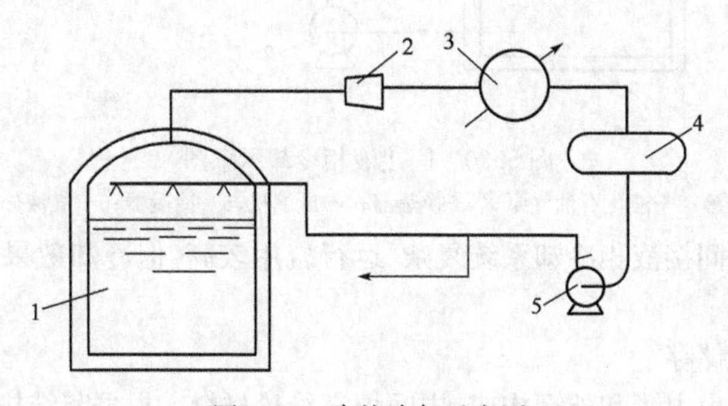

图 5.18　直接冷却示意图

1—储罐;2—压缩机;3—冷凝器;4—储液槽;5—泵

直接冷却系统简单、运行费用低，得到了广泛应用。

(2)间接气相冷却。

间接气相冷却的原理如图 5.19 所示。当储罐内温度、压力升高时，由罐顶排出的气态液化石油气经换热器 2 冷凝成液态，进入储液槽 3，然后用泵 4 打入储罐 1 的上部，经节流喷淋到气相空间，其中一部分液化石油气气化并吸热，降低了罐内温度。气液分离器 7 中的液态液化石油气在换热器 2 中气化作为冷媒，并和气液分离器中的气体一起被压缩机 5 吸入、加压并经冷凝器 6 冷凝成液体，回到气液分离器 7 中。

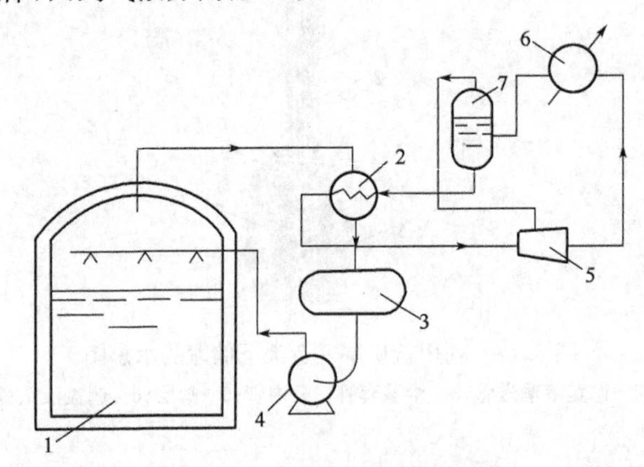

图 5.19　间接气相冷却示意图

1—储罐；2—换热器；3—储液槽；4—液化石油气泵；5—压缩机；6—冷凝器；7—气液分离器

(3)间接液相冷却。

间接液相冷却的原理如图 5.20 所示。当储罐内温度升高时，开启液化石油气泵 2，将液态液化石油气打入换热器 3，经冷却后送入罐内。冷却后的液化石油气再和罐内的液化石油气混合，从而降低了罐内的温度。

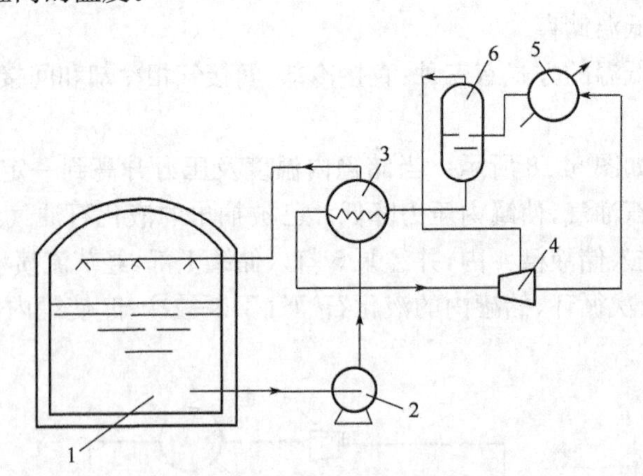

图 5.20　间接液相冷却示意图

1—储罐；2—液化石油气泵；3—换热器；4—压缩机；5—冷凝器；6—气液分离器

间接气相冷却和间接液相冷却系统复杂、运行费用较高，但冷却效果好，常用于液化石油气运输船。

2)天然气的液化储存

低温储罐通常是由内罐和外罐构成，中间填充绝热材料。根据其结构及所用材料的不同，低温储罐一般有三种形式：地上金属储罐、预应力钢筋混凝土储罐和地下冻土储罐。

5. 固态储存

1)天然气的固态储存

天然气(甲烷)的凝固点(熔点)为−182.5℃,因此直接将天然气固化是很困难的。但是,天然气在一定的压力和温度下,可以与水(一定含量)结合形成固体的结晶水化物;利用此原理可将天然气固化,然后储存于特制的储罐中。天然气能否形成水化物主要同它的温度及压力有关,压力越高,温度越低,越易形成水化物。$100m^3$ 天然气在水分充足的条件下,可生成大约 600kg 水化物,体积为 $0.6m^3$。气体体积与相当于该体积的水化物体积之比约为 170。但如考虑到结晶水化物不应充满储罐的全部体积,可认为天然气水化物所占体积为天然气气态体积的百分之一。这样,在固态下储存天然气所需的储存容积,约为液态下储存同量气体所需容积的 6 倍。

通常天然气水化物在温度为−40～450℃、稍高于大气压力的情况下储存在罐内。因此,在水化物状态下储存天然气可以使工艺流程大为简化,不需要复杂的设备,储存装置也不需要承受压力。但是,由于影响水化物形成的因素很多,而且水化物是不稳定的化合物,储存时还有许多技术问题尚待解决,所以这种方法目前还只处于研究阶段,没有得到实际应用。

2)液化石油气的固态储存

液化石油气的固态储存是将液化石油气做成砖形固体,然后在露天或仓库中堆放储存。固态液化石油气的制造是将液化石油气与水溶性的聚合物及凝缩物质(如聚乙烯醇、尿素甲醛树脂等)在专门的设备中混合、搅拌形成黏稠状,液态的液化石油气包在 0.5～5.0μm 的微粒中,经固化成形、干燥而成固态液化石油气。在固体液化石油气中含有 95%的液化石油气,其密度接近于液态液化石油气。

将液化石油气固态储存比较方便,但目前这种方法尚未研究完善,因而也没有得到广泛应用。

5.2.3 燃气的压送

在燃气输配系统中,压缩机是用来压缩燃气,提高燃气压力或输送燃气的设备。压缩机的种类很多,按其工作原理可区分为两大类:容积型压缩机及速度型压缩机。

容积型压缩机是由于压缩机中气体体积的缩小,使单位体积内气体分子的密度增加从而提高气体压力的。容积型压缩机可分为回转式和往复式两类,其中回转式压缩机又有滑片式、螺杆式、转子式(罗茨式)等几种,往复式压缩机有模式、活塞式两种。

在速度型压缩机中,气压的提高是由于气体分子的运动速度转化的结果,即先使气体的分子得到一个很高的速度,然后又使速度降下来,使动能转化为压力能。速度型压缩机又有轴流式、离心式和混流式三种。

在燃气系统中经常遇到的容积型压缩机主要有活塞式和罗茨式,速度型压缩机主要是离心式。

1. 常用燃气压缩机简介

1)活塞式压缩机

(1)工作原理。

在活塞式压缩机中,气体是依靠在气缸内做往复运动的活塞进行加压的。图 5.21 是单级单作用活塞式压缩机的示意图。当活塞向右移动时,气缸中活塞左端的压力略低于低压燃气

管道内的压力 p_1 时，吸气阀被打开，燃气在 p_1 的作用下进入气缸内，这个过程称为吸气过程；当活塞返行时，吸入的燃气在气缸内被活塞挤压，这个过程称为压缩过程；当气缸内燃气压力被压缩到略高于高压燃气管道内压力 p_2 后，排气阀即被打开，被压缩的燃气排入高压燃气管道内，这个过程称为排气过程。至此，完成了一个工作循环。活塞再继续运动，则上述工作循环将周而复始地进行，以不断地压缩燃气。

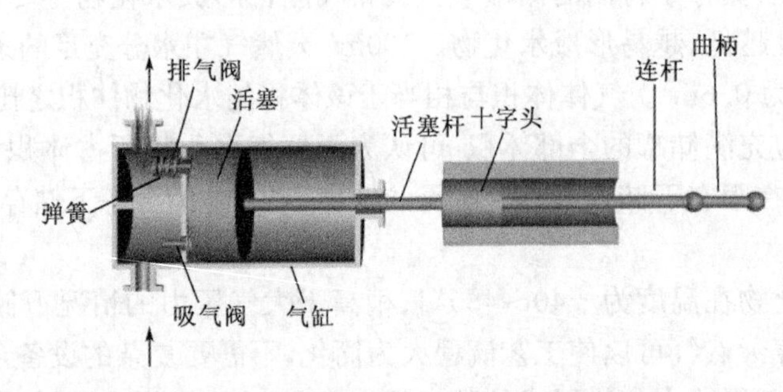

图 5.21　单级单作用活塞式压缩机示意图

单级活塞式压缩机工作时，随着排气压力的提高，排出燃气的温度就会越高。当排气温度接近润滑油的闪点温度时，会使部分润滑油炭化，影响运行，甚至造成运行事故；同时，过高的温度也会使燃气有燃烧或爆炸的危险。因此，燃气压缩机多采用多级压缩。所谓多级压缩，就是将气体依次在若干级中进行压缩，并在各级之间将气体引入中间冷却器进行冷却，如图 5.22所示。

多级压缩除了能降低排气温度，提高容积系数之外，还能节省功率的消耗和降低活塞上的气体作用力；级数越多，越接近等温过程，越节省功率的消耗，但是结构也越复杂，造价也越高，发生故障的可能性也就越大。所以，实际压缩机的级数一般不超过四级。

(2)活塞式压缩机的类型。

活塞式压缩机可按排气压力的高低、排气量的大小及消耗功率的多少进行分类，但通常是按照结构形式进行分类。

立式压缩机(图 5.23)的气缸中心线与地面垂直。由于活塞环的工作表面不承受活塞的重量，因此气缸和活塞的磨损较小，能延长机器的使用年限。机身形状简单、质量轻、基础小，占地面积少。但厂房高、稳定性差。因此，这种形式主要适用于中小型压缩机。

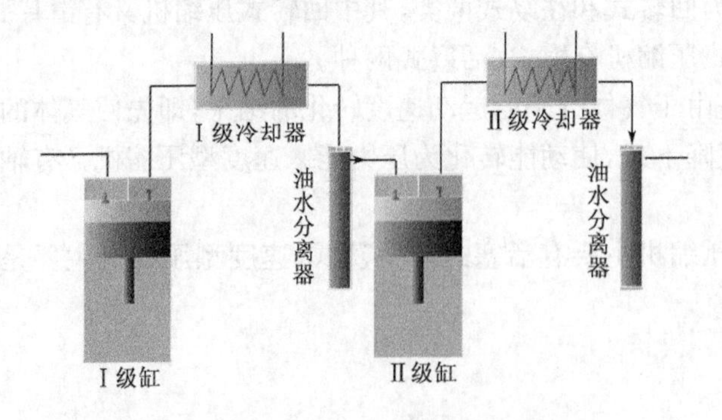

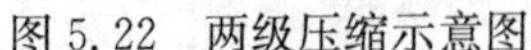
图 5.22　两级压缩示意图

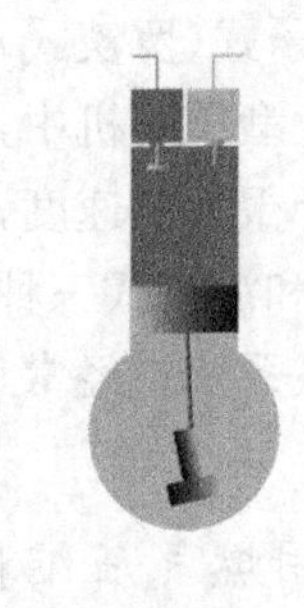

图 5.23　立式压缩机

卧式压缩机(图 5.24)的气缸中心线与地面平行，分单列卧式和双列卧式两种。由于整个机器都处于操作者的视线范围内，管理维护方便，安装、拆卸较容易。主要缺点是惯性力不能平衡，转速受到限制，导致压缩机、原动机和基础的尺寸及重量较大，占地面积大。

角度式压缩机的各气缸中心线彼此成一定的角度，结构比较紧凑，动力平衡性较好。按气缸中心线相互位置的不同，又可分为L形、V形(图5.25)、W形(图5.26)、扇形等。

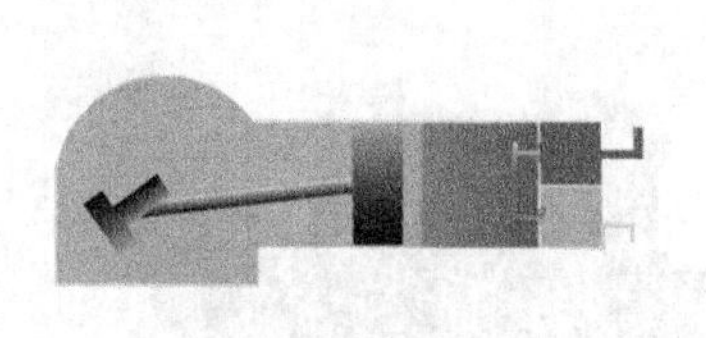

图5.24 卧式压缩机

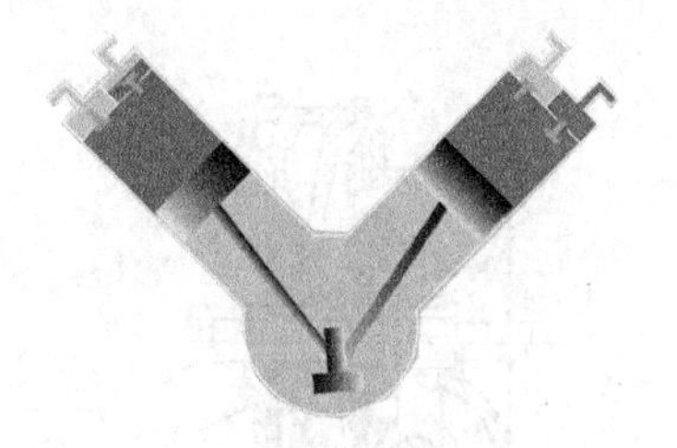

图5.25 角度式压缩机(V形)

对置型压缩机(图5.27)是卧式压缩机的发展，其气缸分布在曲轴的两侧，气缸中心线与地面平行。对置型压缩机又可分为对称平衡式、非对称平衡式和不平衡式等几种。

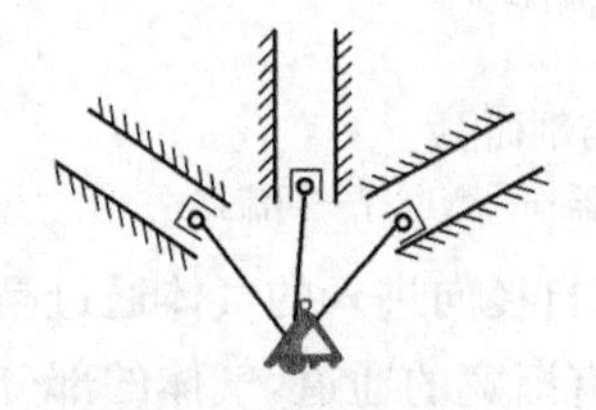

图5.26 角度式压缩机(W形)

图5.27 对置型压缩机

对置型压缩机除具有卧式压缩机的优点外，还有本身独特的优点。如对称平衡式，其曲柄错角为180°，活塞做对称运动，即曲柄两侧相对两列的活塞对称地同时伸长、同时收缩，因而压缩机的惯性力可以完全平衡，转速可以大幅度提高，其外形尺寸和重量则可极大减小。同时，对置型压缩机还具有压力适用范围广、噪声小、能耗低、维修操作方便等优点。

2)罗茨式压缩机

罗茨式压缩机也称罗茨式鼓风机，由机体(左、右墙板与机壳)和一对同形的反向旋转的转子组成。通过一对装在同轴上的同步传动齿轮驱动转子旋转，两转子之间及转子与机壳之间有微小的间隙，使转子能自由地旋转。如图5.28所示，左边转子做逆时针旋转时右边转子做顺时针旋转，气体由上边吸入从下部排出，达到压送气体的目的。

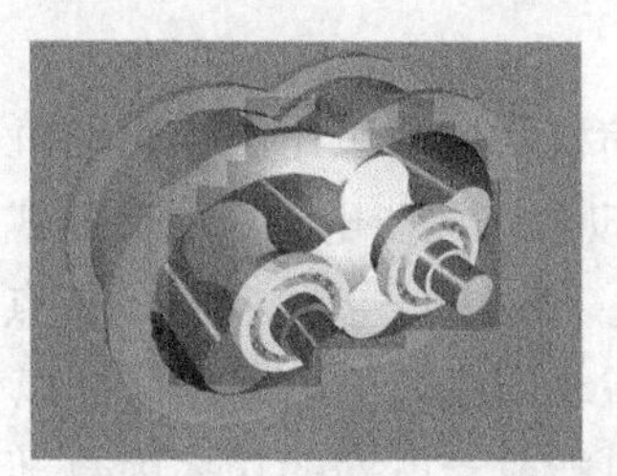

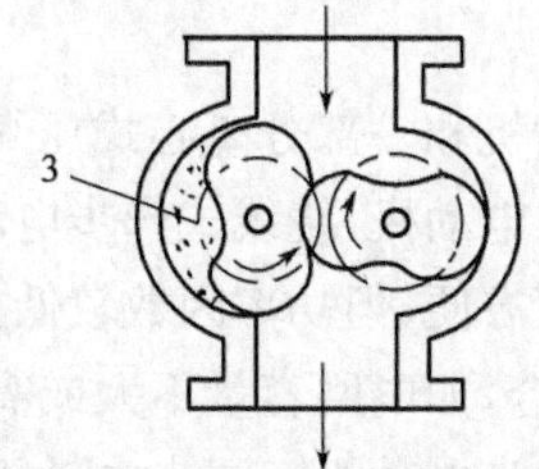

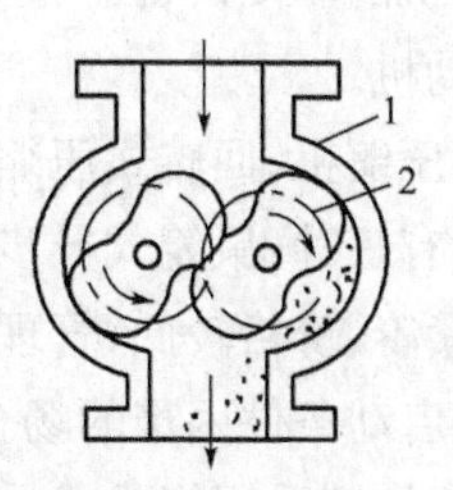

图5.28 罗茨式压缩机结构示意图

1—机壳；2—转子；3—压缩室

罗茨式压缩机的优点是当转数一定而进口压力稍有波动时，排气量不变，转数和排气量之间保持恒正比的关系，转数高，没有气阀及曲轴等装置，质量较轻，应用方便；其缺点是排气压力低，噪声大，漏气比较严重，当压缩机有磨损时，影响效率很大。

3)离心式压缩机

离心式压缩机(图 5.29)由叶轮、主轴、涡旋型机壳、轴承、推力半衡装置、冷却器、密封装置及润滑系统组成。

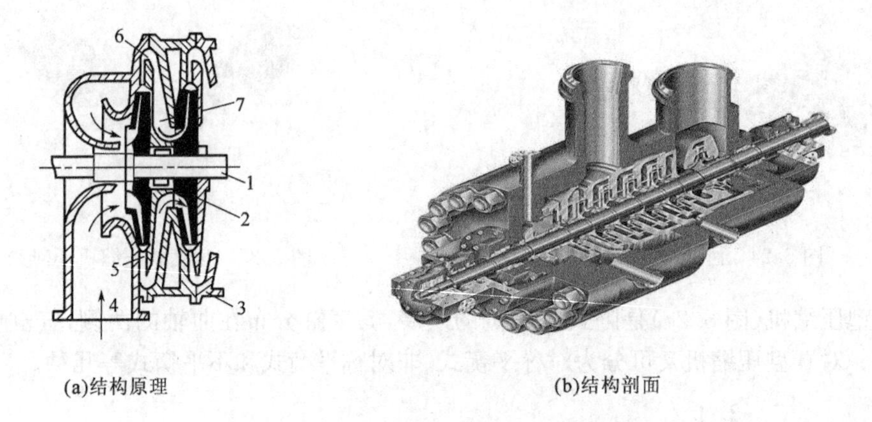

图 5.29 离心式压缩机结构原理与剖面图

1—主轴;2—叶轮;3—固定壳;4—气体入口;5—扩压器;6—弯道;7—回流器

离心式压缩机的工作原理为:主轴带动叶轮高速旋转,自径向进入的气体通过高速旋转的叶轮时在离心力的作用下进入扩压器中,由于在扩压器中有渐宽的通道,气体的部分动能转变为压力能,速度降低而压力提高。接着通过弯道和回流器又被第二级吸入,进一步提高压力。依次逐级压缩,一直达到额定压力。气体经过每一个叶轮相当于进行一级压缩。单级叶轮的叶顶速度越高,每级叶轮的压缩比就越大,压缩到额定压力值所需的级数就越少。

离心式压缩机的优点是输气量大而连续,运转平稳;机组外形尺寸小,占地面积少;设备的质量轻,易损部件少,使用年限长,维修工作量小;由于转速很高,可以用汽轮机直接带动,比较安全;缸内不需要润滑,气体不会被润滑油污染,实现自动控制比较容易。其缺点是高速下的气体与叶轮表面有摩擦损失,气体在流经扩压器、弯道和回流器的过程中会有局部损失,因此效率比活塞式压缩机低,对压力的适应范围也较窄,有喘振现象。

2. 压缩机室

1)压缩机的驱动设备

(1)电动机。

活塞式压缩机、回转式压缩机和一部分离心式压缩机都广泛采用交流电动机驱动。交流电动机一般有三种:鼠笼式异步电动机、绕线式异步电动机和同步电动机。鼠笼式异步电动机结构简单、紧凑,价格较低,管理方便,但功率因数较低。绕线式异步电动机的特点是启动电流小,因此,在启动条件困难的场合,如电网容量不大或需要用高速的电动机降速以带动有大飞轮的压缩机时,应采用绕线式异步电动机。同步电动机能改善电网的功率因数,但价格高,管理要求也较高,一般适用于功率在 400kW 以上的场合。

当压缩有爆炸危险的各种燃气时,电动机要有防爆性能。在功率较小的场合下可选用标准型的封闭式防爆电动机;当采用非防爆电动机时,应将电动机放在用防火墙和压缩机间隔开的厂房内,电动机的轴穿过防火墙处应以填料密封。大型压缩机采用封闭式的防爆电动机有困难时,电动机可做成正压通风结构。

(2)汽轮机。

汽轮机的投资比电动机高,结构和维修都比电动机复杂,但汽轮机有以下优点:转速高,可达 10000r/min 以上,可直接与离心式压缩机连接;汽轮机的转速可在一定范围内变动,增加了调节手段和操作的灵活性;适应输送易燃易爆的气体,即使有泄漏也不会引起爆炸事故。

一般离心式压缩机用汽轮机驱动较为合适。活塞式压缩机的转速低,如果用汽轮机带动,还需要复杂的减速装置,因此都用电动机驱动。

(3)燃气轮机。

由于燃气轮机所需燃料价格昂贵,一般不采用。但是在长输管线上的压送站及天然气的液化厂,由于燃料来源方便,故被广泛采用。

(4)柴油机。

柴油机主要用来作为备用原动机,当突然停电,而压缩机又不允许停车的情况下,可临时启动柴油机。另外,在不易获得电源的场合,有时也用它来驱动压缩机,如用来驱动移动式压缩机等。

2)压缩机室的工艺流程

以活塞式压缩机室为例,其工艺流程如图 5.30 所示。首先,需要压缩的低压燃气进入过滤器,除去所带悬浮物及杂质,然后进入压缩机。在压缩机内经过一级压缩后进入中间冷却器,冷却到初温再进行二级压缩并进入最终冷却器冷却,经过油气分离器最后进入储气罐或干管。

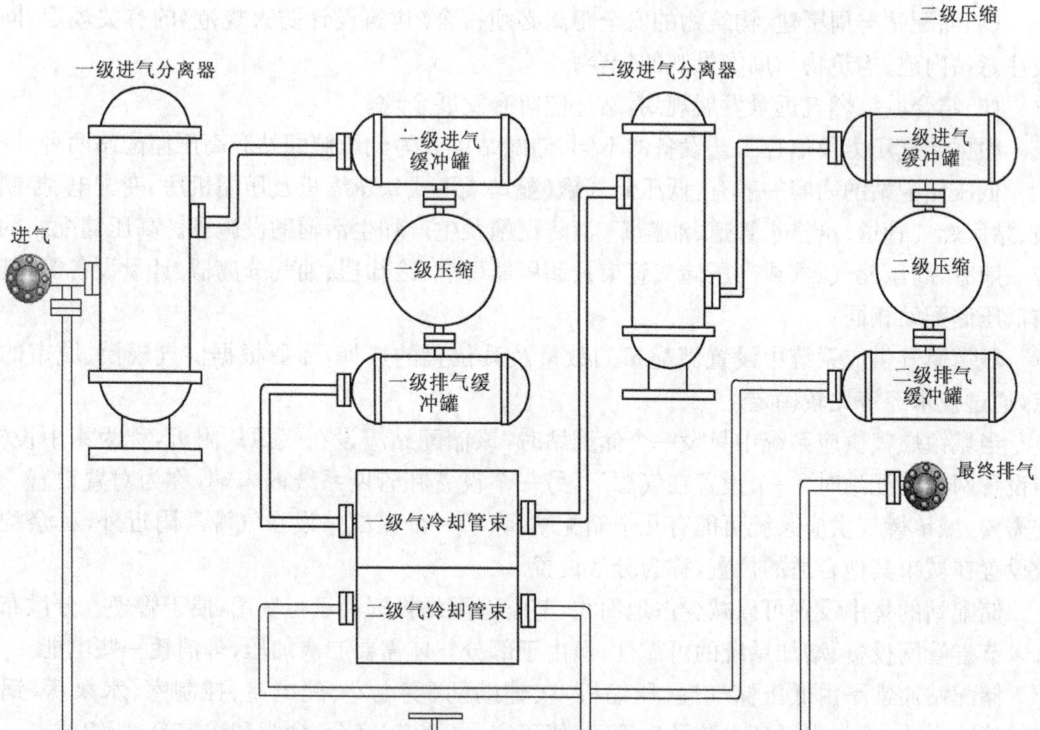

图 5.30　活塞式压缩机室工艺流程

对于高压、大容量的压缩机室,单独选用活塞式或离心式压缩机均各有其局限性。活塞式压缩机排气量较小;离心式压缩机排气量虽较大,但压缩比小,且排气压力也随着燃气密度的变化而变化。所以，单独使用任何一种压缩机都不能经济、合理地达到高压、大容量的目的。

因此，采用活塞式压缩机和离心式压缩机串联使用，可以收到较好的效果。气体首先进入离心式压缩机被压缩，达到 0.1～0.2MPa 的出口压力，再进入活塞式压缩机，使两种机器都能在合适的范围内运转。这样的做法提高了整个运转效率。但是，对于出口压力不高、容量较小的压缩机室宜选用同一型号的压缩机，以便于维修和管理。

5.2.4 燃气储配站

1.储配站概述

储配站的主要功能是接受并储存燃气，加压、计量和向城镇燃气管网分配燃气。

设计和选择储配站时，应首先根据气源性质、供气规模、自然地形、道路建设安排等条件，确定建站数目及各站的供气范围；然后确定其供气量及储罐容积，并估算各站的占地面积；之后，会同相关部门选择站址。选择站址时，应遵循下列原则：

(1)应符合城镇总体规划和城镇燃气总体规划的基本要求；

(2)站址应设在气源厂附近或靠近负荷中心，两者应根据技术经济比较确定；

(3)应具备供电、供水、供热、道路及良好地基等建站基本条件；

(4)应符合城建、消防、供电、环保、劳动卫生、抗震等专业有关标准和规范的规定；

(5)储配站与周围建、构筑物的安全距离必须符合《建筑设计防火规范》的有关规定，同时应注意站内建、构筑物与周围景观的配合；

(6)结合城镇燃气远景发展规划，站址应留有发展余地。

根据储气压力及储存工艺设备的不同，储配站可分为低压储配站和高压储配站两种。

低压储配站的内容一般有：低压储气罐(湿式或干式)、压缩机及压缩机房、变配电、控制仪表、站区燃气管道、给排水管道、油料库、消防设施及生产和生活辅助设施等。高压储配站的内容一般有：高压储气罐(或高压储气管束)、调压器(室)、冷却器、油气分离器、计量设备等，其他与低压储配站相同。

城镇燃气供应系统中设置储配站的数量及其位置的选择，需要根据供气规模、城市的特点，通过技术经济比较确定。

当城镇燃气供应系统中只设一个储配站时，该储配站应设在气源厂附近，称为集中设置。当设置两个储配站时，一个设置在气源厂，另一个设置在管网系统的末端，称为对置设置。根据需要，城镇燃气供应系统可能有几个储配站，除了一个储配站设在气源厂附近外，其余均分散设置在城市其他合适的位置，称为分散设置。

储配站的集中设置可以减少占地面积，节省储配站投资和运行费用，便于管理。分散布置可以节省管网投资、增加系统的可靠性，但由于部分气体需要二次加压，多消耗一些电能。

储配站通常是由低压储气罐、压缩机室、辅助间(变电室、配电室、控制室、水泵房、锅炉房)、消防水池、冷却水循环水池及生活间(值班室、办公室、宿舍、食堂和浴室等)所组成。

储配站的平面布置如图 5.31 所示。储罐应设在站区年最小频率风向的上风向，两个储罐的间距等于相邻最大罐的半径，储罐的周围应有环形消防车道，并要求有两个通向市区的通道。锅炉房、食堂和办公室等有火源的构筑物宜布置在站区的上风向或侧风向。站区布置要紧凑，同时各构筑物之间的间距应满足建筑设计防火规范的要求。

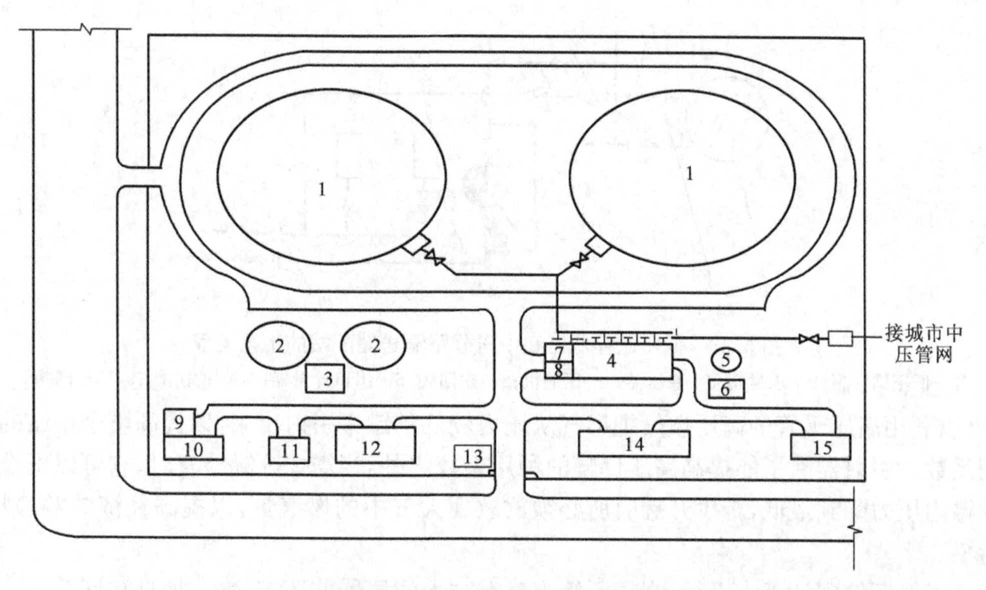

图 5.31 低压储配站平面布置图

1—低压储气罐；2—消防水池；3—消防水泵房；4—压缩机室；5—循环水池；6—循环泵房；7—配电室；
8—控制室；9—浴室；10—锅炉房；11—食堂；12—办公楼；13—门卫；14—维修车间；15—变电室

2. 储配站的工艺流程

1)低压储配站

当城市采用低压气源，而且供气规模又不特别大时，燃气供应系统通常采用低压储气，与其相适应，需建设低压储配站。低压储配站的作用是在低峰时将多余的燃气储存起来，在高峰时，通过储配站的压缩机将燃气从低压储罐中抽出压送到中压管网中，保证正常供气。

根据调压级数和输出压力的不同，低压储配站工艺流程又可分为低压储存中压输送、低压储存低压和中压分路输送两种。

(1)低压储存中压输送储配站的工艺流程如图 5.32 所示。来自人工气源厂的燃气首先进入低压储气罐，然后由储气罐引出至压缩机室，加压至中压后，再经流量计计量后送入城镇中压输配管网。

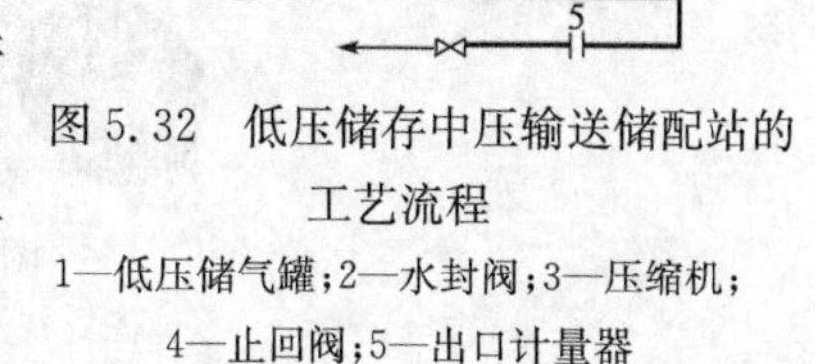

图 5.32 低压储存中压输送储配站的工艺流程

1—低压储气罐；2—水封阀；3—压缩机；
4—止回阀；5—出口计量器

(2)低压储存低压和中压分路输送储配站的工艺流程如图 5.33 所示。来自人工气源厂的低压燃气首先在储气罐中储存，再由储气罐引出至压缩机室加压至中压后，送入中压管网。当需要低压供气时，则可不经加压直接由储气罐引至低压管网供气。当城镇需要中低压同时供气时，常采用此流程。

2)高压储配站

图 5.34 所示是以天然气为气源的门站，它比一般的燃气高压储配站多一个接球装置。在低峰时，由燃气高压干线来的燃气一部分经过一级调压进入高压球罐，另一部分经过二级调压进入城市；在高峰时，高压球罐和经过一级调压后的高压干管来气汇合经过二级调压送入城市。为了提高储罐的利用系数，可在站内安装引射器，当储气罐内的燃气压力接近管网压力

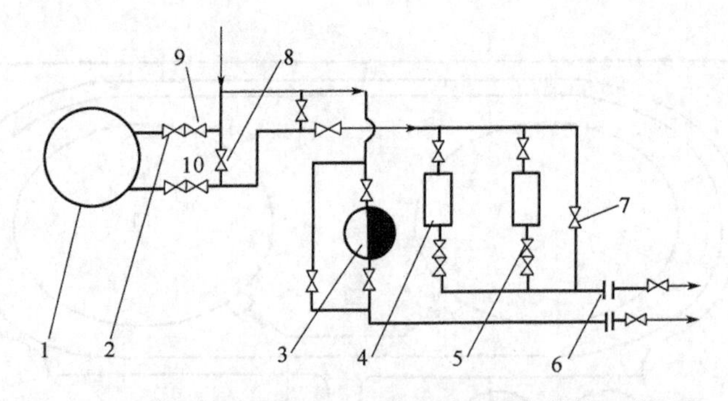

图 5.33　低压储存低压和中压分路输送储配站的工艺流程

1—低压储气罐；2—水封阀；3—稳压器；4—压缩机；5—止回阀；6—出口计量器；7，8—截止阀；9，10—球阀

时，可以利用高压干管的高压燃气把燃气从压力较低的罐中引射出来，以提高整个罐站的容积利用系数。引射器除了能提高高压储罐的利用系数之外，当需要开罐检查时，它可以把准备检查的罐内压力降到最低，减少开罐时所必须放散到大气中的燃气量，以提高经济效益，减少大气污染。

为了保证储配站正常运行，高压干管来气在进入调压器前还需除尘、加臭和计量。

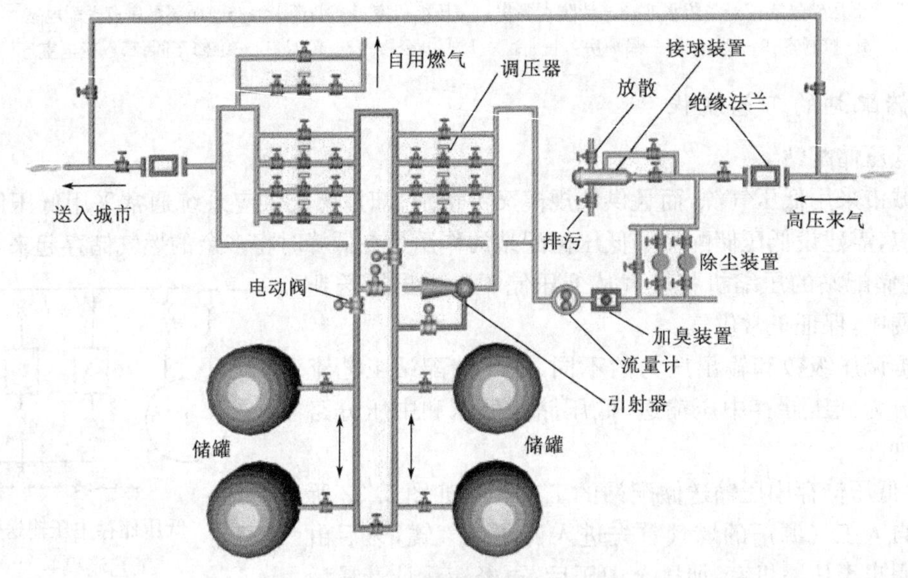

图 5.34　高压储配站工艺流程图

5.3　燃气的调压

5.3.1　燃气调压器

1. 调压器的工作原理

调压器是燃气供应系统的重要设备，通常安设在气源厂、燃气压送站、分配站、储罐站、输配管网和用户处。它主要是用于控制燃气供应系统的压力工况。调压器具有降压及稳定出口压力的作用，在额定的压力、流量范围内，当进口压力或出口负荷发生变化时能自动调节阀门

的启闭，使其稳定在设计的压力范围内。

调压器工作原理如图 5.35 所示。

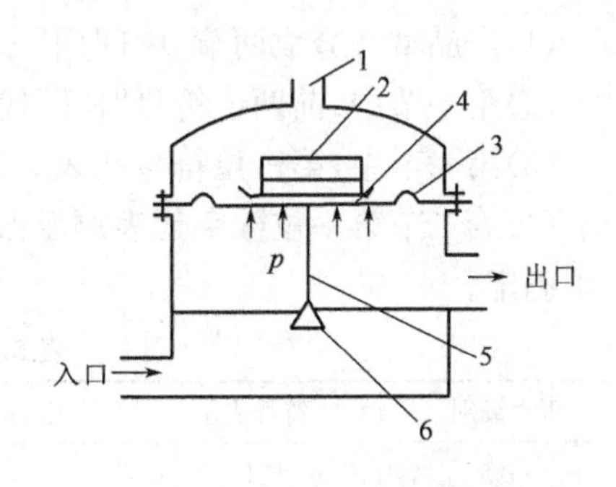

图 5.35　调压器工作原理图

1—呼吸孔；2—重块；3—悬挂阀杆的薄膜；4—薄膜上的金属压盘；5—阀杆；6—阀芯

气体作用于薄膜上的力可按下式计算：

$$N=F_{a}p=cFp \tag{5.4}$$

式中　N——气体作用于薄膜上的移动力，N；

F_{a}——薄膜的有效面积，m^{2}；

p——作用于薄膜上的燃气压力，Pa；

c——薄膜的有效系数；

F——薄膜表面在其固定端的投影面积，m^{2}。

调节阀门的平衡条件可近似认为：

$$N=W_{g} \tag{5.5}$$

式中　W_{g}——重块的重量，N。

当出口处的用气量增加或入口压力降低时，燃气出口压力 p 降低，造成 $N<W_{g}$，失去平衡。此时薄膜下降，使阀门开大，燃气流量增加，使压力恢复平衡状态。

当出口处用气量减少或入口压力增加时，燃气出口压力户升高，造成 $N>W_{g}$，此时薄膜上升，带动阀门使开度减小，燃气流量减少，因此又逐渐使压力恢复到原来的状态。

可见，不论用气量及入口压力如何变化，调压器可以通过重块（或弹簧）的调节作用，经常自动地保持稳定的出口压力。因此调压器和与其连接的管网是一个自调系统。

该自调系统的工作就是首先由薄膜测出出口压力，然后通过薄膜将这个压力和重块（或弹簧）力进行比较，依靠两者之间的差值，通过阀杆带动阀芯上下移动，调节调压器出口处的管道压力。因此，该自调系统是由敏感元件、传动装置、调节元件和调节对象（与调压器出口连接的燃气管道）所组成。

2. 调压器的类型和产品型号

1）调压器的类型

根据工作原理的不同，燃气调压器通常分为直接作用式和间接作用式两种。直接作用式调压器是依靠敏感元件（薄膜）所感受的出口压力的变化来移动调节阀门进行调节；敏感元件就是传动装置的受力元件，使调节阀门移动的能源是被调介质。间接作用式调压器的敏感元件和传动装置的受力元件是分开的，当敏感元件感受到出口压力的变化后，使指挥器动作，接通外部能源或被调介质，使调节阀门动作。间接作用式调压器灵敏度较高。

燃气调压器按用途或使用对象可分为区域调压器、专用调压器及用户调压器；按进出口压力分为高高压、高中压、高低压、中中压、中低压及低低压调压器；按结构可以分为浮筒式及薄膜式调压器，后者又可分为重块薄膜式和弹簧薄膜式调压器。

若调压器后的燃气压力为被调参数，则这种调压器为后压调压器；若调压器前的压力为被调参数，则这种调压器为前压调压器。城市燃气供应系统通常多用后压调压器调节燃气压力。

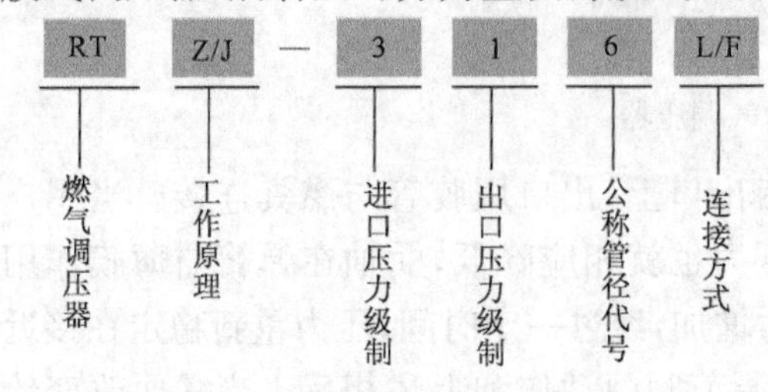

图 5.36　调压器产品型号组成及含义

2）调压器的产品型号

燃气调压器（国产）的名称一般用汉语拼音字头表示，其产品型号组成及含义如图 5.36 所示。

(1)产品型号分成两节，中间用“—”隔开。

(2)第一节中，前两位符号“RT”代表城镇燃气调压器。

(3)第一节中，第三位符号代表工作原理，“Z”代表直接作用式，“J”代表间接作用式。

(4)第二节第一位数字代表调压器进口压力级别(详见表5.3规定)，应按表中规定的压力上限确定。

表5.3 调压器进口压力级别

压力级别	符号表示	压力 p，MPa	压力级别	符号表示	压力 p，MPa
一级	1	$p \leqslant 0.01$	四级	4	$0.3 < p \leqslant 0.8$
二级	2	$0.01 < p \leqslant 0.1$	五级	5	$0.8 < p \leqslant 4.0$
三级	3	$0.1 < p \leqslant 0.3$			

(5)第二节第二位数字代表调压器出口压力级别，压力级别的划分同上；出口压力可调范围如果跨级，应按低的级别编号。

(6)第二节第三位数字表示调压器出口连接管径代号，代号含义见表5.4。

表5.4 调压器出口管径代号

直径 DN，mm	20	25	50	100	150	200	300
代号	0	1	2	4	6	8	9

(7)第二节第四位符号表示调压器连接方式；如果是螺纹连接，以“L”表示，如果是法兰连接用“F”表示。

(8)当产品型号相同，而其他特征不同时，可在型号末端增加一个符号，如RTJ214A、RTJ214B。

3)常用调压器

(1)液化石油气调压器。

液化石油气调压器(图5.37)是将高压的液化石油气调节至低压供用户使用，故为高—低压调压器，直接装在液化气钢瓶的角阀上。

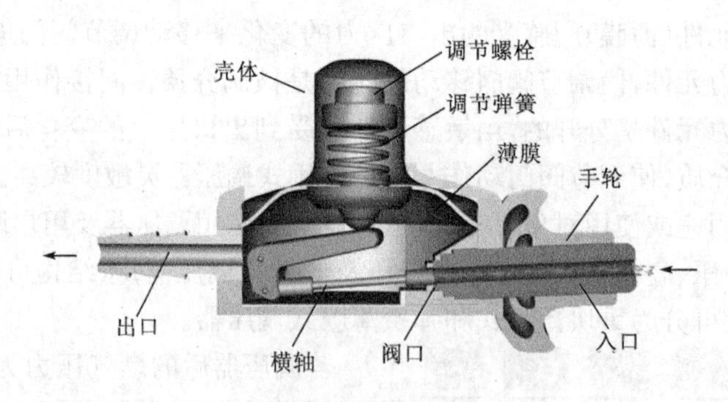

图5.37 液化石油气调压器

调压器的进口接头随手轮旋入角阀压紧于气瓶出口上，出口用胶管与燃具连接。当用户用气量增加时，出口压力就降低，作用在薄膜上的压力也就相应降低，横轴在弹簧与薄膜作用下开大阀门，使进气量增加，因而使调压器出口压力增加，经过一定时间，压力重新稳定在接近原给定值附近。当用气量减少时，调压器的薄膜及调节阀门动作和上述相反。当需要改变给定值时，可调节调压器上部的调节螺栓即可。

这种调压器是弹簧薄膜结构，随着流量的增加，弹簧伸长，弹簧力减弱，给定值下降；同时随着流量的增加，薄膜挠度减小，有效面积增加，气流直接冲击在薄膜上，将抵消一部分弹簧力。所有这些因素都将使调压器随着流量的增加而使出口压力降低。

(2)用户调压器。

用户调压器(图 5.38)适用于楼栋、食堂、用气量不大的工业用户及居民点，它可以将高压或中压燃气直接送至楼栋、单位用户处，便于进行"楼栋调压"，可以极大节约低压管网的投资。

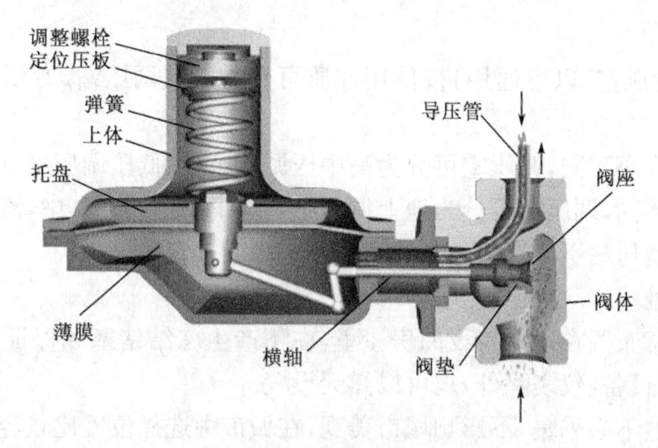

图 5.38 用户调压器

(3)自力式调压器。

自力式调压器常用于天然气、城市煤气及冶金、石油、化工等工业部门。目前广泛应用在天然气输配系统的起点站、门站及调压计量站中，有时也用于人工燃气输配系统中。自力式调压器具有结构简单、维护方便等特点，且能在－20～60℃温度下正常工作。自力式调压器(图 5.39)由主调压器、指挥器、针形阀和导压管组成。

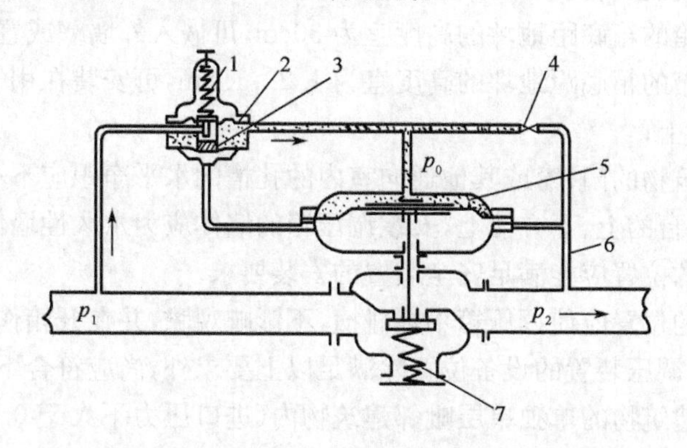

图 5.39 自力式调压器

1—指挥器弹簧；2—指挥器薄膜组；3—指挥器密封垫片；4—针形阀；
5—主调压器薄膜；6—主调压器弹簧；7—导压管

调压器开始启动时，操作指挥器的手轮给定压力；当被调介质的压力高于给定值时，指挥器薄膜组克服弹簧力而上升，密封垫片靠近喷嘴，使喷嘴阻力损失增大，引起主调压器膜上腔室压力下降，由于依靠针形阀造成的薄膜上、下腔室压力差与主调压器弹簧力平衡关系的破坏，使调压器阀门随着薄膜上升而关小，调压器出口压力恢复到给定值；当调压器出口压力降低时，调节过程将按相反的方向进行。

5.3.2 调压站

调压站在燃气管网系统中是用来调节和稳定管网压力的，通常是由调压器、阀门、过滤器、安全装置、旁通管及测量仪表等组成。一般将其集中布置在一个专用的房间或箱内，有的调压室还装有计量设备，合称为调压计量站。

1.调压站的分类及选址

1)调压站的分类

调压站(也称调压室，以下通用)按使用性质可分为区域调压站、专用调压站和用户调压装置。

按调节压力的大小不同，调压室可分为高中压调压站、高低压调压站、中低压调压站。

按建筑形式的不同，调压室可分为地上调压站和地下调压站。其中，液化石油气和相对密度大于1.0的燃气调压站不得置于地下和半地下室内。

2)调压站的选址

区域调压站通常布置在地上特设的房屋里，在不产生冻结堵塞和保证设备正常运行的前提下，调压器及附属设备(仪表除外)也可以露天设置。

地下调压站虽然不必采暖，不影响城市美观，在城市中选择位置比较容易，但是，地下调压站难以保证室内干燥和良好的通风，发生中毒的可能性较大。因此只有当地上条件限制，燃气管道进口压力为中低压时，才可设置在地下构筑物中。

地上调压站的设置应尽可能避开城市的繁华大道，可设在居民区的街坊内或广场、花园等空旷地带。调压站应力求布置在负荷中心或接近大用户处。调压站的作用半径，应根据经济比较确定。

调压箱的设置位置应满足下列要求：

(1)落地式调压箱的箱底距地坪的高度宜为30cm，可嵌入外墙壁或置于庭院的平台上；

(2)悬挂式调压箱的箱底距地坪的高度宜为1.2～1.8m，可安装在用气建筑物的外墙壁上或悬挂于专用的支架上；

(3)调压箱到建筑物的门、窗或其他通向室内的孔槽的水平净距应不小于1m，且不得安装在建筑物的门窗及平台的上、下方墙上，安装调压箱的墙体应为永久性墙体；

(4)安装调压箱的位置应能满足安全装置的安装要求；

(5)安装调压箱的位置应使调压箱不被碰撞，不影响观瞻，并在开箱作业时不影响交通。

单独用户的专用调压装置的设备位置除满足以上要求外，尚应符合下列条件：

(1)设置在用气建筑物的单独单层毗邻建筑物内(进口压力不大于0.4MPa)时，该建筑物与相邻建筑物应用无门窗和洞口的防火墙隔开，与铁路、电车轨道净距不应小于6m；该建筑物耐火等级不低于二级防火要求，并应具有轻型结构屋顶及向外开启的门窗，地面应采用不会产生火花的材料。

(2)设置在公共建筑的屋顶房间内(进口压力不大于0.2MPa)时，房间应靠建筑物外墙，并且达到二级防火要求。

(3)设置在生产车间、锅炉房和其他生产用气房间内(进口压力不大于0.2MPa)时，应达到二级防火要求，调压装置应用非燃围板围起或置于铁箱内，调压装置与用气设备净距不应小于3m。

2. 调压站的组成

1)阀门

为了便于检修调压器、过滤器及停用调压器时切断气源,在每台调压器的进出口处必须设置阀门。在调压室之外的进出口管道上亦应设置切断阀门,此阀门是常开的,但要求它必须随时可以关断,在调压室发生事故和大修停用时可用此阀门切断气源,并和调压站相隔一定的距离,以便当调压室发生事故时,不必靠近调压室即可关闭阀门,避免事故蔓延和扩大。

2)过滤器

燃气中夹杂的一些固体颗粒和液体,以及由于管道内壁锈蚀,管道带气作业、事故抢修过程中产生的粉尘和污物很容易沉积在调压器、流量计和阀门中,影响调压器和安全阀的正常运行。为了清除燃气中的这些杂质,应在调压器前安装过滤器,如图 5.40 所示。

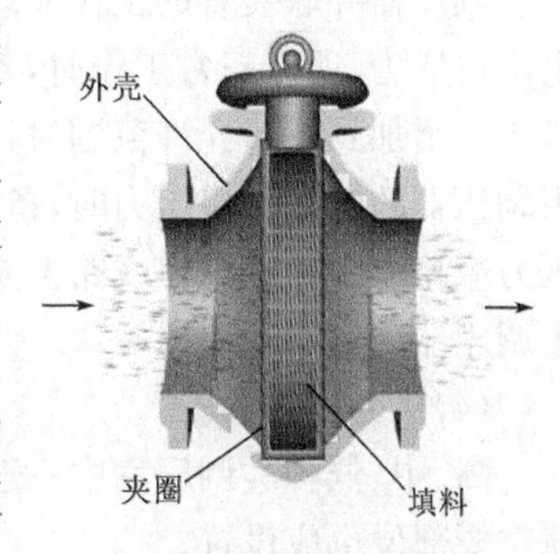

图 5.40 过滤器

所选用的过滤器要求结构简单,使用可靠,过滤效率高。气体通过时压降小。在正常工作情况下,燃气通过过滤器的压力损失不得超过 10kPa,压力损失过大时应拆下清洗。调压室常采用以马鬃或玻璃丝做填料的过滤器。

3)安全装置

由于调压器或指挥器的薄膜破裂、阀口关闭不严、弹簧故障、阀杆卡住等原因,会使调压器失去自动调节及降压能力,出口压力会突然增高,造成调压器后的中、低压燃气系统超压,危及设备的正常工作。如低压系统超压就会冲坏燃气表,发生管道、设备漏气或燃具不完全燃烧等事故,危及用户安全。因此,调压站内必须设置安全装置。常用的安全装置有安全阀、监视器装置(调压器串联装置)、调压器并联装置、压力报警器等。

(1)安全阀。

安全阀分为水封式、重块式、弹簧式等形式。当出口压力超过规定值时,安全装置启动,将一定量的燃气排入大气中,使出口压力恢复到允许压力范围内,并保持不间断地供气。

水封式安全阀简单,故被广泛采用。其缺点是尺寸较大,并需要经常检查液位,在 0℃以下的房间内,需采用不冻液或在调压室安装采暖设备。

(2)监视器装置。

监视器装置是由两个调压器串联的装置,如图 5.41 所示。备用调压器 2 的给定出口压力略高于正常工作调压器 3 的出口压力,因此正常工作时备用调压器的调节阀是全开的。当调压器 3 失灵,出口压力上升达到备用调压器 2 的给定出口压力时,备用调压器 2 投入运行。备用调压器也可以放在正常工作调压器之后,但备用调压器的出口压力不得小于正常工作调压器。

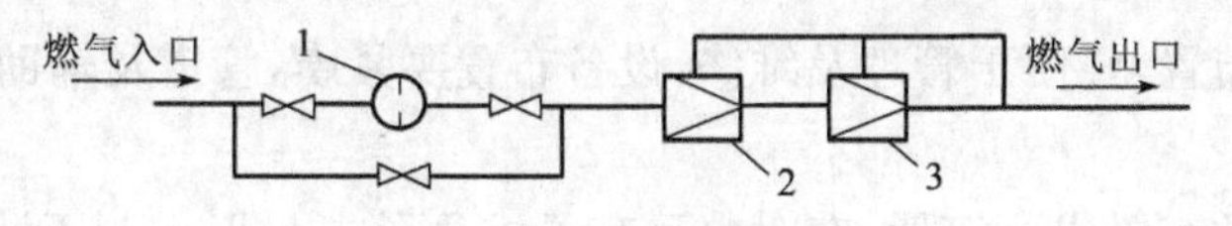

图 5.41 监视器装置

1—过滤器;2—备用调压器;3—正常工作调压器

(3)调压器并联装置。

调压器并联装置如图 5.42 示,该系统运行时,一个调压器正常工作,另一个调压器备用。当正常工作调压器出故障时,备用调压器自动启动开始工作。

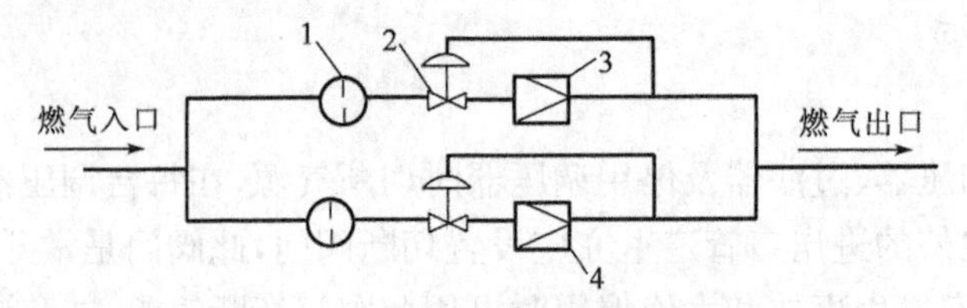

图 5.42　调压器并联装置

1—过滤器;2—安全切断阀;3—正常工作调压器;3—备用调压器

调压器并联装置的工作原理为:正常工作调压器的给定出口压力略高于备用调压器的给定出口压力,所以正常工作时,备用调压器是关闭状态。当正常工作的调压器发生故障,使出口压力增加到超过允许范围时,其线路上的安全切断阀关闭,致使出口压力降低,当下降到备用调压器的给定出口压力时,备用调压器自行启动正常工作。备用线路上安全切断阀的动作压力应略高于正常工作线路上安全切断阀的动作压力。凡不能间断供气的调压室均应设置备用调压器。

(4)压力报警器。

高、中、低各类调压室中一般应安设压力报警器。另外,在储配站出站管及燃气输送的其他重要部位也应设置。

压力报警器的传感器一般安装在被测压力设备附近,或用管道连接,报警装置可设于值班室等经常有人员管理的场所。

4)旁通管

为了保证在调压器维修时不间断供气,调压站内设有旁通管。在使用旁通管供气时,管网压力及流量由旁通阀来控制。对于高压调压装置,为便于调节通常在旁通管上设两个阀口。

旁通管的管径应根据调压室最低进口压力和最大出口流量来确定。旁通管的管径通常比调压器出口管的管径小 2～3 号。为防止噪声和振动,旁通管最小管径不小于 50mm。

5)测量仪表

调压站内的测量仪表主要是压力表。有些厂(站)调压室及用户调压室还设置流量计。在过滤器后应装指示压力计,调压器出口安装自记式压力计,自动记录调压器出口瞬时压力,以监视调压器的工作状况。

6)其他装置

为了改善管网水力工况,需随着燃气管网用气量的改变而使调压室出口压力相应变化,有的调压站内设置孔板或凸轮装置。当调压站产生较大的噪声时,还必须有消声装置。当调压站露天设置时,如调压器前后压差较大,还应设防止冻结的加热装置。

3. 调压站的布置

调压站内部的布置,要便于管理及维修,设备布置要紧凑,管道及辅助管线力求简短。

1)区域调压站

区域调压站通常布置成一字形,有时也可布置成Ⅱ形或 L 形。调压站布置示例如图 5.43 所示。因为城市输配管网多为环状布置,由于某一个调压站所供应的用户数不是固定不变的,因此在区域调压站内不必设置流量计。

调压站净高通常为 3.2～3.5m,主要通道的宽度及每两台调压器之间的净距不小于 1m。调压站的屋顶应有泄压设施,房门应向外开。调压站应有自然通风和自然采光,通风次数每小

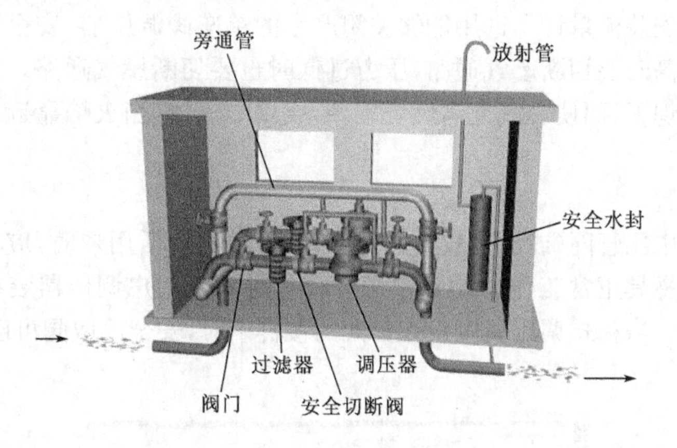

图 5.43　区域调压站

时不宜少于两次。室内温度一般不低于 0℃，当燃气为气态液化石油气时，不得低于其露点温度。室内电气设备应采取防爆措施。

2)专用调压站

工业企业和商业用户的燃烧器通常用气量较大，可以使用较高压力的燃气，因此，这些用户与中压或较高压力燃气管道连接较为合理。这样不仅可以减轻低压燃气管网的负荷，还可以充分利用燃气本身的压力来引射空气。因此，专用调压站的进出口都可以采用比较高的压力。

通常用与燃烧设备毗邻的单独房间作为专用调压站，如图 5.44 所示。

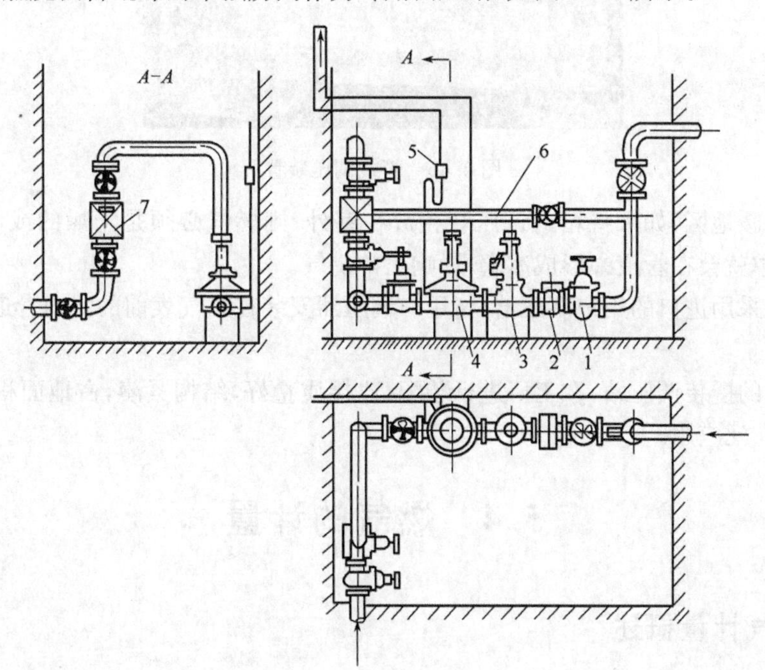

图 5.44　专用调压站

1—闸阀；2—过滤器；3—安全切断阀；4—调压器；5—安全放散阀；6—旁通管；7—燃气表

当进口压力为中压或低压，且只安装一台接管直径小于 50mm 的调压器时，调压器亦可设在使用燃气的车间角落处。如果设在车间内，应该用栅栏把它隔离起来，并要经常检查调压设备、安全设备是否工作正常，也要经常检查管道的气密性。

专用调压站要安装流量计。选用能够关闭严密的单座阀调压器,安全装置应选用安全切断阀。不仅压力过高时要切断燃气通路,压力过低时也要切断燃气通路。这是因为压力过低时可能引起燃烧器熄灭,而使燃气充满燃烧室,形成爆炸气体,当火焰靠近或再次点火时发生事故。

3)箱式调压装置

当燃气直接由中压管网(或压力较高的低压管网)供给生活用户时,应将燃气压力通过用户调压器直接降至燃具正常工作时的额定压力。这时常将用户调压器装在金属箱中挂在墙上,如图 5.45 所示。当箱式调压装置设在密集的楼群中时,安全放散阀可以不用,只用安全切断阀。

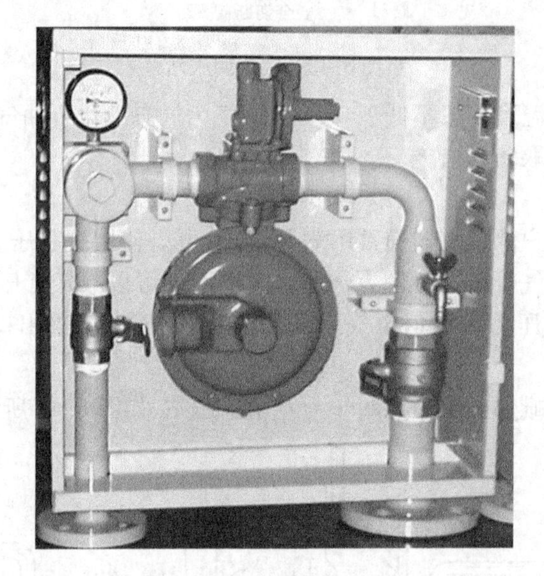

图 5.45　箱式调压装置

在北方采暖地区,如果将箱式调压装置放在室外,则燃气必须是干燥的或者要有采暖设施。否则,冬季就会在管道中形成冰塞,影响正常供气。

有的城市采用进口的用户调压器,将用户调压器安装在燃气表前的室内管道上,运行效果良好。

现在出现的撬装调压站,在工厂进行装配,连接质量好,结构紧凑,占地面积小,建设时间短,因此得到广泛应用。

5.4　燃气的计量

5.4.1　燃气计量概述

流量是单位时间内流过管道横截面的流体数量。流体数量以质量表示时称为质量流量,以体积表示时称为体积流量。测量管流或明渠流中流量或总量的仪器称为流量计或计量计,测量体积流量的称为体积流量计,如涡轮流量计、涡街流量计、电磁流量计等。专门测量质量流量的称为质量流量计,如科里奥利质量流量计、热式质量流量计等。

燃气的计量主要是测出其体积流量。由于采用不同的测量原理和方法,燃气流量计(简称燃气表或煤气表)有容积式流量计、速度式流量计、差压式流量计、临界流流量计、电磁流量计和超声波流量计等几类。

5.4.2 容积式燃气流量计

容积式流量计是依据流过流量计的液体或气体的体积来测定其流量的。测量燃气的容积式流量计常用的有膜式流量计、回转式流量计和湿式流量计三种。

1. 膜式流量计

膜式燃气流量计简称膜式表,其工作原理如图 5.46 所示。被测量的燃气从表的入口进入,充满表内空间,经过开放的滑阀座孔进入计量室 2 及 4,依靠薄膜两面的气体压力差推动计量室的薄膜运动,迫使计量室 1 及 3 内的气体通过滑阀及分配室从出口流出。当薄膜运动到尽头时,依靠传动机构的惯性作用使滑阀盖相反运动。计量室 1、3 和入口相通,2、4 和出口相通,薄膜往返运动一次,完成一个回转,这时表的读数值就应为表的一回转流量(即计量室的有效体积)。膜式表的累积流量值即为一回转流量和回转数的乘积。

膜式表主要适用于民用户和燃气用量不大的公共建筑用户,对于用气量较大的工业用户,由于它体积较大、占地面积也大、价格昂贵等缺点,故较少采用。

2. 回转式流量计

回转式流量计亦属容积式流量计,不仅可以测量气体,也可以测量液体。测量气体的流量计通常称为罗茨流量计,测量液态液化石油气的回转流量计通常称为椭圆齿轮流量计。

1)罗茨流量计

罗茨流量计,又称腰轮流量计(图 5.47),外壳的材料可以是铸铁、铸钢或铸铜,外壳上带有入口管及出口管。转子是由不锈钢、铝或是铸铜做成的两个 8 字形转子。带减速器的计数机构通过联轴器与一个转子相连接,转子转动圈数由联轴器传到减速器及计数机构上。此外,在表的进出口安装差压计,显示表的进出口压力差。

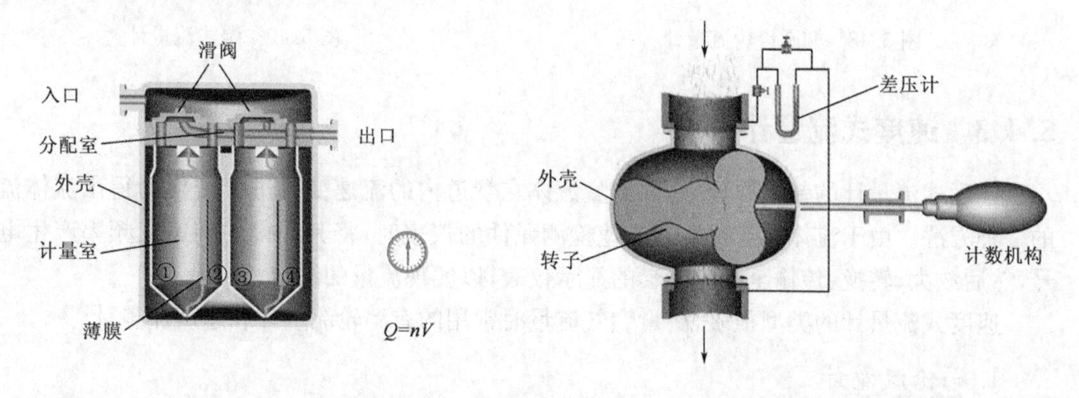

图 5.46 膜式流量计工作原理图　　图 5.47 罗茨流量计的构造及原理

罗茨流量计的工作原理为:流体由上面进口管进入外壳内部的上部空腔,由于流体本身的压力使转子旋转,使流体经过计量室(转子与外壳之间的密闭空间)之后从出口管排出,8 字形转子回转一周,就相当于流过了四倍计量室的体积,这样经过适当设计减速机构的转数比,计数机构就可以显示流量。由于加工精度较高,转子和外壳之间只有很小的间隙,当流量较大时,由于间隙产生的误差将在计量精度的允许范围之内。

这种流量计的优点是体积小、流量大，能在较高的压力下计量，目前主要用于工业及大型公共事业用户的气体计量。

2)椭圆齿轮流量计

椭圆齿轮流量计(图5.48)主要由外壳、椭圆齿轮、计量室、轴和计数器等构成，其工作原理与罗茨流量计基本相同，两者只是测量元件不同，即转子啮合与椭圆齿轮啮合的区别。

椭圆齿轮流量计主要用于大流量液体的计量。在燃气工程中，常用它来计量液态的液化石油气。

3)湿式流量计

湿式流量计(图5.49)，在圆柱形外壳内装有计量筒，水或其他液体装在圆柱形筒内做为液封，液封的高度由液面计控制，被测液体只能存在于液面上部计量筒的小室内，当有气体流过时，由于气体进口与出口之间的压力差，驱使计量筒转动。计量筒内一般有四个小室，也有的湿式流量计只有三个小室。小室的容积恒定，故每转一周就有一定量的气体通过。随着计量筒及轴转动，带动齿轮减速器及表针转动，记录下气体的累积流量。

湿式流量计结构简单、精度高，但使用压力较低、流量较小，一般适用于实验室中及用来校正民用燃气表。

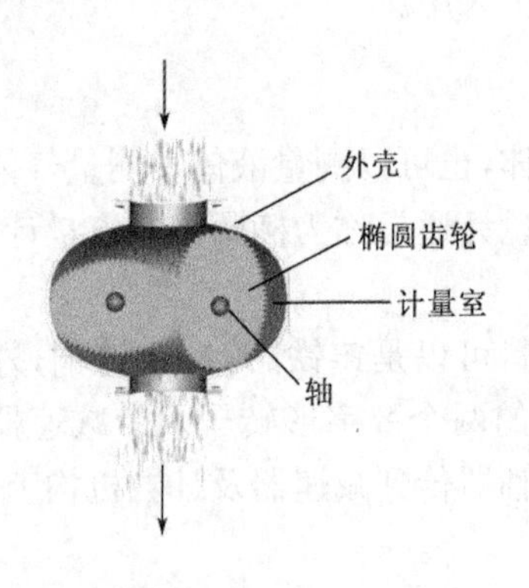

图5.48　椭圆齿轮流量计

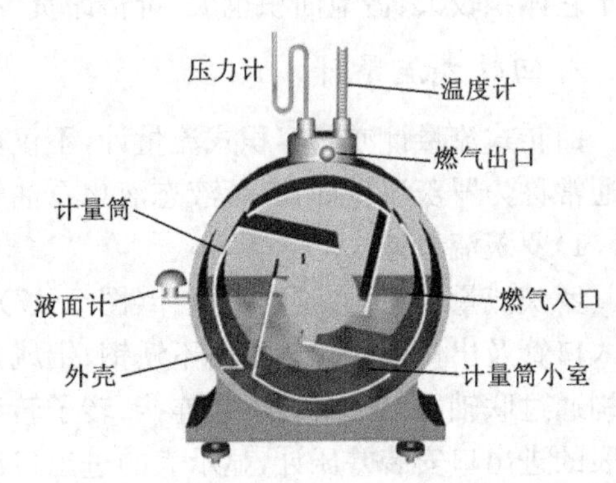

图5.49　湿式流量计

5.4.3　速度式流量计

速度式流量计的基本原理，是以测量流体在管道内的流速变化进行转换而得出流体流量的一种方法。由于流体在流过装有流速检测元件的仪表时，将其测得的转速或频率产生电信号，然后放大、转换、传输至相应配套的显示仪表，以实现流量的测定和记录。

速度式流量计的类型很多，测量燃气流量时常用的有涡轮流量计和超声流量计。

1. 涡轮流量计

涡轮流量计的工作原理是：当被测流体通过涡轮流量计时，流体通过整流装置冲击涡轮叶片，由于涡轮叶片与流体流向间有一定夹角，流体的冲击力对涡轮产生转动力矩，使涡轮克服机械摩擦阻力矩和流动阻力矩而转动。在一定的流量范围内，涡轮的转速与通过涡轮的流量成正比。

转速和流量可以写成下面关系式：

$$n=Kq_{\mathrm{v}} \tag{5.6}$$

式中　n——叶轮转速，s^{-1}；

K——系数，m^{-3}；

q_v——流量，m^3/s。

对于每一种固定的速度式流量计，K 为固定值，称为仪表常数，通过实验确定。

通过式(5.6)可知，如测出转速 n 即可将流量测定出来。涡轮流量计有良好的计量性能，其测量范围较宽，误差小，重复性好，但对制造的精度和组装技术要求较高，涡轮叶片必须达到动、静平衡，而且轴承的摩擦力必须很小。涡轮流量计的结构如图 5.50 所示。

通过轴和齿轮的传动与减速，旋转着的涡轮转子驱动机械式计数器进行计数，并由磁簧开关输出低频脉冲。另外，传动机构还可以驱动感应轮并通过光电传感器产生中频脉冲，用于精确度要求较高的场合。体积修正仪通过统计这些脉冲，可计算出流过气体的总体积量和气体流速等相关数据。

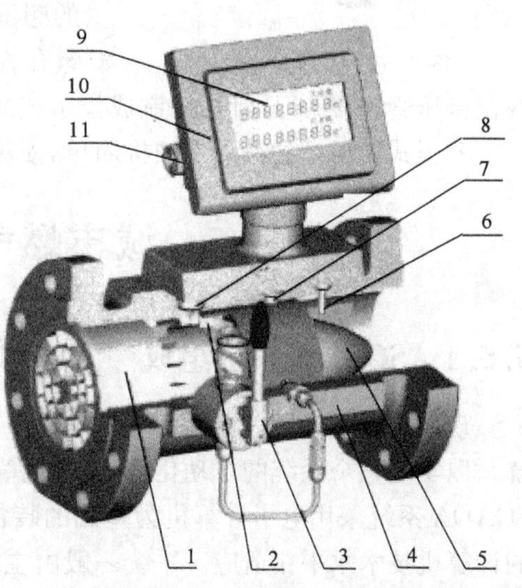

图 5.50　涡轮流量计的结构

1—两级整流器；2—涡轮；3—加油泵(选用)；4—壳体；5—后导流体；6—温度传感器；7—磁敏传感器；8—压力传感器；9—LCD 显示屏；10—体积修正仪；11—信号输出接口

涡轮流量计目前已在燃气的计量中得到了广泛应用。

2. 超声流量计

超声流量计是一种非接触式流量仪表，它利用超声波在流动的流体中传播时，可以载上流体流速信息的特性，通过接收和处理穿过流体的超声波信息就可以检测出流体的流速，从而换算成流量。在结构上主要有超声波换能器、电子处理线路以及流量显示、积算系统三部分组成。

超声流量计按工作原理分为传播速度法和多普勒法两大类。传播速度法的基本原理为测量超声波在流动的流体中，顺流传播时与逆流传播时的速度之差得到被测流体的流速。按所测物理量的不同，传播速度法可分为时差法(测量顺流、逆流传播时由于超声波传播速度不同而引起的时间差)和频差法(测量超声波顺流、逆流传播时的循环频率差)。其中，原理为时差法的超声流量计准确度较高，因此计量天然气时通常选用时差法超声流量计，并且为了进一步提高计量准确度，多采用多声道超声流量记。

相对于传统的流量计而言，多声道超声流量计具有下列主要特点：

(1)解决了大管径、大流量测量困难的问题。

(2)对介质几乎无要求。由于利用超声测量原理可制成非接触式的测量仪表，所以不破坏流体的流场，没有压力损失，并且可解决其他类型流量计难以测量的强腐蚀性、非导电性、放射性流体的流量测量问题。

(3)测量准确度几乎不受被测流体温度、压力、密度、黏度等参数的影响。

(4)测量范围宽，一般可达 20:1～100:1。

超声流量计价格较贵，只有在流量很大的情况下，由于贸易结算需要才被选用。

5.4.4　差压式流量计

差压式流量计(图 5.51)又称为节流流量计，它是用节流装置或其他差压检测元件(如测

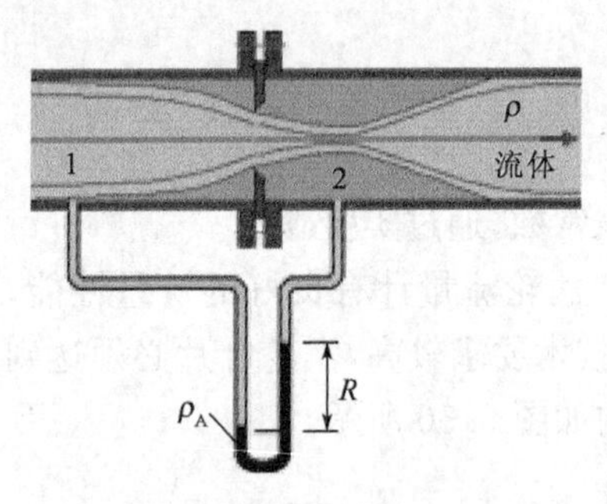

图 5.51　差压式流量计

速管)与差压计配套用以测量流量的仪表。

当流体流经安装在管道中的节流装置时,流体的动能发生变化而产生一定的压力降(压),此压力降可借助于差压计测出。由于流体的流量与差压计所测压力降的平方根成正比,因而可计算出流量的大小。

差压式流量计包括两部分:一部分是与管道连接的节流件,此节流件可以是孔板、喷嘴或文丘里管三种,但在燃气流量的测量中,主要是用孔板。另一部分是差压计,它被用来测量孔板前后的压力差。差压计与孔板上的测压点借助于两根带压管连接,差压计可以制成指示式或自动记录式。

差压式流量计的特点是结构简单,使用寿命长,适用于大管道通径的燃气计量。

5.5　城市燃气 SCADA 系统简介

5.5.1　SCADA 系统组成

现代化的城镇燃气管网系统一般均应设置先进的监控及数据采集系统(简称 SCADA 系统),以实现整个系统的自动化运行,提高管理水平,并能安全、可靠、经济地对各类用户供气。SCADA 系统采用电子计算机为基础的装备和技术,其设计应符合我国现行的标准,并与同期的计算机技术水平相适应。系统一般由主站、远端站、分级站、通信系统及其他附属设施组成。

主站(MTU),一般由微型计算机(主机)系统为基础构成。主机应具有图像显示功能,以使主站适合于管理监视的要求,应配有专用键盘以便于操作和控制,还需有打印机设备输出定时记录报表、事件记录和键盘操作命令记录,以提供完善的管理信息。主站应设在燃气企业调度服务部门,并宜与城市公用数据库连接。

远端站(RTU),一般由微处理机(单板机或单片机)加上必要的存储器和输入/输出接口等外围设备构成,完成数据采集或控制调节功能,有数据通信能力。所以,远端站是一种前端功能单元,应该按照气源点、储配站、调压站或管网监测点的不同参数测、控或调节需要确定其硬件和软件设计。远端站宜设置在区域调压站、专用调压站、管网压力监测点、储配站、门站和气源厂等。

对于规模较大的系统,在 MTU 和 RTU 之间有时还需增设中间层次的分级站,以减少 MTU 的连接通道,节省通信线路投资。

5.5.2　SCADA 系统方案举例

某县 SCADA 系统涉及门站、工业用户、加气站、城区管网末端、调压站等多种类型的监控点,总数量约 30 个。所有监控点的数据需要传送到位于该县的调度中心,并在调度中心操作员计算机上显示,此外两个天然气门站还要有本地控制系统,在本地操作员计算机上可实时显示门站的各种数据。通过 SCADA 系统操作员还可对现场设备进行必要的控制,同时 SCADA 系统还集成有巡线监控系统

SCADA 系统(图 5.52)包括门站控制系统、工业用户数据采集系统、加气站数据采集系统、调度中心监控系统等四部分。

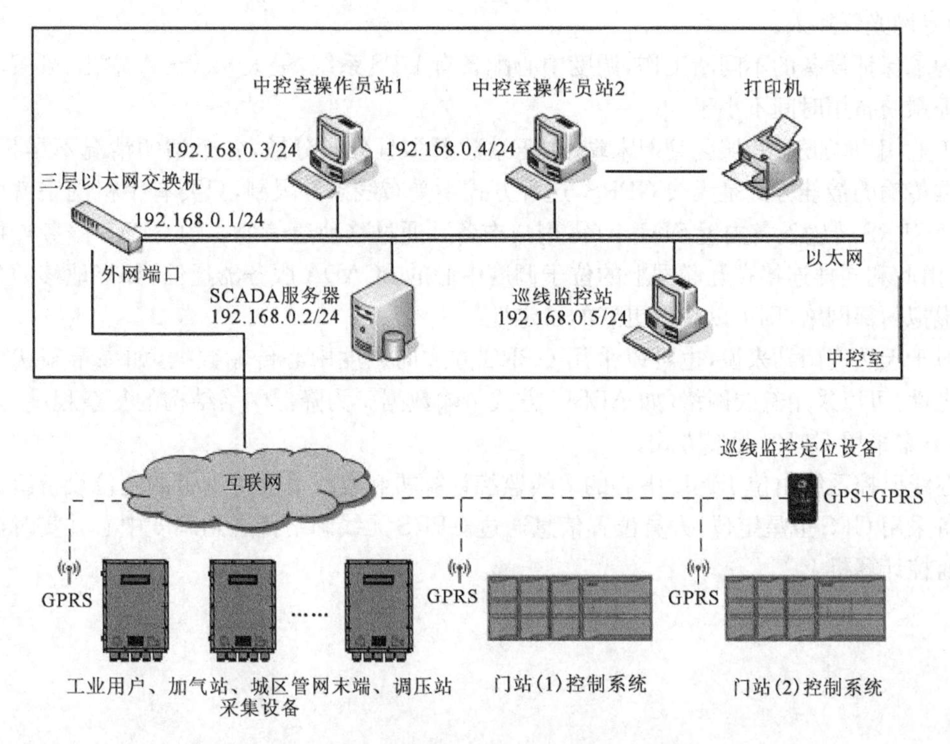

图 5.52　SCADA 系统结构

调度中心位于公司办公楼，其中配备有一台 SCADA 服务器、两台操作员站、一台巡线监控站、一台打印机、一台三层以太网交换机和 UPS 系统。

SCADA 服务器是整个系统的数据处理核心，其上运行着 SCADA 系统软件和 SQL Server 数据库软件。SCADA 系统软件负责采集工业用户、加气站和门站的数据，并把操作人员的指令下发到相应设备上。SQL Server 是一个关系型数据库软件，存储着 SCADA 系统的所有历史数据，基于这些数据可提供数据查询、曲线显示、趋势分析、报表输出等功能。服务器是一台高可靠性的机器，可保证 7×24h 不间断工作，其上配备有硬盘冗余系统，可最大程度保证数据的可靠性。

操作员站上运行着组态软件，为用户提供查看数据、操作设备的界面，主要功能包括：管网地图、工艺画面显示、历史数据查询、趋势图、报警记录、报表输出等，用户界面根据用户需要定制开发。操作员站的所有数据均来自 SCADA 服务器，操作员下发的指令也传送到 SCADA 服务器上，再由 SCADA 服务器向下转发。本方案中，配备了两台操作员站，两台机器可以显示不同画面，方便操作人员使用，另外他们还构成了冗余系统，一台故障不会影响到系统的正常运行。其中一台操作员站连接有打印机，另一台通过网络共享也可使用，两台机器都可以输出报表。调度中心配置的打印机为 A3 幅面激光打印机，可满足复杂报表输出的需要。

调度中心配备一台三层以太网交换机，除了普通交换机功能外，还具备基本路由及防火墙功能。通过这台交换机 SCADA 服务和两台操作员站连接在同一个子网络内，彼此可互相通信。交换机的外网端口连接到互联网，使内部子网可以和互联网上的其他节点通信，同时交换机可配置防火墙功能，防止外部网络对系统的攻击。为了使 SCADA 系统能够正常工作，交换机的外网端口必须具有固定的公网 IP 地址，或通过公司内部网络映射的外网可访问的私网 IP 地址。为了保证整个 SCADA 系统网络的稳定性，建议采用移动服务提供商(GPRS 提供商)的专网光纤接入。

为了保证设备的不间断工作,调度中心配备有UPS系统,最大3kV·A输出,外置电池组可保证系统备用时间不小于6h。

工业用户、加气站、城区管网末端、调压站数量多且分布分散,各个站的情况不尽相同,因此数据传输的最佳方式是无线GPRS,这种方式不受布线条件限制,只要有手机网络就可传输数据。GPRS传输设备内置SIM卡(需用户准备),通过移动通信公司的GPRS服务连接到互联网,由此和同样连接在互联网上的位于调度中心的SCADA服务器通信,如当地移动公司可提供虚拟内部网络,则可以获得更好的稳定性。

对于天然气门站来说,也可以采用GPRS方式向调度中心传输数据,如果希望获得更好的稳定性,可以采用有线网络(如ADSL)方式传输数据。为降低网络结构的复杂程度,方便维护,本方案采用GPRS无线方式。

巡线监控系统由位于调度中心的巡线监控计算机和巡线员随身携带的定位设备组成。定位设备采用GPS卫星定位,人员位置信息通过GPRS无线网络传送到调度中心并实时显示在巡线监控计算机上。

第6章 CNG/LNG/LPG供应及加气站简介

6.1 压缩天然气供应

压缩天然气(Compressed Natural Gas,简称CNG),指压缩到压力大于或等于10MPa且不大25MPa(表压)的气态天然气。压缩天然气在25MPa压力下体积约为标准状态下同质量天然气体积的1/250,一般充装到高压容器中储存和运输。压缩天然气能储密度低于液化石油气和液化天然气,但由于生产工艺、技术设备较为简单且运输装卸方便,广泛用于汽车替代燃料或作为缺乏优质燃料的城镇、小区的气源。

汽车使用的天然气,除高压压缩和杂质含量控制更严格以外,与民用和工业天然气无本质区别。通常CNG是压缩到20~25MPa的天然气,其辛烷值(在规定条件下与试样抗爆性相同时的标准燃料中所含异辛烷的体积百分数)在122~130之间。

6.1.1 CNG供应系统

压缩天然气供应系统(图6.1)泛指以符合国家标准的二类天然气作为气源,在环境温度为-40~50℃时,经加压站净化、脱水、压缩至不大于25MPa的条件下,充装入气瓶转运车的高压储气瓶组,再由气瓶转运车送至城镇CNG汽车加气站,供汽车发动机作为燃料,或送至CNG供应站(CNG储配站或减压站),供给居民、商业、工业企业生活和生产的燃料系统。

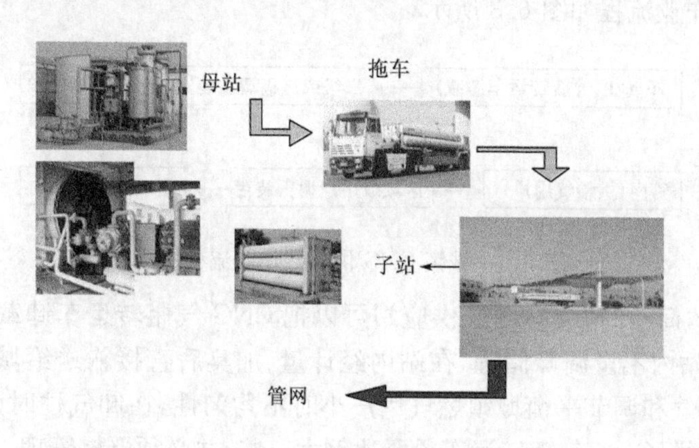

图6.1 CNG供应系统

1. CNG供应优势

压缩天然气供应系统的优势在于:

(1)在长输天然气管道尚未敷设的区域,运输距离一般在200km左右的范围内,较适合采用压缩天然气作为气源实现城镇气化,并可节省大量建设投资;

(2)以天然气替代车用汽油,减少汽车尾气排放量,改善城区大气环境质量,利于环境保护;

(3)以天然气替代车用汽油，由于价格相对便宜，可以节省交通运输费和公交车、出租车等的运营成本。

2. CNG 供应系统组成

1)天然气加压站(母站)

天然气加压站的任务是使充装气瓶转运车或售给 CNG 汽车的 CNG 达到汽车用 CNG 的技术标准，并且不得超压过量充装；保证气瓶转运车或 CNG 汽车的压力容器在该城镇地理区域极端环境温度下安全运行，即该压力容器工作压力始终在允许的最高压力(最高温度补偿后)以下。一般规定该压力容器充满后的压力为 20MPa。天然气加气母站作业流程如图 6.2 所示。

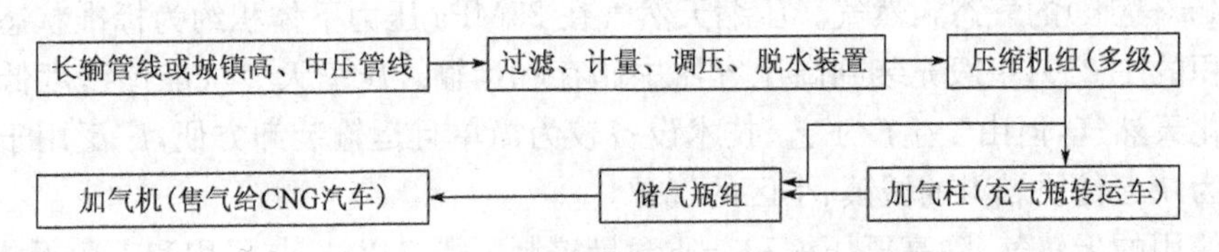

图 6.2 天然气加气母站作业流程框图

根据城镇规划的安排，可规定加压站以充气瓶转运车为主，以售气为辅；或只充气瓶转运车而不向 CNG 汽车售气。

2)城镇 CNG 供应站(子站)

城镇居民、商业和工业企业燃气用户是依靠中、低压管网系统供气的，以 CNG 作气源的燃气供应系统，必须在该管网系统的起点建立相当于城市燃气储配站的设施，对由母站来的气瓶转运车的 CNG 进行卸车、降压、储存，并按燃气用户的用气规律输气。可以把城镇中、低压管网系统起点处的 CNG 卸车、降压、储存工艺设施统称为城镇 CNG 供应站，它就是以加气站为母站的子站，其作业流程如图 6.3 所示。

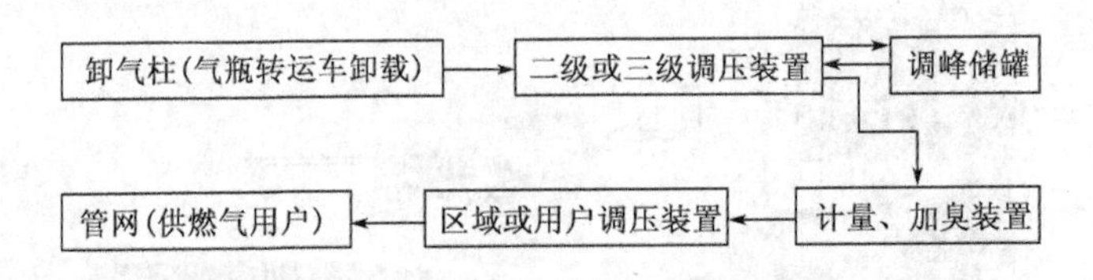

图 6.3 城镇 CNG 供应站作业流程框图

为了节省投资，简易的城镇 CNG 供应站可以把 CNG 气瓶转运车卸载，经一级减压至中压 B 级管网压力，站内不设调峰储罐，在站内经计量、加臭后直接输送给城镇燃气分配管网。但是为了不间断供气和调节平衡城镇燃气用户小时不均匀性，在卸气柱时必须有气瓶转运车随时在线供气。这样，CNG 气瓶转运车投资比例大一些，并必须严格管理。

3)CNG 汽车加气站(子站)

加气站是 CNG 供应系统中仅供 CNG 汽车加气(售气)的子站，可根据城镇管理和道路规划要求进行布点。在经营内容和形式上可以只供 CNG，称为 CNG 加气站；或者在城镇原有的加油(汽、柴油)站的基础上扩建 CNG 加气系统，称为油气合建站；或者新建既能加油又能加气的油气合建站。在 CNG 汽车供应系统中，CNG 加气站的作业流程如图 6.4 所示。

根据加气作业所需的时间，加气站可按快充和慢充方式来作业。慢充作业一般是在晚间用气低谷时进行，慢充所需时间依配置的压缩机和储气容积的大小而不同，可长达数小时，因此慢充加气站经营规模小，投资较少。快充作业时间则按 CNG 汽车车载燃气瓶的大小可在 3～10min 内完成。

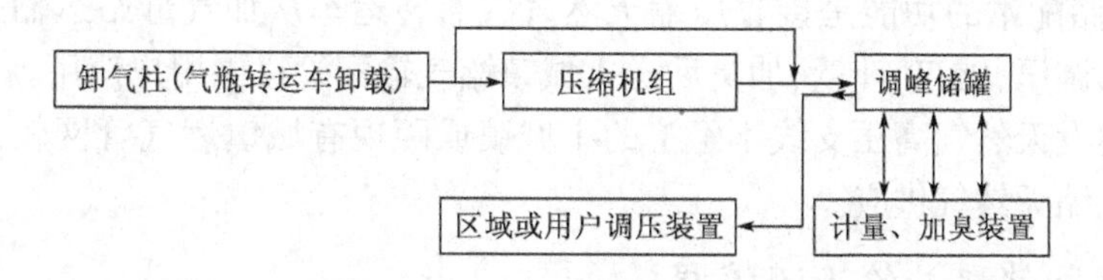

图 6.4　CNG 加气站作业流程框图

值得指出的是，作为子母站组带的 CNG 气瓶转运车，在业务管理上分成行车和输送气体两部分，前者由交通监管部门督察，而后者归锅炉压力容器监察机构管理。

6.1.2　CNG 运输

压缩天然气通常采用气瓶转运车运输，也可采用船载运输。目前较为常用、技术相对成熟的为气瓶转运车公路运输方式。

1. 公路运输

压缩天然气主要采用公路运输方式，即将压缩天然气用装载有大容积无缝钢瓶的气瓶转运车(国外一般称长管拖车)运输到汽车加气子站或城镇小型 CNG 储配站。该种运输方式机动灵活，运输成本较低，风险小，见效快，适用于短途压缩天然气的转运。

常用的压缩天然气气瓶转运车(图 6.5)多采用集装管束的形式，即由牵引车、拖车、框架式储气瓶束构成。储气瓶束一般为 8 管、15 管等大容积无缝锻造压力钢瓶组，总几何容积为 10～20m^3。

图 6.5　压缩天然气气瓶转运车

(1)行走机构。压缩天然气气瓶转运车的牵引车和拖车既是运输部件又是主要的承载部件，合称为行走机构。行走机构要求既能承受装载气瓶和介质的压力又应具有运输平稳的特性。行走机构多采用骨架式结构，车架为 16Mn 高强度贯穿梁及鹅颈加强型设计，并加装 ABS 防抱死制动系统，以提高车辆运行的安全性。行走机构的重心尽量降低，以提高车辆的侧向稳定性。

(2)集装管束。集装管束由框架、端板、大容积无缝钢瓶，安全仓、操作仓等组成。框架尺寸执行国家集装箱标准。安全仓设置在拖车前端，由瓶组安全阀、爆破片、排污管道组成。为便于操作，操作仓设置在拖车尾端，由高压管道将各气瓶汇集在一起，进行加气和卸气作业，并设有温度、压力仪表及安全阀、加气和卸气快装接头等。

2. 水路运输

压缩天然气的水路运输，是采用专门的设备——CNG 运输船实现水上短途的 CNG 转运。在接收端，天然气可直接利用，而不必像液化天然气那样还需将液态转换为气态，节省了高昂的建设投资。由于 CNG 船在短途运输的经济性优于 LNG 船，因此，有望成为水上短途运输天然气的主要交通工具。

6.1.3 CNG 储配站

压缩天然气储配站的功能是接收压缩天然气气瓶转运车从加气母站运输来的压缩天然气，经卸气、加热、调压、储存、计量、加臭后送入城镇燃气输配管道供用户使用。对于距离燃气长输管线较远，建设天然气高压支线不经济的小城镇或距现有城镇燃气管网较远的小城镇或区域，适合采用压缩天然气供应。

1.压缩天然气储配站的工艺流程

采用压缩天然气供气的城镇，一般用气规模较小，且燃气输配管网多采用中、低压系统。因此，高压的压缩天然气在进入城镇燃气管网前需经调压器分级减压。压缩天然气储配站的工艺流程如图 6.6 所示。

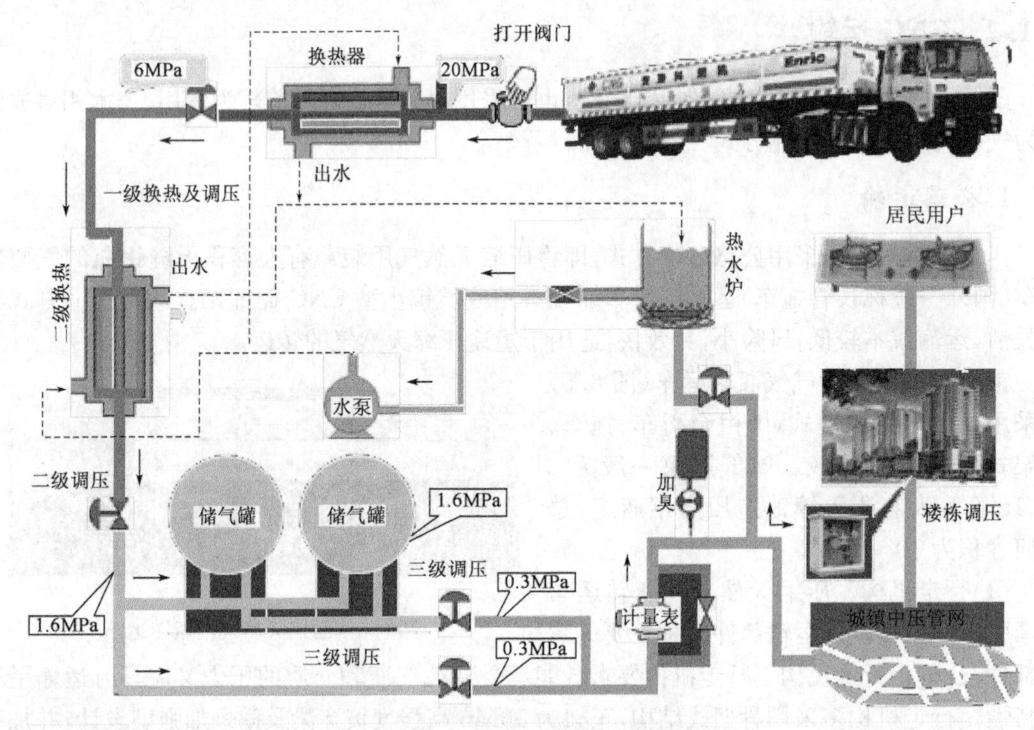

图 6.6 压缩天然气储配站流程图

压缩天然气气瓶转运车进入 CNG 储配站后，通过卸气柱及高压天然气管路将天然气送入一级换热器和一级调压器进行换热和调压，将压力降至约 6.0MPa；再进入二级换热器和二级调压器进行二次换热和调压，将压力降至储罐的工作压力 1.6MPa，部分天然气进入三级调压器将压力降至 0.2～0.4MPa，供城镇燃气管网用户使用，部分天然气进入储罐储存；当气瓶转运车流量不能满足用户使用要求时，储罐储存的天然气进入三级调压器。调压后送入城镇燃气管网。

由于进站的天然气从高压 20MPa 降压至中压 0.2～0.4MPa 出站，压力下降较大，在气体减压膨胀过程中会伴随温度降低。温度过低则有可能对燃气管道、调压器皮膜及储罐等设备造成破坏，从而引发事故，因此对于减压幅度较大的天然气，站内分别在两级调压器前设置换热器对气体进行加热升温。为防止加热后的天然气温度过高或过低，可采用以下两种控制方式：

(1)在换热器进口处设置与调压器出口温度连锁的温控阀；

(2)每台换热器对应安装一台热水循环变频泵，该泵与调压器前后的温度变送器连锁，并与调压器出口压力连锁，对热水流量进行调节。

压缩天然气储配站的天然气总储气量根据气源、用气量、加气站情况、运距和气候等条件确定，但不应小于本站计算月平均日供气量的 1.5 倍。天然气总储气量包括停靠在站内固定车位的压缩天然气气瓶转运车储气瓶组的总储气量。储配站根据供气规模大小，考虑是否设置固定储罐。当总储气量大于 30000m³ 时，除采用气瓶转运车储气瓶组储气外，还应建天然气储罐等储气设施。对于规模较小的储配站，如果气瓶转运车直供的气量能够满足用户需要，储配站内也可不设储罐，直接由二级调压器将压力调节至城镇输配管网的压力，为用户供气。气瓶转运车的数量应根据用户用气量、气瓶转运车储气瓶组的储气量、运距、充卸气时间、是否作为储存设备使用及检修情况等因素确定。

为防止调压器失效时出口压力超高，调压器前应设置快速切断阀，或选用内置切断阀的调压器。切断阀的切断压力根据调压器后设施的工作压力确定，一般应小于调压器后设施工作压力的 0.9 倍或小于其最大工作压力。

压缩天然气储配站多为管道天然气来气之前的过渡气源，因此一般采用气瓶转运车储气瓶组作为储气设施进行直供。储配站的工艺设备组成如下：压缩天然气气瓶转运车、调压器、流量计、换热器及配套设施。当天然气无臭味或臭味不足时，还需设加臭装置。通常将调压器、流量计、换热器及配套阀门、仪表组成一个撬装体，称为 CNG 撬装调压计量站。常用压缩天然气储配站的工艺流程如图 6.7 所示。

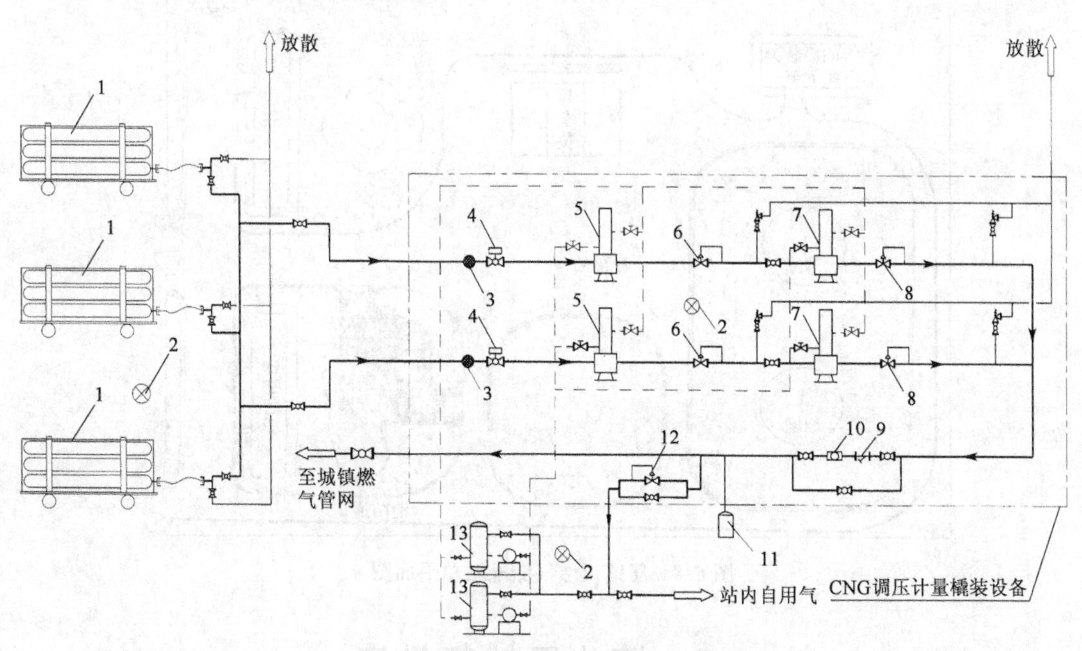

图 6.7　压缩天然气储配站工艺流程图

1—CNG 气瓶转运车；2—天然气泄漏检测探头；3—过滤器；4—气动紧急切断球阀；5—一级换热器；6—一级调压器；7—二级换热器；8—二级调压器；9—Y 型过滤器；10—流量计；11—加臭装置；12—站内调压器；13—燃气热水炉

2. 压缩天然气储配站的平面布置

1)站址选择

压缩天然气储配站站址选择应符合下列要求：

(1)应具有适宜的地形、工程地质、交通、供电、给排水及通信条件；

(2)少占农田、节约用地并注意与城镇景观的协调;

(3)符合城镇总体规划的要求。

2)总平面布置

压缩天然气储配站总平面布置应与工艺流程相适应,做到功能区分合理、紧凑统一,便于生产管理和日常维护,确保储配站与站内外建(构)筑物的安全间距以及站内设备布置的安全间距满足设计规范要求。

压缩天然气储配站与常规天然气储配站的功能基本相同,不同之处在于增设了压缩天然气气瓶转运车的固定车位、卸气柱以及卸气柱至压缩天然气撬装调压计量站的超高压管路。因此,为保证安全,压缩天然气储配站总平面应分区布置,一般分为生产区和辅助区。生产区主要包括卸气柱、压缩天然气气瓶转运车位、调压计量装置等;辅助区主要包括综合楼、热水炉间、仪表间等。站区宜设两个对外出入口。

站内每个压缩天然气气瓶转运车固定车位宽度不应小于 4.5m,长度宜为气瓶转运车长度,并在车位前留有足够的回车场地。

卸气柱宜设置在固定车位附近,距固定车位 2～3m。气瓶转运车固定车位、卸气柱与站内外建构筑物之间的安全距离应符合《城镇燃气设计规范》和《建筑设计防火规范》的相关规定。压缩天然气储配站总平面布置示例如图 6.8 所示。

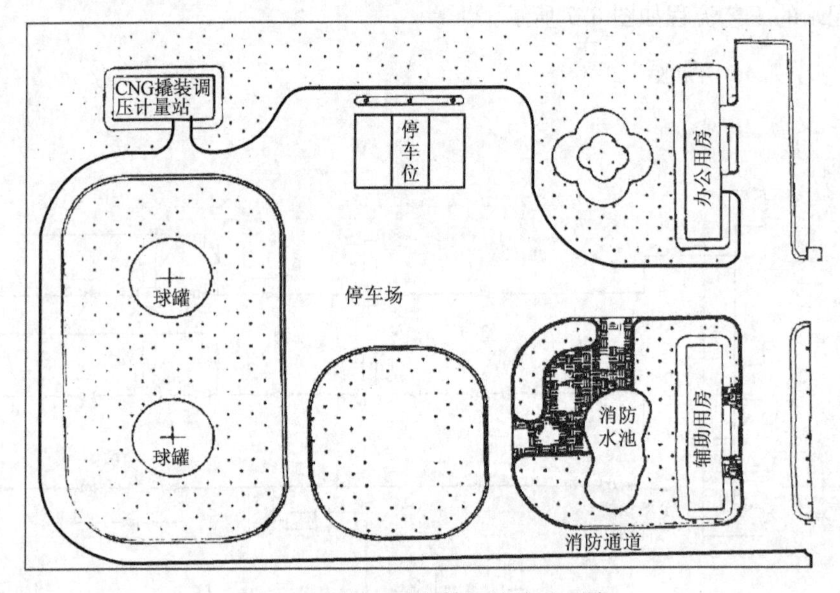

图 6.8 压缩天然气储配站总平面图

6.2 液化天然气供应

液化天然气(Liquefied Natural Gas,简称 LNG)是将天然气经过预处理,脱除重质烃、硫化物、二氧化碳和水等杂质后,在常压下深冷到－162℃液化得到的产品。

液化天然气(LNG)比其他燃料清洁,燃烧时温室气体排放量低,是公认的未来世界普遍采用的燃料。以前,如果说将天然气液化,远距离运输作为燃料使用,是很困难的。但今天,液化天然气已成为世界工业的重要组成部分,是令人瞩目的新兴工业之一。液化天然气是将天然气低温冷却液化,液化后体积约为常态下体积的 1/625,便于运输。多年来,LNG 在世界上已经大量应用，如发电、民用燃气、汽车或火车的燃料等。在城市里布有天然气的输配管线，数以千计的 LNG 罐车在美国的高速公路上运输，没有发生过重大的事故。以 LNG 或 CNG 作燃料的汽车，虽然发生过一些碰撞事故，但 LNG 燃料系统没有发生重大损坏，没有引起 LNG 的泄漏和火灾。当然，LNG 的温度很低，极易气化，会引发一些低温液化石油气体带来的安全问题。无论是设计还是操作，都应该像对待所有的易燃介质那样小心。

6.2.1 LNG 工业链

气田开采出来的天然气在天然气液化工厂进行处理并液化，国产液化天然气经过陆路运输送到气化站、汽车加气站等地，进口液化天然气经过海上运输送到大型接收站。

液化天然气在大型接收站气化后进入输气管道，作为管道气源供应大中城市。液化天然气也可通过槽车运至中小城镇、小区作为气化气源，另外还可作为用户的调峰及应急气源。液化天然气除气化后供应居民、商业、工业用户外，也可直接用作汽车、船舶、飞机燃料。

LNG 主要供应链如图 6.9 和图 6.10 所示。

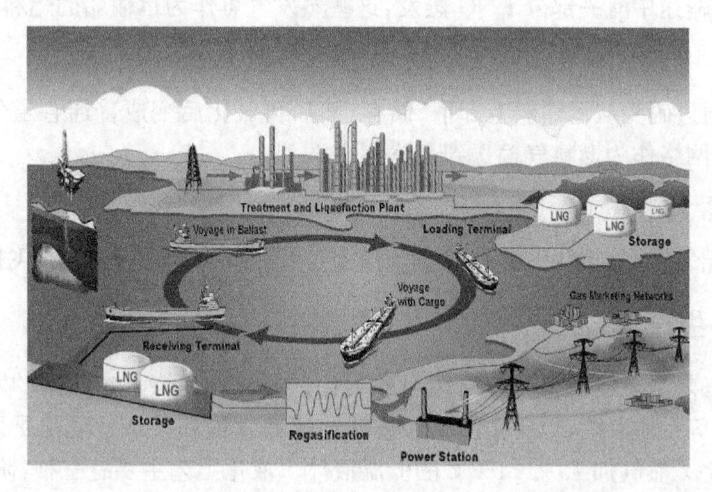

图 6.9 LNG 供应链

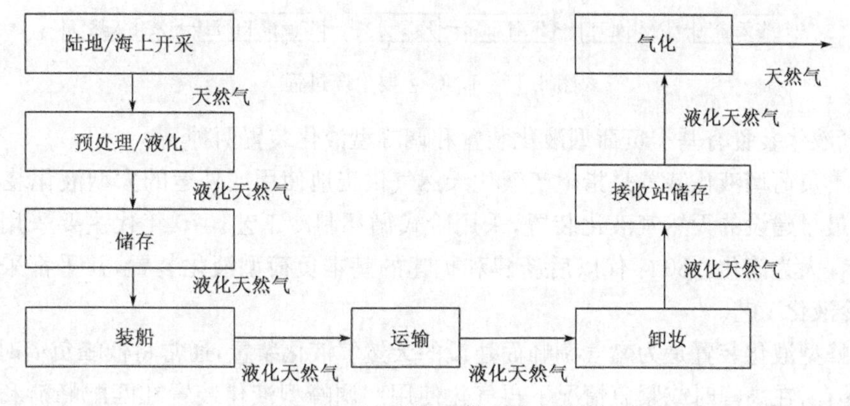

图 6.10 LNG 主要供应链方框图

1. 天然气的开发

天然气生产环节包括对天然气的开采和一定程度的处理，按其性质和要求将天然气管输到液化厂并达到 LNG 厂原料气规格。

2. 液化

液化的主要作用是持续不断地把原料气液化成为LNG产品，其主要步骤有：

(1)预处理。从原料气中脱除气田生产环节没有去掉的杂质，如水、二氧化碳、硫化氢、硫醇等。

(2)去除NGL。脱除天然气中的NGL以达到液化需要处理的LNG规格和技术要求。

(3)液化。用深冷制冷剂将原料气冷却并冷凝到－162℃，使其成为液态产品。

3. 储存和装载

液化天然气(LNG)液体产品被储存在达到或接近大气压的保温储罐中，最常见的储罐类型有单容储罐、双容储罐、全容储罐。

4. 运输

海上LNG运输需专门的运输船，将液态产品在常压或接近大气压条件下储存在LNG船保温舱内。在运输途中有一部分LNG蒸发，这些蒸发气可作为运输船的燃料。

5. 接收站

LNG产品通过码头从运输船上卸下、储存，而后再气化后变成普通管道气输送给发电厂或通过当地分销网络作为燃料气输送到最终用户。

6. 输配气管网和用户

LNG经输配气管网到居民、商业、工业用户，也可直接用作汽车、船舶、飞机燃料。

6.2.2 LNG生产

LNG生产工艺主要包括天然气预处理和液化。预处理是将天然气中的水分、硫化氢、二氧化碳、重烃、汞等杂质脱除，以免杂质腐蚀或冻结堵塞管道和设备。液化是采用外部冷源或膨胀制冷工艺，将天然气加工为－162℃的低温液体。液化工艺主要有三种：阶式循环制冷、混合制冷和膨胀制冷。LNG主要生产过程如图6.11所示。

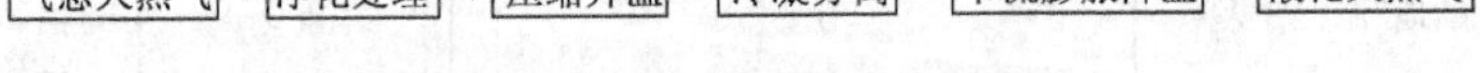

气态天然气→净化处理→压缩升温→冷凝分离→节流膨胀降温→液化天然气

图6.11　LNG主要生产过程

天然气液化装置有基本负荷型液化装置和调峰型液化装置两种。

(1)基本负荷型液化装置是指生产液化天然气供当地使用或外运的大型液化装置。20世纪60年代最早建设的天然气液化装置，采用阶式循环制冷工艺。70年代主要采用混合制冷工艺，使流程大为简化。80年代以后新建和扩建的基本负荷型液化装置，几乎都采用丙烷预冷混合制冷液化工艺。

(2)调峰型液化装置是为燃气调峰而建设的天然气液化装置，通常将低峰负荷时过剩的天然气液化储存，在高峰时或紧急情况下再气化使用。调峰型液化装置在匹配峰荷和增加供气的可靠性方面发挥着重要作用，可以极大地提高输气管道的经济性。与基本负荷型液化装置相比，调峰型液化装置的液化能力较小，不是常年连续运行，储存容量较大，其液化能力一般为日高峰负荷量的1/10左右。对于调峰型液化装置，其液化部分常采用膨胀制冷流程和混合制冷流程。

1. 天然气预处理

由于原料气来源不同和组分的差异，天然气液化工厂预处理方法、工艺过程及预处理指标也不相同。

1)脱水

若天然气含有水分，当低于0℃时水分会在换热器和节流阀上结冰，即使在0℃以上，天然气和水也有可能形成水合物，堵塞管线、喷嘴及分离设备等。为避免出现堵塞，需要在高于水合物形成温度时将原料天然气中的游离水脱除，使水露点达到－100℃以下。目前常用的天然气脱水方法有冷却法、吸收法和吸附法等。

2)脱酸性气体

原料天然气中常含有一些酸性气体，如 H_2S、CO_2 和 COS 等，酸性气体对设备、管道有腐蚀作用，而且沸点较高，在降温过程中易呈固体析出，必须脱除。常用的脱除方法有醇胺法、热钾碱法、砜胺法，目前主要采用醇胺法。

3)脱烃

烃类物质的相对分子质量由小到大变化时，其沸点也由低到高相应变化，在冷凝天然气的循环中，重烃先被冷凝出来。如果不脱除重烃，可能冻结堵塞设备。在用分子筛、活性氧化铝或硅胶吸附脱水时，重烃可被部分脱除，余下的重烃通常在低温区中的一个或多个分离器中除去，也称深冷分离法。

其他需要脱除的杂质还有汞、氦气、氮气和苯等。

2. 天然气液化

天然气的液化是一个深度制冷的过程，只经过一级制冷基本达不到液化的目的。天然气制冷液化主要有三种方法：阶式循环制冷、混合制冷和膨胀制冷。

1)阶式循环制冷

阶式循环制冷，也称串级循环(或级联式循环)制冷，其原理如图 6.12 所示。整个流程分三个阶段，即三段制冷。制冷剂分别为丙烷(或氨)、乙烯(或乙烷)、甲烷。首先，丙烷通过蒸发器将天然气冷却到－40℃左右，并同时冷却乙烯和甲烷；然后，乙烯通过蒸发器将天然气冷却到－100℃左右，并同时冷却甲烷；最后，甲烷通过蒸发器把天然气冷却到－162℃以下使之液化。之后，经气液分离器分离后，液态天然气进低温储液罐储存。三个被分开的循环过程都包括蒸发、压缩和冷凝三个步骤。

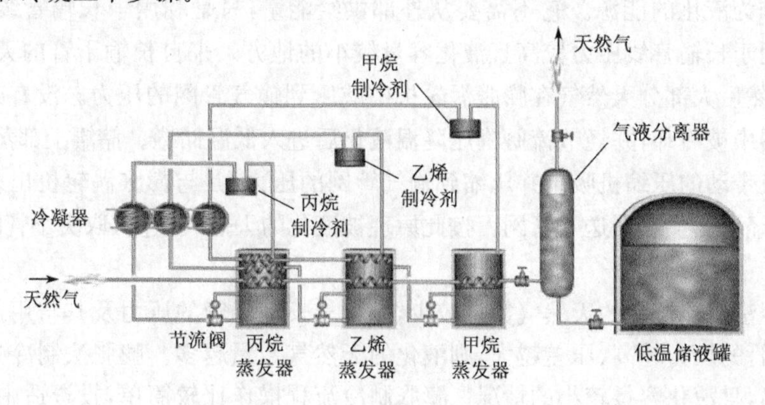

图 6.12　阶式循环制冷流程

阶式制冷工艺的制冷系统与天然气液化系统相互独立，制冷剂为单纯组分，各系统相互影响少，操作稳定，能耗低，较适合高压气源。但该工艺制冷机组多，流程长，对制冷剂纯度要求高，且不适用于含氮量较多的天然气，因此该工艺在天然气液化装置上已较少使用。

2)混合制冷

混合制冷，也称多组分制冷，这种方法所用制冷剂为丙烷、乙烯及氮气的混合物，其制冷流程如图 6.13 所示。丙烷、乙烯及氮的混合蒸气经制冷机压缩和冷凝器冷却后进入丙烷储罐(丙烷呈液态，压力为 3MPa)。丙烷在换热器中蒸发，将天然气冷却到－70℃，同时也冷却了乙烯和氮气，此时乙烯呈液态进入乙烯储槽，而氮气仍呈气态。液态乙烯在换热器中蒸发，进一步冷却天然气，同时冷却了氮气。氮气进入氮储槽并进行气液分离，分离出的液氮在换热器中蒸发，再冷却天然气，同时冷却了气态氮气。而气态氮气则进一步液化并在换热器中蒸发，直至将天然气冷却到－162℃以下，然后送入储罐。

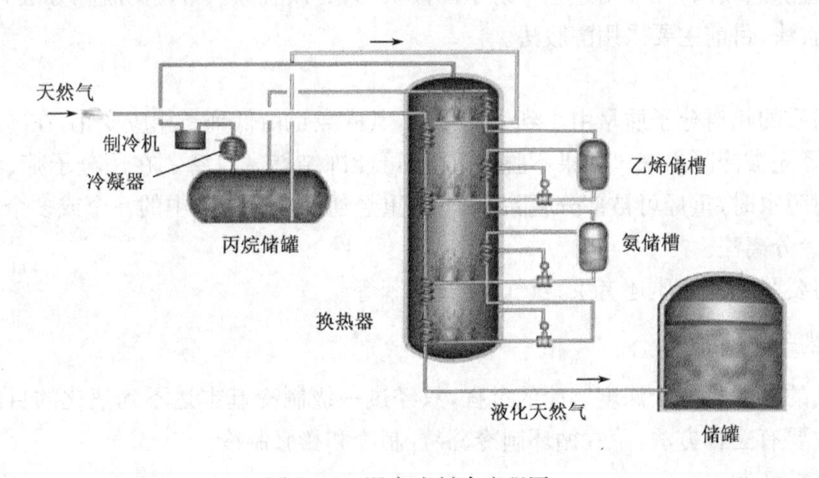

图 6.13　混合式制冷流程图

与阶式循环制冷相比，混合制冷具有流程短、机组少、投资低等优点，缺点是能耗高，对混合制冷剂各组分的配比要求严格，换热器结构复杂。目前应用较多的是丙烷预冷混合制冷液化流程。

3)膨胀制冷

如图 6.14 所示为天然气膨胀制冷流程。膨胀制冷是充分利用长输干管与用户之间较大的压力梯度作为液化的能源。它不需要从外部供给能量，只是利用了长输管线剩余的能量。这种方法适用于长输管线压力较高且液化容量较小的地方。来自长输干管的天然气，先流经低温换热器，然后大部分天然气在膨胀涡轮机中减压到输气管网的压力。没有减压的天然气在低温换热器中被冷却，并经节流阀降压降温液化后进入低温储罐。储罐上部蒸发的天然气，由膨胀涡轮机带动的压缩机吸出并压缩到输气管网的压力，并与膨胀涡轮机出来的天然气混合作为冷媒，经低温换热器送入管网。按此原理被液化的天然气数量，取决于管网的压力所能提供的能量。

膨胀制冷法所能液化的天然气数量较少，而且与长输干管的压力及其与用户之间的压差有关，长输干管的压力越高、压差越大，则液化的天然气数量越多。膨胀法制冷只适用于长输干管压力较高，且液化容量较小的情况。膨胀制冷流程操作比较简单，投资适中，适用于液化能力较小的调峰型天然气液化装置。

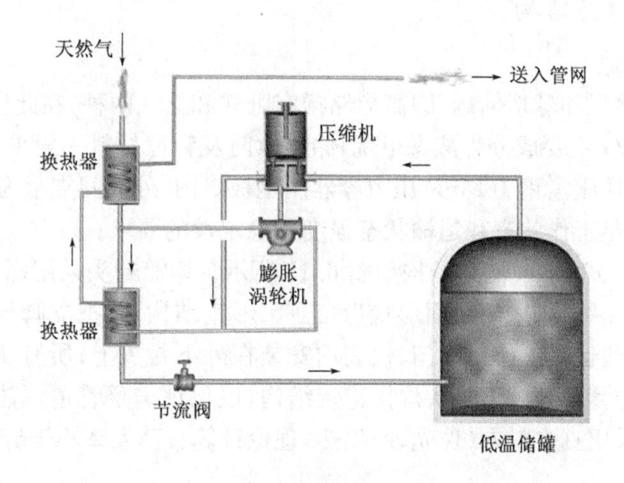

图 6.14　膨胀制冷流程图

6.2.3　LNG 储存

无论是在天然气液化厂、接收站，还是在气化站、加气站，或是 LNG 的运输，都需要设置储存设备用于 LNG 的储存。LNG 温度很低，同时气化后的天然气是易燃易爆的燃料，因此要求 LNG 储存设备耐低温、安全可靠。目前 LNG 储存设备主要为各种类型的储罐(槽)。

1. LNG 储罐(槽)分类

各种 LNG 储罐(槽)可按容量、隔热方式、形状及材料等进行分类。

1)按容量分类

(1)小型储罐：容量 5～50m^3，常用于撬装或小型气化站、LNG 加气站、LNG 运输槽车。

(2)中型储罐：容量 50～100m^3，常用于小型气化站、大工业燃气用户气化站。

(3)大型储罐：容量 100～5000m^3，常用于小型 LNG 生产装置、城镇气源气化站。

(4)大型储槽：容量 10000～40000m^3，常用于基本负荷型和调峰型液化装置。

(5)特大型储槽：容量 40000～200000m^3，常用于 LNG 接收站。

2)按围护结构的隔热方式分类

(1)真空粉末隔热：常见于中小型 LNG 储罐、LNG 槽车。

(2)正压堆积隔热：广泛用于大中型 LNG 储罐和储槽。

(3)高真空多层隔热：很少采用，仅限用于小型 LNG 储罐，如车载 LNG 钢瓶。

3)按储罐压力分类

(1)压力储罐：储存压力一般在 0.4MPa 以上。

(2)常压储罐：储存压力通常在几百帕以下，多用于大型、特大型储槽。

4)按储罐材料分类

(1)双金属罐：内罐和外壳均用金属材料，内罐采用耐低温的不锈钢或铝合金，外壳采用黑色金属，目前采用较多的是压力容器用钢。

(2)预应力混凝土储槽：有的大型储槽采用预应力混凝土外壳，内筒采用耐低温的金属材料。

(3)薄膜罐：内筒采用厚度为 0.8～1.2mm 的 36Ni 钢(又称殷钢)。

2. LNG 储罐(槽)结构

1)立式 LNG 储罐

储罐主要是圆筒形和球形储罐,圆筒形储罐有卧式和立式两种,在此仅介绍应用较多的立式储罐。考虑到 LNG 主要成分为液态甲烷,储罐内筒及管道材料一般采用 OCrl8Ni9 奥氏体不锈钢,外筒可用优质碳素钢 16MnR 压力容器用钢板。内、外筒间支承为玻璃钢与 OCrl8Ni9 钢板组合结构,以满足工作状态和运输状态强度及稳定性的要求。

容量为 100m³ 立式 LNG 储罐结构如图 6.15 所示。内筒封头采用标准椭圆形封头,外封头采用标准碟形封头。支脚采用截面形状为"工"字形钢结构,并把支脚最大径向尺寸控制在外筒直径以内,以方便运输。操作阀门、仪表均安装在外下封头上;所有从内筒引出的管子均采用套管形式的保冷管段与外下封头焊接连接结构,以保证满足管道隔热及对阀门管道的支承要求。隔热形式采用真空粉末(珠光砂)隔热,理论计算日蒸发率小于等于 0.27%。

(a)外形图

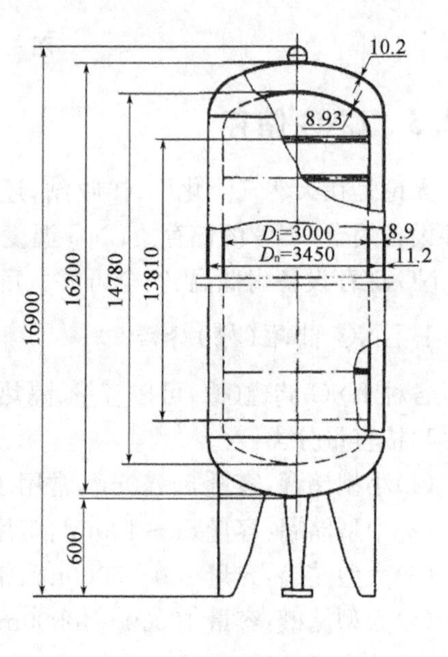

(b)结构示意图

图 6.15　100m³ 立式 LNG 储罐

2)立式 LNG 子母型储罐

立式 LNG 子母型储罐的典型结构如图 6.16 所示。子母型罐是由多个(三个以上)子罐并联组成的内罐,以满足低温液体储存站大容量储液量的要求。多个子罐并列组装在一个大型外罐(即母罐)之中。子罐通常为立式圆筒形,外罐为立式平底拱盖圆筒形。由于外罐形状尺寸过大等原因不耐外压而无法抽真空,外罐为常压罐。隔热方式为粉末(珠光砂)堆积隔热。

子罐通常由制造厂制造完工后抵现场吊装就位,外罐则加工成零部件运抵现场后,在现场组装。

单个子罐的几何容积通常在 100～150m³,最大可达 2550m³,单个子罐的容积不宜过大,过大会导致运输吊装困难。子罐的数量通常为 3～7 个,最多不超过 12 个,因此可以组建成 300～2000m³ 的大型储罐。

子罐最大工作压力可达 1.8MPa,通常为 0.2～1.0MPa,视用户使用压力要求而定。

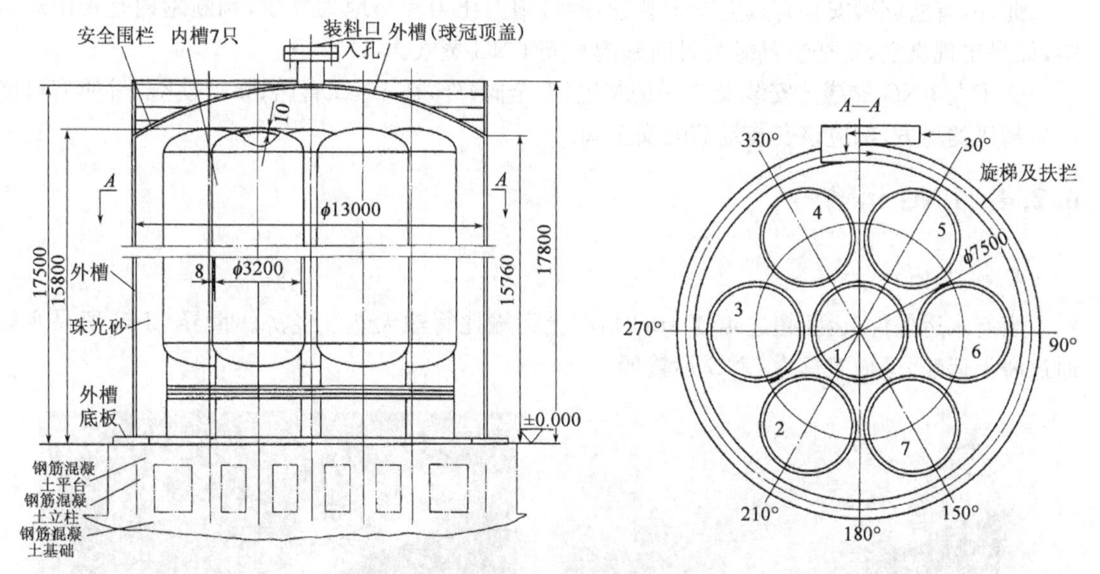

图 6.16　立式 LNG 子母型储罐示意图

子母型罐的优点在于可依靠储罐本身的压力对外排液，制造安装成本较低。不足之处在于不能采用真空隔热，设备的外形尺寸庞大。

3)全封闭围护系统 LNG 储槽

全封闭围护系统 LNG 储槽较多地应用于 LNG 接收站，容量最大的可达 20×10^4 m^3。图 6.17 是全封闭围护系统 LNG 储槽的结构简图。

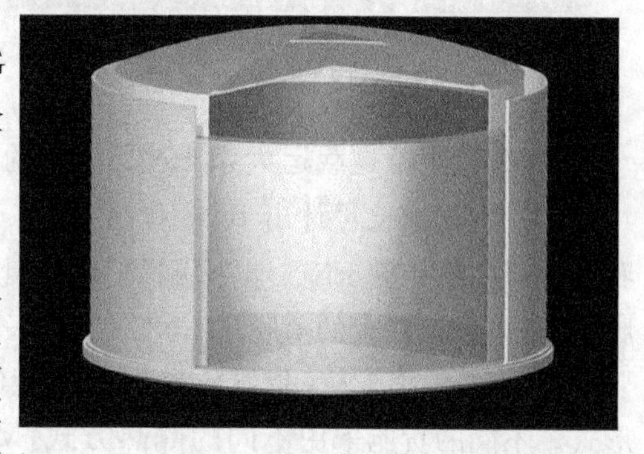

图 6.17　全封闭围护系统 LNG 储槽结构简图

3. LNG 储罐的安全运行

LNG 在储罐中储存可能产生的安全问题包括液相气化超压和液相分层产生的沸腾。针对超压的措施包括控制储罐充装容量、低温绝热、安全控制等；针对沸腾的措施包括充装不同液相 LNG 按照顺序充装、定期进行倒罐等。

液化天然气在储存期间，无论绝热效果如何，总要产生一定数量的蒸发气体(Boiled-off Gas，简称 BOG)，并伴随着液体的膨胀，储罐不允许充满，其最大充满度与设计工作压力有关。储罐充满度可通过储罐液位指示器来监控。

LNG 储罐的内部压力必须控制在允许范围内，压力过高或过低(出现负压)，对储罐都是潜在的危险。影响储罐压力的因素很多，如热量进入引起液体的蒸发，充装期间液体的快速闪蒸，错误操作，都可能引起罐内压力上升，如果以非常快的速度从储罐向外排液或抽气，则可能使罐内形成负压。

因此必须要有可靠的压力控制装置和保护装置来保障储罐的安全，使罐内的压力在允许范围内。在正常操作时，压力控制装置将储罐内过多的蒸发气体输送到供气管网、再液化系统或燃料供应系统。但在蒸发气体骤增或外部无法消耗这些蒸发气体的情况下，压力安全保护装置应能自动开启，将蒸发气体送到火炬燃烧或放空。因此 LNG 储罐的安全保护装置必须具备足够的排放能力。

此外，有些储罐安装有真空安全装置，测量罐内压力和当地大气压，判断罐内是否出现真空，如果出现真空，安全装置能及时向罐内补充 LNG 蒸气。

除了在 LNG 储罐上安装安全保护装置（安全阀）外，在 LNG 管路、泵、气化器等所有可能产生超压的地方，都应该安装足够的安全阀。

6.2.4 LNG 运输

1. 海上运输

当有水运条件、运距超过 4000km 时，海上运输比管输天然气经济。世界 LNG 贸易主要通过海上运输，运输工具为 LNG 运输船。

图 6.18 LNG 球形船

图 6.19 LNG 薄膜型船

LNG 运输船是载运大宗 LNG 货物的专用船舶，目前的标准载货量在 $13\times10^4\sim15\times10^4m^3$，一些国家已设计出 $16\times10^4m^3$、$20\times10^4m^3$，甚至 $30\times10^4m^3$ 的 LNG 船。2008 年 4 月我国生产的第一艘 LNG 船“大鹏昊”装载量为 $14.7\times10^4m^3$，货舱类型为 GT－NO. 96E－2 薄膜型，是世界上最大的薄膜型 LNG 船，船长 292m，宽 43.35m。

LNG 船根据 LNG 货舱分为 MOSS 型（球形舱）、GTT 型（薄膜舱）、SPB 型（棱形舱）三种形式。不同的货舱采用不同的隔热方式，MOSS 型 LNG 船球罐采用多层聚苯乙烯板隔热；GTT 型 LNG 船的围护系统是由双层船壳、主薄膜、次薄膜和低温隔热层组成；SPB 型 LNG 船的围护系统是由弹性连接隔热板组成。

LNG 运输状态为低温常压，温度为－162℃。LNG 船在运输过程中需要保证货舱的隔热性能，以降低 LNG 的气化率，减少 LNG 的损耗，液舱蒸发率应控制在一定范围内，一般日蒸发率小于等于 0.2%。

2. 陆上运输

LNG 陆上运输主要指槽车运输，采用槽车将 LNG 从接收站或天然气液化工厂通过公路、铁路运输到 LNG 气化站或供应站。公路运输受运输安全和运输经济性因素的影响，运输距离越长，不安全因素越多，运输成本越高。公路运输距离经济半径为 500km 左右，铁路运输距离经济半径为 1000km 左右。LNG 运输状态为低温常压，温度为－162℃。

LNG 槽车有半挂式运输槽车和集装箱式罐车两种形式，主要包括牵引车、槽车罐或罐式集装箱和半挂车。半挂式运输槽车罐的规格主要有 $30m^3$、$45m^3$、$50m^3$ 等，集装箱罐的规格主要有 $35m^3$、$40m^3$、$50m^3$ 等。图 6.20 为 LNG 半挂式运输槽车结构示意图。

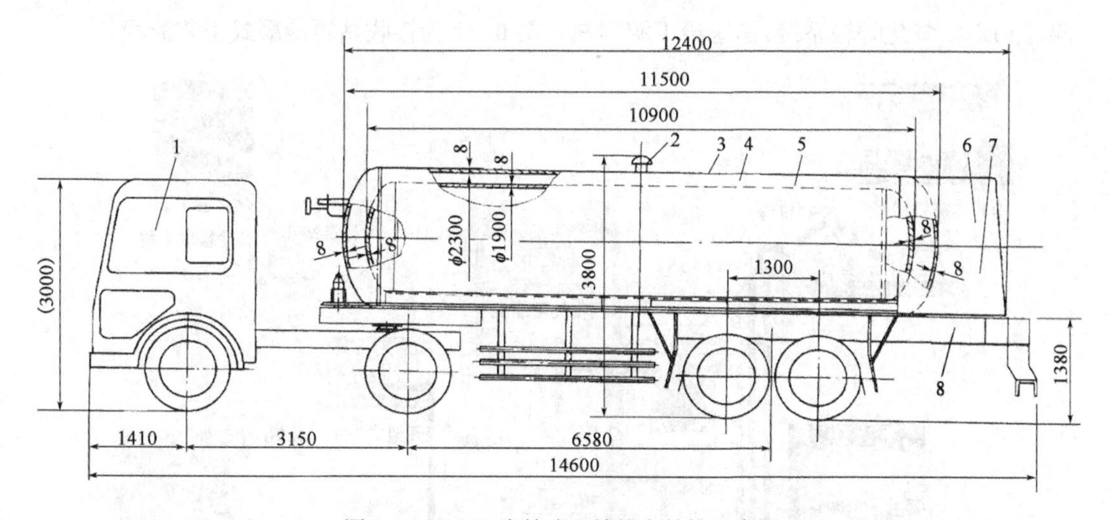

图 6.20　LNG 半挂式运输槽车结构示意图

1—牵引车；2—外筒安全装置；3—外筒(16MnR)；4—绝热层真空纤维；5—内筒(OCrl8Ni9)；6—操作箱；7—仪表、阀门、管路系统；8—THT9360 型分体式半挂车底架

LNG 槽车隔热形式主要有真空粉末隔热、真空纤维隔热、高真空多层隔热三种。真空粉末隔热具有真空度要求不高、工艺简单的特点，但罐体重量大。而高真空多层隔热与真空粉末隔热相比隔热效果好，装载容积大，但施工难度大，制造费用高，主要用于车载 LNG 钢瓶。真空纤维隔热形式介于真空粉末隔热和高真空多层隔热之间，广泛应用于槽车隔热。

LNG 槽车有自增压卸车和用泵卸车两种卸液方式。自增压卸车是利用增压器中气化的气相 LNG 返回槽车储罐增压，借助压差卸车。这种卸车方式简单，但卸车时间长，槽车储罐设计压力高，空载质量大，运输效率低。用泵卸车是采用配置在车上的离心式低温泵卸车。优点是流量大，卸车所需时间短；泵后压力高，可适应各种压力规格的储罐；泵前压力要求低，无需消耗大量液体增压，槽车罐体压力低，装备质量轻，运输效率高。缺点是整车造价高，结构较复杂，低温液体泵需要合理预冷和防止气蚀。

槽车工艺流程包括进排液系统、进排气系统、自增压系统、吹扫置换系统、仪表控制系统、紧急切断与气控系统、安全系统、抽空系统、测满分析取样系统。

6.2.5　LNG 接收

LNG 接收站是指接收海上运输 LNG 的终端设施，接收从基本负荷型天然气液化工厂用 LNG 船运来的液化天然气，储存和气化后分配给用户。主要包括专用码头、卸船装置(卸料臂)、LNG 输送管道、储槽、气化装置、气体计量和压力控制装置、蒸发气体回收装置、控制及安全保护系统、维修保养系统等，另外还常设有冷能利用系统。

LNG 接收站除了气化 LNG 供应区域管网用户，另外也提供 LNG 给管网达不到的中小城镇气化站、小区瓶组站等。

LNG 接收站的储槽容量很大，由于受传热等原因储槽中 LNG 会不断蒸发，过多的蒸发气需从储槽排出。根据对蒸发气的处理方式不同，LNG 接收站的工艺流程有直接输出式和再冷凝式两种。对于直接输出式流程，蒸发气(BOG)用压缩机增压后，送至稳定的下游用户，在卸船的工况下，会有大量蒸发气需要下游用户接收。对于再冷凝式流程，蒸发气经过压缩后，进入再冷凝器被由泵从储槽中输出的 LNG 直接冷却，被冷却液化的蒸发气与由泵输出的 LNG

一起，经 LNG 气化外输系统，输送给下游用户。图 6.21 为接收站再冷凝式工艺流程。

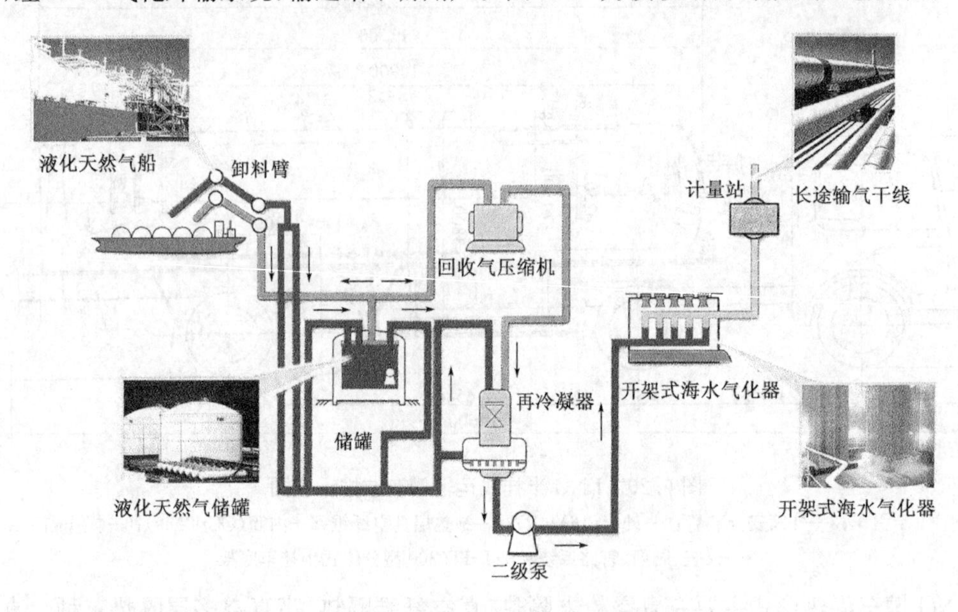

图 6.21 接收站再冷凝式工艺流程

1. LNG 卸船系统

卸船系统由卸料臂、卸船管线、蒸发气回流臂、LNG 取样器、蒸发气回流管线及 LNG 循环保冷管线组成。LNG 运输船靠泊在码头后，经码头上卸料臂将船上 LNG 输出管线与岸上卸船管线连接起来，由船上储罐内的输送泵(潜液泵)将 LNG 输送到接收站的储槽内。随着 LNG 不断输出，船上储罐内气相压力逐渐下降，为维持一定的压力值，将岸上储槽内一部分蒸发气加压后，经回流管线及回流臂送至船上储槽内。

LNG 卸船管线一般采用双母管。卸船时两根母管同时工作，各承担 50%的输送量。当一根母管出现故障时，另一根母管仍可工作，不致使卸船中断。在非卸船期间，双母管可使卸船管线构成一个循环，便于对母管进行循环保冷，使其保持低温，减少因管线漏热使 LNG 蒸发量增加。通常，由岸上储槽输送泵出口分出一部分 LNG 来冷却需保冷的管线，再经循环保冷管线返回罐内。每次卸船前还需用船上 LNG 对卸料臂等预冷，预冷完毕后再将卸船量增加至正常输送量。卸船管线上配有取样器，在每次卸船前取样并分析 LNG 的组成、密度及热值。码头卸料臂及管道平时需进行保冷，卸料前需进行预冷处理。

2. LNG 储存系统

LNG 储存系统由低温储槽、附属管线及控制仪表组成。低温储槽内的液体在储存过程中，由于外部少量热量的传入，会使一部分低温液体气化，储槽的日蒸发率约为 0.06%～0.08%。一般接收站至少应有 2 个等容积的储槽。

3. LNG 气化外输系统

LNG 需要通过换热器将其气化为气态天然气，通过管道输送到城镇用户。LNG 接收站的气化外输系统包括 LNG 输送泵、气化器及调压计量设施等。

用于气化液化天然气的换热器称为 LNG 气化器，按加热方式不同可分为空气加热型气化器、水加热型气化器、蒸汽加热型气化器、燃烧加热型气化器。

LNG 接收站储槽内 LNG 经潜液泵加压后部分作为冷媒进入蒸发气再冷凝器，使来自储槽顶部的蒸发气液化。根据用户要求，LNG 被外输泵加压至管网需要的压力。如经外输泵加压至 4.0MPa 后，进入水淋蒸发器中蒸发。水淋蒸发器在基本负荷下运行时，浸没燃烧式蒸发器作为备用，在水淋蒸发器维修时或在需要增加气化量调峰时开启浸没燃烧式蒸发器。

气化后的天然气(外输气)经调压计量后输往用户。为保证储槽内潜液泵、外输泵正常运行，泵出口均设有 LNG 循环管线。当外输量变化时，可利用循环管线调节 LNG 流量。在停止外输时，可使 LNG 在管线内循环，以保证泵处于低温状态。

LNG 气化规模根据所供应区域的用气量来确定。LNG 接收站相当于下游区域管网的气源，应能调节下游用户的季节负荷和日负荷，因此气化能力按照用户最大日用气量来确定。

LNG 接收站除将 LNG 气化外输外，还可通过灌装系统将 LNG 装至槽车，外运至 LNG 用户。

6.2.6 LNG 气化

LNG 气化站通常指具有接收 LNG、储存并气化外输功能的场站，主要作为输气管线达不到或采用长输管线不经济的中小型城镇的气源，另外也可作为城镇的调峰应急气源。

LNG 气化站距接收站或天然气液化工厂的经济运输距离宜在 1000km 以内，可采用公路运输或铁路运输。与天然气管道长距离输送、高压储罐储存等相比 LNG 气化站采用槽车运输、LNG 储罐储存，具有运输灵活、储存效率高、建设投资小、建设周期短、见效快等优点。

我国自 2000 年开始，随着国内天然气液化工厂和接收站的建成，大量利用 LNG 作为气源的 LNG 气化站也发展起来，已建成 LNG 气化站 200 多座，每座年处理规模大多为 3×10^4t 或 4×10^4t，甚至多达 20×10^4t。

1.大型 LNG 气化站

1)气化站工艺流程

LNG 气化站主要工艺流程如图 6.22 所示。LNG 由低温槽车运至气化站，在卸车台利用增压器对槽车储罐加压，将 LNG 送入气化站储罐储存。气化时通过储罐增压器将 LNG 增压，或利用低温泵加压，将 LNG 输至气化器气化为气态天然气，经调压、计量、加臭后进入供气管网。

气化器通常采用两组空温式气化器，相互切换使用，当一组使用时间过长，气化器结霜严重，导致气化器气化效率降低，出口温度达不到要求时，则切换到另一组使用。在夏季，经空温式气化器气化后天然气温度可达 15℃左右，可以直接进入管网；在冬季或雨季，由于环境温度或湿度的影响，气化器气化效率降低，气化后的天然气温度达不到要求时，可启用水浴式气化器气化。

气化站内设有 BOG 储罐，LNG 储罐顶部的蒸发气经过 BOG 加热器加热后进入 BOG 储罐；卸车完毕后，LNG 槽车内的气体通过顶部的气相管被输送到 BOG 加热器加热，然后进入 BOG 储罐。当 BOG 储罐内的压力达到一定值后，将储罐内的气体并入中压供气管网。

LNG 储罐设计温度－196℃，LNG 气化器后设计温度一般不低于环境温度 8～10℃。LNG 储罐设计压力根据系统中储罐的配置形式、液化天然气组分及工艺流程确定。当采用储罐等压气化时，气化器设计压力为储罐设计压力；采用加压强制气化时，气化器设计压力为低温加压泵出口压力。

2)气化站工艺设备

LNG 气化站工艺设备主要有储罐、气化器、调压计量装置、低温泵等。

(1)储罐。为保证不间断供气,特别是在用气高峰季节也能保证正常供应,气化站中应储存一定数量的液化天然气。储存天数主要取决于气源情况(气源厂个数、气源厂检修周期和时间、气源厂的远近等)和运输方式。

(2)气化器。LNG 气化器根据热源的不同,可分为空温式气化器和水浴式气化器两种类型。图 6.23 是 LNG 空温式气化器结构示意图,如图 6.24 所示是 LNG 水浴式气化器结构示意图。

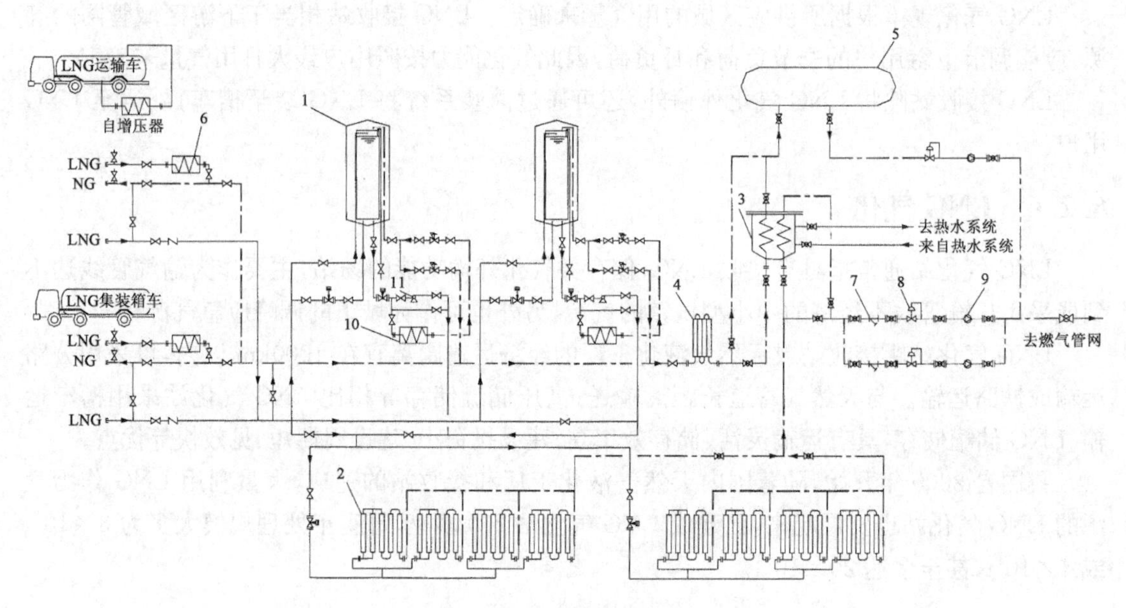

图 6.22 LNG 气化站工艺流程

1—LNG 储罐;2—空温式气化器;3—水浴式气化器;4—BOG 加热器;5—BOG 储罐;6—槽车增压器;7—过滤器;8—调压器;9—流量计;10—储罐增压器

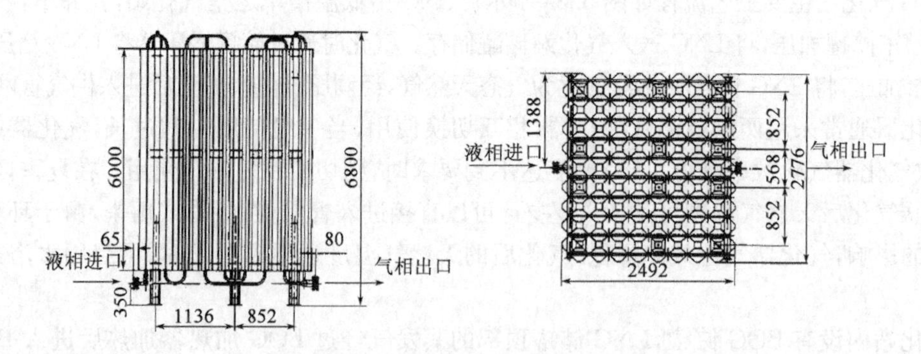

图 6.23 LNG 空温式气化器结构示意图

气化站气化能力按高峰小时计算流量确定,分两组设置,相互切换使用。

(3)低温泵。LNG 低温泵主要用于加压强制气化系统及灌装钢瓶,可在罐区外露天布置或设置在罐区防护墙内。LNG 低温泵常采用离心泵,根据最大流量及所需压力选型。

3)LNG 气化站安全控制

由于 LNG 易燃易爆的特性,站内需配备监控及消防系统。

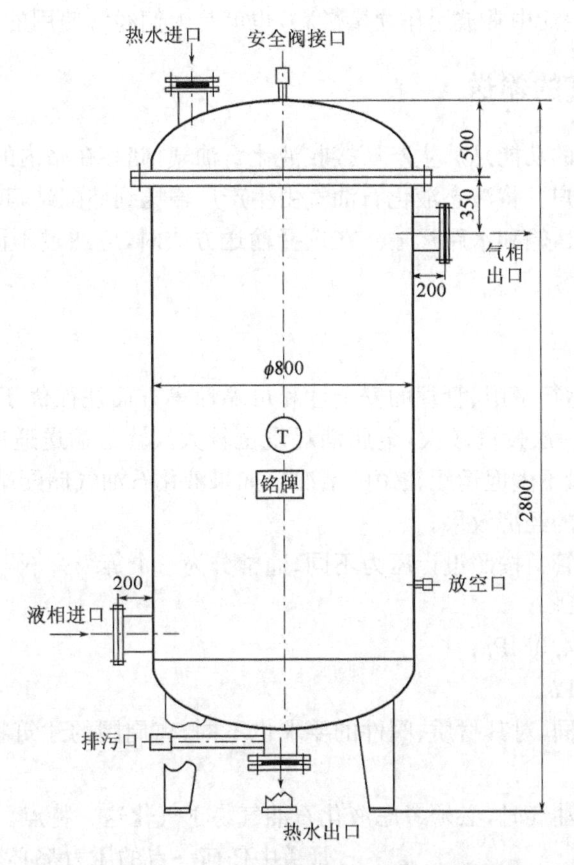

图 6.24　LNG 水浴式气化器结构示意图

气化站安全报警系统需设置储罐高低液位报警、储罐超压及真空报警、低温报警、可燃气体检测报警、火焰检测报警等。

LNG 气化站应按现行国家规范《建筑设计防火规范》(GB 50016—2014)和《城镇燃气设计规范》(GB 50028—2006)的要求，设置必要的消防系统。

2. LNG 撬装气化站

LNG 撬装气化站是将小型 LNG 气化站的工艺设备、阀门、零部件以及现场一次仪表集装在撬体上。根据储罐大小、现场地形不同，撬装站可分成卸车撬、储罐撬、增压撬、气化撬，或者分成卸车撬和储罐增压气化撬。

LNG 撬装气化站工艺简单、运输安装方便，占地面积小，适用于城镇独立居民小区、中小型工业用户和大中型商业用户供气。

LNG 槽车运来 LNG，通过卸车柱卸入储罐储存，用气时，通过增压器使储罐中的 LNG 进入气化器气化，再经过调压、计量、加臭后进入供气管道。

6.3　液化石油气供应

液化石油气 (Liquefied Petroleum Gas，简称 LPG)是丙烷和丁烷的混合物，通常伴有少量的丙烯和丁烯，是在提炼原油时生产出来的，或从石油或天然气开采过程中挥发出的气体。

LPG 在适当的压力下以液态储存在储罐容器中，主要应用于汽车、城市燃气、有色金属冶炼和金属切割等行业，生活中常被用作炊事燃料，也就是人们经常使用的液化气。

6.3.1 液化石油气的输送

液化石油气储配站的功能是从生产厂接收液化石油气，储存在站内的固定储罐中，并通过各种方式转售给不同用户。将液态液化石油气由生产厂输送到储配站，其输送方式可分为：管道输送、铁路运输、公路运输和水路运输。在选择输送方式时，应通过不同方案的技术经济比较来确定。

1. 管道输送

管道输送在投资、运行费用、管理的安全性和可靠性等方面往往优于其他方案，它的不足之处是无法分期建设，一次投资较大，金属消耗量也较大。管道输送适用于运输量较大的情况，也适用于虽然运输量不大但运距较短的情况。如果液化石油气储配站修建在生产厂附近，采用管道输送将有明显的经济效果。

输送液化石油气的管道按照设计压力不同，通常分为三个等级：

(1) Ⅰ级：$p>4.0$MPa；

(2) Ⅱ级：$1.6<p\leqslant 4.0$MPa；

(3) Ⅲ级：$p\leqslant 1.6$MPa。

管道的压力级别不同，对其材质、阀件的要求也不同，离周围的建筑物安全距离及验收要求也不同。

用管道输送液化石油气时，必须考虑液化石油气易于气化这一特点。在输送过程中，要求管道中任何一点的压力都必须高于管道中液化石油气所处温度下的饱和蒸气压，否则液化石油气在管道中会气化形成“气塞”，将极大地降低管道的通过能力。

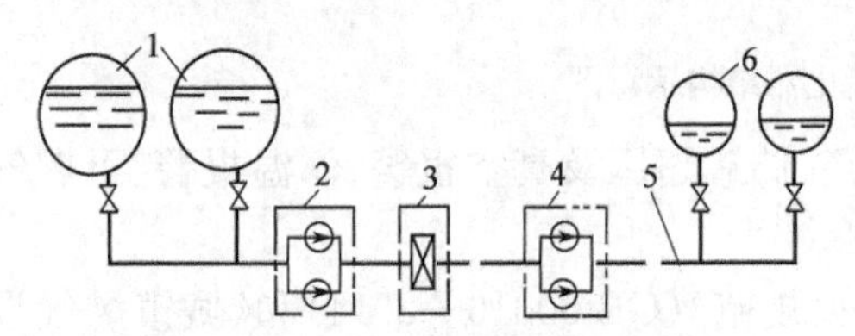

图 6.25　液化石油气管道运输系统

1—起点站储罐；2—起点泵站；3—计量站；4—中间泵站；5—管道；6—终点站储罐

液化石油气管道输送系统，是由起点站储罐、起点泵站、计量站、中间泵站、管道及终点站储罐所组成，如图 6.25 所示。

用泵由起点站储罐抽出液化石油气(为保证连续工作，泵站内应不少于两台泵)，经计量后，送到管道中，再经中间泵站将液化石油气压送入终点站储罐。如输送距离较短，可不设中间泵站。

2. 铁路运输

铁路运输主要是采用专门的铁路槽车运输，铁路运输与公路运输比较，运输能力较大，运费较低，它与管道输送相比较为灵活。但铁路运输的运行及调度管理都比管道输送和公路运输复杂，并受铁路接轨和铁路专用线建设等条件的限制。铁路运输适用于运距较远，运输量较大的情况。

铁路槽车(图 6.26)，通常是将圆筒形卧式储罐安放在火车底盘上，在罐体上部有人孔。铁路槽车采用“上装上卸”的装卸方式，全部附属设备均设置在人孔盖上。附属设备包括供装卸用的液相管和气相管、液面指示计(特别是控制最高液位的装置)、紧急切断装置、压力表、温度计等。

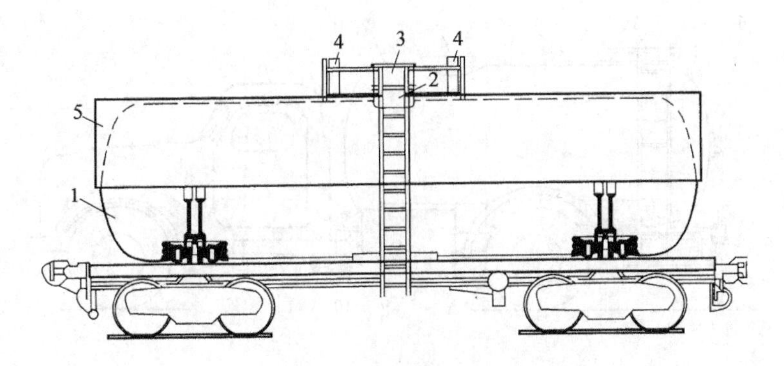

图 6.26 铁路槽车的构造

1—圆筒形储罐;2—人孔;3—附属设备;4—安全阀;5—遮阳罩

人孔上设置保护罩,人孔左右各设一个弹簧式安全阀。

为减少太阳光对槽车的直接照射,在罐体上部装设遮阳罩,有的槽车还设有隔热层,既防日晒,也防火灾的影响。

槽车上还设有操作平台和罐内外直梯。有的槽车罐底设有蒸气夹套,防止罐内水分冻结。为了便于槽车的装卸,使装卸车软管易于连接,槽车通常设置两个液相管和两个气相管。槽车一般均不设排污管。

在新型铁路槽车的设计中,采用高强度的材料减轻了铁路槽车的自重,提高了槽车的运输能力。

3.公路运输

公路运输包括汽车槽车运输、活动储罐的汽车运输和钢瓶的汽车运输。在此,仅介绍其主要方式——汽车槽车运输。与铁路槽车运输相比,汽车槽车运输能力较小,运费较高,但灵活性较大。它适用于运输量较小,运距较近的情况。同时汽车槽车也可作为以管道或铁路运输方式为主的液化石油气储配站的辅助运输工具。

1)汽车槽车的种类

汽车槽车根据其用途可分为运输槽车和分配槽车两种。

(1)运输槽车可作为运距不大的储配站的主要运输工具,或作为大型储配站的补充运输工具。运输槽车一般不设卸车泵。小型运输槽车的罐容通常小于10t。大型运输槽车比铁路槽车有较大的灵活性,可直接供应大型用户以减少倒运工序。

(2)分配槽车适用于直接供应有单独储罐的用户。分配槽车的罐容通常为2~5t,车上装有卸车泵。

2)汽车槽车的构造

汽车槽车(图6.27)是将卧式圆筒形储罐,固定在汽车底盘上,罐体上有人孔、安全阀、液面指示计、梯子和平台,罐体内部装有防波隔板。汽车上安装供卸车用的烃泵,烃泵的轴经传动机构与汽车发动机的主轴相连接,烃泵由汽车发动机带动。

压力表、温度计以及液相管和气相管的阀门设在阀门箱里,在液相管和气相管的出口,应安装过流阀和紧急切断阀。

为防止碰撞,在汽车槽车后部的车架上,装有与储罐不相连的缓冲装置。槽车防静电用的接地链,其上端与储罐和管道连接,下端自由下垂与地面接触。

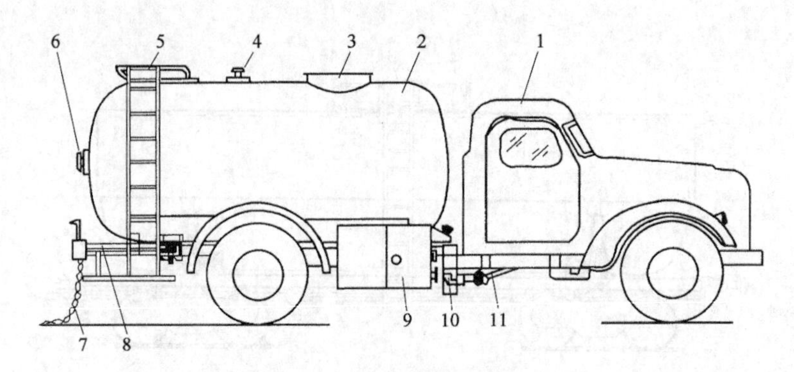

图 6.27　汽车槽车的构造

1—驾驶室；2—罐体；3—人孔；4—安全阀；5—梯子和平台；6—液面指示计；

7—接地链；8—汽车底盘；9—阀门箱；10—烃泵；11—烃泵的传动机构

汽车槽车装卸阀门的设置有两种方式，一种为侧面装卸式(图 6.28)，另一种为后部装卸式(图 6.29)。图 6.30 为侧面装卸式汽车槽车的管路系统图。

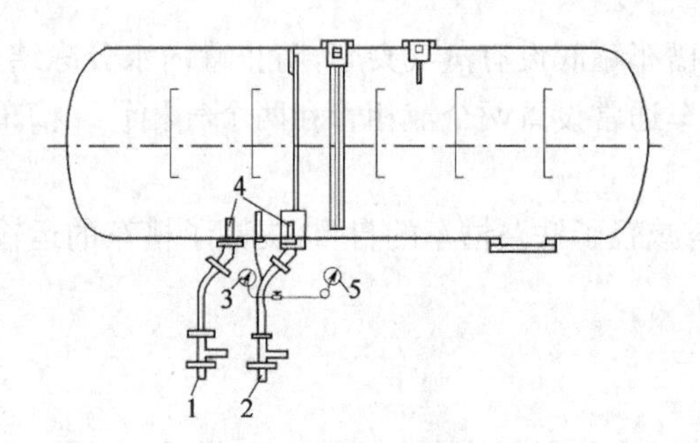

图 6.28　侧面装卸式汽车槽车

1—液相管；2—气相管；3—温度计；

4—紧急切断阀；5—压力表

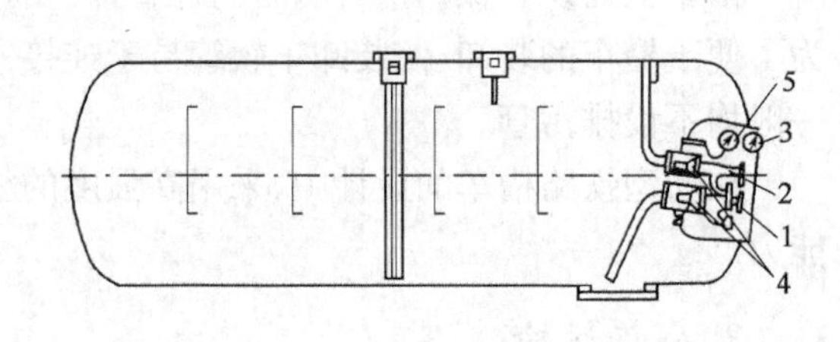

图 6.29　后部装卸式汽车槽车

1—液相管；2—气相管；3—温度计；

4—紧急切断阀；5—压力表

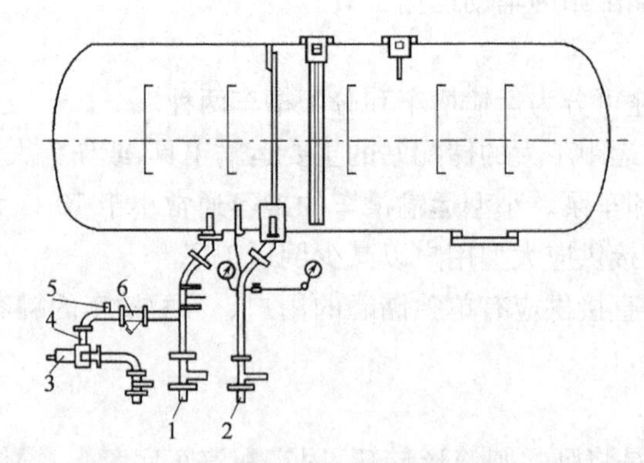

图 6.30　侧面装卸式汽车槽车的管路系统

1—液相管；2—气相管；3—烃泵；4—弹性管；5—安全阀；6—过滤器

4. 水路运输

水路运输采用设有储罐的船舶(槽船)，从水路运输液化石油气。它是一种运量大、成本低的液化石油气运输方式，槽船上的液化石油气可以常温储存，也可以降温储存。

水上运输分为海运与河运，海运被广泛用于国际液化石油气贸易中，用于海运的液化石油气槽船容量可达数万吨级，用于河运的液化石油气槽船一般容量较小，为数百吨到数千吨级。发展内河液化石油气水运或近海液化石油气海运，可降低液化石油气运输成本。

6.3.2 液化石油气储罐的规格及阀件

1. 常用储罐主要技术规格

目前国内普遍采用固定储罐储存大量液化石油气，它具有结构简单、建造方便、类型多、便于选择、可分期分批建造等优点。

在储存容量较小时，多采用圆筒形常温压力储罐。储存容量较大时，多采用球形常温压力储罐，也可采用低温压力式或低温常压式储罐。液化石油气储罐绝大多数都建在地面上，也有的建在地下或半地下。

常用液化石油气球形储罐的主要技术规格见表 6.1。

表 6.1 球形储罐主要技术规格

序号	1	2	3	4	5	6	7	8	9	10
公称容积，m^3	50	120	200	400	650	1000	2000	3000	4000	5000
内径，mm	4600	6100	7100	9200	10700	12300	15700	18000	20000	21200
几何容积，m^3	52	119	188	408	640	975	2025	3045	4189	4989

注：本系列设计压力按压力容器安全技术监察规程（法规）确定。

2. 储罐的接管和阀件配置

圆筒形储罐的连接管及其阀件的配置如图 6.31 所示，球形储罐的连接管及其阀件的配置如图 6.32 所示。储罐上均设有液化石油气气相进出管和液相进出管、液相回流管和排污管等。液相回流管与烃泵出口管上的安全回流阀相接；排污管设在储罐的最低点，以排除储罐内的水分和污物。储罐还必须有降温用的喷淋水装置和消防用的喷水设备。

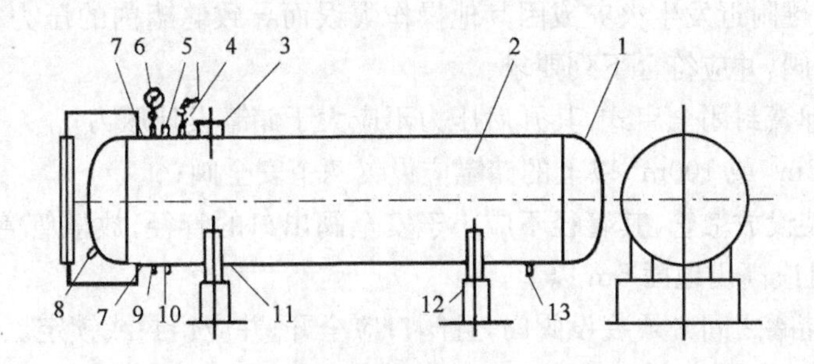

图 6.31 圆筒形储罐连接管及阀件的配置

1—筒体；2—人孔；3—安全阀；4—液相回流接管；5—压力表；6—液面指示计；7—温度计接管；8—气相进出口接管；9—液相进、出口接管；10—鞍式支座；11—非燃烧体刚性基础；12—排污管

3. 储罐的附件

为了保证储罐的正常、安全运行，储罐上设有必要的附件。除了需要安装压力表、温度计外，还需要设置液面指示计、安全阀、安全回流阀、过流阀、紧急切断阀及防冻排污阀等。配置的阀门及附件的公称压力（等级）应高于液化石油气系统的设计压力。

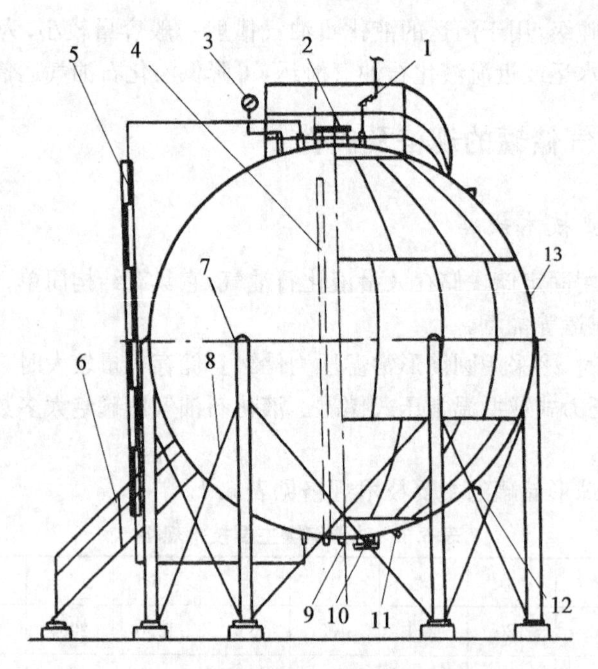

图 6.32 球形储罐的连接管及其阀件配置

1—安全阀；2—人孔；3—压力表；4—气相进出口接管；5—液面指示计；6—盘梯；7—赤道正切式支柱；8—拉杆；9—排污管；10—液相进、出口接管；11—温度计接管；12—二次液面指示计接管；13—壳体

1)液面指示计

液面指示计是用直接或间接的方法测定储罐内液相液化石油气液面位置的设备。常用的液面指示计有以下几种：直观式(包括玻璃板式、固定管式、转动或滑动管式)、浮子式及压力式等。对于储配站的固定储罐，宜选用能直接观察全液位的玻璃板式液位计。对于容积 $100m^3$ 和 $100m^3$ 以上的储罐，还应设置远传显示的液位计，且宜设置液位上、下限报警装置。

2)安全阀

为防止由于储罐附近发生火灾或因其他操作失误而导致储罐内的压力突然升高，在储罐顶部必须设置安全阀，并应符合下列要求：

(1)必须选用弹簧封闭全启式，其开启压力不应大于储罐设计压力；

(2)容积为 $100m^3$ 或 $100m^3$ 以上的储罐应设置两个安全阀；

(3)安全阀应装设放散管，其管径不应小于安全阀出口的管径，放散管管口应高出储罐操作平台 2m 以上，且应高出地面 5m 以上；

(4)安全阀与储罐之间必须装设阀门，且阀口应全开，并应铅封或锁定。

3)安全回流阀

在用烃泵灌装液化石油气钢瓶的系统中，由于灌瓶数量经常波动，特别是当突然短时间停止灌瓶时，会由于压力升高引起泵体和管道系统的振动或其他事故。因此，在烃泵的出口管段上应设置安全回流阀，当压力过高时，阀门自动开启，使一部分液化石油气回流到储罐。

4)紧急切断阀和过流阀

紧急切断阀及过流阀通常串联在一起，设置在储罐的液相及气相出口。当管道或附件发生断裂有大量液化石油气泄出，其出口的速度达到正常速度的 1.5～2.0 倍时，能自动关断的阀门称为过流阀(又称快速阀)，它是一种防护装置，当事故排除后该阀门可以自动打开。紧急切断阀是当发生事故时,为防止大量液化石油气泄出而设置的一种能快速关闭的阀门。紧急切断阀和过流阀一起可以更加可靠地防止大量液化石油气泄出。

在北方地区储罐的排污管处还应采取防止排污阀冻结的措施。

6.3.3 液化石油气供应

1. 液化石油气气化

1)自然气化

液态液化石油气依靠本身的显热和吸收外界环境的热量而进行的气化,称为自然气化,如图 6.33 所示。自然气化方式多用于居民用户、用气量不大的商业用户及小型工业用户的液化石油气供应系统中。

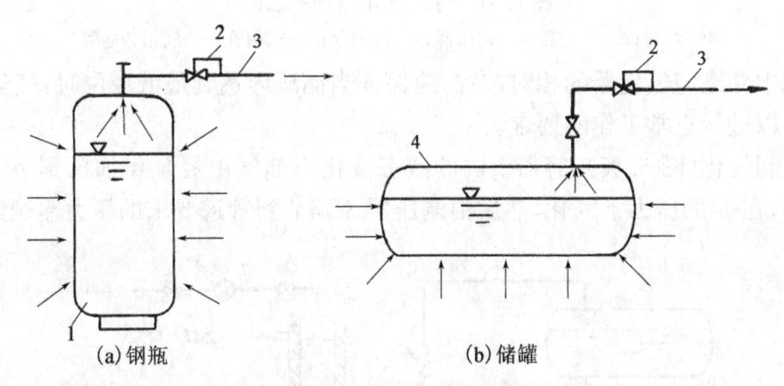

图 6.33　自然气化示意图

1—钢瓶;2—调压器;3—气相管道;4—储罐

2)强制气化

强制气化就是人为地加热液态液化石油气使其气化的方法。气化是在专门的气化装置(气化器)中进行的。

在实际工程中,当液化石油气用量较大采用自然气化很不经济或生产工艺要求液化石油气热值稳定时,多采用强制气化。

(1)强制气化的特点:

①对多组分的液化石油气,如采用液相导出强制气化,则气化后的气体组分始终与原料液化石油气的组分相同。因而可向用气单位供应组分、热值稳定的气态液化石油气。

②与自然气化不同,强制气化在不大的气化装置中可以气化大量的液态液化石油气,由气化器的出口满足大量用气的需要,气化量不受容器个数、湿表面积大小和外部气候条件等限制,不需要从保证安全可靠供气的角度确定容器的个数及总容积。

③液化石油气气化后,如仍保持气化时的压力进行输送,则可能出现再液化问题。为防止再液化必须使已气化了的气体尽快降到适当压力,或者继续加热提高温度,使气体处于过热状态后再输送。

(2)强制气化的工艺流程:

在强制气化系统中,液化石油气从容器中进入气化器的方式有下列三种:依靠容器自身的压力(等压强制气化);利用烃泵使液态液化石油气加压到高于容器内的蒸气压后送入气化器,使其在加压后的压力下气化(加压强制气化);液态液化石油气依靠自身压力从容器进入气化器前先进行减压(减压强制气化)。

①等压强制气化(图6.34),容器1内的液态液化石油气,依靠自身压力进入气化器2,进入气化器的液体从热媒获得气化所需热量,气化后压力为p的气体经调压器3调节到管道要求的压力输送给用户。低峰负荷时,采用自然气化供气。

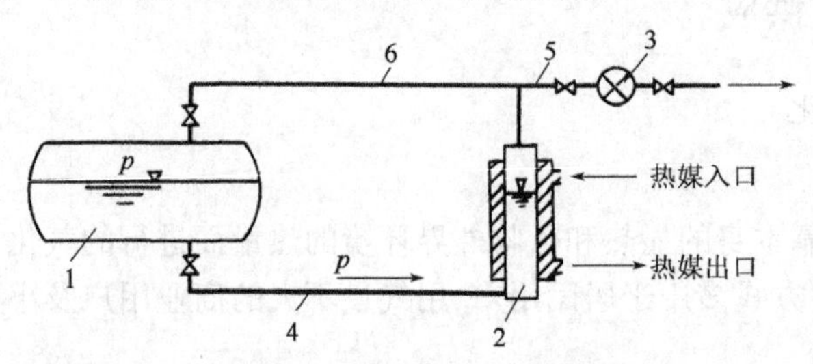

图6.34 等压气化原理示意图

1—容器;2—气化器;3—调压器;4—液相管;5—气相管;6—气相旁通管

在该系统中储罐与气化器的相对位置,应保证当储罐内达到最低液位时,气化器内的液位高度满足其可以进行正常工作的要求。

②加压强制气化(图6.35),容器1内的液态液化石油气由烃泵4加压到p',送入气化器2,在气化器内,在p'的压力下气化,然后由调压器3调节到管道要求的压力输送给用户。

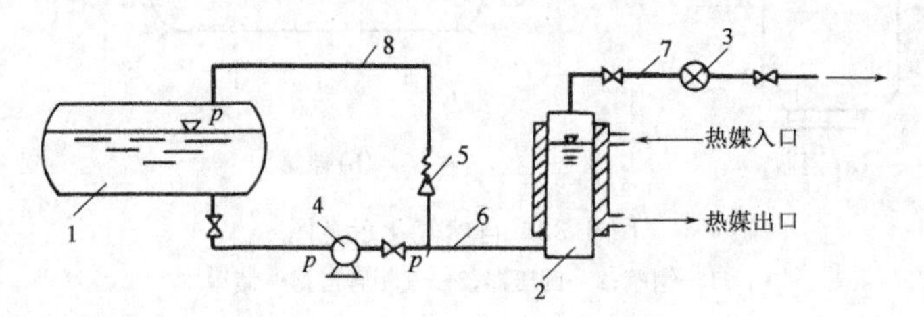

图6.35 加压气化原理示意图

1—容器;2—气化器;3—调压器;4—泵;5—过流阀;6—液相管;7—气相管;8—旁通回流管

气化器具有负荷自适应特性:当用气量减少时,气化器内液化石油气气相压力升高,在达到以至超过液相进入压力时,将阻止液相继续进入并将液相推回进液管,回流阀自动开启,液相液化石油气回流到容器1中,从而使气化器中液相传热面积减少,气化量减少。当用气量增大时,则发生相反的过程。该特性是气化器对于负荷变动相应自动调整产气量的一种适应特性。

③减压强制气化(图6.36),液体在进入气化器前先通过减压阀4减压,再在气化器内气化。在这种气化方式中,当导出气体减少或停止时,气化器内压力升高,则通过回流阀5将液体导回容器,通过减少传热面积而降低气化速度。

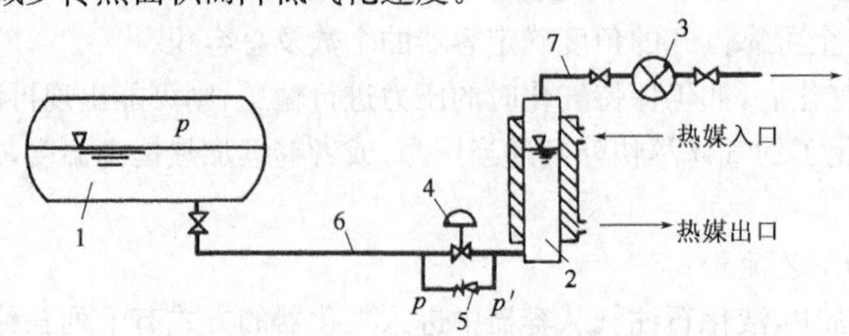

图6.36 减压加热气化原理示意图

1—容器(储罐);2—气化器;3—调压器;4—减压阀;5—回流阀;6—液相管;7—气相管

2.液化石油气的管道供应

液化石油气的供应方式主要有瓶装供应和将液化石油气气化后管道供应两类。

瓶装供应资金投入少,建设过程短,简便灵活,适宜于临时用户或边远散户的用气。但瓶装供应方式有较大的局限性,如在供应过程中存在灌装、换气、装卸和运输等多个环节,对气瓶和附件需进行定期的检修和校验,难以满足商业用户及工业用户的大量用气需求等。

液化石油气管道供应作为城镇燃气或小区气源,除了向家庭用户正常供应生活用气外,还可满足冬季采暖的需要。液化石油气管道供应还可作为城镇燃气的调峰气源及备用气源。

根据供气规模的大小、输气距离的远近、环境温度的高低,确定液化石油气管道供应的气化站是采用自然气化还是强制气化,是低压输送还是中压输送。

1)自然气化的管道供应

对于供气量不大的系统,多采用自然气化,可以减少投资,降低运行费用。这种系统通常采用 50kg 钢瓶,布置成两组,一组是使用部分,称为使用侧,另一组是待用部分,称为待用侧。钢瓶具有储气和为自然气化换热两种功能。根据高峰负荷的需要和自然气化的过程及能力可以确定出钢瓶的数量。

当输气距离很短,管道阻力损失较小时,气化站通常采用高低压调压器,采用低压管道供气,如图 6.37 所示。当输气距离较长(超过 200m 以上),采用低压供气不经济时,气化站设置高中压调压器或自动切换调压器,采用中压管道供气,在用户处再进行二次调压。设置自动切换调压器的系统如图 6.38 所示。

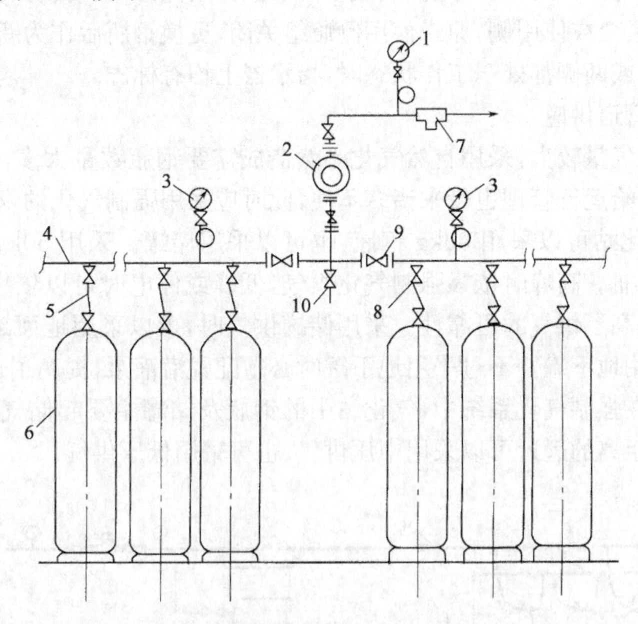

图 6.37 设置高低压调压器的系统

1—低压压力表;2—高低压调压器;3—高压压力表;4—集气管;5—高压软管;6—钢瓶;7—备用供给口;8—阀门;9—切换阀;10—泄液阀

自动切换调压器主要由转动把手、凸轮装置、压力指示器和两个高中压调压器构成。开始工作时,首先扳动转换把手,通过凸轮的作用使一个调压器的膜上弹簧压紧,这个调压器即为使用侧调压器,另一个调压器则为待用侧调压器。由于弹簧压紧程度不同,两个调压器的关闭压力也就不同。当使用侧调压器工作时,其出口压力大于待用侧调压器关闭压力,待用侧钢瓶

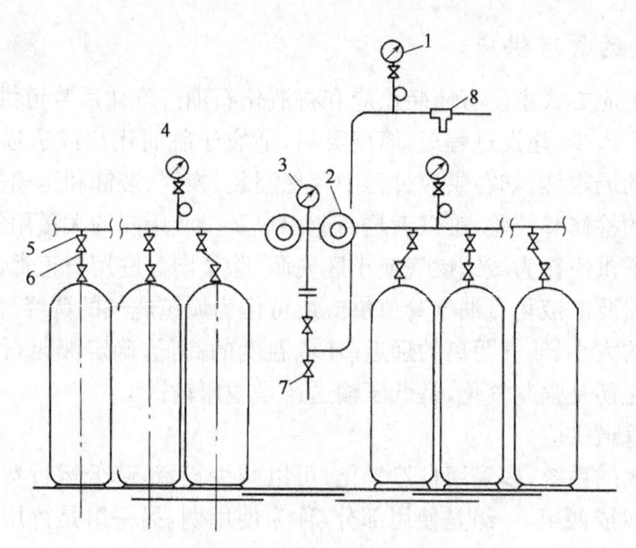

图 6.38　设置自动切换调压器的系统

1—中压压力表；2—自动切换调压器；3—压力指示器；4—高压压力表；5—阀门；
6—高压软管；7—泄液阀；8—备用供给口

不能供给气体，只有使用侧钢瓶供气。随着液量的减少，液温降低及成分的变化，调压器入口压力降低，出口压力也相应下降，当降到低于待用侧调压器关闭压力时，待用侧调压器也开始工作（此时是两侧同时工作）。当使用侧钢瓶组内的液体用完时，扳动转换把手，原来待用侧调压器膜上弹簧被压紧变成使用侧，原来使用侧瓶组关闭，更换钢瓶后作为新的待用侧。

使用侧、待用侧或两侧都处于工作状态时，指示器上均有标志。

2)强制气化的管道供应

当用户较多、用气量较大，采用自然气化必然造成需要钢瓶数量太多，使气化站占地面积太大而不经济，同时给运行管理也带来诸多不便，此时应采用强制气化的供应系统（图 6.39）。

强制气化的气化站可以采用 50kg 钢瓶，也可以采用储罐。采用 50kg 钢瓶时，可以采用气、液两相引出的钢瓶。高峰时依靠强制气化供气，低峰或停电时可以依靠自然气化供气，既可以节省电能，又提高了供气的可靠性。采用储罐供气时，可以采用地面罐，当安全距离不能满足要求时也可采用地下罐。不过采用地下罐时必须配置潜液泵，提高了造价和初装费，也增加了维护的难度。在强制气化系统中，气化站中的钢瓶及储罐主要起储气作用。强制气化的供气系统根据输送距离的远近可以采用中压供气，也可采用低压供气。

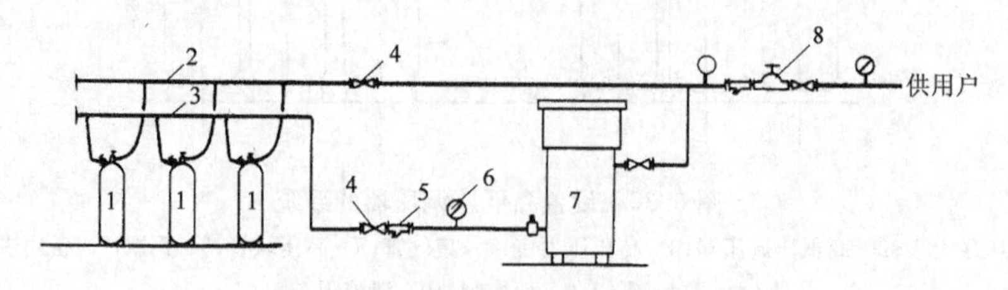

图 6.39　强制气化的瓶组供应站系统图

1—气、液两相出口钢瓶组；2—气相管；3—液相管；4—阀门；5—过滤器；6—压力表；7—气化器；8—调压器

3.液化石油气混空气的管道供应

在远离燃气输配管网或天然气输气干线的地区，液化石油气与空气混合可以作为中小城

市气源。目前,随着我国天然气工业的发展,长输管网趋于网络化,使得有些地区应用天然气成为可能,在天然气到来之前,液化石油气混空气可以作为城市的过渡气源,天然气到来之后,已建成的混气系统仍可作为调峰气源、应急气源或备用气源。

液化石油气和空气混合作为中、小城市气源与人工煤气相比具有投资少、运行成本低、建设周期短、规模弹性大的优点。与气态液化石油气相比,由于露点降低,在寒冷地区可以保证全年正常供气。

采用液化石油气混空气作为主气源时,必须注意的是混合比例应严格控制在安全范围内,混合气中液化石油气的体积分数必须高于其在空气中爆炸极限上限的两倍。

6.4 天然气加气站简介

6.4.1 CNG 加气站

1. CNG 汽车加气站的分类

CNG 汽车加气站根据气源来气方式的不同等因素一般可以分为加气母站、加气子站和标准站。

1)加气母站

加气母站是指通过气瓶转运车向汽车加气子站或压缩天然气储配站供应压缩天然气的加气站。此外,母站还可根据需要与 CNG 汽车加气站合建,具有直接给天然气汽车加气的功能。进入加气母站的天然气一般来自天然气长输管线或城镇燃气主干管道,因此母站多选择建设在长输管线、城镇燃气干线附近或与城市门站合建。

压缩天然气加气母站一般由天然气管道、调压、计量、压缩、脱水、储存、加气等主要生产工艺系统及控制系统构成。

2)加气子站

加气子站是指利用气瓶转运车从母站运输来的压缩天然气为天然气汽车进行加气作业的加气站。当存在以下客观情况时,常采用加气子站:

(1)站址远离城镇燃气管网;

(2)燃气管网压力较低,中压 B 级及以下不具备接气条件;

(3)建设加气站对燃气管网的供气工况将产生较大影响。

通常一座加气母站根据规模可供应几座加气子站。

3)标准站

标准站是指由城镇燃气主干管道直接供气为天然气汽车进行加气作业的加气站。此类加气站适用于距压力较高的城镇燃气管网较近、进站天然气压力不低于中压 A 级、气量充足的情况。

2. CNG 加气母站

加气母站将来自城镇高、中压燃气管道的天然气,首先进行过滤、计量、调压,经缓冲罐进入压缩机将压力提高至 20～25MPa,然后进入高压脱水装置,脱除天然气中多余的水分。经过处理的压缩天然气在压力、质量等条件满足加气要求时,通过顺序控制盘完成储气或加气作业,其工艺流程如图 6.40 所示。

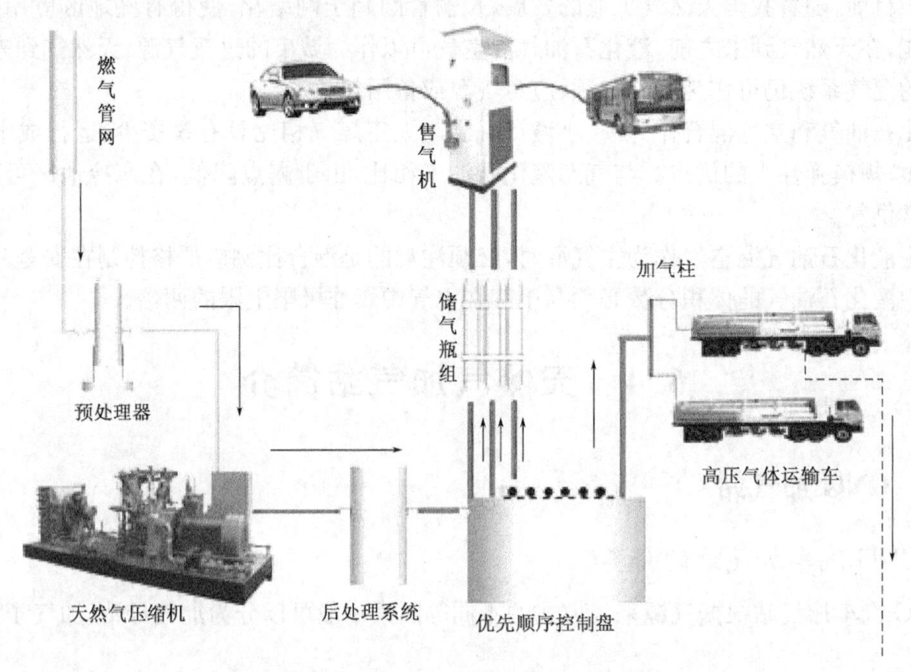

图 6.40　CNG 汽车加气母站工艺流程图

一般加气母站在顺序控制盘的控制下可完成以下三种作业：

(1)通过加气柱为气瓶转运车的高压储气瓶组加气。

(2)将压缩天然气充入站内储气瓶组(或储气井)。为便于运行操作，降低压缩费用，储气瓶组(或储气井)一般按起充压力分为高、中、低三组，充气时按照先高后低的原则对三组气瓶分别充气。

(3)为天然气汽车加气。有两种方式：一是直接经压缩机为天然气汽车加气；二是利用储气瓶组(或储气井)内的压缩天然气为天然气汽车加气。

若加气母站仅作为城镇气源向气瓶转运车加气，而后由其将 CNG 运输至 CNG 储配站，则可不设控制盘、储气瓶组(或储气井)和加气机，只需设置压缩机和加气柱等主要工艺设备。

加气母站压缩机的进气压力根据进站天然气压力确定，并经调压器稳压。压缩机排气压力一般设定为 25MPa，当只为气瓶转运车加气时，压缩机出口压力可设定为 20MPa。

3. CNG 加气子站

加气子站气源为来自母站的气瓶转运车的高压储气瓶组，一般由压缩天然气的卸气、储存和加气系统组成，其工艺流程如图 6.41 所示。

为避免压缩机频繁启动对设备使用寿命产生影响，同时为用户提供气源保障，CNG 加气站应设有储气设施，通常采用高压、中压和低压储气井(或储气瓶组)分级储存方式，由顺序控制盘对其充气和取气过程进行自动控制。充气时，车载高压储气瓶组内的压缩天然气经卸气柱进入压缩机，将 20MPa 加压至 25MPa 后按照起充压力由高至低的顺序向站内储气井(或储气瓶组)充气，当压力上升到一定值时，开始向中压储气井充气，及至中压储气井压力上升到一定值时，再开始向低压储气井充气，随后三组储气井同时充气，待上升到最大储气压力后充气停止。储气井(或储气瓶组)向加气机加气的作业顺序与充气过程相反。为汽车加气时，按照先低后高的原则，先由低压储气井(或储气瓶组)取气，当压力下降到一定值时，再逐次由中压、高压储气井(或储气瓶组)取气,直至储气井(或储气瓶组)的压力下降到与汽车加气压力相等时,加气停止。如仍有汽车需要加气,则由压缩机直接向加气机供气。这种工作方式可以提高储气井(或储气瓶组)的利用率,同时提高汽车加气速度。当车载高压储气瓶组内压力降至2.0MPa时,气瓶转运车返回加气母站加气。

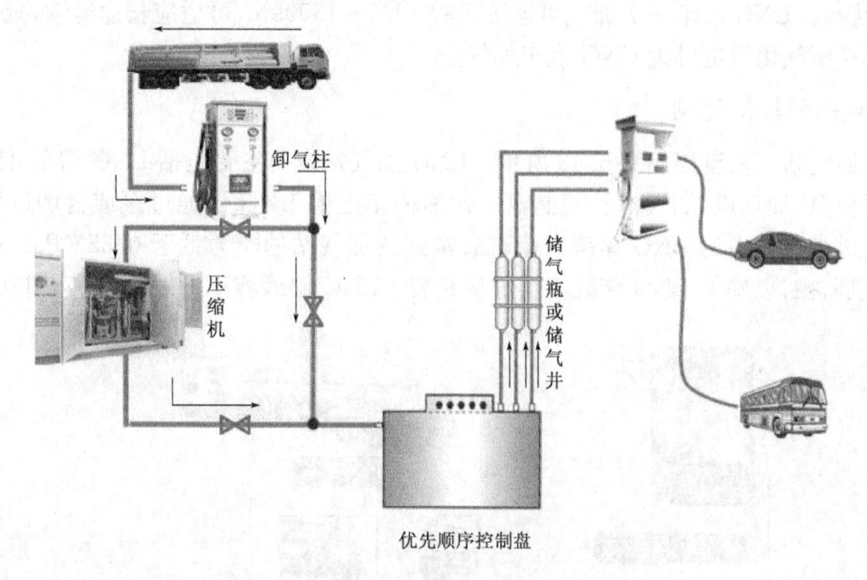

图 6.41 CNG 汽车加气子站工艺流程图

4. CNG 标准站

标准站的气源来自城镇燃气管网,仅为 CNG 汽车供气,而不具备为气瓶转运车加气的功能,因此其工艺流程中无须设置为气瓶转运车高压储气瓶组充气的燃气管路系统和加气柱,其余与加气母站工艺流程类似,如图 6.42 所示。

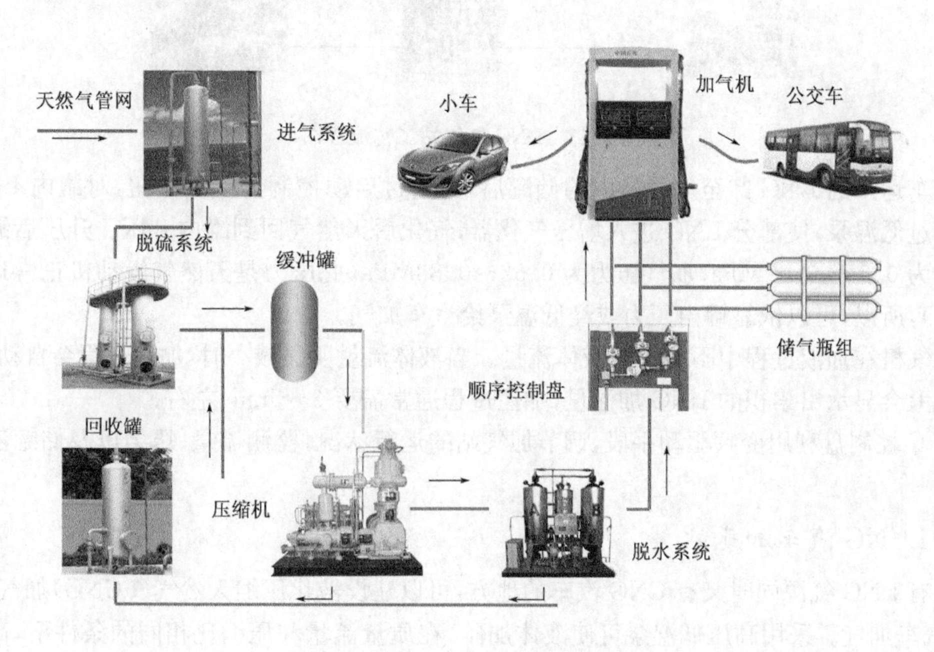

图 6.42 CNG 标准站工艺流程图

6.4.2 LNG 汽车加气站

LNG 作为车用燃料，与燃油相比，具有辛烷值高、抗爆性好、燃烧完全、排气污染少、发动机寿命长、运行成本低等优点，与压缩天然气相比，具有储存效率高、续驶里程长、储瓶压力低、重量轻等优点。LNG 汽车一次加气可连续行驶 1000～1300km，可适应长途运输，减少加气次数。LNG 高压气化后也可为 CNG 汽车加气。

1. LNG 汽车加气站

LNG 加气站工艺流程如图 6.43 所示。LNG 加气站设备主要包括 LNG 槽车、储罐、增压气化器、低温泵、加气机、加气枪及控制盘。运输槽车上的 LNG 需通过泵或自增压系统升压后卸出，送进加气站内的 LNG 储罐。槽车通常到达加气站的压力低于 0.35MPa。卸车过程通过计算机监控，以确保 LNG 储罐不会过量充装。LNG 储罐容积一般采用 50～120m^3。

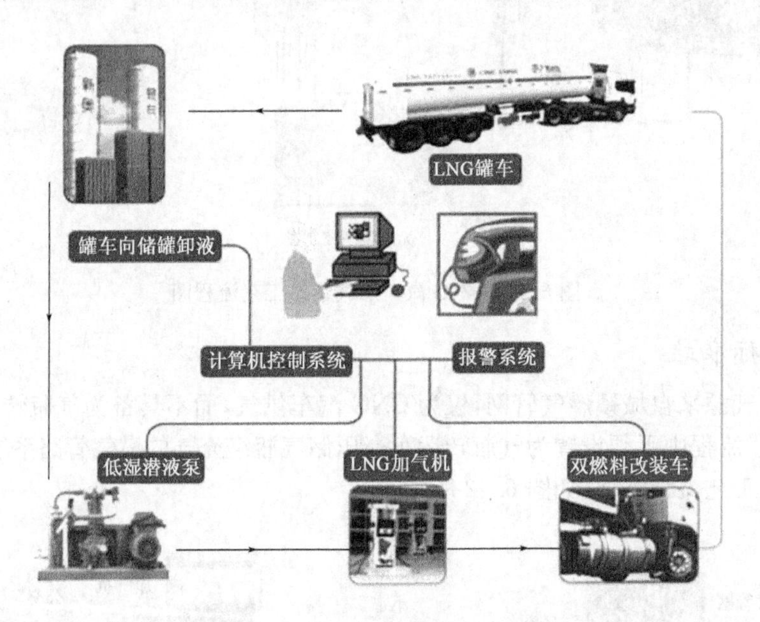

图 6.43 LNG 加气站工艺流程图

槽车运来的 LNG 卸至加气站内的储罐后，可通过启动控制盘上的按钮，对罐内 LNG 升压。通过低温泵，使部分 LNG 进入增压气化器，气化后天然气回到罐内升压。升压后罐内压力一般为 0.55～0.69MPa，加气压力为 0.52～0.83MPa（此压力是天然气发动机正常运转所需要的），所以，可以依靠罐内压力或经低温泵给汽车加气。

加气机在加液过程中不断检测液体流量。当液体流量明显减小时，加注过程会自动停止。加气机上会显示出累积的 LNG 加注量，加注过程通常需要 3～5min 左右。

PLC 控制盘利用变频驱动手段，调节加气站的运行状况，监测流量、压力以及储罐液位等参数。

2. LCNG 汽车加气站

在有 LNG 气源同时又有 CNG 汽车的地方，可以建设液化压缩天然气（LCNG）加气站，为 CNG 汽车加气。采用高压低温泵可使液体加压，在质量流量和压缩比相同的条件下，高压低温泵的投资、能耗和占地面积均远小于气体压缩机。利用高压低温泵将 LNG 加压至 CNG 燃料储罐所需压力，再经过高压气化器使 LNG 气化后，通过顺序控制盘储存于 CNG 高压储气瓶组，当需要时通过 CNG 加气机向 CNG 汽车加气，工艺流程如图 6.44 所示。

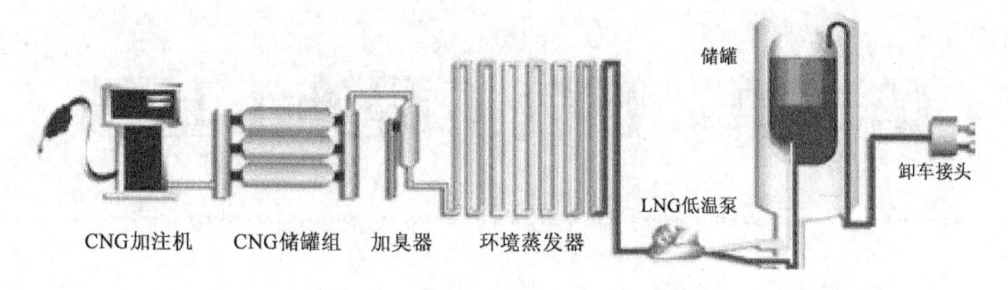

图 6.44　LCNG 加气站工艺流程图

LCNG 加气站设备主要包括储罐、高压低温泵、高压气化器、储气瓶组、加气机、加气枪及控制盘等。

LCNG 加气站中的监控系统，除具有 LNG 加气站监控系统的功能外，还具有监控 CNG 储气瓶组压力并自动启停高压低温泵的功能。

LCNG 加气站也可配置成同时为 LNG 汽车和 CNG 汽车服务的加气站。只需要在 LNG 站的基础上，以较小的投资增加高压低温泵、气化器、CNG 储气设施和 CNG 加气机等设备即可，如图 6.45 所示。

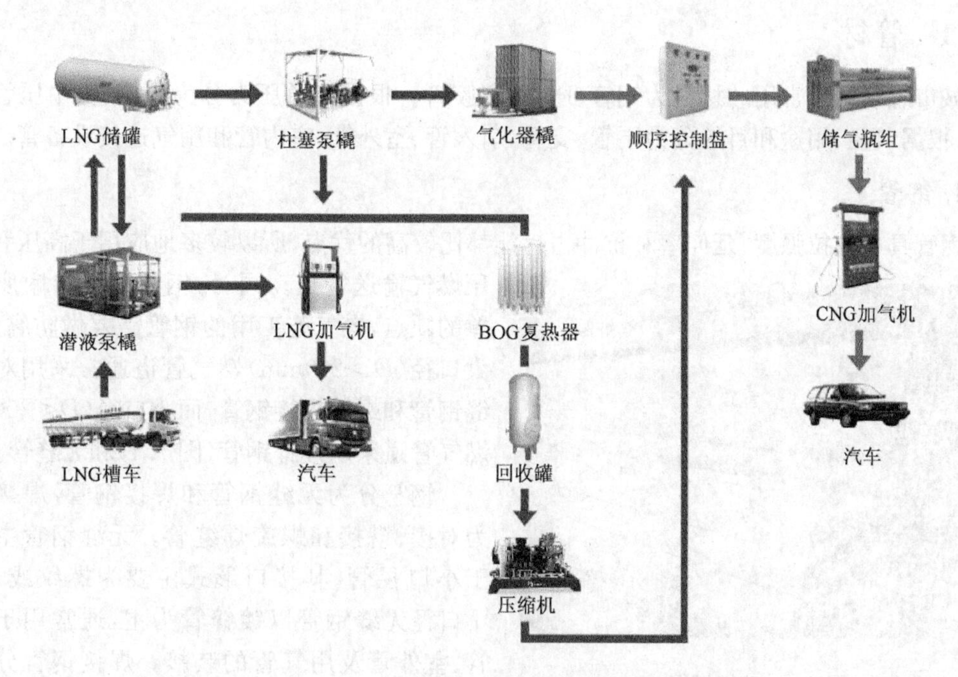

图 6.45　LNG/LCNG 加气站工艺流程图

第3篇　燃气工程施工基础

第7章　燃气工程施工技术

7.1　燃气工程常用管材、管道附件及设备

7.1.1　管材

城市燃气管道常用的材料为钢管、PE管和胶管。根据管道压力分为高压管、中压管和低压管；根据口径、用途和目的分为干管、支管、引入管、室外管、室内管和用气连接设备管。

1. 钢管

钢管具有抗拉强度、延伸率和抗冲击性能都比较高的优点，所以较多地应用于高压和次高压燃气输送管道。同时，钢管却具有耐腐蚀性差的缺点，燃气施工用的钢管需要做防腐处理。大口径（$D>200$mm）燃气管道通常采用对接焊缝钢管和螺旋焊接钢管，而小口径（$D<200$mm）燃气管道采用镀锌钢管（图7.1）和无缝管。

图7.1　镀锌钢管

钢管分为无缝钢管和焊接钢管，焊接管分为对接、搭接和螺旋焊缝管。无缝钢管主要用于小口径管，其接口形式主要为螺纹或法兰。小口径无缝钢管以镀锌管为主，通常用于室内管、室外管及用气管的装接。焊接钢管分为直缝焊接钢管和螺旋焊接钢管，直缝焊接钢管是指由钢板卷合对焊而成的钢管，螺旋焊接钢管指将钢带按一定螺旋线角度卷成管坯，焊接而成的钢管。

2. PE管

PE管（图7.2）主要应用于城市地下中低压管道施工。其优点是：环保、耐腐蚀、寿命长（50年）、耐冲击性能好、可靠地连接性能、材质轻。小口径PE管在性能价格比上优于钢管

和球墨铸铁管。缺点是:苯、汽油、四氯化碳等有机溶剂对聚乙烯有一定的影响。有机溶剂如果渗入聚乙烯内,会出现溶胀现象,其物理性能就会下降,其耐压性、耐温度变化性能较差。

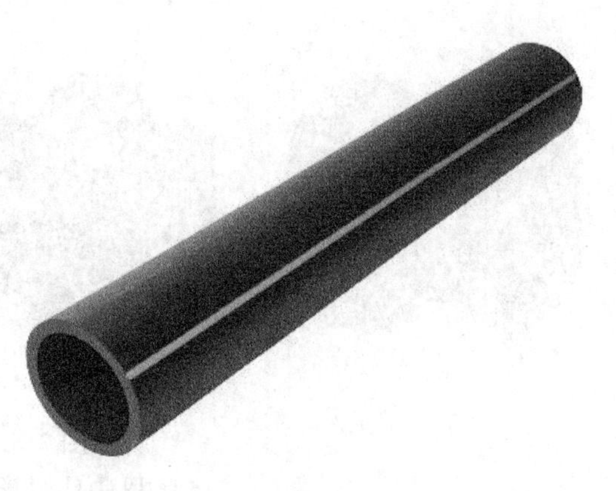

图 7.2　PE 管

3. 铝塑管

铝塑管(图 7.3)是一种由中间纵焊铝管,内外层聚乙烯塑料以及层与层之间热熔胶共挤复合而成的新型管道。聚乙烯是一种无毒、无异味的塑料,具有良好的耐撞击、耐腐蚀、抗天候性能。中间层纵焊铝合金使管子具有金属的耐压强度,耐冲击能力使管子易弯曲不反弹,铝塑复合管拥有金属管坚固耐压和塑料管抗酸碱耐腐蚀的两大特点。铝塑复合管具有连续敷设和自行弯曲的特点,这样可以减少接头和弯头。铝塑复合管的接头配件齐全,接头和管子均不用加工螺纹,采用嵌入压装式,施工较方便。燃气用铝塑复合管采用黄色 Q 标识,主要用于输送天然气、液化气、燃气管道系统。

4. 胶管

胶管(图 7.4)由内外胶层和骨架层组成,骨架层的材料可采用棉纤维、各种合成纤维、碳纤维或石棉、钢丝等。一般胶管的内外胶层材料采用天然橡胶、丁苯橡胶或顺丁橡胶;耐油胶管采用氯丁橡胶、丁腈橡胶;耐酸碱、耐高温胶管采用乙丙橡胶、氟橡胶或硅橡胶等。胶管广泛应用于连接燃气旋塞阀与燃具,燃气专用胶管必须具有一定的强度、耐气体渗透性、抗老化和标准内径,具有根据地形和长度要求可随意弯曲与切割的优点。

图 7.3　铝塑管

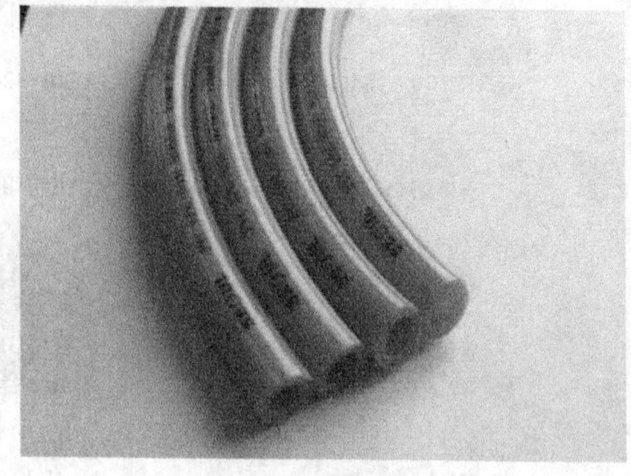

图 7.4　胶管

7.1.2　管道附件

管道附件有分支、变更方向、改变管径和避让障碍物等用途。

1. 螺纹管件

螺纹管件主要用于小口径无缝钢管的螺纹接头,一般为铸铁管件。常用的有弯头、三通、四通、外接头、内接头、活接头、内外螺母、管堵、伸缩接头等,部分管件如图 7.5 所示。

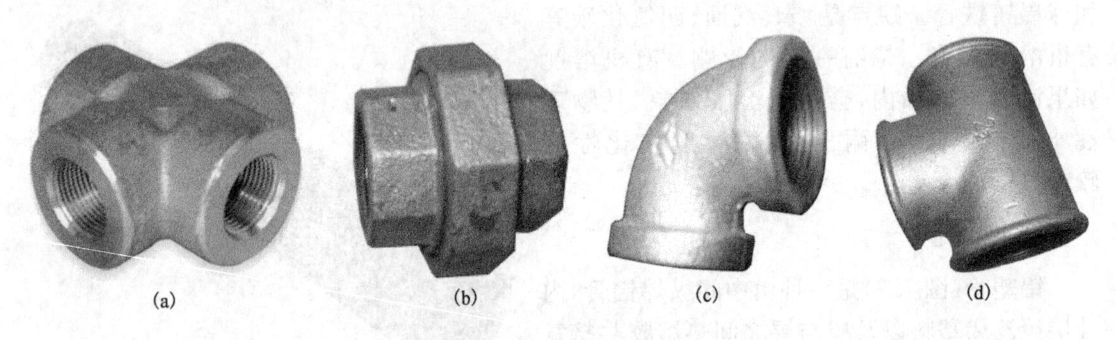

图 7.5　螺纹管件

(a)四通；(b)活接头；(c)弯头；(d)三通

2. 钢管件

大口径(D>150mm)的钢管管件，并无定型产品，一般是施工单位现场根据施工需要用钢管现场制作。小口径(D<150mm)管件种类与铸铁管件相同。主要的钢管件有 45°弯管、90°弯管、三通、异径三通、“Y”三通、异径接头。

3. PE 管件

PE 管件(图 7.6)大多为聚乙烯材质。主要的 PE 管件有：接管、45°弯管、90°弯管、异径接头、三通、管堵。

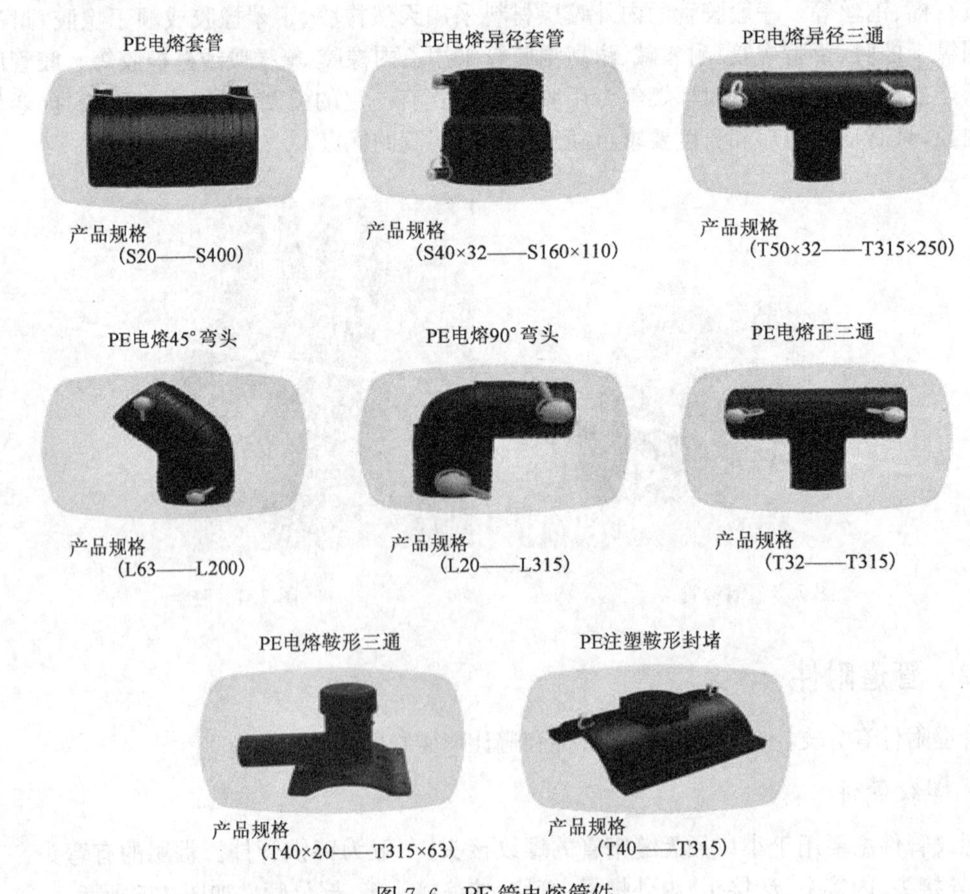

图 7.6　PE 管电熔管件

4. 铝塑管管件

铝塑管管件(图 7.7),一般为铜质管件,常用的有接头、三通、弯头、四通等。

图 7.7 铝塑管管件弯头

7.1.3 管道设备

1. 阀门

阀门是燃气管道中重要的控制设备,主要用以接通和切断管线、调节燃气的压力与流量。阀门主要用于管道的检修,减少放空时间,防止发生事故危害,所以阀门平常处于开启状态,所以对阀门的质量和可靠性要求比较高,要求密封性能好,强度可靠,耐腐蚀,还要求其启闭迅速,动作灵活,维修保养方便,经济合理等。常用的阀门主要有旋塞阀、球阀、闸阀、蝶阀等,如图 7.8 所示。

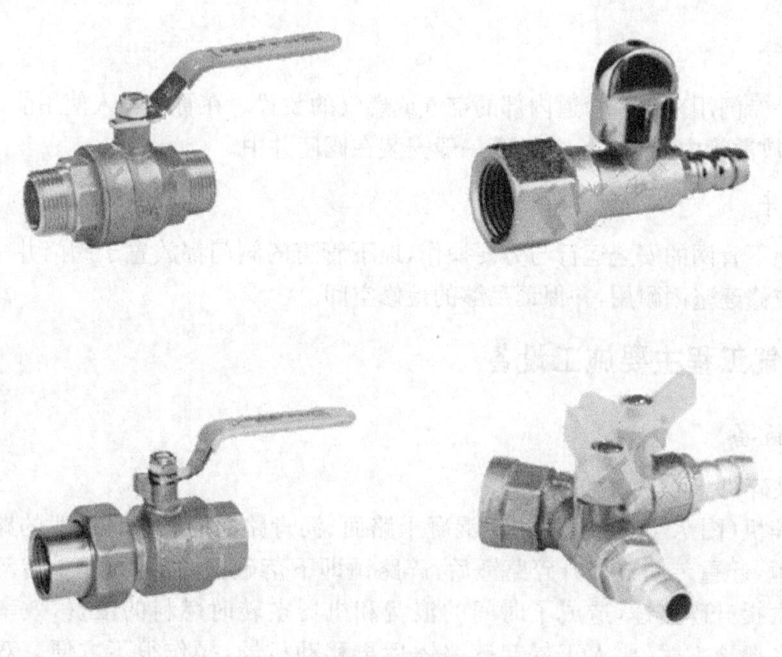

图 7.8 阀门

2. 凝水缸

凝水缸(图 7.9)用于排除管道中的冷凝水和石油伴生气管道中的轻质油,为此管道敷设应设置一定的坡度,以便在最低处设置凝水缸,将汇集的水或轻质油排出,保持管道的畅通。根据安装管道压力的不同,分为自喷凝水缸和不能自喷凝水缸两种。当管道内压力较小时,汇集的水或油需要手动排出,而安装在高中压管道的凝水缸,由于其内部压力较高,积水或油可以自行喷出。常用的凝水缸有铸铁凝水缸、焊接板凝水缸、加仑井。

3. 补偿器

补偿器(图 7.10)是为消除因管段膨胀所产生的应力的设备,常用于架空管道和需要进行蒸汽吹扫的管道上,安装在阀门的下侧(沿气流方向),方便拆卸与检修。常见的有钢制波形补偿器、橡胶—卡普隆补偿器(常用于山区、多地震区)。

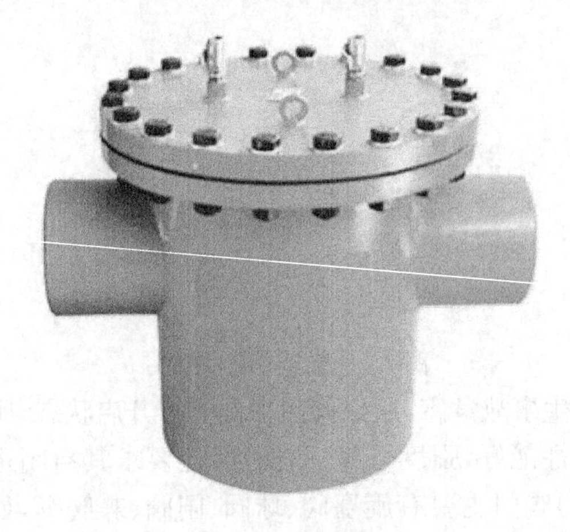

图 7.9 凝水缸

图 7.10 补偿器

4. 放散管

放散管是专门用来排放管道内部的空气或燃气的装置。在管道投入使用前,排出空气;在管道检修时,放散管内的燃气。放散管一般安装在阀门井中。

5. 阀门井

为保证地下管网的安全运行与方便操作,地下管道的阀门都放置于阀门井中,方便检修。阀门井一般应修建坚固耐用,并保证足够的检修空间。

7.1.4 燃气工程主要施工设备

1. 破路设备

1)路面破碎机

路面破碎机(图 7.11)主要应用于混凝土路面、沥青路面的破碎。一般的路面破碎机只有一个碎路锤,起重传动链提升碎路锤后,碎路锤即下落砸击路面,而起重传动链还需空转半周才能再次提升碎路锤,造成了时间的浪费和机器空转时燃料的浪费,效率不高;而且,路面破碎机在挪地方时,要人工提起碎路锤后再移动机器,操作很不方便。双锤路面破碎机通过两条起重传动链交替提升两个碎路锤,充分利用了整个起重传动链转动周期,两条起重传动链一先一后每周期共可两次提升碎路锤;此外,碎路锤挂卡装置可以方便地将碎路锤挂起来,避免了在移动破碎机时人工将碎路锤提起的麻烦。因此,其综合效率提高了两倍以上。

图 7.11 路面破碎机

2)风镐

风镐(图 7.12)是一种手持的风动工具,用压缩空气推动活塞往复运动,使镐头不断撞击,主要用于采矿、破碎等。风镐由配气机构、冲击机构和镐钎等组成。冲击机构是一个厚壁气缸，内有一冲击锤可沿气缸内壁做往复运动。镐钎的尾部插入气缸的前端，气缸后端装有配气阀箱。

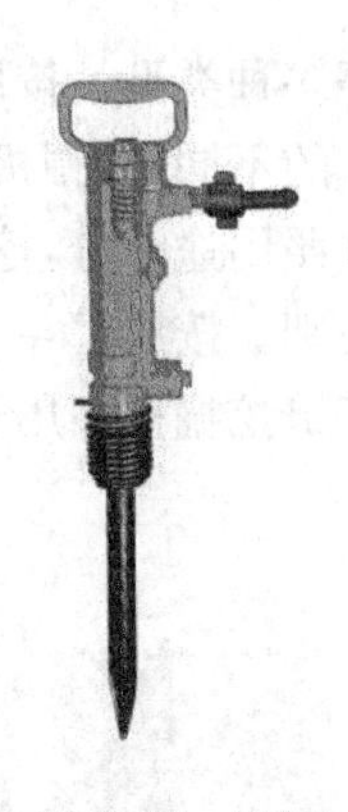

图 7.12　风镐

3)凿岩机

凿岩机是按冲击破碎原理进行工作的。工作时活塞做高频往复运动，不断地冲击钎尾。在冲击力的作用下，呈尖楔状的钎头将岩石压碎并凿入一定的深度，形成一道凹痕。活塞退回后，钎子转过一定角度，活塞向前运动，再次冲击钎尾时，又形成一道新的凹痕。两道凹痕之间的扇形岩块被由钎头上产生的水平分力剪碎。活塞不断地冲击钎尾，并从钎子的中心孔连续地输入压缩空气或压力水，将岩渣排出孔外，即形成一定深度的圆形钻孔。

凿岩机按其动力来源可分为气动凿岩机(图 7.13)、内燃凿岩机、电动凿岩机和液压凿岩机等四类。

4)液压破碎镐

液压破碎镐(图 7.14)具有工效高、噪声小、可靠性强、体积小、重量轻的优点，适用于沥青、水泥路面，钢筋混凝土的破碎作业，以及直径 1m 以下大体积石料的破碎解体。广泛应用于公路、市政、燃气、电力电信、铁道、消防建筑等行业。

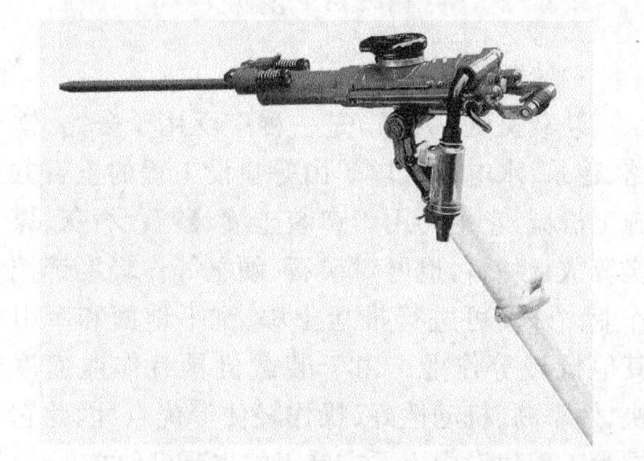

图 7.13　气动凿岩机

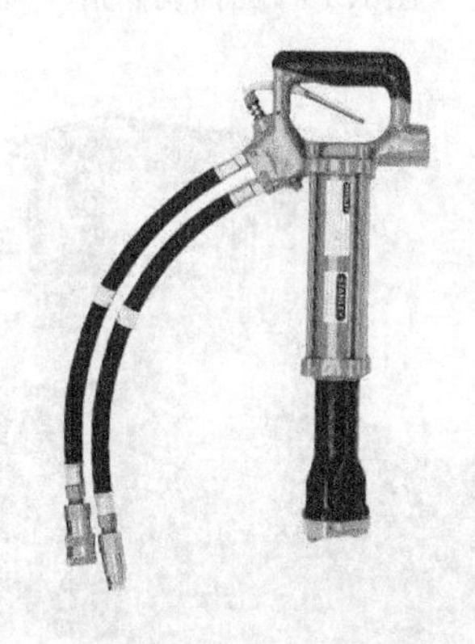

图 7.14　液压破碎镐

5)路面切割机

路面切割机(图 7.15)是道路维护建设的一种工具，主要功能是路面上切缝，深度可达 100～200mm 不等的一条细线，常用于水泥路面和柏油路面。路面切割机采用超硬质圆形刀刃，依靠刀刃的旋转来剖割路面。

2. 土方工程设备

1)挖掘机

挖掘机，又称挖掘机械(图 7.16)，是用铲斗挖掘高于或低于承机面的物料，并装入运输车辆或卸至堆料场的土方机械。挖掘机挖掘的物料主要是土壤、煤、泥沙以及经过预松后的土壤和岩石。

挖掘机一般由工作装置、上部转台和行走机构三部分组成。根据其构造和用途可以分为履带式、轮胎式、步履式、全液压、半液压、全回转、非全回转、通用型、专用型、铰接式、伸缩臂式等多种类型。按照行走方式的不同,挖掘机可分为履带式挖掘机和轮式挖掘机。按照传动方式的不同,挖掘机可分为液压挖掘机和机械挖掘机。机械挖掘机主要用在一些大型矿山上。按照用途来分,挖掘机又可以分为通用挖掘机、矿用挖掘机、船用挖掘机、特种挖掘机等不同的类别。按照铲斗来分,挖掘机又可以分为正铲挖掘机、反铲挖掘机、拉铲挖掘机和抓铲挖掘机。正铲挖掘机多用于挖掘地表以上的物料,反铲挖掘机多用于挖掘地表以下的物料。

图 7.15　路面切割机

图 7.16　挖掘机

2)装载机

图 7.17　装载机

装载机(图 7.17)是一种广泛用于公路、铁路、建筑、水电、港口、矿山等建设工程的土石方施工机械,它主要用于铲装土壤、砂石、石灰、煤炭等散状物料,也可对矿石、硬土等作轻度铲挖作业。外还可进行推运土壤、刮平地面和牵引其他机械等作业。由于装载机具有作业速度快、效率高、机动性好、操作轻便等优点,因此它成为工程建设中土石方施工的主要机种之一。

按照行走结构的不同,装载机分为轮胎式和履带式两种;按照装卸方式的不同,分为前卸式、回转式和后卸式;按照发动机的功率划分,功率小于 74kW 为小型装载机,功率在 74～147kW 为中型装载机,功率在 147～515kW 为大型装载机,功率大于 515kW 为特大型装载机。

3)夯土机

夯土机(图 7.18)是一种利用冲击和冲击振动作用分层夯实回填土的压实机械,分为内燃式夯、蛙式夯和快速冲击夯等。夯土机夯实黏性土壤的效果较佳,但其夯锤面积有限,不宜用于大面积土方的夯实作业。对于砂土、砾石则需另选用振动捣固机予以捣实。

4)推土机

推土机(图 7.19)是一种在前面装推土铲装载的机械设备,用于推土、平整建筑场地等。具有操作灵活、运行方便等优点,比较适合开挖 1～3 级土壤,多用于平面开挖、高挖低填、表面找平和大型基坑沟槽等的开挖及回填。

图 7.18　夯土机　　　　图 7.19　推土机

3. 管材加工工具

1)砂轮切割机

砂轮切割机(图 7.20),又称砂轮锯,主要由基座、砂轮、电动机或其他动力源、托架、防护罩和给水器等组成,依靠砂轮的旋转来剖割管材。砂轮较脆、转速很高,使用时应严格遵守安全操作规程。

2)电动套丝机

电动套丝机(图 7.21)是设有正反转装置,用于加工管子外螺纹的电动工具,又名电动切管套丝机、绞丝机、管螺纹套丝机。电动套丝机由机体、电动机、减速箱、管子卡盘、板牙头、割刀架、进刀装置、冷却系统组成。电动套丝机有切割镀锌钢管和外螺纹铰制两种功能。

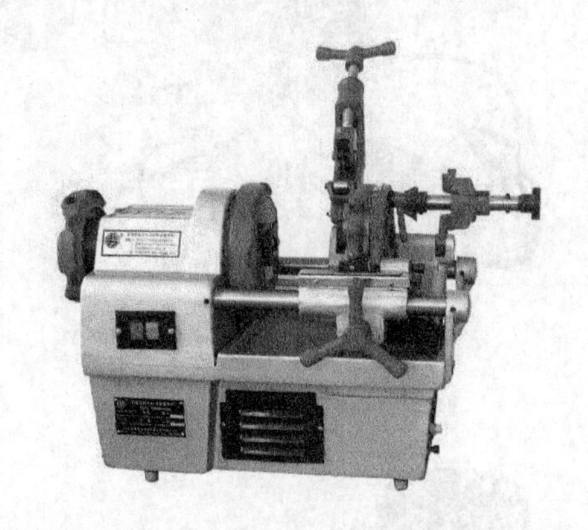

图 7.20　砂轮切割机　　　　图 7.21　电动套丝机

套丝机的切割功能:把管子放入管子卡盘,撞击卡紧,启动开关,放下进刀装置上的割刀架,扳动进刀手轮,使割刀架上的刀片移动至想要割断的长度点,渐渐旋转割刀上的手柄,使刀片挤压转动的管子,管子转动 4～5 圈后被刀片挤压切断。

套丝机的螺纹铰制功能:套丝机工作时,先把要加工螺纹的管子放进管子卡盘,撞击卡紧,按下启动开关,管子就随卡盘转动起来,调节好板牙头上的板牙开口大小,设定好丝口长短。然后顺时针扳动进刀手轮,使板牙头上的板牙刀以恒力贴紧转动的管子的端部,板牙刀就自动切削套丝,同时冷却系统自动为板牙刀喷油冷却,等丝口加工到预先设定的长度时,板牙刀就会自动张开，丝口加工结束，关闭电源，撞开卡盘，取出管子。

3）电焊机

电焊机（图 7.22）由变压器、电流调压器、振荡器、电焊钳、电焊软线、面罩等组成，结构十分简单，就是一个大功率的变压器。电焊机一般按输出电源种类可分为两种，一种是交流电的，一种是直流电的。电焊机是利用电感的原理做成的，电感量在接通和断开时会产生巨大的电压变化，利用正负两极在瞬间短路时产生的高温高压电弧来熔化电焊条上的焊料和被焊材料，以达到使它们结合的目的。

电焊机具有结构简单、坚固耐用、维修使用方便、效率高的优点，因而应用极为广泛。同时电焊机在使用过程中焊机的周围会产生一定的磁场，电弧燃烧时会向周围产生辐射，弧光中有红外线、紫外线等光种，还有金属蒸气和烟尘等有害物质，所以操作时必须要做足够的防护措施。

4）PE 管热熔焊机

热熔对接焊机（图 7.23）是通过加热管材（或管件）端面，使被加热的两端面熔化，迅速将其贴合，并保有一定的压力冷却，从而达到熔接目的的专用设备。热熔对接焊机一般用于连接公称直径大于 63mm 的 PE 管，且必须具有相同熔融指数和相同口径的管材或管件，同时具备相同的 SDR 值，不同制造商的焊接参数不尽相同，用户必须严格执行。热熔对接焊机一般可分为普通热熔对接焊机和自动热熔对接焊机两类，一般由机架、铣刀、加热板和液压站组成。

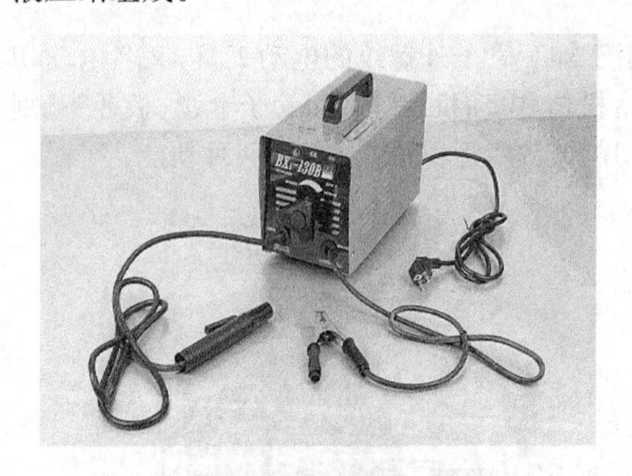

图 7.22　电焊机

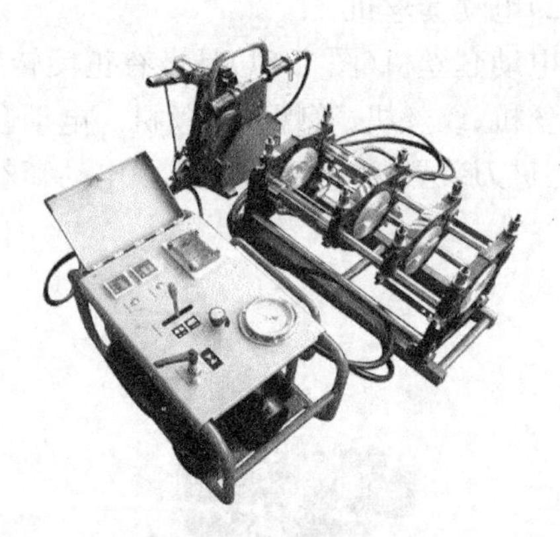

图 7.23　PE 管热熔焊机

5）PE 管电熔焊机

电熔焊机（图 7.24）一般用于连接公称直径小于 63mm 的 PE 管，且必须具有相同熔融指数和相同口径的管材。电熔熔接是通过对预埋于电熔管件内表面的电热丝的通电而使其加热，从而达到熔接的目的。优点是，熔接施工迅速、焊口可靠性高、保持管道内壁光滑，不影响流量。可用于不同牌号的聚乙烯原料生产的管材和管件，及不同熔融指数聚乙烯生产的高密度管材和管件。

图 7.24　PE 管电熔焊机

7.2 地下燃气管道施工

7.2.1 测量放线与沟槽开挖

1. 测量放线

(1)测量交桩。开工前请相关单位进行交接桩工作。按照交接的永久性水准点,将施工时水准点设在稳固和通视之处,尽量测设在永久性建筑物,距沟边大于10m外的地方。

(2)测量复核。交接桩完成后,应先进行测量复核,对控制点加密后,沿着管线方向定出管道中心线、转角点、阀井中心点。

(3)设置标记。新建燃气管道及构筑物与地下原有管道或构筑物交叉处,要设置明显标记。

(4)确定位置。确定土堆、堆料、运料、下管的区间或位置。

2. 沟槽开挖

(1)管沟开挖前应将施工区内的所有障碍物调查清楚并确定处理方案,特别是地下的各种管线,向施工人员进行施工交底,包括断面尺寸、堆土位置、地下障碍物分布及施工要求等。

(2)在郊野或较宽的城镇道路下铺设燃气管道,可采用机械施工。在挖土的同时在沟边预制管道,减少沟内焊接管口的数量。

(3)城镇燃气管道施工区域内较多障碍物,情况复杂,采用人工开挖沟槽。开挖时应注意防护,采用支撑加固。

(4)管道施工必须采取分段流水线作业,开挖一段尽快敷设管道、回填土。在敷设管道的同时挖下一段管沟,尽量缩短每段的工期,不宜长距离开挖使沟槽长期暴露。

(5)施工时应向机械施工人员详细交底,包括沟槽断面尺寸、堆土位置、地下构筑物、其他管线的位置以及施工要求等。

(6)开挖时随时测量沟底的标高和宽度,同时确保沟底土壤结构不被扰动或破坏,沟底设计标高以上预留20cm左右的土层不挖而采用人工开挖。

(7)开挖的土方应做好堆土位置,在下管的一侧沟边不堆土或少堆土。

(8)雨季施工应制定雨季施工措施,严防雨水流入沟内。

(9)冬季施工,宜在地面冻结前施工。

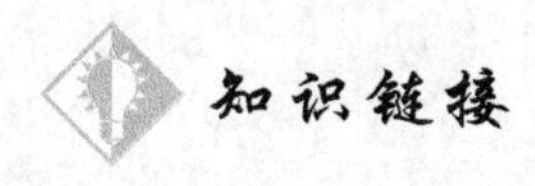

穿越施工

当燃气管道施工时,需要穿越城市道路、铁路、建筑物、机场、河流、湖泊、山体等,无法正常开挖施工的情况下,一般采用非开挖方式施工,常用的就是定向钻。适用于黏土、粉沙土、泥流

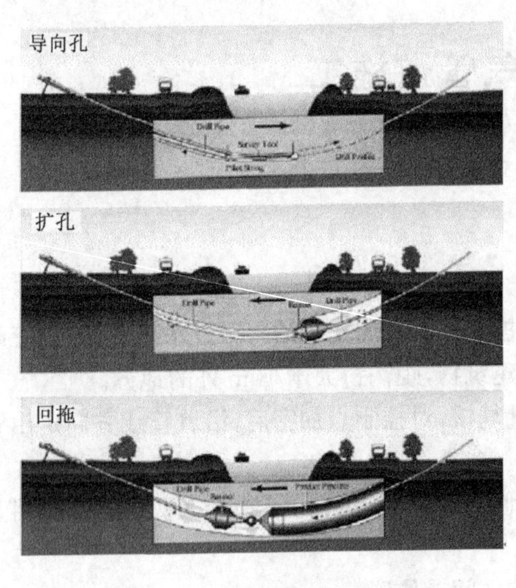

图 7.25　定向钻穿越基本步骤

层、一般风化岩、含少量砾石地层等的施工。定向钻穿越基本步骤如图 7.25 所示。

定向钻按预先设定的地下铺管轨迹靠钻头挤压形成一个小口径先导孔，随后在先导孔出口端的钻杆头部安装扩孔器回拉扩孔，当扩孔至尺寸要求后，在扩孔器的后端连接旋转接头、拉管头和管线，回拉敷设地下管线。

定向钻具有穿越精度高，易于调整敷设方向和深埋管线，弧形敷设距离长，完全可以满足设计要求深埋并且可以使管线绕过地下障碍物；进出场地速度快，施工场地可以灵活调整，施工占地少，工程成本低，造价低，施工速度快；不损坏道路的基础结构，施工不受季节限制，以及施工周期短、使用人员少、成功率高、施工安全可靠的特点。

7.2.2　管道的运输与下沟

1. 管材的运输

(1)拉运采用专用车辆，车辆上要铺垫拉运防腐管线专用的软质材料，吊运捆绑绳索采用专用吊装带或绳防止沥青防腐层破坏。

(2)卸车时不得从车上滚放，堆放时管材要加枕木，枕木上设软质材料，管材距地面 20cm 高，防止雨水进入管线内；管线要一头对齐，按规格摆放，两端用塑料袋封堵，防止灰尘、杂物进入。

(3)场内运输、装卸采用专用拖车，人工装卸时要轻放轻卸，防止破坏防腐层。

(4)管沟场地要清除摆管障碍物，场地要平整，摆放要整齐、稳固，不得占用道路和居民必须用地。

(5)装卸、运输管材时，要高度重视安全问题。设置专人负责，避免伤害居民。

2. 管道的下沟

管道下沟的方法，可根据管子直径及种类、沟槽情况、施工场地周围环境与施工机具等情况而定。一般来说，应采用汽车式或履带式起重机下管。当沟旁道路狭窄，周围树木、电线杆较多，管径较小时，只得用人工下管。

(1)下管方式包括集中下管、分散下管和组合吊装三种。

(2)管道下沟前，管沟应符合以下要求：

①下沟前，应将管沟内塌方土、石块、雨水、油污和积雪等清除干净。

②应检查管沟或涵洞深度、标高和断面尺寸，并应符合设计要求。

③石方段管沟，松软垫层厚度不得低于 300mm，沟底应平坦、无石块。

(3)下管方法包括起重机下管法和人工下管法两种。

起重机下管法如图 7.26 所示。

人工下管法如图 7.27 所示。

图 7.26　起重机下管

图 7.27　人工下管

7.2.3　钢管的焊接

地下燃气管中的钢管基本上用于燃气厂的出厂管道和主要输气干管。其焊接接口不仅承受管内燃气压力，同时又受到地下土层和行驶车辆的载荷，因此接口的焊接应按受压容器要求操作，并采用各种检测手段鉴定焊接接口的可靠性。

1. 电弧焊的原理

电弧放电时，会产生大量的热量并发出强光，电弧焊就是利用电弧放热来熔化焊条和焊件而进行焊接的。

焊件本身的金属称为基本金属，焊条熔滴过渡熔池的金属称为焊着金属；由于电弧的吹力，使焊件底部形成一个凹坑称为熔池。焊着金属与基本金属熔合，冷却后形成焊缝。焊缝表面覆盖的一层渣壳称为焊渣。焊条熔化末端到熔池表面的距离称为弧长。基本金属表面到熔池底部的距离称为熔深。

电弧由阴极部分、弧柱部分和阳极部分组成，电弧产生于焊条 1 和焊件 2 之间，阴极部分 3 位于焊条末端，阳极部分 4 位于焊件表面，弧柱部分 5 成圆台形，弧柱四周被弧焰 6 包围，如图 7.28 所示。

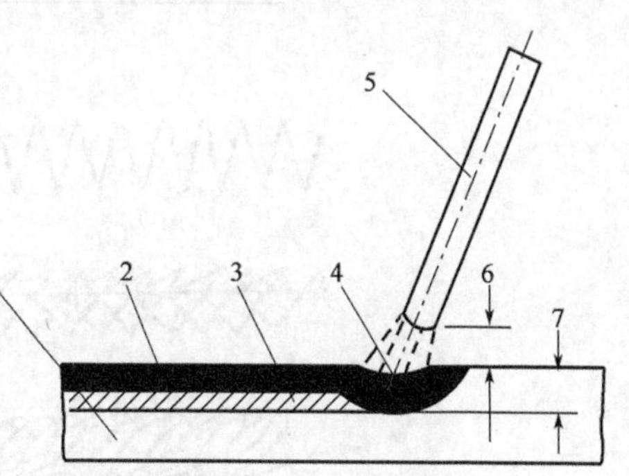

图 7.28　电弧焊过程

1—焊件；2—焊渣；3—焊缝；4—熔池；5—焊条；6—电弧长；7—熔深

2. 常用的引弧方法

(1)接触引弧法：将焊条垂直与焊件碰击，然后迅速将焊条离开焊件表面 4～5mm，即产生电弧。

(2)擦火引弧法：将焊条像擦火柴一样擦过焊件表面，迅速将焊条提起，距焊件表面 4～5mm，产生电弧。

(3)熄弧：熄弧时应将焊条端部逐渐往坡口边斜前方拉，同时逐渐抬高电弧，以逐渐缩小熔池，从而减少液体金和降低热量，使熄弧处不产生裂纹、气孔等。

3. 焊接的技术要求

当电弧引燃后，焊条必须有三个基本方向的运动才能形成良好的焊接缝口，如图 7.29 所示。

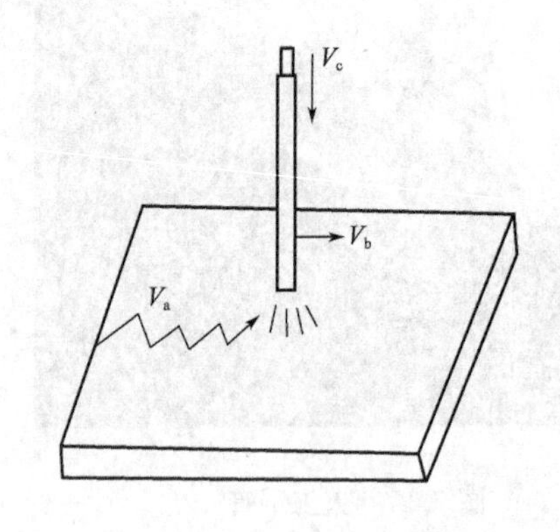

图 7.29 运条三动作

V_a—横向摆动速度；V_b—直线焊接速度；

V_c—焊条送进速度

(1)朝着熔池方向做逐渐的送进(直线动作)，主要是用来维持所要求的电弧长度，弧的长短对焊接质量有很大关系。直线动作的快慢代表焊接速度，焊接速度的变化主要影响焊缝金属横截面积。

(2)做横向摆动，主要是为了获得一定宽度的焊缝，其摆动范围与焊缝要求的宽度、焊条直径有关。摆动的范围越宽，得到的焊缝宽度也越大。

(3)沿着焊接方向逐渐移动(焊条送进动作)，焊条送进动作代表焊条熔化的快慢，可通过改变电弧长度来调节熔化的快慢。弧长的变化将影响焊缝的熔深和熔宽，对焊缝质量有很大影响。移动速度应根据电流大小、焊条直径、焊件厚度、装配间隙以及焊缝位置来适当掌握。

4. 运条方法

在焊接实践中，常见的运条方法有直线形运条法、直线往返运条法、锯齿形运条法、月牙形运条法、三角形运条法、圆圈形运条法等，如图 7.30 所示。

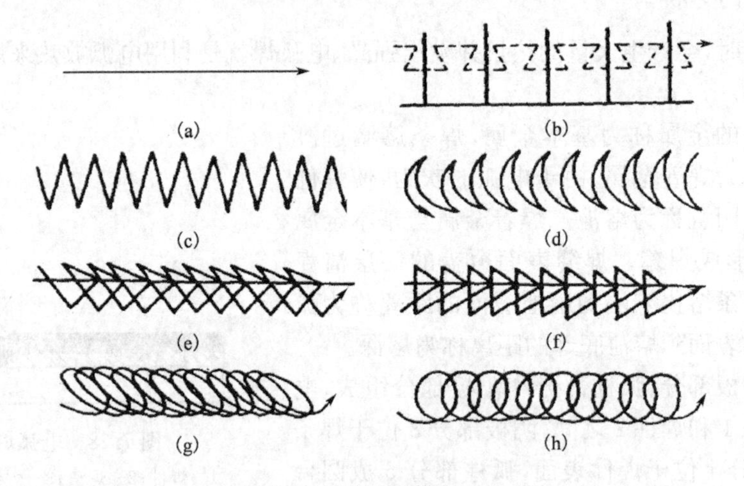

图 7.30 常见运条方法

(a)直线形运条法；(b)直线往返运条法；(c)锯齿形运条法；(d)月牙形运条法；

(e)斜三角形运条法；(f)正三角形运条法；(g)正圆圈形运条法；(h)斜圆圈形运条法

5. 焊接质量检验

焊接时产生的缺陷可分为外部缺陷和内部缺陷两大类。外部缺陷用眼睛和放大镜进行观察即可发现，而内部缺陷则隐藏于焊缝或热影响区的金属内部，必须借助特殊的方法才能发现。

1)外部缺陷

钢管焊接外部缺陷见表 7.1。

表 7.1　钢管焊接外部缺陷

外部缺陷类型	表　现	产生原因
焊缝尺寸不符合要求	熔宽和加强高度不合要求，宽窄不一或高低不平	操作不当等
咬边	焊缝两侧形成凹槽	焊接电流过大，或焊条角度不正确
焊瘤	熔化金属流溢到加热不足的母材上，堆积金属	电流太大，焊接熔化过快或焊条偏斜
烧穿	薄板结构烧穿	焊接电流过大，焊接速度太慢或装配间隙太大
弧坑未填满	焊接电流下方的液态熔池表面是下凹的	断弧时易形成
表面裂纹及气孔	表面裂纹及气孔	操作不当等

2)内部缺陷

钢管焊接内部缺陷见表 7.2。

表 7.2　钢管焊接内部缺陷

内部缺陷类型	表　现	产生原因
未焊透	根部未焊透、中心未焊透、边缘未焊透、层间未焊透等	坡口角度和间隙太小，钝边太厚；焊接速度太大，焊接电流过小或电弧偏斜，坡口表面不洁净等
夹渣	氧化物、氮化物或熔渣中个别难熔的成分来不及自熔池中浮出而残留于焊缝金属中	焊缝金属冷却过快
气孔	可能单个存在，也可能呈网状、针状	焊接过程中形成的气体来不及排出
裂纹	发生于焊缝或母材中，可能存在于焊缝表面或内部	在焊后较低的温度下形成，又称焊接氢致裂纹或延迟裂纹

3)无损探伤

对于内部缺陷可以用物理方法在不损害焊接接头完整性的条件下去发现，因此称为无损探伤。常用的无损探伤方法有射线探伤法（χ 射线或γ 射线）、超声波探伤法、磁力探伤法和液体渗透探伤法。

(1)射线探伤。

射线源产生的χ 射线或γ 射线有较强的穿透物质的能力。当射线穿过不同物质时，会引起不同程度的衰减而产生强度差异，从而使感光胶片上产生不同程度的感光。当焊缝中有裂纹、气孔、夹渣、未焊透等缺陷时，则通过缺陷处的射线衰减程度小，相应部位上底片感光较强，底片冲洗后就可以清楚地显示出缺陷。

(2)超声波探伤。

频率高于 20000Hz 的声波称为超声波，是一种超声频的机械振动波。超声波由固体传向空气时，在界面上几乎全部被反射回来，即超声波不能通过空气与固体的界面。如金属中有气孔、裂纹或分层等缺陷，因缺陷内有空气存在，超声波传到金属与缺陷边缘时就全部被反射回来。超声波的这种特性可用于探伤。

由于超声波探伤灵敏度高，速度快，设备轻便灵巧，不用冲洗照片，对人体无害等优点，应用越来越广泛，在 8mm 以上的钢板检查中大量采用。其主要缺点是对缺陷尺寸的判断不够精确，辨别缺陷性质的能力较差。

(3)磁力探伤。

钢管和储气罐等均为铁磁性体，磁力线将以平行直线均匀分布，若遇有未焊透、夹渣或裂纹等缺陷时，因为缺陷处的磁导率低，就会发生磁力线弯曲，部分磁力线还可能泄漏到外部空间，形成局部泄漏磁通。由金属内部缺陷所引起的局部泄漏磁通将聚集在缺陷的上面，从而指出缺陷隐藏的位置。

(4)液体渗透探伤。

液体渗透探伤剂由渗透剂、清洗剂和显像剂配制而成，利用毛细作用将渗透剂渗入工件表面开口缺陷处，擦去表面多余的渗透剂后，再用显像剂将缺陷中的渗透剂吸附到工件表面，即可将表面缺陷显示出来。

7.2.4 PE管的施工

1. 热熔焊接

热熔焊接原理是将两个平整的端面紧贴在加热板上，加热直到熔融，移走加热板，将两个熔融的端面靠在一起，在压力作用下保持一段时间，然后让接头冷却。

热熔焊接常用于公称直径大于63mm的管材的连接，将一定温度的加热板放在对好的两管或管件之间加热一定时间，抽掉加热板，将要焊的两端在一定压力下迅速对接在一起并保压一定时间冷却，即可形成一个强度高于管材本体强度的接口。

图7.31 PE管热熔焊接

2. 电熔焊接

电熔焊接(图7.31)是通过对预埋于电熔管件内表面的电热丝通电而使其加热，从而达到熔接的目的。电熔熔接的优点是熔接施工迅速、焊口可靠性高、保持管道内壁光滑、不影响流量。电熔焊接可用于不同牌号的聚乙烯原料生产的管材和管件及不同熔融指数聚乙烯生产的高密度管材和管件。电熔焊接常用于公称直径小于63mm的管材的连接。

7.2.5 埋地钢管的防腐处理

1. 埋地钢管腐蚀的原因

钢制燃气管道按其腐蚀的部位不同，分为内壁腐蚀和外壁腐蚀。

1)内壁腐蚀

燃气中的凝结水在管道内壁生成一层亲水膜，形成原电池腐蚀的条件，产生电化学腐蚀。输送的燃气中含有硫化氢、氧或其他腐蚀性化合物直接和金属起反应，引起化学腐蚀。

2)外壁腐蚀

外壁腐蚀主要发生在架空和埋地的燃气钢管，腐蚀原因有：

(1)化学腐蚀，土壤中的腐蚀性物质或细菌等会对埋地钢管造成腐蚀，而空气中的氧气和水都会对架空管道造成腐蚀。

(2)电化学腐蚀，埋地钢管与土壤之间形成回路，发生电化学作用，钢管阳极区的金属离子不断电离而受到腐蚀，从而使钢管表面出现凹穴，以至穿孔。

(3)杂散电流对钢管的腐蚀，外界各种电气设备的漏电与接地，在土壤中形成杂散电流，与埋地钢管、土壤构成回路，在电流离开钢管流入土壤处，管壁产生腐蚀。

2. 埋地钢管的防腐处理

1)除锈

为了使防腐绝缘层能够牢固地黏附在钢管表面，就必须清除钢管表面形成的氧化皮、铁锈。常用的除锈方法有工具除锈、喷射除锈和化学除锈。

2)防腐绝缘层

(1)石油沥青涂层；

(2)PE涂层(二层PE和三层PE，图7.32)；

(3)聚乙烯防腐胶粘带；

(4)环氧煤沥青涂层；

(5)熔结环氧粉末涂层；

(6)煤焦油瓷漆防腐层。

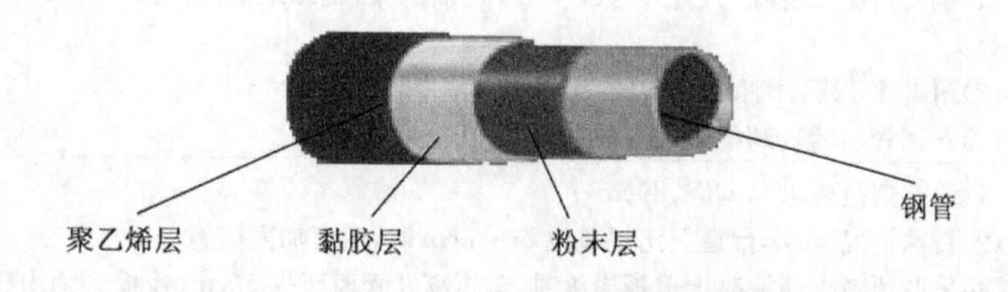

图7.32 三层PE防腐钢管结构图

3. 防腐绝缘层的检验

绝缘层质量检验包括钢管内外壁除锈、油漆、包扎和成品检验。

(1)钢管除锈必须达到管壁呈现出金属光泽，并及时清除表面灰尘，在保持管壁干燥的状态下立即涂上冷底油和油漆。

(2)钢管外壁绝缘层的包扎应符合规定的技术要求的层次和厚度，吊装时不得将钢丝绳直接绕缠于绝缘层上，下沟时损坏部位应按规定要求修补。

(3)绝缘层的外观要求光滑、无气泡、无损坏和针孔、裂纹、皱折，玻璃丝布要缠紧于管外壁而不下垂，压边搭头均匀、无空白。底漆和冷底油必须分层涂刷均匀，无空白、凝块和流痕。

(4)绝缘层在符合外观要求的条件下应对其内部使用“管道电火花检漏仪”进行耐电压测试，耐电压要求为12kV。

(5)在全部钢管或分段敷设完成后，应用“防腐检漏仪”检查，如发现击穿点，表明绝缘层损坏，应进行修补。对于绝缘法兰必须用1000V摇表进行绝缘测试，电阻值应大于0.5～0.8MΩ，方可回填土。

7.2.6 土方回填

土方回填需要满足下列条件：

(1)管沟经过验收合格后，方可进行回填。

(2)沟槽内有积水必须先排除，方可进行回填。

(3)管沟回填时两侧对称下土，水平方向均匀铺平，用木夯捣实。

(4)回填至0.5m时铺设警示带。

(5)在管顶回填50cm厚的素土，不得含有腐殖土和工程垃圾；再回填开槽土方，分层夯实。

7.2.7 地下燃气管道施工质量检验

地下燃气管道施工质量检验的指标和质量标准见表7.3。

表7.3 地下燃气管道施工质量检验表

指标		质量标准
重要指标	气密性	实际压力降小于允许压力降
	坡度	(1)低压管不少于千分之四，中压管不少于千分之三，引入管不少于千分之十； (2)在管道上下坡度转折处或穿越其他管道之间时，个别地点允许连续三根管子坡度不小于千分之三； (3) 利用道路的自然坡度来设置水井，水井间距在直路上一般为200～300m左右
	组装与焊接	(1)环缝焊接V形坡口的几何尺寸应符合要求，<*Dg*700mm采用外三单面焊，≥*Dg*700mm采用外三里一双面焊； (2)达到三级焊缝标准； (3)焊接前，焊口周围内外表面必须保持清洁
	内外防腐	(1)铜管内涂二度红丹，管外底漆一度，三油二布，绝缘层总厚度6±0.5mm，包括现场组装焊接口处； (2)耐电压12kV测试合格； (3)在钢管吊、装、卸中采取有效措施，防止损坏防腐层
一般指标	深度	(1)符合规范要求(40,60,80cm)； (2)特殊情况下，车行道上比规范浅5～10cm时，应有加固措施； (3)采取预制钢筋混凝土盖板措施时，盖板离开管面至少10cm，盖板必须由管道二侧的一砖厚墙支承，砖墙应砌在原土上或三合土基础上
	覆土	(1) 覆土前沟内积水必须抽干，用干土覆盖； (2)管道两侧必须捣实； (3)车行道、管顶覆土要分层夯实； (4)管道上方30cm不允许泥石混覆
	管基	(1)挖土深度不超过管底标高； (2)过交叉路口管段的长洞、阀门、配件基础要垫预制混凝土板，在非交叉路口管道上的ϕ400mm以上(包括ϕ400mm)阀门、ϕ200mm以上(包括ϕ200mm)搭桥竖向弯管(1/16以上)需砌筑基础，其他接头长洞和配件下基础要夯实； (3)遇腐蚀性土壤要经过四面换土，换土处基础用黄沙袋或垫块分别垫于管子两端及管中三处
	管位	(1)与其他管道相平行时，净距离至少0.30 m(口径在ϕ300mm及ϕ300mm以上至少0.5m)，与其他管道交叉时，垂直净距离至少0.10m； (2)在特殊情况下因条件限制根据双方安全原则，允许局部管道平行净距不小于0.20m(口径在ϕ300mm及向ϕ300mm以上为0.40m)，垂直净距5cm，小于5cm须加支墩； (3)接头位置距其他管道外缘的距离应不影响今后维修； (4)排管管位应按图施工，允许偏差30cm
	操作工艺	(1)施工前应先掌握管道沿线地下资料，使管道走向合理； (2)钢管下沟后，应及时覆土，或采取措施，严防浮管； (3)管内无泥浆，阀门清洁； (4)钢弯头制作须符合要求； (5)管线上装阀门时，法兰盘应与连接的法兰盘对上，并自然吻合，且根据设计图安装； (6)组装焊接操作工艺按规范要求； (7)>500mm铜管插口与铸铁管承口连接时，插口应根据缝隙大小加5～7mm厚、200mm长铜板楔圈

7.3 地上燃气管道施工

7.3.1 管材的预制加工

1.管材的调直与弯曲

管子在安装之前,先检查管子是否平直,如有弯曲,应先调直后连接。常用的调直法为杠杆调直法,将管子的弯曲部位作支点,加力于点进行手工调整。调直时要不断变换支点的部位,使弯曲管均匀调直而不变形损坏。小口径的调直,可以用锤击法将弯曲管调直。大口径的焊接钢管、无缝钢管则可以采用热煨校正。

管道施工中,为了施工方便、敷设美观,在管道变换部位或跨越障碍物的时候经常采用弯管。弯管时有以下要求:

(1)管子弯曲部位应保持圆润,不得有折皱。

(2)弯曲的角度一般不超过45°。

(3)弯曲部分应保持原管径,不得凹瘪。

(4)有焊缝的钢管焊缝应放在弯曲部分的外侧,以便于检查弯曲后可能产生的裂纹。

(5)弯曲部分盘绕障碍物的位置,应对称于被跨越障碍物的中心,不得影响美观。

(6)弯曲部分与直管应在同一轴线上。

2.镀锌钢管的切割与螺纹铰制

1)镀锌钢管的切割

工地上切割主要使用砂轮切割机和绞制螺纹割管两用机。切割管子时除被切管子有夹持外还应有支架支撑。使用砂轮切割机时砂轮片必须有遮盖半周以上的防护罩;操作时应缓慢加力,不得使其突然受力或突然冲击力,防止砂轮破碎伤人。

切口应符合下列规定:

(1)切口表面应平整,无裂纹、重皮、毛刺、凹凸、缩口、熔渣等缺陷。

(2)切口端面(切割面)倾斜偏差不应大于管子外径的1%,且不得超过3mm;凹凸误差不得超过1mm。

(3)应对不锈钢波纹软管、燃气用铝塑复合管的切口进行整圆。不锈钢波纹软管的外保护层,应按有关操作规程使用专用工具进行剥离后,方可连接。

2)镀锌钢管的螺纹铰制

(1)管材与工具的选取,按照施工需要选择相应的镀锌钢管和施工工具。

(2)镀锌钢管的检验,管材要顺直、表面光滑、无破损、端口无变形。

(3)电动套丝机的操作,先检查机械设备是否能正常运转;再检查安装的板牙是否完整、是否配套,按序号安装板牙;然后调整刻度与管材的型号相符合。

(4)螺纹的铰制,先将镀锌钢管固定在套丝机的卡座上,固定牢固;再开动机器螺纹铰制,将螺纹出的螺纹与管螺纹标准对应,不符合继续调整刻度,直至最终管螺纹出的螺纹符合标准;将刻度固定,相同公称直径的管材可以批量加工,如要铰制不同口径的管材,需要重新调整刻度。

(5)螺纹的检验,铰制出的螺纹外观要光滑、螺纹完整、有锥度,且与管轴心垂直。螺纹要符合管螺纹标准(表7.4)。

表7.4 管螺纹标准

公称直径,mm	15(1/2)	20(3/4)	25(1)	32(5/4)	40(3/2)	50(2)
每25mm牙数	14	14	11	11	11	11
有效螺纹长度,mm	15	17	19	22	22	26
完整牙数	8～9	9～10	8～9	9～10	9～10	11～12
旋紧牙数	6	6	6	6	7	9

7.3.2 管道的安装

1.干管的安装

(1)按施工草图,进行管段尺寸核对,按系统分组编号,码放整齐。

(2)安装卡架,按设计要求或规范规定间距安装。

(3)引入管穿过建筑物基础时,应设置在套管中,考虑建筑物沉降,套管应比引入管大两号。居民用户的引入管应尽量直接引入厨房内,也可以由楼梯间引入。公共设施的引入管位置,应尽量直接引至安装燃气设备或燃气表的房间内。

(4)干管安装应从进户引入管后或分支路管开始,装管前要检查管腔并清理干净。

(5)室内燃气管道与电气设备、相邻管道、设备之间的最小净距应符合表7.5的规定。

表7.5 室内燃气管道与电气设备、相邻管道、设备之间的最小净距

名称		平行敷设	交叉敷设
电气设备	明装的绝缘电线或电缆	25cm	10cm
	暗装或管内绝缘电线	5cm(从所作的槽或管子的边缘算起)	1cm
	电插座、电源开关	15cm	不允许
	电压小于1000V的裸露电线	100cm	100cm
	配电盘、配电箱或电表	30cm	不允许
相邻管道		应保证燃气管道、相邻管道的安装、检查和维修	2cm
燃具		主立管与燃具水平净距不应小于30cm;灶前管与燃具水平净距不得小于20cm;当燃气管道在燃具上方通过时,应位于抽油烟机上方,且与燃具的垂直净距应大于100cm	

(6)室内管道穿墙或楼板时,应置于套管中,套管内不得有接头。穿墙套管的长度应与墙的两侧平齐,穿楼板套管上部应高出楼板30～50mm,下部与楼板平齐,如图7.33所示。

(7)管道安装完毕,检查坐标、标高、预留口位置和管道变径等是否正确,然后找直,用水平尺校对复核坡度,调整合格后再调整U形卡紧固。

2.立管的安装

(1)核对各层预留孔洞位置是否垂直,吊线、剔眼、栽卡子。将预制好的管道按编号顺序运到安装地点。

(2)安装前先卸下阀门盖,有钢套管的先穿到管上,按编号从第一节开始安装。涂铅油缠麻将立管对准接口转动入扣,一把管锥咬住管件,一把管钳拧管,拧到松紧适度,对准调直标记要求,螺纹外露2～3扣,预留口平正为止,并清净麻头。

(3)检查立管的每个项留口标高、方向等是否准确、平正。将事先栽好的管卡子松开,把管放入卡内拧紧螺栓，用吊杆、线坠从第一节开始找好垂直度，扶正钢套管，最后配合土建填堵好孔洞，预留口必须加好临时丝堵。立管截门安装朝向应便于操作和修理。

(4)燃气立管一般敷设在厨房内或楼梯间。当室内立管管径不大于 50mm 时，一般每隔一层楼装设一个活接头，位置距地面不小于 1.2m。遇有阀门时，必须装设活接头，活接头的位置应设在阀门后边。管径≥50mm 的管道上可不设活接头。

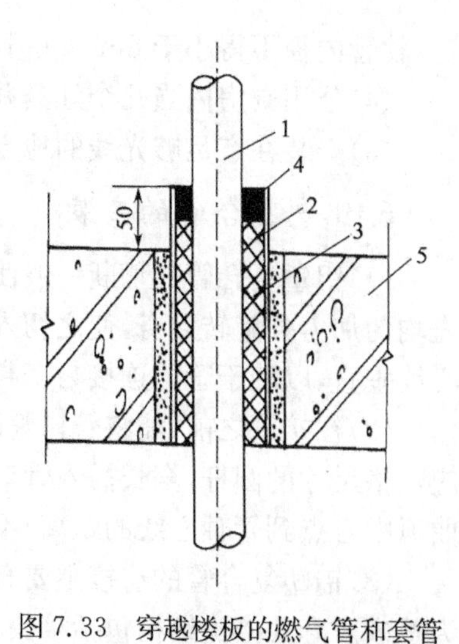

图 7.33　穿越楼板的燃气管和套管
1—立管；2—钢套管；3—浸油麻丝；4—沥青；5—钢筋混凝土楼板

3. 支管的安装

(1)检查燃气表安装位置及立管预留口是否准确，量出支管尺寸和灯叉弯的大小。

(2)安装支管，按量出支管的尺寸，然后断管、套丝和调直。

(3)用钢尺、水平尺、线坠校对支管的平行距墙尺寸，复查立管及燃气表有无移动，合格后用支管替换下燃气表。按设计或规范规定压力进行系统试压及吹洗，吹洗合格后在交工前拆下连接管，安装燃气表。合格后办理验收手续。

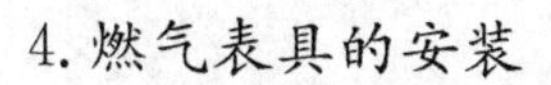

4. 燃气表具的安装

(1)室内燃气表一般与管道采用螺纹连接。

(2)膜式燃气表安装方法：流量小于 $65m^3/h$ 的燃气表可安装在墙上，当采用高位安装时，表后距墙净距不宜小于 30mm，并应加表托固定；采用低位安装时，应平稳地安装在高度不小于 200mm 的砖砌支墩或钢支架上，表后与墙净距不应小于 30mm。

(3) 流量大于 $65m^3/h$ 的燃气表应平整安装在地面的砖台上，或平整地安装在高度不小于 200mm 的砖砌支墩或钢支架上，表后与墙净距不宜小于 150mm。

(4) 燃气表安装要求横平竖直，不得倾斜，表的垂直度偏差不得小于 10mm，表应有支托架。皮膜燃气表的进出口管应采用钢管或镀锌管；螺纹连接要严密。皮膜安装燃气表时应注意表的进出口方向，严禁错位安装。表接头装置的橡胶圈不得扭曲变形并且要放稳放实，不得有漏气现象。

(5) 燃气计量表与燃具和设备的水平净距应符合下列规定：

①距金属烟囱不应小于 80cm，距砖砌烟囱不宜小于 60cm；

②距炒菜灶、大锅灶、蒸箱和烤炉等燃气灶具灶边不宜小于 80cm；

③距沸水器及热水锅炉不宜小于 150cm；

④当燃气计量表与燃具和设备的水平净距无法满足上述要求时，加隔热板后水平净距可适当缩小。

5. 燃气灶具的安装

(1)灶具应水平放置在耐火台上，灶台高度一般为 650mm，不宜大于 80cm；燃气灶具与墙净距不得小于 10cm，与侧面墙的净距不得小于 15cm，与木质门、窗及木质家具的净距不得小于 20cm。

(2)当灶和燃气表之间硬接时，其连接管道的管径不小于 *DN*15mm，并应装有活接头一个。

(3)灶具如为软连接时，连接软管长度不得超过 2m，软胶管与波纹管接头间应用卡箍固定，软管内径不得小于8mm，并不应穿墙。

(4)公用厨房内当几个灶具并列安装时，灶与灶之间的净距不应小于500mm。

(5)安装在有足够光线的地方，但应避免穿堂风直吹灶具。

6. 铝塑复合管的安装

(1)铝塑复合管的切断一般使用专用管剪，裁切前首先须将切口处的管段调直，裁切时应先均匀加力并旋转刀身，使之切入管壁至管腔，然后将管剪断。切口断面要平齐，尽量与管中心线垂直，以利于管的连接与密封。

(2)在接管之前，需将管口整圆。管口的整圆用整圆器来进行，操作时，只需将整圆器上相应规格尺寸的圆杆，全长插入管口，然后抽出即可。铝塑复合管可直接用手弯曲，弯曲半径(弯曲弧中心点到管轴心线的距离)不能小于管外径的5倍。

(3)铝塑复合管的连接主要有卡套式连接和扣压式连接两种，其中又以卡套式连接方式最为普遍。套式接头结构包括接头本体、C形压环和紧固螺帽。

(4)管道的连接操作，先将螺帽、C形压环先后套在管子端头；再将接头本体的内芯全长插入经整圆的管口内；最后拉回C形压环和螺帽，然后用扳手将螺帽拧固在接头本体的外螺纹上。

(5)管接头的主材一般为黄铜，连接紧固时用力要恰当，不能拧得过紧，以免对接头造成损坏。

铝塑管的应用如图7.34所示。

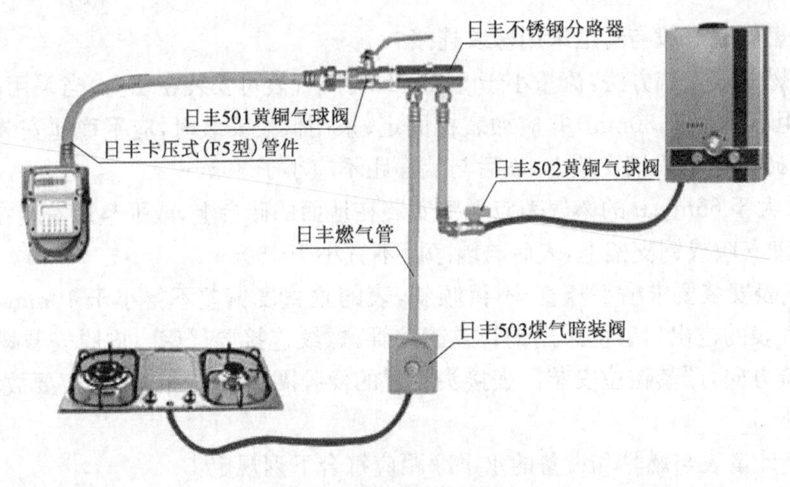

图7.34 铝塑管的应用

7.3.3 地上燃气管道施工质量检验

1. 外观检验

(1)坡度。地上燃气管道的横向坡度规定为1‰～3‰，暗管横向坡度为3‰～5‰，室外管坡度不小于3‰，室内管坡度不小于1‰。竖管要求与水平垂直，允许1‰的偏斜。

(2)稳固性。燃气地上管要求固定在墙、支架等牢固的建筑物上，卡件与支架应与管径相配合，其间距符合要求，并设置稳固。

(3)合理性。管线的走向是否合理，卡件、支架设置是否合理。

(4)美观。燃气表安装端正，管子靠墙管位适当，走向合理；弯势大小恰当，位置正确；支架、卡件设置整齐，管道设备整齐清洁有舒适感。

2. 燃气管道的吹扫

燃气管道吹扫一般有气体吹扫和清管球清扫两种。聚乙烯管道和公称直径小于100mm或长度小于100m的钢质管道，可采用气体吹扫；公称直径大于100mm的钢质管道宜采用清管球吹扫。

1)气体吹扫的一般要求

(1)吹扫介质在管内实际流速不宜小于20m/s。

(2)吹扫时的最高压力不得大于管道的设计压力。

(3)吹扫口应设在开阔地带并加固，吹扫时应设安全区域，吹扫口附近严禁站人。

(4)每次吹扫管道的长度不宜超过500m；当管道长度超过500m时，宜分段进行吹扫。

(5)吹扫顺序应从大管到小管，从主管到支管。

(6)吹扫管段内的调压器、阀门、流量计、过滤器、燃气表等设备不得参与吹扫，待吹扫合格后再恢复安装。

(7)当目测排气无烟尘时，应在排气口设置白布或白漆木靶板检验，5min内靶上无铁锈、尘土等其他杂物为合格。

2)清管球清扫的一般要求

(1)长度超过500m时宜分别进行清扫。长度较长和管径较大的管道在通球时，管道沿线的一些部位，如急转弯、坡度立管等处，应设监听点，注意观察通球情况。

(2)放球时应注意检查清管球的密封状态，是否进入清扫管段，并处于卡紧密封状态。

(3)收球装置的排气管安装必须牢固，并接往开阔地带排放。

(4)必须做好通球的有关记录，作为工程的原始资料。

(5)通球管道直径必须同一规格，不能有变径。

(6)管道弯头必须光滑，不能使用焊接弯头。

(7)阀门及管道附属设备应在清管通球后安装。

(8)清管通球清扫次数至少为两次，清扫完后目测排气无烟尘时，用白布或白漆木靶检验，5min内靶上无铁锈、尘土等其他杂物为合格。

3. 燃气管道耐压试验与气密性检验

室内燃气管道应进行耐压和气密性两种检验，检验介质为压缩空气或氮气，检验温度应为常温。测量压力仪表用玻璃U形压力计。耐压检验为自进气管总阀门至每个接灶管转心门之间的管段。检验时不包括煤气表，装表处应用短管将管道暂时先连通。气密性检验，在上述范围内增加所有灶具设备，如图7.35所示。

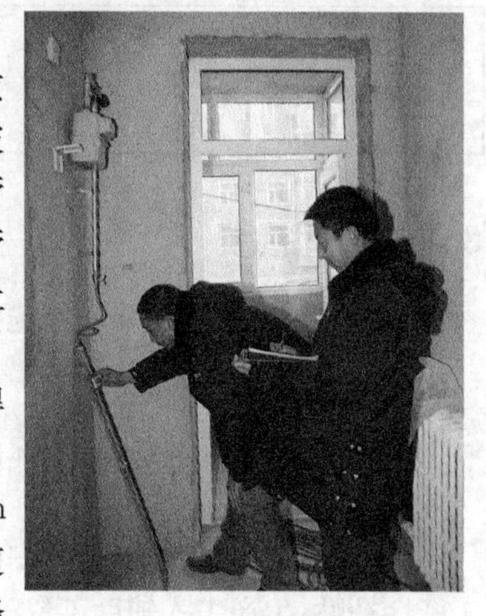

图7.35 室内管道气密性检验

耐压检验：管道系统打压0.1MPa后，用肥皂水检查焊缝和接头处，无渗漏，同时压力也未急剧下降为合格。

严密度检验：管道系统内不装煤气表时，打压至700mm水柱后，观察10min，压力降不超过20mm水柱为合格；管道系统内装有煤气表时，打压至300mm水柱，观察5min，压降不超过20mm水柱为合格。

第8章 燃气工程预算

8.1 燃气安装工程费用

建筑安装工程费用包括建筑工程费和安装工程费两部分。建筑工程费指建设项目设计范围内的建设场地平整、土石方工程费;各类房屋建筑及附属于室内的供水、供热、卫生、电气、燃气、通风空调、弱电、电梯等设备及管线工程费;各类设备基础、地沟、水池、冷却塔、烟囱烟道、水塔、栈桥、管架、挡土墙、围墙、厂区道路、绿化等工程费;铁路专用线、厂外道路、码头等工程费。安装工程费指主要生产、辅助生产、公用等单项工程中需要安装的工艺、电气、自动控制、运输、供热、制冷等设备及装置安装工程费;各种工艺、管道安装及衬里、防腐、保温等工程费;供电、通信、自控等管线电缆的安装工程费。

我国现行建筑安装工程费构成见表8.1。

表8.1 我国现行建筑安装工程费构成

<table>
<tr><th>费用项目</th><th colspan="3">参考计算方法</th></tr>
<tr><td rowspan="4">直接费</td><td rowspan="3">直接工程费</td><td>人工费</td><td>Σ(人工工日概预算造价定额×日工资单价×实物工程量)</td></tr>
<tr><td>材料费</td><td>Σ(材料概预算造价定额×材料造价价格×实物工程量)</td></tr>
<tr><td>施工机械使用费</td><td>Σ(机械概预算造价定额×机械台班造价单价×实物工程量)</td></tr>
<tr><td>措施费</td><td colspan="2">环境保护、文明施工、安全施工、临时设施、夜间施工、二次搬运、大型机械设备进出场及安拆、混凝土、钢筋混凝土模板和支架、脚手架、已完工程设备保护、施工排水降水</td></tr>
<tr><td rowspan="2">间接费</td><td>规费</td><td colspan="2">工程排污费、工程定额测定费、社会保障费(养老保险费、失业保险费、医疗保险费)、住房公积金、危险作业意外伤害保险</td></tr>
<tr><td>企业管理费</td><td colspan="2">管理人员工资、办公费、差旅交通费、固定资产使用费、劳动保护费、工会经费、职工教育经费、财产保险费、财务费、税金、其他</td></tr>
<tr><td colspan="3">利润</td><td>土建工程:(直接工程费+间接费)×利润率
安装工程:人工费×取费率</td></tr>
<tr><td colspan="3">税金</td><td>(直接工程费+间接费+利润)×税率</td></tr>
</table>

8.1.1 直接费

直接费由直接工程费和措施费组成。

1. 直接工程费

在施工过程中构成工程实体的各项费用,包括人工费、材料费、施工机械使用费。

1)人工费

人工费是指直接从事建筑安装工程施工的生产工人开支的各项费用,内容包括基本工资、工资性补贴、生产工人辅助工资、职工福利费及劳动保护费。

人工费的开支范围包括直接从事施工的生产工人,施工现场水平运输、垂直运输的工人,附属生产的工人和辅助生产的工人，但不包括材料采购和保管以及材料到达工地之前运输装卸的工人、驾驶施工机械和运输工具的工人和现场管理费开支的人员。

2)材料费

材料费是指施工过程中耗费的构成工程实体的原材料、辅助材料、构配件、零件、半成品的费用，内容包括材料原价(或供应价格)、材料运杂费、运输损耗费、采购及保管费、检验试验费。

3)施工机械使用费

施工机械使用费是指施工机械作业所发生的机械使用费以及机械安拆费和场外运费。施工机械台班单价应由下列费用组成：折旧费、大修理费、经常修理费、安拆费及场外运费、人工费、燃料动力费、养路费及车船使用税。

2. 措施费

措施费是指为完成工程项目施工，发生于该工程施工前和施工过程中非工程实体项目的费用，内容包括：环境保护费、文明施工费、安全施工费、临时设施费、夜间施工费、二次搬运费、大型机械设备进出场及安拆费、混凝土、钢筋混凝土模板及支架费、脚手架费、已完工程及设备保护费、施工排水、降水费等。其中临时设施包括：临时宿舍、文化福利及公用事业房屋与构筑物、仓库、办公室、加工厂，以及规定范围内道路、水、电、管线等临时设施和小型临时设施。临时设施费用包括：临时设施的搭设、维修、拆除费或摊销费。

8.1.2 间接费

间接费由规费、企业管理费组成。

1. 规费

规费指政府和有关权力部门规定必须缴纳的费用，包括：工程排污费、工程定额测定费、社会保障费、住房公积金、危险作业意外伤害保险等。其中，社会保障费包括：养老保险费、失业保险费、医疗保险费等。

2. 企业管理费

企业管理费指建筑安装企业组织施工生产和经营管理所需费用，包括：管理人员工资、办公费、差旅交通费、固定资产使用费、工具用具使用费、劳动保险费、工会经费、职工教育经费、财产保险费、财务费、税金等。其中税金指企业按规定缴纳的房产税、车船使用税、土地使用税、印花税等。其他间接费用还有技术转让费、技术开发费、业务招待费、绿化费、广告费、公证费、法律顾问费、审计费、咨询费等。

8.1.3 利润

利润是指施工企业完成所承包的工程获得的盈利。利润依据不同投资来源或不同工程类别，实行差别利润率。

8.1.4 税金

按国家规定计入建筑安装工程造价内的营业税、城市建设维护税和教育费附加。

1. 营业税

营业税，税法规定以营业收入额为计税依据计算纳税，税率为3%。计算公式如下：

营业税=计税营业额×3%

计税营业额是指从事建筑、安装、修缮、装饰及其他工程作业取得的全部收入,还包括建筑、修缮、装饰工程所用原材料及其他物资和动力的价款。当安装的设备价值作为安装工程产值时,亦包括所安装设备的价款。但建筑安装工程总承包方将工程分包给他人的,其营业额中不包括付给分包方的价款。

2. 城市维护建设税

城市维护建设税,是指用于城市的公用事业和公共设施的维护建设,是以营业税额为基础的计税。因纳税人地点不同其税率分别为:纳税人所在地为市区,税率为7%;纳税人所在地为县城、建制镇,税率为5%;纳税人所在地不在市区、县城、建制镇,则税率为1%。计算公式如下:

城市维护建设税=营业税额×规定税率

3. 教育费附加

建筑安装企业的教育费附加要与其营业税同时缴纳,以营业税额为基础计取,税率为3%。

将上述三种税率汇总并进行综合税率计算后得:

纳税人所在地在市区者综合税率为:3.413%;

纳税人所在地在县镇者综合税率为:3.348%;

纳税人所在地在农村者综合税率为:3.22%。

8.1.5 建设工程其他费用

1. 设备及工、器具购置费用

设备及工、器具购置费用是由设备购置费和工具、器具及生产家具购置费组成的。设备购置费是指为建设项目购置或自制的达到固定资产标准的各种国产或进口设备、工具、器具的购置费用,它由设备原价和设备运杂费组成。工具、器具及生产家具购置费是指新建或扩建项目初步设计规定的,保证初期正常生产必须购置的没有达到固定资产标准的设备、仪器、工卡模具、器具、生产家具和备品备件等的购置费用。

2. 工程建设其他费用

工程建设其他费用是指从工程筹建起到工程竣工验收交付使用止的整个建设期间,除建筑安装工程费用和设备及工、器具购置费用以外的,为保证工程建设顺利完成和交付使用后能够正常发挥效用而发生的各项费用。工程建设其他费用,按其内容大体可分为三类:土地使用费、与工程建设有关的其他费用、与未来企业生产经营有关的其他费用。

工程建设有关的其他费用主要包括建设单位管理费、勘察设计费、研究试验费、建设单位临时设施费、工程监理费、工程保险费、供电贴费、施工机构迁移费、引进技术和进口设备其他费用、工程承包费等。

与未来企业生产经营有关的其他费用主要包括联合试运转费、生产准备费、办公和生活家具购置费等。

3. 预备费、建设期贷款利息、固定资产投资方向调节税

预备费包括基本预备费和价差预备费两部分费用。基本预备费是指在初步设计及概算内

难以预料的工程费用。价差预备费也称为涨价预备费，它是指建设项目在建设期内由于价格等变化引起工程造价变化的预留费用。

建设期贷款利息指建设项目以负债形式筹集资金在建设期应支付的利息，包括向国内银行和其他非银行金融机构贷款、出口信贷、外国政府贷款、国际商业银行贷款以及在境内外发行的债券等在建设期内应偿还的借款利息。

为了贯彻国家产业政策，控制投资规模，引导投资方向，调整投资结构，加强重点建设，促进国民经济持续稳定协调发展，对在我国境内进行固定资产投资的单位和个人征收固定资产投资方向调节税。

8.2 燃气安装工程的定额

8.2.1 定额概述

1. 定额的定义

定额是人们根据各种不同的需要，对某一事物规定的数量标准，是一种规定的额度。建设工程定额是指在正常的施工条件和合理劳动组织、合理使用材料及机械的条件下，完成单位合格产品所必须消耗资源的数量标准，其中的资源主要包括在建设生产过程中所投入的人工、机械、材料和资金等生产要素。建设工程定额反映了工程建设投入与产出的关系，它一般除了规定的数量标准以外，还规定了具体的工作内容、质量标准和安全要求等。

2. 定额的分类

(1)按定额反映的物质消耗性质分类：工程建设定额可分为劳动消耗定额、材料消耗定额及机械台班消耗定额三种形式。在工程建设领域，任何建设过程都要消耗大量人工、材料和机械。所以把劳动消耗定额、材料消耗定额及机械台班消耗定额称为三大基本定额，它们是组成任何使用定额消耗内容的基础。三大基本定额都是计量性定额。

(2)按定额编制程序和用途分类：工程建设定额可以分为施工定额、预算定额、概算定额、估算定额。

(3)按照管理权限和适用范围分类：工程建设定额可以分为全国统一定额、专业部门定额、地区统一定额、企业定额、临时定额。

8.2.2 燃气安装工程定额的编制

1. 施工定额

施工定额是施工企业根据专业施工的作业对象和工艺制定，用于对工程施工管理的定额，是建筑安装工人合理的劳动组织或工人小组在正常施工条件下，为完成单位合格产品所需劳动、机械、材料消耗的数量标准。施工定额分为劳动消耗定额、材料消耗定额、施工机械使用定额三种。

1)劳动消耗定额

劳动消耗定额是指在正常施工技术条件和合理劳动组织条件下，为完成单位合格产品的施工任务所需消耗的工作时间，或在一定的工作时间中生产工人必须完成合格产品的施工任务的数量。可以用时间定额和产量定额两种形式表示。

(1)时间定额。

时间定额是完成单位合格工程建设产品的施工任务所必需消耗的工时数量。它以正常的施工技术和合理的劳动组织为条件，以一定技术等级的工人小组或个人完成质量合格的工程建设产品的施工任务为前提。

时间定额包括准备与结束工作时间、基本工作时间、辅助工作时间、不可避免的中断时间及必需的休息时间等。

时间定额以一个工人 8h 工作日的工作时间为 1 个“工日”单位：

时间定额＝班组成员劳动时间总和(工日)÷班组完成的成品数量

(2)产量定额。

产量定额是指在单位时间(一个工日)内必须完成合格产品的施工任务的数量。产量定额同样是要以正常的施工技术和合理的劳动组织为条件，以一定技术等级的工人小组或个人完成质量合格产品的施工任务为前提。

产量定额＝班组完成的成品总数÷班组成员劳动时间总和(工日)

2)材料消耗定额

材料消耗定额是指在节约与合理使用材料的条件下，完成单位合格产品(单位工程量)所需消耗的各种材料、成品、半成品、构件、配件及动力的标准数值。材料消耗定额指标由直接消耗的净用量和不可避免的操作、场内运输损耗量两部分组成：

材料消耗定额指标＝净用量＋损耗量

3)施工机械使用定额

施工机械使用定额是指在正常施工条件和合理组织条件下，完成单位合格产品，必须消耗的各种机械设备作业时间(台班量)的标准数值。可以用机械时间定额和机械产量定额两种形式表示：

机械时间定额＝机械消耗的台班量总数÷机械完成的产品总数(工程量)

机械产量定额＝机械完成的产品总数(工程量)÷机械消耗的台班量总数

2. 预算定额

预算定额是指在正常的施工条件下，为完成单位合格工程建设产品(结构件、分项工程)的施工任务所需人工、机械、材料消耗的数量标准。

预算定额的作用：

(1)预算定额是编制施工图预算、确定建筑安装工程造价的基础。

(2)预算定额是编制施工组织设计的依据。

(3)预算定额是工程结算的依据。

(4)预算定额是施工单位进行经济活动分析的依据。

(5)预算定额是编制概算定额的基础。

(6)预算定额是合理编制招标标底、投标报价的基础。

3. 概算定额和概算指标

建筑工程概算定额，是指在正常的施工生产条件下，完成一定计量单位的工程建设产品(扩大结构构件或分部扩大分项工程)所需要的人工、材料、机械消耗数量和费用的标准。

概算定额的作用如下：

(1)概算定额是编制投资计划、控制投资的依据。

(2)概算定额是编制设计概算、进行设计方案优选的重要依据。

(3)概算定额是施工企业编制施工组织总设计的依据。

(4)根据概算定额可以编制建设工程的标底和报价，进行工程结算。

(5)概算定额是编制投资估算指标的基础。

概算指标以统计指标的形式反映工程建设过程中生产单位合格工程建设产品所需资源消耗量的水平。它比概算定额更为综合和概括，通常是以整个建筑物和构筑物为对象，以建筑面积、体积或成套装置的台或组为计量单位，包括人工、材料和机械台班的消耗量标准及造价指标。

8.3 燃气安装工程概预算的编制

8.3.1 工程量清单计价的编制

1. 工程量清单概述

工程量清单是表现拟建工程的分部分项工程项目、措施项目、其他项目名称和相应数量的明细清单，是按照招标要求和施工设计图纸要求规定将拟建招标工程的全部项目和内容，依据统一的工程量计算规则、统一的工程量清单项目编制规则要求，计算拟建招标工程的分部分项工程数量的表格，见表 8.2。

表 8.2 分部分项工程量清单

(招标工程项目名称)工程　　　　共 页 第 页

序　号	项目编码	项目名称	计量单位	工程量
1		(分项工程名称)		
2		(分项工程名称)		
3		(分项工程名称)		
4		(分项工程名称)		
5		(分项工程名称)		

1)工程量清单的项目设置

工程量清单的项目设置规则是为了统一工程量清单项目名称、项目编码、计量单位和工程量计算而制定的，是编制工程量清单的依据。在《建设工程工程量清单计价规范》中，对工程量清单项目的设置作了明确的规定。

(1)项目编码。

项目编码以五级编码设置，用十二位阿拉伯数字表示。一、二、三、四级编码统一；第五级编码由工程量清单编制人区分具体工程的清单项目特征而分别编码。各级编码代表的含义如下(图 8.1)：

第一级表示分类码(分二位)：建筑工程为 01、装饰装修工程为 02、安装工程为 03、市政工程为 04、园林绿化工程为 05；

第二级表示章顺序码(分二位)；

第三级表示节顺序码(分二位)；

第四级表示清单项目码(分三位)；

第五级表示具体清单项目码(分三位)。

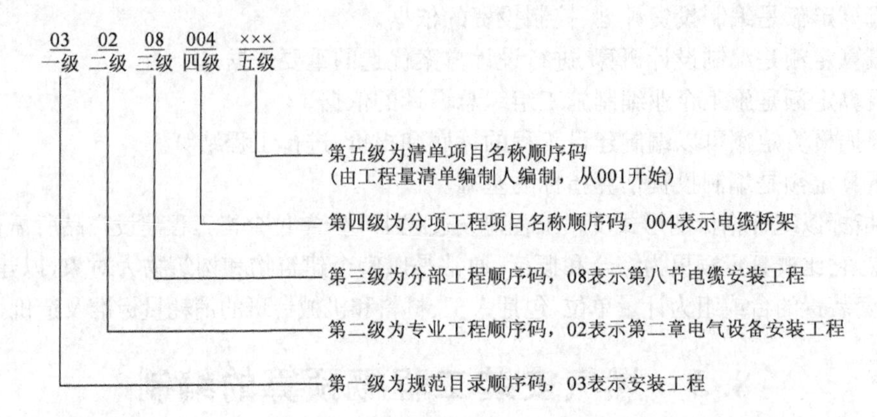

图 8.1 工程量清单项目编码结构

(2)项目名称。

项目名称原则上以形成工程实体而命名。项目名称如有缺项,招标人可按相应的原则进行补充,并报当地工程造价管理部门备案。

(3)项目特征。

项目特征是对项目的准确描述,是影响价格的因素,是设置具体清单项目的依据。项目特征按不同的工程部位、施工工艺或材料品种、规格等分别列项。凡项目特征中未描述到的其他独有特征,由清单编制人视项目具体情况确定,以准确描述清单项目为准。

(4)计量单位。

计量单位应采用基本单位,除各专业另有特殊规定外,均按以下单位计量:

以重量计算的项目——吨或千克(t 或 kg);

以体积计算的项目——立方米(m^3);

以面积计算的项目——平方米(m^2);

以长度计算的项目——米(m);

以自然计量单位计算的项目——个、套、块、樘、组、台等;

没有具体数量的项目——系统、项等。

各专业有特殊计量单位的,再另外加以说明。

(5)工程内容。

工程内容是指完成该清单项目可能发生的具体工程,可供招标人确定清单项目和投标人投标报价参考。

2)工程数量的计算

工程数量的计算主要通过工程量计算规则计算得到,见表 8.3。

表 8.3 工程量清单示例

序号	清单编码	项 目 名 称	计量单位	工程数量
		土石方工程		
1	010101003001	挖带形基础,二类土,槽宽 0.60m,深 0.80m,弃土运距 150m	m^3	300.00
2	010101003002	挖带形基槽,二类土,槽宽 1.00m,深 2.10m,弃土运距 150m	m^3	260.00
		以下略		

续表

序号	清单编码	项目名称	计量单位	工程数量
		砌筑工程		
3	010301003001	垫层,3∶7灰土厚15cm	m^3	80.00
4	010305001001	毛石带形基础,M5水泥砂浆砌,深2.1m	m^3	560.00
		混凝土及钢筋混凝土工程		
5	010412002001	预制钢筋混凝土构件楼板,C30,350mm×350mm×18mm,最大安装高度21.00m	m^3	68.00
		以下略		

2. 工程量清单计价的程序

工程量清单计价的基本过程可以描述为:在统一的工程量计算规则的基础上,制定工程量清单项目设置规则,根据具体工程的施工图纸计算出各个清单项目的工程量,再根据各种渠道所获得的工程造价信息和经验数据计算得到工程造价。从工程量清单计价过程的示意图中可以看出,其编制过程可以分为两个阶段:工程量清单格式的编制和利用工程量清单来编制投标报价。

3. 工程量清单计价的计算方法

$$分部分项工程费=\sum分部分项工程量\times分部分项工程单价$$

其中,分部分项工程单价由人工费、材料费、机械费、管理费、利润等组成,并考虑风险费用,如图8.2所示。

$$措施项目费=\sum措施项目工程量\times措施项目综合单价$$

其中,措施项目包括通用项目、建筑工程措施项目、安装工程措施项目和市政工程措施项目,措施项目综合单价的构成与分部分项工程单价构成类似。

$$单位工程报价=分部分项工程费+措施项目费+其他项目费+规费+税金$$

$$单项工程报价=\sum单位工程报价$$

$$建设项目总报价=\sum单项工程报价$$

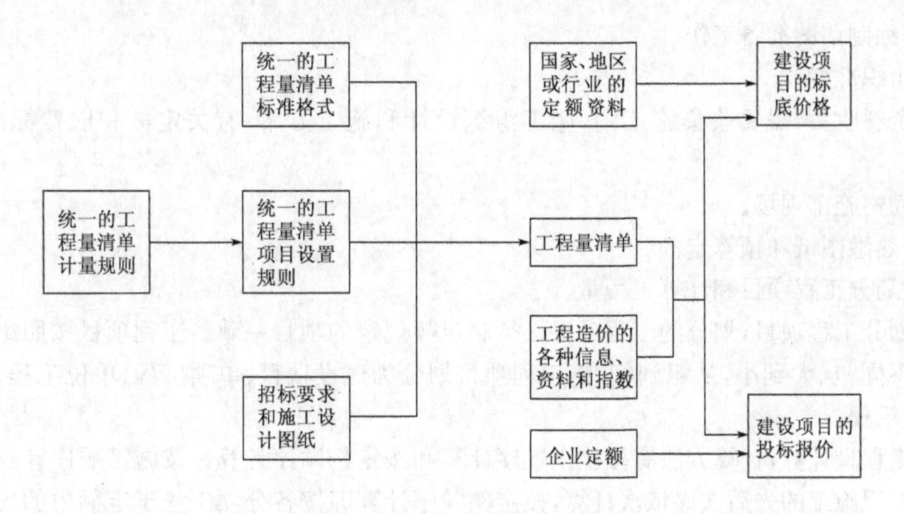

图8.2 工程量清单计价过程示意

8.3.2 施工图预算的编制

施工图预算是在施工图设计完成后，工程开工前，以已经批准的施工图为依据，根据消耗量定额、计费规则及人、材、机的预算价格编制的确定工程造价的经济文件。

1. 编制施工图预算的依据

(1)施工图纸及有关的标准图、通用图；

(2)适用的消耗量定额及计费规则；

(3)经过批准的施工组织设计或施工方案；

(4)人、材、机的价格信息及有关动态调价文件；

(5)建材五金手册及预算工作手册；

(6)工程的承包合同、招标文件。

2. 施工图预算的内容

(1)编制说明：

①编制依据；

②有关设计修改或图纸审核记录；

③后续项目或因故暂时停工的项目、暂估项目统计数及其原因说明；

④整个预算中存在问题及处理办法；

⑤其他事项。

(2)工程量计算表及工程量汇总表，主要内容包括：分项名称、规格型号、单位、数量。

(3)分项工程预算表和单位工程直接费。

(4)按规定计取各项费用，主要内容包括：工程直接费、间接费、计划利润、税金。

(5)工程造价。

(6)材料分析表。

(7)主要材料汇总。

3. 施工图预算的编制程序

(1)编制前的准备工作。

①组织准备；

②资料收集，需要收集施工图、施工组织设计和施工方案、有关定额和取费标准、有关合同；

③勘察施工现场。

(2)熟悉图纸和预算定额。

(3)划分工程项目和计算工程量。

①划分工程项目，划分的工程项目必须和定额规定的项目一致。工程项目按照组成部分的内容不同，从大到小，从粗到细，将工程项目划分为建设项目、单项工程、单位工程、分部工程、分项工程。

②工程量计算，计算方法有按施工顺序计算和按定额顺序计算。按施工顺序计算就是按各分项工程施工的先后次序依次计算，按定额顺序计算即按各分项工程于定额中的先后次序依次计算。

③工程量的整理与汇总。

(4)编制施工图预算表。

(5)运用定额计算直接费。

①按分项工程选套相应的定额项目来计算直接费：计算方法是用定额中规定的单位工程量的单位价值与数量相乘，乘积就是该分项工程的价值。然后将各项价值汇总(先分别求出人工费 $A1$，计价材料费 $A2$，机械费 $A3$ 的总和)求得直接费 A：

$$A=\Sigma(\text{定额单价}\times\text{工程量})$$

②技术措施项目费：技术措施项目费可根据《统一安装工程基价表》中的有关项目内容求出，而综合措施项目费是根据计算的人工费乘以一定的费率得到。

(6)计算其他费用，主要包括间接费、利润、税金，均采用人工费为计费基数乘上一定的费率来得到，见表 8.4。

表 8.4 施工图预算汇总表

项目费用			计算方法
直接工程费	直接费	人工费	Σ(某分项工程实物工程量×预算定额对应子目预算单价)
		材料费	
		机械费	
	其他直接费		直接费×相应费率
	现场经费	临时设施费	
		现场管理费	
间接费	企业管理费		直接工程费×相应费率
	财务费用		
	其他费用		
利润			(直接工程费+间接费)×利润率
税金			(直接工程费+间接费+利润)×综合税率
建筑安装工程价格			直接工程费+间接费+利润+税金

(7)计算工程预算造价并编制工程预算汇总表。

(8)编写施工图预算说明如图 8.3 所示。

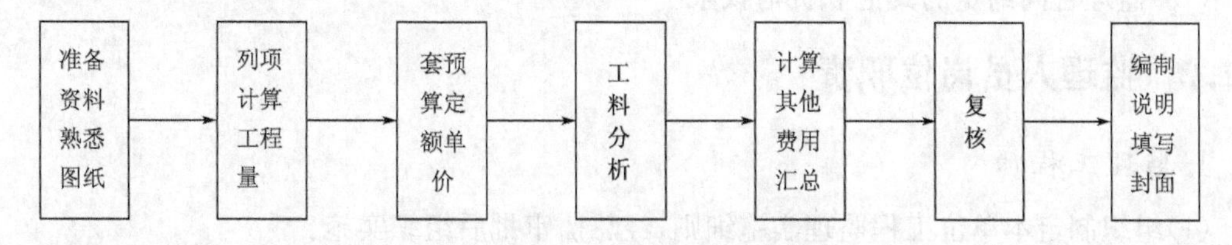

图 8.3 施工图预算编制步骤

(9)工料分析。

工料分析是根据分部分项工程量，运用消耗量定额，计算一个单位工程的全部人工需要量和各种材料消耗量。

$$\text{人工需要量}=\Sigma\ \text{分项工程量}\times\text{各工种工日消耗定额}$$

$$\text{材料消耗量}=\Sigma\ \text{分项工程量}\times\text{各种材料消耗定额}$$

第9章　燃气工程监理

9.1　监理机构设置及岗位职责

9.1.1　监理机构设置

监理单位依据监理合同派驻工程现场，由总监理工程师、监理工程师和监理员组成，全面履行监理合同的机构，监理机构的基本职责与权限如下：

(1)协助发包人选择承包人、设备和材料供货人；

(2)审核承包人拟选择的分包项目和分包人；

(3)审核并签发图纸；

(4)审批承包人提交的各类文件；

(5)签发指令、指示、通知、批复等监理文件；

(6)监督、检查施工过程及施工现场安全和环境保护情况；

(7)监督、检查工程施工进度；

(8)检验施工项目的材料、构配件、工程设备的质量和工程施工质量；

(9)处理施工中影响或造成工程质量和安全事故的紧急情况；

(10)审核工程计量，签发各类付款证书；

(11)处理违约、变更和索赔等合同实施中的问题；

(12)参与或协助发包人组织工程验收，签发工程移交证书；监督、检查工程保修情况，签发保修责任终止证书；

(13)主持施工合同各方之间关系的协调工作；

(14)解释施工合同文件；

(15)监理合同约定的其他职责与权限。

9.1.2　监理人员岗位职责

1. 监理工程师

(1)组织制定本单位工程监理实施细则，经总监审批后组织实施。

(2)对所负责控制的目标进行规划，建立实施目标控制的目标划分系统。

(3)监理目标控制系统中落实各控制子系统的负责人，制定控制工作流程，确定方法和手段，制定控制措施。

(4)检查和控制所负责工程的工程质量，进行合格签证，组织单项工程、隐蔽工程验收。

(5)审查材料和工艺实验成果，进行合格签证。

(6)审查有关承包人提交的计划、设计、方案、申请、证明、单据、变更、资料、报告。

(7)起草该单位工程的现场通知和违规通知。

(8)组织对承包人各种申请的调查并提出处理意见。

(9)编写施工值班日报,做好分析汇总工作,编写所负责项目的工程周报,监理月报。负责收集并保管该单位工程的各项记录资料并进行整编和归档。

(10)根据信息流结构和信息目录的要求,及时、准确地做好本单位工程的信息管理工作。

(11)熟悉分管工程的设计,技术规程监督、检查承包人的各项施工活动。

(12)掌握分管项目的施工进度、程序、方法、质量、投入设备、材料、劳务详细情况并对此作出尽可能详细记录。及时发现和预测工程问题,并采取措施妥善处理。负责编写有关施工情况的说明,检查施工准备工作并进行签证。对承包人完成的工程量和质量提出评定意见。

(13)及时检查、了解、发现承包人组织、技术、经济及合同方面的问题和违规现象,并报告总监理工程师,以便研究对策,解决问题。

(14)及时发现并处理可能发生或已发生的工程质量问题。

(15)提供或搜集有关的索赔资料,并把索赔和防御索赔当作本部门分内工作来抓,积极配合合同管理部门做好索赔管理、工程变更、计量支付等工作。

(16)正确处理监理人员和承包人施工人员的关系。

(17)做好分管单位工程技术资料收集整理工作。

(18)组织、指导、检查和监督本部门监理员的工作。

2.监理员

(1)贯彻质量/环境/职业健康安全方针、目标和指标、管理方案、服务规范及运行准则。

(2)在监理工程师的指导下开展现场监理工作。

(3)检查承包人投入工程项目的人力、材料、主要设备及其使用、运行情况,并做好检查记录。

(4)复核或从施工现场直接获取工程计量的有关数据并签署原始凭证。

(5)按施工图纸及有关标准,对承包人的工艺过程或施工工序进行检查和记录,对加工制作及工序质量检查结果进行记录。

(6)担任旁站工作,发现问题及时指出并向本专业监理工程师报告;做好现场安全生产监管工作。

(7)做好监理日记和有关的监理记录。

(8)按照环境和职业健康安全运行控制程序要求,对活动和服务过程中的环境因素及危险源进行有效预防,预防环境污染和职业健康安全伤害。

(9)根据公司确定的管理目标,积极努力工作,为实现管理目标作出贡献。

(10)做好工作过程中所使用的设施及设备的日常维护、保养、保管等工作。

(11)根据内部审核和管理评审的要求,对发现的部门不符合或潜在的不符合进行原因分析,参与制定纠正或预防措施计划并按要求实施。

9.2 监理工作的内容及程序

9.2.1 监理工作的内容

监理工作内容为施工和保修阶段的安全管理、投资控制、进度控制、组织协调、合同管理、文明施工监理。检查督促施工单位对本工程的竣工图、竣工资料的收集、整理及归档工作以及竣工结算初审等。

(1)贯彻落实国家有关工程建设法律、规范、技术标准及设计文件。

(2)执行工程监理“三项控制”职能,即质量、投资、进度控制;并对工程施工安全及文明施工实行监督管理。

(3)参与图纸会审和设计交底。

(4)审查施工单位提出的施工组织设计、施工组织方案并监督实施。

(5)审核、督促各分部分项工程的形象进度计划及完成情况,确保总工期按计划实现。

(6)签认建设单位、施工单位选定的材料、构配件及设备的质量,对可能影响工程使用功能、观感的材料、设备进行质量预控。

(7)检查工程施工质量,对违反设计文件、施工规范和规程的施工行为责令改正,必要时签发工程暂停指令。

(8)督促施工单位建立健全质量保证体系,完善施工技术管理制度并落实质量保证措施。

(9)按程序完成隐蔽工程、分部、分项工程的质量前任工作,未经签认验收不得进行下道工序。

(10)参与工程质量事故处理,并监督事故处理方案实施。

(11)监理单位对工程中使用新材料、新产品、新工艺、新技术的项目,应对其鉴定证明、产品质量标准、使用说明和工艺要求进行质量预控。

(12)严格实行施工阶段的造价控制,监理大纲中应编制造价控制工作计划和措施。

(13)监督检查施工单位按照指挥部的施工部署,组织施工生产。

(14)做好现场临时变更工程、签证工程的核对工作,并做成经济审核意见,遇有较大变更或现场处理问题,处理方案需征得业主认可,严格控制设计变更,对主要施工方案进行技术经济分析。

(15)认真编制资金使用计划,确定分析造价目标,在施工中做好投资跟踪控制,及时纠偏,并定期与业主联系。

(16)参与合同修改、补充工作。做好施工监理记录,及时对可能发生的工程索赔积累材料并对索赔内容提出意见。

(17)对现场施工过程中的安全生产、文明施工进行监督,发现有不符合要求的书面通知施工单位改进。工程监理单位和安全监理人员要严格履行安全监理职责,公正客观、独立自主地开展安全监理工作。

(18)检验、测量已完成工程量,参与现场签证及设计变更工程量的认定工作。

(19)检查施工单位的工程技术资料,并督促施工单位对工程技术资料的收集、整理、归档,达到规定标准。

(20)按期向业主报送监理月报。

(21)整理施工过程中的监理档案。

(22)组织有关单位进行工程竣工初验,提出工程竣工初验报告。

(23)协助相关部门组织竣工验收及办理相关竣工备案手续。

(24)保修阶段责任检查工程状况,鉴定质量问题,按有关规定监督保修。

(25)完成业主交办的其他工作。

9.2.2 监理工作的程序

1. 监理工作总体程序

监理工作总体程序如图 9.1 所示。

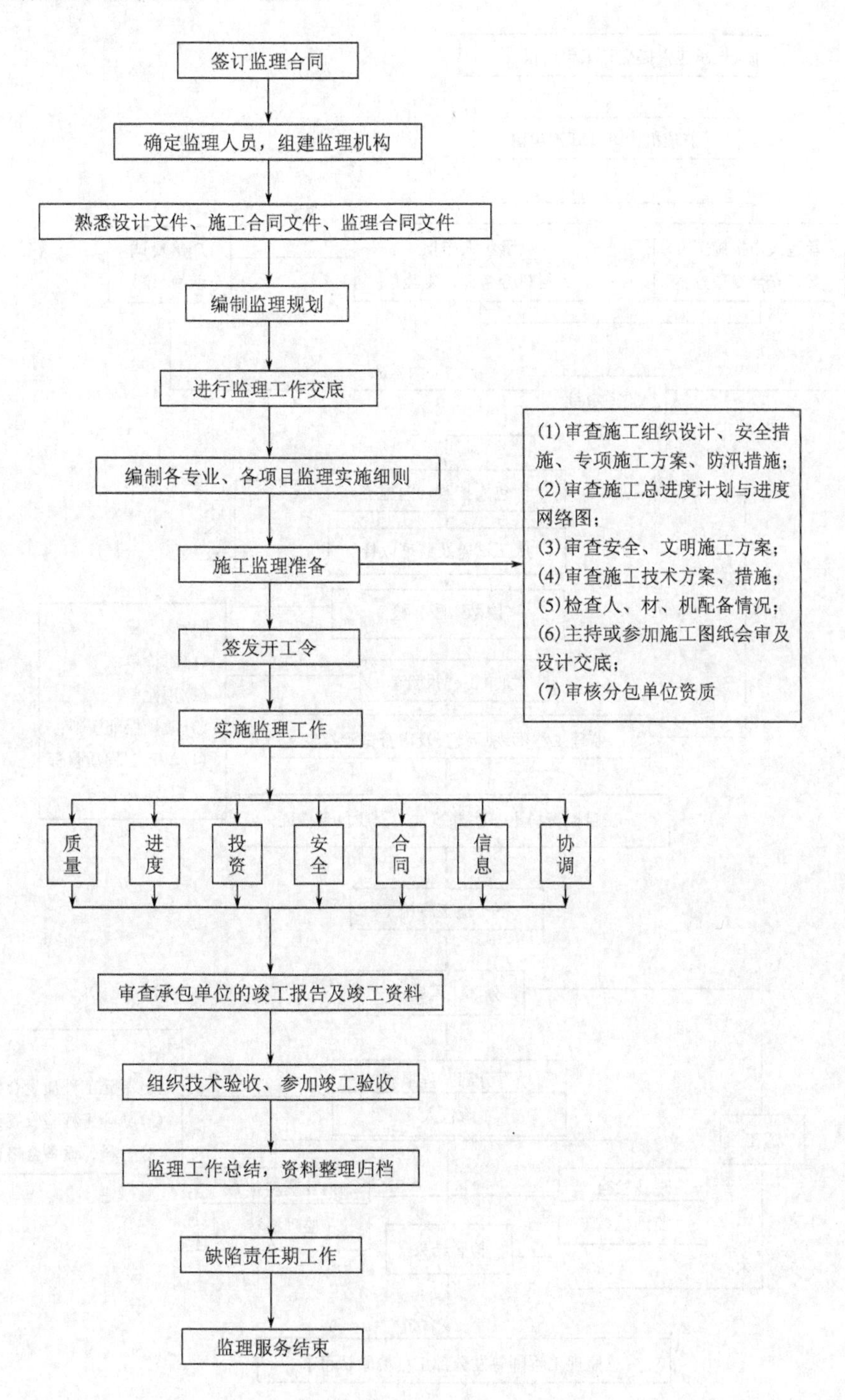

图 9.1 监理工作总体程序

2. 质量控制工作程序

质量控制工作程序如图 9.2 所示。

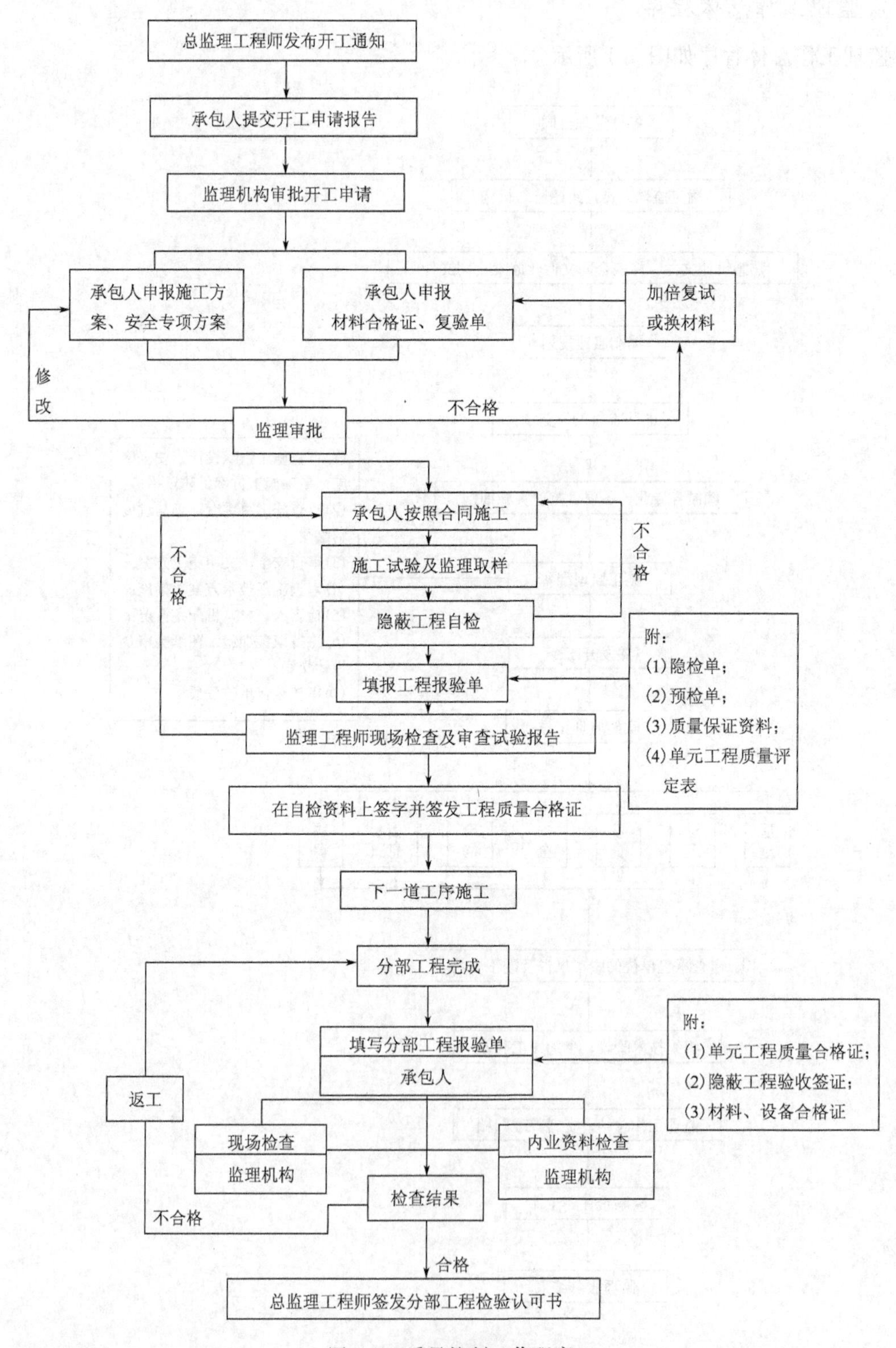

图 9.2 质量控制工作程序

3. 进度控制工作程序

进度控制工作程序如图 9.3 所示。

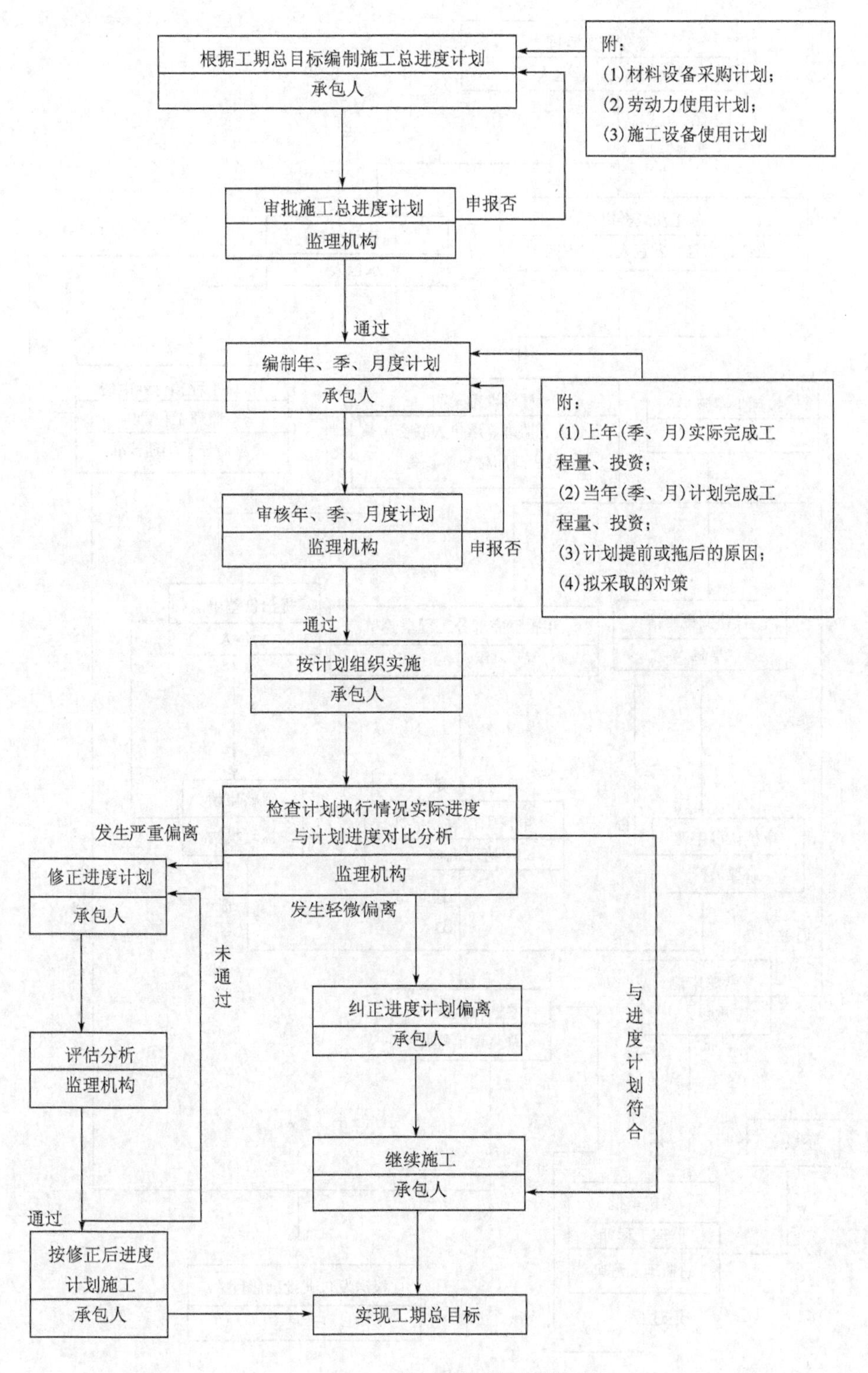

图 9.3 进度控制工作程序

4. 投资控制工作程序

投资控制工作程序如图 9.4 所示。

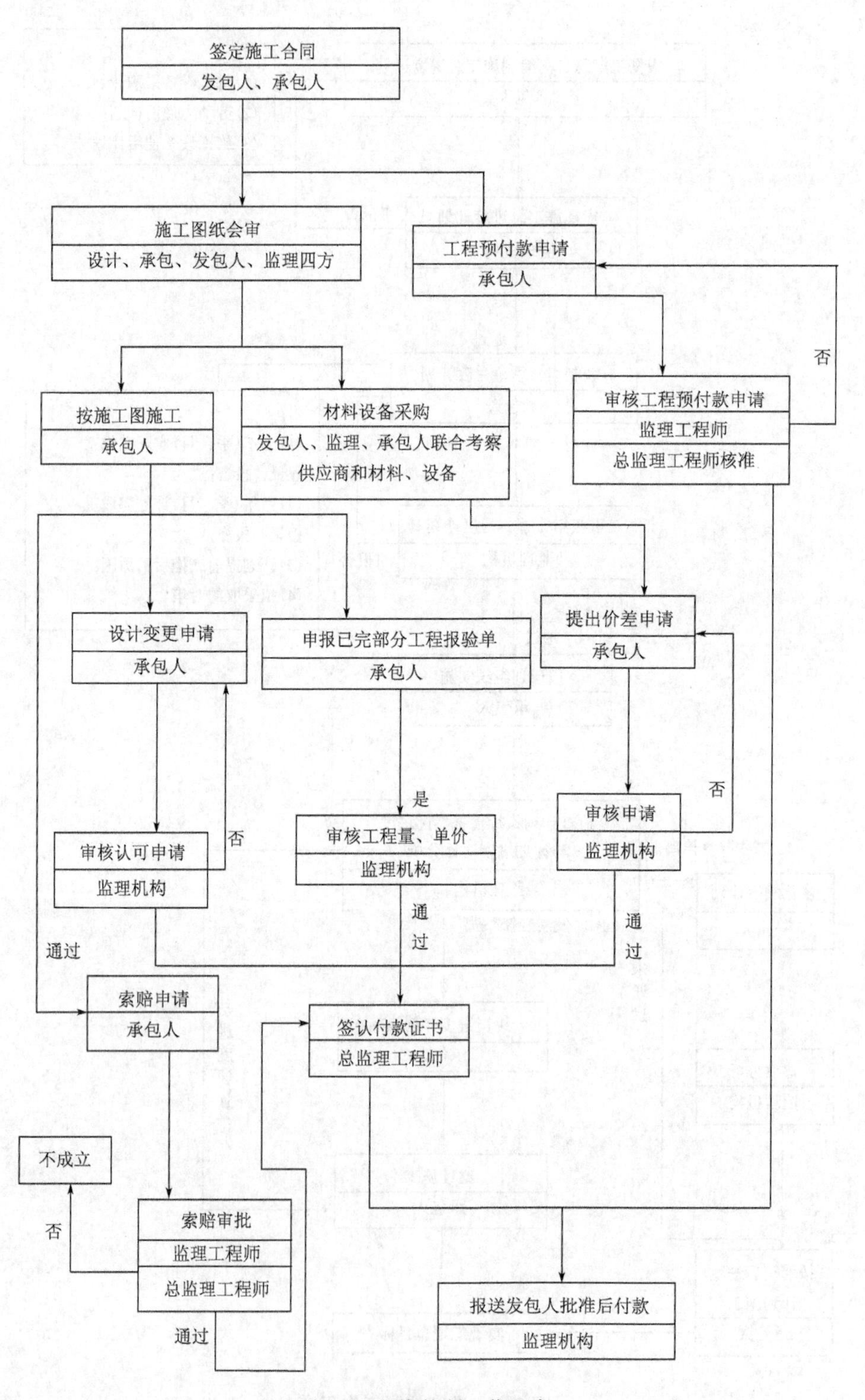

图 9.4　投资控制工作程序

5. 安全控制工作程序

安全控制工作程序如图 9.5 所示。

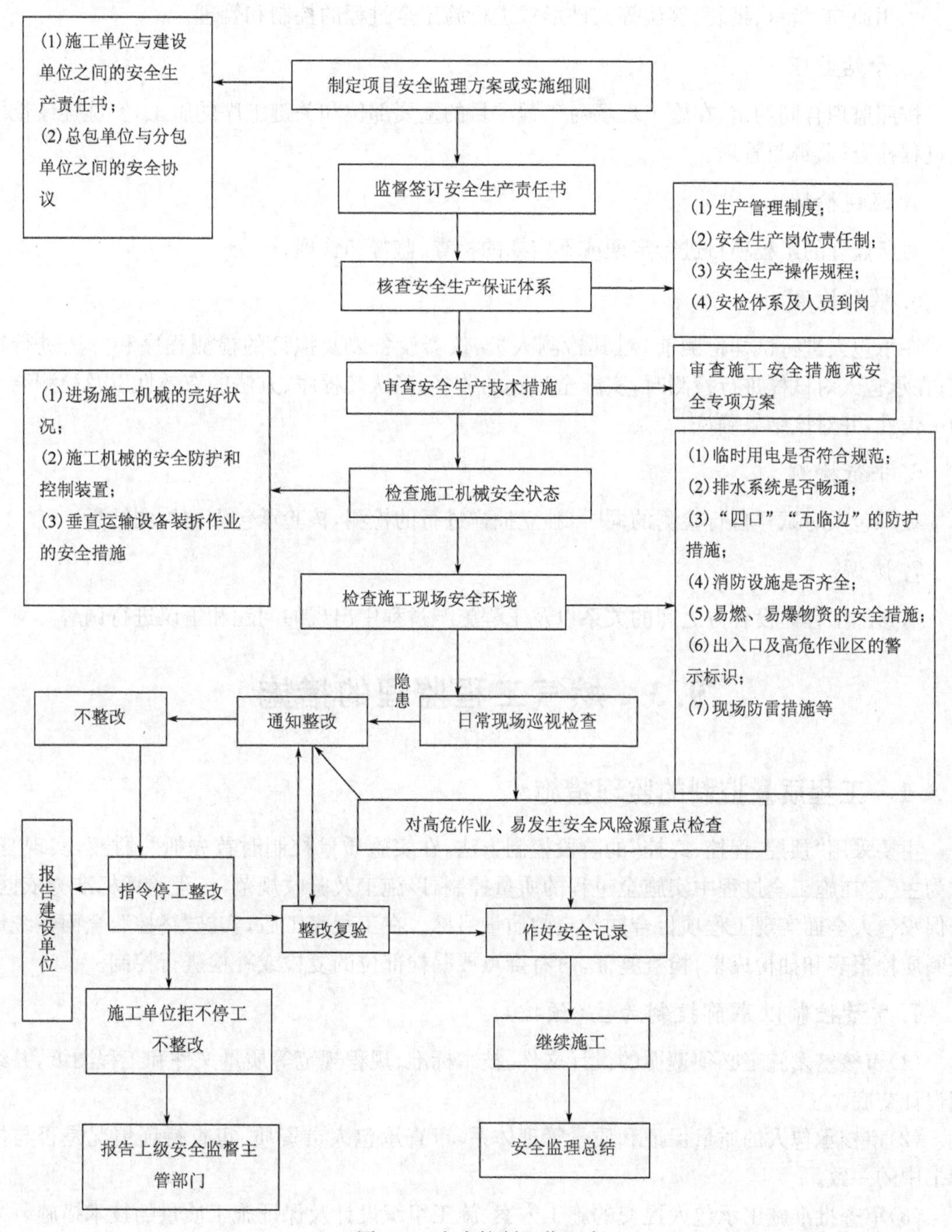

图 9.5 安全控制工作程序

9.2.3 监理工作的方法

1. 现场记录

认真、完整记录每日施工现场的人员、设备和材料、天气、施工环境以及施工中出现的各种情况。

2. 发布文件

采用通知、指示、批复、签认等文件形式进行施工全过程的控制和管理。

3. 旁站监理

按照监理合同约定，在施工现场对工程项目的重要部位和关键工序的施工，实施连续性的全过程检查、监督与管理。

4. 巡视检验

对所监理的工程项目进行定期或不定期的检查、监督和管理。

5. 跟踪检测

在承包人进行试样检测前，对其检测人员、仪器设备以及拟订的检测程序和方法进行审核；在承包人对试样进行检测时，实施全过程的监督，确认其程序、方法的有效性以及检测结果的可信性，并对该结果确认。

6. 平行检测

在承包人对试样自行检测的同时，独立抽样进行的检测，核验承包人的检测结果。

7. 协调

对参加工程建设各方之间的关系以及工程施工过程中出现的问题和争议进行调解。

9.3 燃气工程监理的措施

9.3.1 工程质量控制的监理措施

主要采用“预控、程控、终控”的阶段控制方法，在实施质量控制时首先抓“预控”，实现“预防为主”。在施工全过程中实施全过程的质量控制，以施工及验收规范，工程验评标准为依据，督促承包人全面实现工程项目合同约定的质量目标。在工程完工后，实施“终控”，全面系统地查阅质检报表和抽检成果，检查签证，对有疑点或漏检部位的复检或补检进行控制。

1. 质量控制以事前控制为主(预控)

(1)审核签发施工必须遵循的设计文件、技术标准、规程规范等质量文件和工程图纸，并组织设计交底。

(2)审核承包人的质量保证和质量管理体系，审查承包人员资质、审查持证情况是否与投标书中的一致。

(3)审查批准施工承包人提交的施工方案、施工组织设计及保证施工质量的技术措施。

(4)组织向施工承包人现场移交有关测量网点，审查施工承包人提交的测量实施报告，审查加密测量网点的成果并进行复测。

(5)检查施工承包人的试验室或委托试验室的资格及计量认证文件，未经认证的试验室不能承担试验任务。

(6)审查施工承包人提出的材料配比试验、工艺试验，确定各项施工参数的试验及其各项试验的质量保证措施。

(7)审查进场材料的质量证明文件及施工承包人规定进行抽检的结果,必要时监理人进行抽样检测试验。不符合合同及国家有关规定的材料及其半成品不得使用,且应限期清理出场。

(8)审查施工承包进场的机械设备的型号、配套和数量,是否与投标书中的一致以及设备完好率,以尽可能避免施工机械设备对工程质量的影响。

(9)检查施工前的其他准备工作是否完备,尽量避免可能影响施工质量问题的发生。

(10)对施工全部内容及工序进行认真分析预先确定质量控制点,并拟定相应的质量控制措施。

2.施工过程中的质量控制(程控)

(1)监理人员对施工全过程进行全面监控,及时纠正违规操作,消除质量隐患,跟踪质量问题,验证纠正效果。检查监督施工承包人严格按照审批的设计图纸放样和施工,按规程规范施工,对影响工程施工质量的潜在因素进行控制和管理。采取必要的检查、测量、观察、试验等手段来验证施工质量。

(2)检查监督施工承包人严格执行上道工序,不经检查签证不得进入下道工序施工。

(3)检查督促施工承包人严格按照审批的施工组织设计提出的施工方法和施工工艺进行施工。

(4)检查核实施工承包人的施工原始记录,以及与质量有关的检测记录,对有怀疑部位进行复查检验。

(5)对施工的全过程进行质量巡视监督,对关键部位、重要工序采取"旁站监理"的方式,对可能影响质量的问题及时指令施工承包人采取补救措施。

(6)做好监理日志,随时记录施工中有关质量方面的问题,并对发生质量问题的现场及时拍照或录像。

(7)未经检验和试验的材料不准在工程中使用。

(8)发现问题,及时发出有关施工的"承包人违规警告通知单",因质量事故问题而停工的项目,必须在产生事故或问题的原因已经查清、事故或问题已经处理、预防产生事故或问题的措施已经落实的情况下,监理人才可发布复工令。

(9)组织并主持不定期的质量分析会,通报施工质量情况,协调有关单位间的施工活动以清除影响质量的各种外部干扰因素。

(10)检查承包人所用的原材料和工序施工过程,制定监理试验计划,对有怀疑的部分通知监理试验室进行抽检和核验。严格执行现场见证取样送检制度。

3.工程验收质量控制阶段(终控)

(1)审查施工承包人提交的竣工报告及附件,全面系统地查阅有关质量方面的测量资料、质检报表和抽检成果,检查签证,对有怀疑部位进行复检或补检。

(2)审查承包人的施工质量自检成果,手续是否齐全,标准是否统一,数据是否有误,以及审查质量等级评定结果是否符合规定。

(3)按规定组织和主持分部工程,单位工程质量检查签证及验收;对关键部位、重要工序,必要时组织预验收。

(4)项目的竣(交)工验收,由项目法人单位组织和主持,监理人协助工作。

(5)提交合同项目的竣工验收报告以及重要阶段验收报告。

(6)检查督促施工承包人整理保存签证验收项目的质量文件。所有验收、签收资料,在合同项目整体验收后,按档案归档要求整理后移交给项目法人单位。

(7)对验收工程项目按规定标准作出质量评定。

(8)编写竣工工程质量控制分析报告,作为"监理工作总结"的一部分。

9.3.2 工程进度控制的监理措施

1.编制施工进度控制实施细则

监理工程师将编制施工进度控制实施细则并认真贯彻执行,使施工进度在开工前和工程建设过程中处于计划控制状态。施工进度控制实施细则主要内容包括:

(1)施工阶段进度目标系统分解图;

(2)施工阶段进度控制的主要任务;

(3)监理机构内部部门和人员职责分工;

(4)施工阶段进度控制所采取的具体措施,包括进度检查日期、信息采集方式、进度报表格式和统计分析方法等;

(5)进度目标实现的风险分析;

(6)尚待解决的有关问题等。

2.编制控制性进度计划

监理工程师在熟悉工程建设合同和认真研究设计文件的基础上,根据合同工期目标,协助业主编制工程控制性进度计划。提出工程控制性进度目标,找出关键线路和进度控制的难点和核心,并以此为基础审查批准承包人提出的施工总进度计划,检查其实施情况,进行工程进度控制管理。

3.审查施工总进度计划与进度网络图

承包人应按工程建设合同规定的内容和期限,编制施工总进度计划与进度网络图报监理部审批。监理人员将认真审查,确认其符合合同要求时,批准其总进度计划与进度网络图,批准后的总进度计划与进度网络图成为日常进度控制工作的具体标准和依据。

审查内容主要包括:

(1)进度计划是否满足工程建设合同规定的工期目标,有无浮动时间,各项目进度之间有无逻辑矛盾;

(2)施工方案是否合理,能否满足进度计划的施工强度安排;

(3)计划投入的施工设备能否满足施工强度的需求;

(4)人力资源配备和技术力量能否满足进度计划要求;

(5)采购计划是否满足总进度计划的要求;

(6)施工强度安排是否合理和均衡以及能否达到等。

4.跟踪分析适时调整进度计划

进度计划总目标经过分解后落实到各单项工程,再分解成不同时间单元阶段目标,各单项工程从工序开始进行控制,同步跟踪实际进度,并随时与分解的目标计划进行比较,做到用周进度保月进度目标,用月进度保年进度目标,进而保证整个工程进度按预定计划完成,实现合同工期目标。

当实际进度与目标进度发生偏离时，监理部将及时组织承包人分析原因和寻找补救措施方案，并要求承包人及时修正进度计划。具体内容如下：

(1)审查承包人根据经监理工程师批准的合同目标进度计划编制年、季、月和周等不同时间施工计划，并安排好班作业计划，作为日常控制的目标；

(2)督促设计单位及时按供图计划提供图纸，保证不因图纸供应因素影响施工进度；

(3)检查承包人资源投入情况和施工管理情况、施工效率和实际施工进度，发现影响进度的因素及原因，督促承包人采取措施，保证计划目标的实现；

(4)根据目标计划检查每月、每季度工程完成情况，进行进度跟踪。

当实施进度与控制性进度发生较大偏差时，分析原因，如果是承包人自己的原因造成的，则指示承包人修正施工计划，并针对计划拖后的原因采取措施。承包人应将修正计划报送监理工程师，经评估分析认为可行后报业主认可后执行，修正计划必须满足合同进度计划。如果是业主条件不足造成的，则协助业主采取措施满足施工条件。出现重大偏离且不是人力可以挽回，或挽回工期代价太大时，则监理工程师写出进度计划评估报告，提出修正控制性进度计划修改意见，报业主审批，完成控制性进度计划的修正。

5.有效协调进度干扰

在现场随时做好协调工作，重大干扰问题将通过业主进行协调，保证施工正常进行。

6.编制进度报告

监理工程师根据进度控制需要和业主的要求编制各种进度报告，主要包括监理月报、季报和年报，以及特定时段进度报告和业主可能要求的其他报告等。

7.适时进行进度预测

由于工程施工周期较长，影响进度目标的因素很多，这些因素可能造成经济责任，不论由谁承担，其后果都会对目标的实现产生影响。应依据工程建设合同、施工图和经审查批准的施工组织设计，制定进度控制方案，对进度目标进行风险分析，制定防范性对策，向业主提出分析报告和必要的措施建议。

8.使用有效进度分析工具和软件

充分借助计算机和有关软件，提高进度控制的效率。进度计划的审查、进度跟踪、进度预测、计划修正都是工作量很大、很复杂的工作，靠人工计算、制表、绘图需要很长时间。只有利用现代计算机技术，才能极大提高工作效率。

9.3.3 工程投资控制的监理措施

1.资金计划

1)用施工进度规划和资金使用计划控制投资

在施工招标的准备阶段，熟悉招标设计图纸和设计文件，详细定出总体布置和各建筑物的轮廓尺寸、标高、材料类型、工艺要求和技术要求等，准确地计算出各种建筑材料的规格、品种和数量，以及砼浇筑、各类机械、电气的工程量等。在此基础上，编制施工进度规划和资金使用计划，并以此作为指导达到控制投资的目的。

2)编制资金投入计划

(1)进行投资目标分解,在工程施工招标文件的工程量清单项目划分基础上,根据承包人的合同报价和物资采购合同报价,综合考虑项目法人的其他支出,协助项目法人按投资组成和施工区段进行资金分解。

(2)编制资金投入计划,按照施工进度计划的安排(即进度控制中的用横道图表示的进度计划),统计各时段需要投入的资金,投入现金流过程。在资金投入现金流过程的基础上,按时间对资金进行累积计算,做出资金投入计划。

2. 工程计量

(1)可支付的工程量同时符合以下条件:

①经监理机构签认,并符合施工合同约定或项目法人同意的工程变更项目的工程量以及计日工;

②经质量检验合格的工程量;

③承包人实际完成的并按施工合同有关计量规定计量的工程量。

(2)按有关规定及施工合同文件约定的计量方法和计量单位进行计量。在监理机构签发的施工图纸(包括设计变更通知)所确定的建筑物设计轮廓线和施工合同文件约定应扣除或增加计量的范围内,按有关规定及施工合同文件约定的计量方法和计量单位进行计量。

(3)工程计量程序:

①工程项目开工前,监理机构监督承包人按有关规定或施工合同约定完成原始地面地形的测绘以及计量起始位置地形图的测绘,并审核测绘成果。

②工程计量前,监理机构审查承包人计量人员的资格和计量仪器设备的精度及定率情况,审定计量的程序和方法。

③在接到承包人计量申请后,监理机构审查计量项目、范围、方式,审核承包人提交的计量所需的资料、工程计量已具备的条件,若发现问题,或不具备计量条件时,督促承包人进行修改和调整,直至符合计量条件要求方可同意进行计量。

④监理机构会同承包人共同进行工程计量;或监督承包人的计量过程,确认计量结果;或依据施工合同约定进行抽样复核。

⑤在付款申请签认前,监理机构对支付工程量汇总成果进行审查。

⑥若监理机构发现计量有误,可重新进行审核、计量,进行必要的修正与调整。

(4)最终计量工程量。当承包人完成了每个计价项目的全部工程量后,监理机构要求承包人与其共同对每个项目的历次计量报表进行汇总和总体量测,核实该项目的最终计量工程量。

3. 付款申请和审查

(1)只有计量结果被认可,监理机构方可受理承包人提交的付款申请。

(2)承包人按照监理机构要求的表格式样,在施工合同约定的期限内填报付款申请报表。

(3)监理机构在接到承包人付款申请后,在施工合同约定时间内完成审核。付款申请符合以下要求:

①付款申请表填写符合规定,证明材料齐全;

②申请付款项目、范围、内容、方式符合施工合同约定;

③质量检验签证齐备;

④工程计量有效、准确;

⑤付款单价及合价无误。

(4)因承包人申请资料不全或不符合要求,造成付款证书签证延误,由承包人承担责任。未经监理机构签字确认,项目法人不支付任何工程款项。

4.预付款支付

(1)监理机构在收到承包人的工程预付款申请后,审核承包人获得工程预付款已具备的条件。条件具备、额度准确时,可签发工程预付款付款证书。

(2)监理机构在审核工程价款月支付申请的同时审核工程预付款应扣回的额度,并汇总已扣回的工程预付款总额。

(3)监理机构在收到承包人的工程材料预付款申请后,审核承包人提供的单据和有关证明资料,并按合同约定随工程价款月付款一起支付。

5.工程价款月支付

(1)工程价款月支付每月一次。在施工过程中,监理机构审核承包人提出的月付款申请,同意后签发工程价款月付款证书。

(2)工程价款月支付申请包括以下内容:

①本月已完成并经监理机构签认的工程项目应付金额;

②经监理机构签认的当月计日工的应付金额;

③工程材料预付款金额;

④价格调整金额;

⑤承包人应有权得到的其他金额;

⑥工程预付款和工程材料预付款扣回金额;

⑦保留金扣留金额;

⑧合同双方争议解决后的相关支付金额。

(3)工程价款月支付属工程施工合同的中间支付,监理机构可按照施工合同的约定,对中间支付的金额进行修正和调整,并签发付款证书。

6.工程变更支付

监理机构依照施工合同约定或工程变更指示所确定的工程款支付程序、办法及工程变更项目施工进展情况,在工程价款月支付的同时进行工程变更支付。

7.完工支付

(1)监理机构及时审核承包人在收到工程移交证书后提交的完工付款申请及支持性资料,签发完工付款证书,报项目法人批准。

(2)审核内容:

①到移交证书上注明的完工日期止,承包人按施工合同约定累计完成的工程金额;

②承包人认为还应得到的其他金额;

③项目法人认为还应支付或扣除的其他金额。

8.最终支付

(1)监理机构及时审核承包人在收到保修责任终止证书后提交的最终付款申请及结清单,签发最终付款证书,报项目法人批准。

(2)审核内容:

①承包人按施工合同约定和经监理机构批准已完成的全部工程金额；

②承包人认为还应得到的其他金额；

③项目法人认为还应支付或扣除的其他金额。

9.价格调整

监理机构按施工合同约定的程序和调整方法，审核单价、合价的调整。当项目法人与承包人因价格调整协商不一致时，监理机构可暂定调整价格。价格调整金额随工程价款月支付一同支付。

9.3.4 工程安全管理的监理措施

(1)审查承包人项目安全生产保证体系，在组织领导、人员配置、岗位责任、管理制度等方面督促健全和落实；

(2)审查承包人施工组织设计中安全措施与安全专项方案；

(3)检查现场地面施工道路、现场排水、施工管线、物料堆放、暂设工程等布置情况(按施工总平面图实施)；

(4)检查现场各种标牌(安全纪律牌、安全标志牌、安全标语牌、施工公告牌等)的内容和视觉效果；

(5)检查各分部、分项工程施工安全技术措施和安全防护设施的落实情况；

(6)检查施工现场工程结构施工支撑系统的安全可靠性；

(7)检查起重机械设备及施工机具的安全保障状况；

(8)检查施工用电安全措施的落实情况；

(9)检查现场防火制度与措施的落实情况；

(10)检查季节性施工安全措施的落实情况；

(11)检查安全“三宝”使用及“四口”防护情况；

(12)一旦发生安全事故，坚持“四不放过”；

(13)检查现场在卫生防疫和治安保卫方面执行有关规定和落实保证措施的情况；

(14)经常检查场容场貌；

(15)采取有效措施控制施工现场的各种粉尘、废气、废弃物以及噪声、振动等对环境造成的污染和危害。

第4篇 燃气应用概况

第10章 民用燃气用具

民用燃气用具主要包括家用燃气灶具、烤箱、燃气饭锅、热水器等民用及公用事业燃气用具。它是以燃气为燃料进行燃烧与热交换的设备，通常由供气管、阀门、燃气燃烧器以及支架或炉膛和换热器等部件组成。有炉膛的燃具应带有自动点火和熄火保护装置，热负荷较大的燃具必须设专门的点火器和排烟装置。

民用燃气用具一般采用大气式燃烧器。当管道燃气压力在允许范围内波动时，要求火焰稳定（即无黄烟、回火、离焰及脱火现象）和燃烧完全，火焰内锥要与被加热物保持适当距离。烤箱和采暖器也可采用无焰燃烧器，有特殊要求的燃具有时采用鼓风式燃烧器。所需燃气压力随燃气种类而异，其额定压力一般在5kPa以下。燃具热负荷的大小与燃具种类及生活习惯有关。我国家庭用灶具主燃烧器的热负荷一般不小于2.9kW，公共建筑和商业设施用燃具的热负荷一般为5～70kW。

10.1 燃气灶

10.1.1 家用燃气灶的分类

1.按燃气种类分

按照使用燃气的种类分类，可以分为人工煤气燃气灶（R）、液化天然气煤气灶（Y）、天然气煤气灶（T）、沼气燃气灶（Z）。

2.按灶眼数分

按照家用燃气灶的灶眼数，可以分为单眼灶（图10.1）、双眼灶（图10.2）、三眼灶（图10.3）、多眼灶（图10.4）和带有烤箱器的家用灶。

3.按结构分

家用燃气灶按照结构可以分为落地式燃气灶、台式燃气灶、嵌入式燃气灶、便携式丁烷燃气灶，以及组合式燃气灶。

图10.1 单眼灶

图 10.2　双眼灶

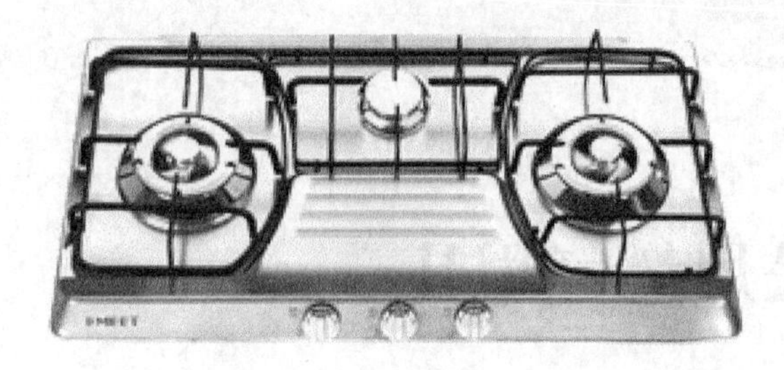

图 10.3　三眼灶

图 10.4　多眼灶

落地式燃气灶(图 10.5)配有底座或者支架,高度合适,可直接在上面进行操作。台式燃气灶(图 10.6)本身没有支架,需要放在一个稳固的台子上。嵌入式燃气灶(图 10.7)是将橱柜台面做成凹字形,正好可嵌入燃气灶,灶柜与橱柜台面成一平面。便携式丁烷燃气灶(图 10.8)具有重量轻、携带方便、操作灵活的特点,适合野外郊游时炊事、烧水,也可用于家庭火锅。

图 10.5　落地式燃气灶

图 10.6　台式燃气灶

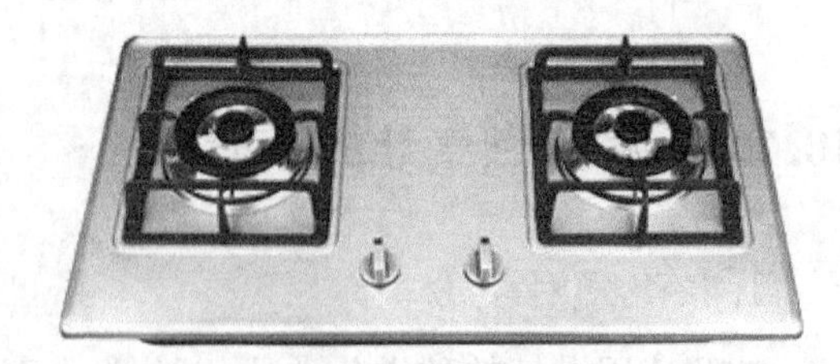

图 10.7　嵌入式燃气灶

图 10.8　便携式丁烷燃气灶

4. 按灶面材料分

家用燃气灶按照灶面材料可以分为铸铁灶、不锈钢灶、搪瓷灶和玻璃灶。

5. 按点火方式分

家用燃气灶按照点火方式可以分为电子脉冲点火和压电陶瓷点火两种。

10.1.2 家用燃气灶的组成及使用注意事项

1. 组成

家用燃气灶(图 10.9)主要由供气系统、辅助系统、燃烧系统、点火系统四部分组成。

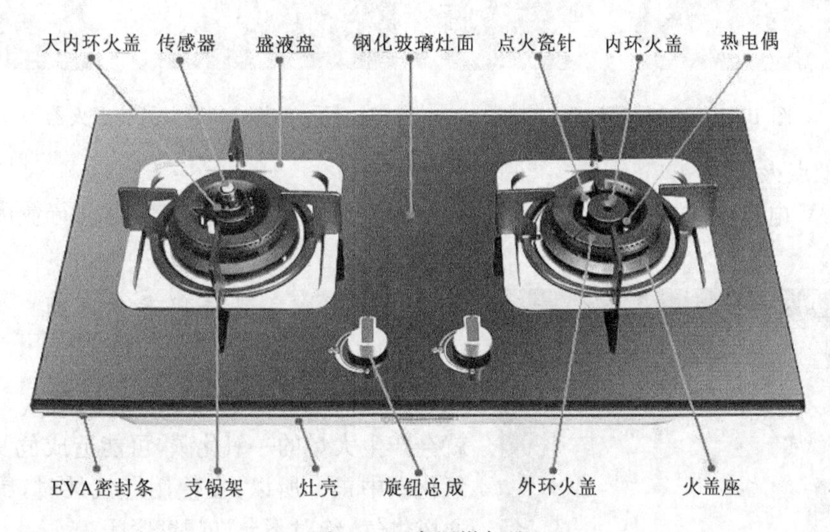

图 10.9 家用燃气灶

1)供气系统

供气系统包括燃气管路(包含燃气主管和支管)和阀门等,其作用是根据燃烧器的设计流量,供应足够的燃气量。燃气阀门是燃气灶的一个重要部件,用于控制燃气灶的开关,要求阀门开关灵活,管路及阀门应保证严密不漏气,要求经久耐用,密封性能可靠。

2)辅助系统

辅助系统包括燃气灶的整个框架、灶面、锅支架等其他部件。

3)燃烧系统

燃烧系统指燃烧器,它是燃气灶最重要的部件。家用燃气灶的燃烧器按照燃烧方式不同,可分为大气式燃烧器和预混式燃烧器两种。家用燃气灶一般采用大气式燃烧器。

4)点火系统

点火系统的作用是将输送到燃烧器的燃气与空气混合点燃,其主要元件是自动点火器。

(1)压电点火。

通过人工用力转动旋钮,弹簧瞬间传给压电陶瓷,瞬间产生一个很小的火花,首先点燃点火燃烧器,再点着燃烧器。压电点火的特点是点火慢、操作费劲,一般使用在台式灶上,而且与阀体连在一起。目前仅台式灶上在使用压电点火器(图 10.10)。

(2)脉冲点火。

通过电源(一般是 1.5V 的电池)供电给脉冲点火器,脉冲点火器将低压转换成 1×10^{4} V

以上的高压,高压通过专用点火针,在燃气出口处放电点火。脉冲点火的优点是点火连续可靠、用力少、操作轻松,一般应用于嵌入式灶具。目前嵌入式灶具全部为脉冲点火(图 10.11)。

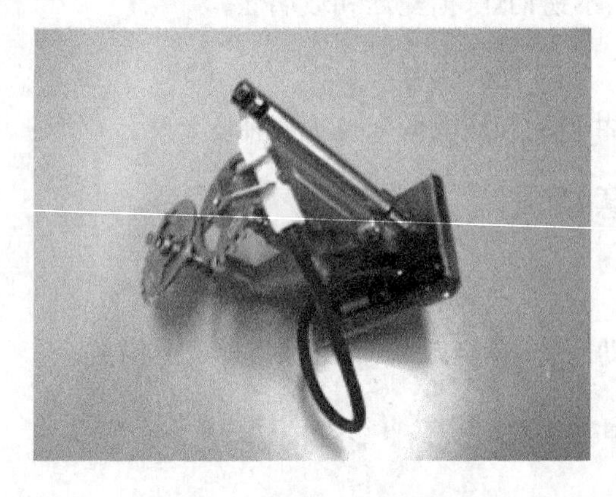
图 10.10　压电点火器

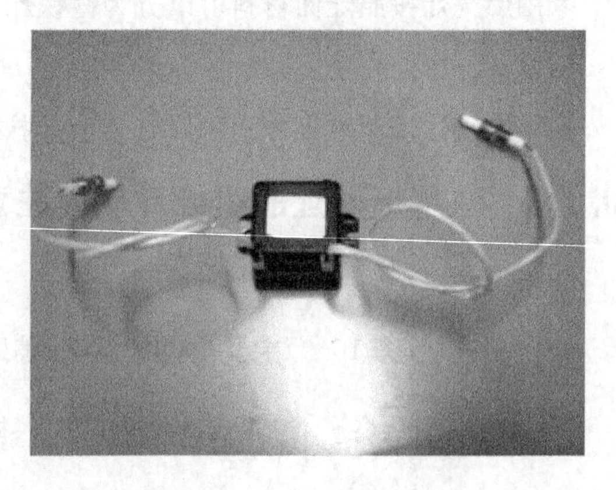
图 10.11　脉冲点火器

(3)热敏点火。

通上 12V 电压,在热敏针头上产生 1200℃的红火,直接点燃燃气,目前行业内应用较少(图 10.12)。

图 10.12　热敏点火

2. 家用燃气灶使用注意事项

1)通风透气

燃烧需要不断消耗空气中的氧气。供气不足就会产生大量的一氧化碳,可能造成危及生命的一氧化碳中毒。所以,在使用燃气灶时,厨房要保证通风供气,绝对不允许门窗紧闭。

2)专人照看

使用燃气灶时,现场必须要有专人照看。有事离开时,一定要严格做到:先关气阀后走人。以防止汤水溢出或风吹熄灭火焰,使大量燃气在空气中扩散,引发爆炸事故。

3)减压阀

注意减压阀的保养、清洁,确保呼吸孔通畅,以免压力调节失灵,造成高压液化气直接送气,引起火灾和中毒事故。

4)发生燃气泄漏时的注意事项

室内燃气设施或燃气器具等发生气体泄漏时,请按以下步骤操作:

(1)迅速关闭燃气管道控制阀门和燃气具阀门;

(2)严禁开、关任何电器或使用电话,切断户外总电源;

(3)熄灭火种;

(4)迅速打开门窗,让天然气散发到室外;

(5)到户外拨打燃气服务热线,通知燃气公司派人处理;

(6)如果事态严重,应立即撤离现场,打火警电话 119 报警。

10.2 燃气热水器

10.2.1 燃气热水器的分类

燃气热水器又称燃气热水炉，它是指以燃气作为燃料，通过燃烧加热方式将热量传递到流经热交换器的冷水中以达到制备热水的目的的一种燃气用具。燃气在燃烧室内完全燃烧，以产生高温烟气。高温烟气流经热交换器，将其中流过的冷水加热产生源源不断的卫生热水。

1. 按燃气种类分

按照燃气种类，燃气热水器可以分为天然气热水器、人工煤气热水器、液化石油气热水器和沼气热水器。

2. 按排烟方式分

按照排烟方式，燃气热水器可以分为直排式热水器、烟道式热水器、强排式热水器、平衡式热水器和户外式热水器，具体分类及特点见表 10.1。

表 10.1 燃气热水器分类

种 类	平 衡 式	强 排 式	烟 道 式	户 外 式
机壳	全封闭	半封闭	开放式	防风雨冻开放式
烟管	双层	单层(细)	单层(粗)	无
排烟方式	强制排放	强制排放	自然排放	强制排放
空气补充方式	强制吸气	强制吸气	自然吸气	强制吸气
燃烧效率	强制燃烧 效率很高	强制燃烧 效率很高	普通燃烧 效率一般	强制燃烧 效率很高
空气来源	室外	室内	室内	室外
流量	较大 一般在 10L 以上	较大 一般在 10L	较小 10L 以下	较大 一般在 10L 以上
安装位置	浴室	室内	室内	户外
安全性	很高	高	一般	无危险性
耐恶劣天气性	强	好	一般	很强

直排式热水器是早期的热水器，其特点为“四周透风，头顶开天窗”燃烧时所需要的空气取自室内，燃烧后产生的废气也要排放在室内，长时间工作后，会使室内废气积聚，空气越来越污浊。这种热水器因为不是密封的燃烧室所以必须安装在室内，具有很大的危险性，容易造成沐浴者死亡的现象。目前，国家已严禁生产、销售这类产品。

烟道式热水器(图 10.13)在直排式热水器的基础上加了排气管道，燃烧时所需要的空气取自室内，燃烧所产生的废气通过烟道排向室外。这种热水器安装时必须保证排烟管的管道排气通畅，但是遇刮风的时候，风很容易由排烟管道倒灌入燃烧室产生熄火现象。这种热水器不能安装在浴室，须分室安装。

烟道式热水器可以说仅是一种过渡型热水器，虽然增加了烟管，但它的废气排放完全靠自身的燃烧热力将废气“自动推出”烟管，这样排放力度不够，容易造成废气泄漏、倒灌等事故，安全性仍不高。另外其所需空气是从室内“吸取”，长时间使用会降低空气浓度，造成缺氧，会对人身造成安全隐患。另外，该产品属于自然吸气方式，空气是自然流入燃烧室的，因此燃烧就不够强劲、充分，也就是燃烧效率低，不利于节能，如图 10.14 所示。

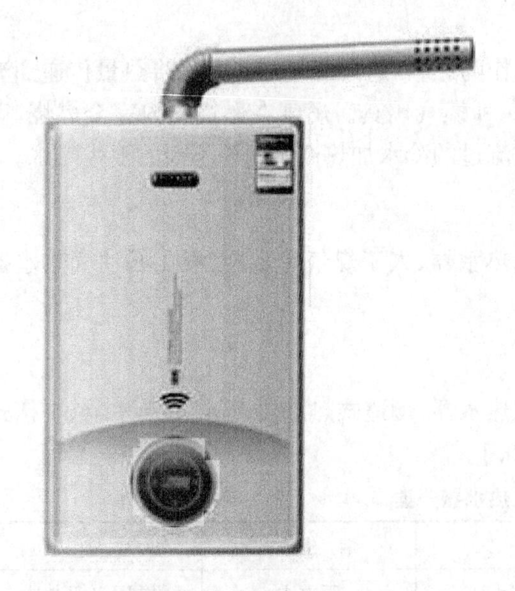

图 10.13　烟道式热水器

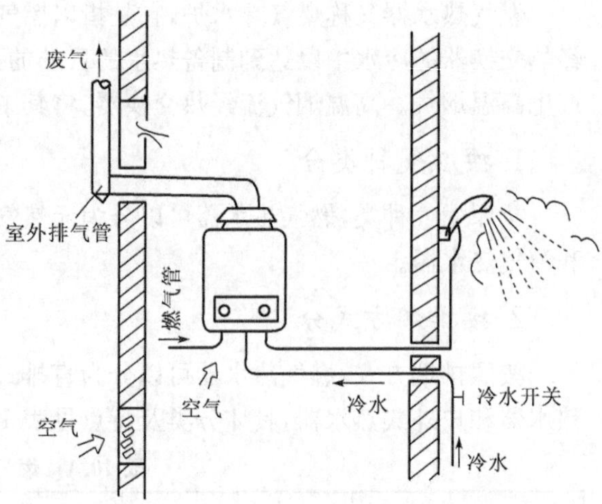

废气
室外排气管
燃气管
空气
空气
冷水
冷水开关
冷水

图 10.14　烟道式热水器循环示意图

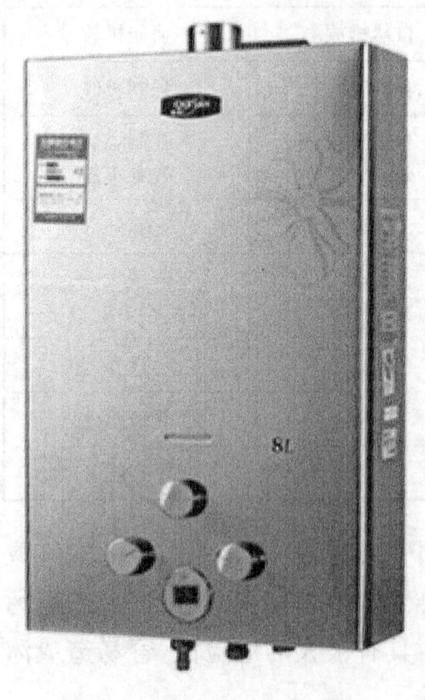

图 10.15　强排式热水器

强排式热水器所需空气来自室内，燃烧后产生的废气由机器内的风机通过烟道强制排出室外。强排式热水器安全性很高，其中有 1 台鼓风机强行将废气通过烟管吹到室外，因有鼓风机作用，所以排放力度很大，基本不会出现废气泄漏、倒灌等事故。但其燃烧所需空气仍是从室内吸取，长时间使用会降低空气浓度，造成缺氧，会对人身造成安全隐患。因此，该产品不能安装在浴室内，只能安装在室内其他通风良好的地方（厨房最佳），且一定要装烟管，另外，该产品属于强制吸气方式，空气在鼓风机带动下快速进入燃烧室，因此燃烧就会很强劲、充分，效率更高，会更加节省燃气。

平衡式热水器的外壳是密封的，与外壳连成一体的烟道做成内外两层，烟道从墙壁通向室外，热水器运行时需要的空气从室外通过烟道的外层供应，燃烧后产生的烟气从烟道的内层排到室外，所以它对室内空气既不消耗，也不污染。这种燃气热水器是最安全的，可以安装在浴室，但是相对价格也要高一些。

平衡式热水器（图 10.16）安全性较高，它独特的双层烟管结构，除了可以向强排式热水器一样通过鼓风机将废气强行吹到室外。而且，还可以通过外层烟管从室外吸取空气，因此使用时不会消耗室内氧气。所以，这是真正可以安装在浴室内安全使用的热水器。因此对于要在浴室安装热水器的消费者，一定要其购买此类产品。另外，同强排一样，它也是强制吸气，空气在鼓风机带动下快速进入燃烧室，因此燃烧就会很强劲、充分，效率更高，会更加节省燃气。

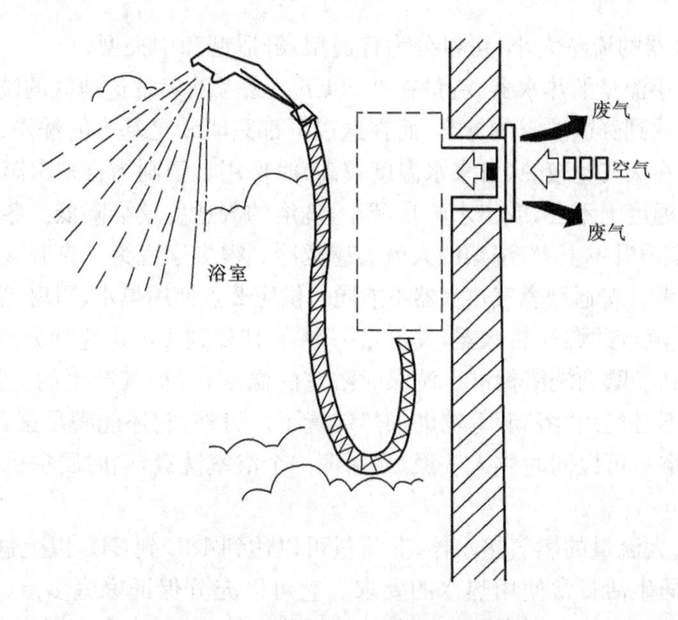

图 10.16　平衡式热水器循环示意图

3.按加热方式分

按照水的加热方式分类，燃气热水器可以分为直流式快速热水器和容积式热水器。

直流式快速热水器是凉水流过有翅片的蛇形管的热交换器，被燃气加热，得到所需要的出水温度。快速热水器可以快速、连续供应热水，结构紧凑，使用方便，热效率比容积式热水器要高 5%～10%。

容积式热水器能够储存较多的水，间歇地将水加热到所需要的温度。加热以及出水都是间歇的，适合于一次性需要热水量比较大的场合使用。

4.按安装位置分

按照安装位置不同燃气热水器可以分为室外安装式热水器和室内安装式热水器。

室外安装式热水器具有抗强风、抗雨淋、冬季防冻技术，经过了恶劣天气状况测试。可以在户外各种风雨、低温环境下正常工作。燃烧所需氧气直接在室外大气中吸取，产生的废气通过鼓风机直接排到室外，所以都没有烟管，但工作时需要交流电。为方便使用，此类产品一般都配备有线遥控，且一般都是大升数设计，以满足家庭多点供水的要求。

室内安装式热水器又可以分为浴室内安装和浴室外安装。

浴室内安装的热水器必须要满足以下条件：

(1)燃烧产生的废气安全地排到室外；

(2)所需空气取自室外，不会消耗浴室内空气，降低氧气含量。

浴室外安装的热水器与浴室内安装相对，那些不能保证废气安全排到户外，或要消耗室内氧气的产品都不能安装在浴室内。只能安装户内其他通风良好的地方，如厨房。

该产品不能安装在户外(如开放式阳台、外墙面等)，因为它不是专业的户外机，容易受刮风、下雨影响，使其不能正常工作，甚至带来安全隐患，降低产品使用寿命。所有烟道式和强排式热水器都属此列产品，安装时一定保证其所在位置通风，且烟管伸到室外。

5.按流量大小分

按照燃气热水器的流量大小,可以分为普通型、舒适型和中央型。

普通型属于中小流量的热水器,流量在9L以下。参考欧美发达地区的洗浴标准,只有10L以上的热水器才能达到舒适洗浴的标准,而在这以下都只能满足基本的洗澡、卫生需求。9L以下的热水器只适合在天气比较热(自来水温度较高)时使用。否则当自来水温度过低时(如秋冬季),就会造成出水温度上不去,或出水流量减小,洗浴的舒适度就会降低。冬天洗澡,其产生的蒸汽少,所以浴室室温升不上去,洗澡的人就会感觉冷。很多家庭为了克服这一问题,不得不买"浴霸"辅助加热室温。普通型燃气热水器不能同时供应2点使用热水(厨房/浴室)。

舒适型属于大流量的燃气热水器,其流量一般在10L到16L。这种大流量热水器可以提供舒适的洗浴,达到了欧洲洗浴标准。洗澡时浴室的温度,会被其产生的大量蒸汽加热,因此不会感觉冷,也就不必使用"浴霸"等辅助加热装置了。另外,它还能满足家庭中2点同时供热水的需求,即2个浴室可以同时供人洗澡,或保证一个浴室洗澡,同时厨房也可使用热水洗碗、洗菜等。

中央型属于超大流量的燃气热水器,其流量可以达到18L到24L以上这种超大流量热水器,可满足豪华家居生活日常使用热水的要求。它可以充分保证家庭多点(3点及以上)同时供应热水,真正实现1台热水器支持家居各处使用热水的需求,成为家庭热水中心。

6.按水温控制分

按照水温控制燃气热水器可以分为普通型燃气热水器和数码恒温型燃气热水器。

普通型燃气热水器出水温度不能保持恒定,一般都为机械控制(如水气联动阀、分段阀等)。不能精确设定出水温度,都是靠手动凭感觉调到一个大致的温度范围(如××℃左右)。受水压波动影响,当水压突然降低(或升高)时,燃气无自动调节功能,所以水温会直线上升(或下降)。受燃气压力波动影响,对于管道供气的用户,当用气高峰期(气压低)和用气低峰期(气压高)时,水温的变化也较大。

数码恒温型燃气热水器出水温度能始终保持恒定,其采用微电脑技术对热水器进行全自动监测与控制,能精确设定出水温度(如××℃)。燃气采用比例阀自动控制,实现水温恒定。水流采用水流调节阀对水量进行控制,不受水压波动影响,当水压突然降低(或升高)时,微电脑会通过比例阀自动将燃气调低(或调高),这样就保持了水温的恒定。不受煤气压力波动影响,当气压变动时,它也可通过调整燃气比例阀的开度大小,保证气流稳定,维持水温恒定。另外,它也可以通过水流调节阀自动调整水流的大小,来实现水温的恒定。

7.按用途分

按照用途燃气热水器可以分为供热水型、供暖型和两用型。

10.2.2 家用燃气热水器的组成及使用注意事项

1.组成

家用燃气直流式快速热水器主要包含水路、电路和气路三大部分,工作的时候必须保证水到、电到、气到才正常开启。

(1)水路零部件:进水接头、放水阀、水流量阀、水阀总成组件、热交流器、出水接头、泄压阀。

(2)电路零部件:风机、电源线、漏电开关、水流量阀、进水温度传感器、主把持器、防干烧平安装配、空气器体过热维护平安装配、出水温度传感器、操纵器、比例阀或稳压阀、电磁阀、电动机、把持器、脉冲焚烧器、感应针、焚烧针、防冻装配。

(3)气路零部件:进气接头、比例阀或稳压阀、分段阀、喷嘴、调风板、燃烧器、燃烧室、热交流器、集烟罩、烟囱座、烟囱、风机壳、风轮、导风板。

(4)其他零部件:面板、排烟管(烟道机烟管、强排机烟管、均衡机烟管)。

家用燃气容积式热水器的结构及配件主要由内胆、外筒、保温层、燃烧器、自控平安装配等部件构成。配件包含:烟管、排烟罩、冷水入口接头、温度/压力开释阀、进水管、内胆、阳极棒、燃烧器、电磁阀、手动开/关把持、焚烧燃烧器和主火燃烧器的调压站、恒温器、扰流器、外壳。热水器的结构如图 10.17 所示。

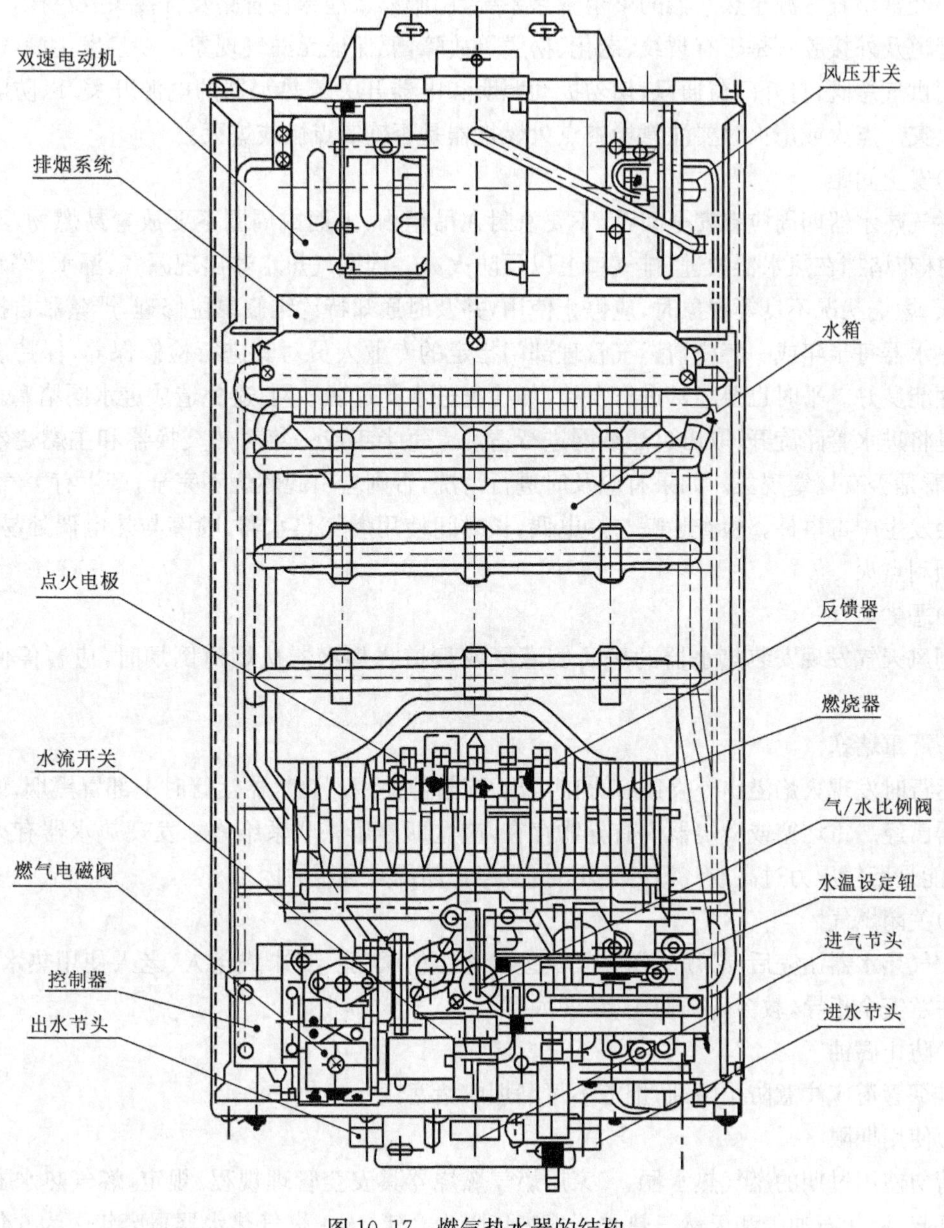

图 10.17　燃气热水器的结构

2.使用注意事项

1)通风换气

使用场所要保持通风换气良好,最好不要长时间连续使用燃气热水器,若有多人洗浴,应有一定的间隔时间。

每次使用燃气热水器前都应检查安装热水器的房间窗子或排气扇是否打开、通风是否良好。在使用时,若进水阀打开后,发现大火未点燃而又有燃气溢出,应立即关闭进水阀,稍停一下再开。如多次均不能将大火点燃,应停止使用,进行检修。当开启进水阀大火点燃后,一般45s后即可放出热水,然后再根据需要调节水量。

2)经常检查

要经常检查气源至热水器的整个管路系统,用肥皂水泡沫在管路及各接头处涂抹,以检查燃气管道及外接胶管是否有裂纹、老化、松脱等故障,要保证无漏气现象。一旦发生漏气,应首先关闭供气总阀,打开门窗通风,切勿扳动照明和电器开关或热水器的电源开关,以防电火花引起火灾。点火或熄火时要注意检查点火燃烧器是否确实点燃或熄灭。

3)安全间距

燃气热水器四周应有安全间距,不要密封在吊柜内,上面或周围不要放置易燃物,不要把毛巾、抹布堵挡在热水器的进、排气口上以预防火灾。当燃气热水器出现漏气、漏水、停水后火焰不灭、燃烧状况不良等现象时,应停止使用,并及时通知特约维修单位修理,严禁私自拆卸修理。热水器每半年或一年应请燃气管理部门指定的专业人员对其进行检修保养,保持燃气热水器性能良好。平时也要经常进行自检,如检查进水阀过滤纱网,避免造成进水阀堵塞。清除方法是将进水管路旋开,取出过滤纱网进行清洗。每半年或一年对热交换器和主燃烧器检查一次,看是否有堵塞现象。如果有应及时进行清洗,否则会引起燃烧不完全,产生有害气体,严重时会发生中毒事件。检查喷嘴与热电偶,长时间使用燃气热水器,喷嘴与热电偶处易积炭,影响顺利点火。

4)恶劣天气

刮风天气发现安装热水器的房间倒灌风或烟道式热水器从烟道倒烟时,应暂停使用热水器。

5)严重堵塞

运行时发现火焰溢出外壳或有火苗窜出,应暂停使用。热水器运行时上部冒黑烟,说明热交换器已经严重堵塞或燃烧器内有异物存在,应立即停用并联系维修。发现热水器有火苗窜出,可能是燃气压力过高或气源种类不对,应停止使用并查明原因。

6)关闭燃气

燃气热水器用完后,必须关闭燃气及进水管路的阀门。对未成年人、老人使用热水器,应特别注意安全指导,教会正确使用,切勿大意。

7)防止腐蚀

排烟管道应注意防止腐蚀,烟道不可漏烟或堵塞。

8)使用期限

请勿使用过期的燃气热水器。《家用燃气燃烧器具安全管理规程》规定,燃气热水器从售出之日起,液化石油气和天然气热水器报废年限为8年,人工燃气热水器报废年限为6年。

10.3 家用燃气取暖设备

现在的供热主要有分户供热和集中供热两种方式,集中供热主要是在有集中管网的地区,比如主城区。在郊区或者集中供热不能到达的地区,主要以分户供热为主,形成以集中供热为主,分户供热为辅的局面。分户供热的热源主要包括:电锅炉、煤锅炉和燃气供暖热水炉。由于生活水平的提高和环保方面的要求,煤炭炉逐步退出市场。电锅炉主要运用在电力充足的地区。随着西气东输、北气南下、海上液态天然气的进入,以及天然气的价格优势,天然气的用户快速增加,越来越多的居民选择用天然气作为热源供暖。

家庭燃气采暖设备,实际就是把燃气转化为家庭采暖热源的设备。以燃气为热源的取暖设备主要有燃气采暖热水炉、燃气取暖器和燃气热风炉,采暖热水炉又分为快速式和容积式两种。

10.3.1 分类

家用燃气采暖热水炉,又称为燃气壁挂锅炉,其主要功能是供应生活热水和供暖。

城镇建设行业标准《燃气采暖热水炉》中的定义是额定热输出小于等于 70kW,最大采暖工作压力小于等于 0.3MPa,工作水温不高于 95℃,采用大气式燃烧器或风机辅助式大气式燃烧器或全预混式燃烧器的采暖热水两用或单采暖的器具。

按照用途分类可分为单采暖型(N)、单供热水型(S)和两用型(L)。

按照使用燃气的种类可以按照表 10.2 分类。

表 10.2 燃气种类分类

燃气种类	代号	额定供气压力,Pa
天然气	4T、6T	1000
	10T、12T、13T	2000
人工燃气	5R、6R、7R	1000
液化石油气	9Y、20Y、22Y	2800

按照安装位置可以分为室内型和室外型(W)。室内型又可以分为烟道式(D)、强排式(Q)、平衡式(P)、强制平衡式(G)。

按采暖系统结构形式分类,分为封闭式(B)和敞开式(K)。封闭式是指器具采暖系统未设置永久性通向大气的孔;敞开式是器具采暖系统设有永久性通向大气的孔。

按最大采暖工作水压分类可分为压力等级 1(0.1MPa)、压力等级 2(0.2MPa)。

10.3.2 结构

燃气取暖设备的主要部件以平衡式家用燃气采暖热水炉结构为例,如图 10.18 所示。

1. 燃气调节阀

燃气调节阀是根据用户系统不同而需要不同的热输出要求,通过调节燃气阀的输出压力来实现的,可以分为:

(1)分段电磁阀:使用两个或两个以上的电磁阀不同开关组合,控制燃气的功率大小。

(2)气量旋塞阀:使用人手调控燃气功率,一般用于性价比比较高的壁挂炉。

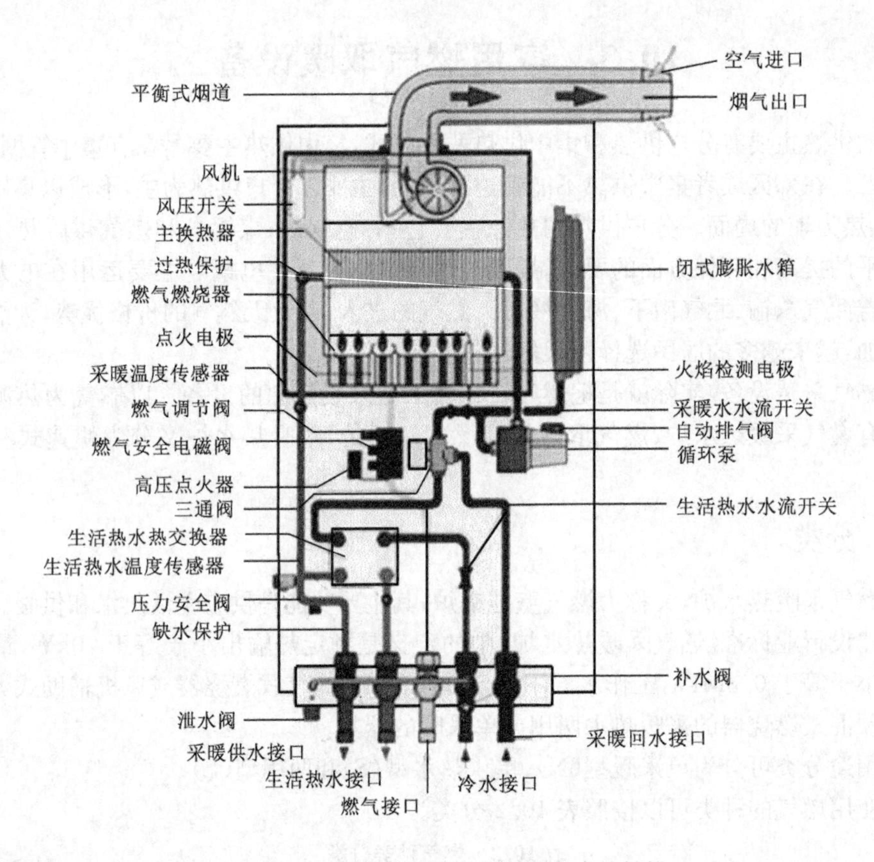

图 10.18 平衡式家用燃气采暖热水炉结构

(3)比例阀:利用电压电流的大小,控制阀门开度位置,从而控制燃气流量。

(4)主电磁阀:控制壁挂炉燃气的总开关。

2.点火系统

点火系统主要有压电点火、脉冲点火和热敏点火三种方式。

3.燃气燃烧器

燃气燃烧器使得燃气与空气混合,让火焰稳定燃烧,产生热的烟气。两用炉常用燃烧器是大气式燃烧器,冷凝式的燃烧器目前较为常见的是金属纤维燃烧器、不锈钢燃烧器和陶瓷板红外燃烧器。

4.热交换器

普通两用炉的换热器主要有铜材的翅片管换热器作为供暖的热交换器和不锈钢的板式换热器(图 10.19)作为洗浴卫生热水的热交换器。

5.烟道

烟道的主要作用是将燃烧所产生的烟气从室内排出到室外。给排式的烟道也有将燃烧所需要的空气由室外引入室内的作用。

6.风机

风机是利用输入的机械能或者电能,将燃烧的烟气排入烟道,同时吸入空气,减少给排烟管的直径。燃气取暖设备的风机分为直流风机和交流风机。

7. 风压开关

风压开关的作用是检测烟道内的风压是否正常,如果排烟系统出现故障,比如风机发生损坏、烟道发生堵塞的时候,会使壁挂炉的运行停止。

8. 自动排气阀

自动排气阀(图 10.20)能自动排出系统中的空气和水中溶解的氧,以及系统过热后产生的蒸气。一般壁挂锅炉在顶端设置自动排气阀。

图 10.19 板式换热器

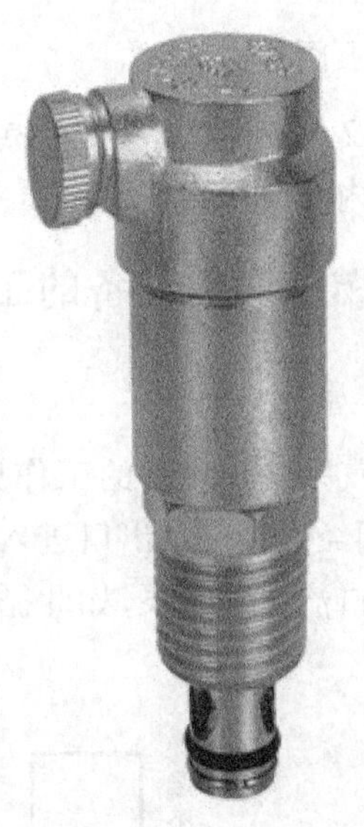

图 10.20 自动排气阀

9. 膨胀水箱

膨胀水箱用于闭式水循环系统中,起到了平衡水量及压力的作用,避免安全阀频繁开启和自动补水阀频繁补水。

10. 循环水泵

循环水泵用于带动系统中水的循环。

11. 热敏电阻

热敏电阻就是阻值随温度变化的电阻,检测方法就是直接测其电阻,型号不同,在同一温度下,电阻值也不同。

12. 三通阀

双换热器类型的两用炉采用电动三通进行供暖和洗浴功能的转换,即当洗浴系统的水流量传感器发出水流量信号后,逻辑控制板向电动三通发出指令,进行水路转换。主换热器加热的热水进入板式换热器或盘管式换热器加热冷水,得到洗浴热水。

13. 低水压开关

家用燃气采暖热水炉设置有低水压开关。当采暖系统内的水压力过低时,低水压开关断开,燃气采暖热水炉停止工作,以防止系统干烧。

14. 补水阀

补水阀是一种安装在闭式循环的供暖或制冷系统的补水管路上的新型阀门，可自动维持系统的压力为设定值，并防止供热系统的热水回流到冷水管路，集减压阀、截止阀、止回阀功能于一体。

15. 水过热保护开关

水过热保护开关是指家用燃气采暖热水炉的热量超出设计极限自动断电的一种保护措施，有水温过热保护、空烧过热保护、电路故障造成的过热保护等。

16. 泄压阀

泄压阀又称安全阀。当设备或管道内压力超过泄压阀设定压力时，即自动开启泄压，保证设备和管道内介质压力在设定压力之下，保护设备和管道，防止发生意外。

10.3.3 燃气取暖设备的工作原理和维护

1. 工作原理

家用燃气采暖热水炉的工作原理为：在供暖状态下，循环水由水泵流经主换热器进行加热，由三通阀经供暖热水出口进入室内的采暖系统，通过散热器对室内空气进行加热后，再由供暖回水入口流回到水泵，如此循环不断（大循环），如图 10.21 所示。

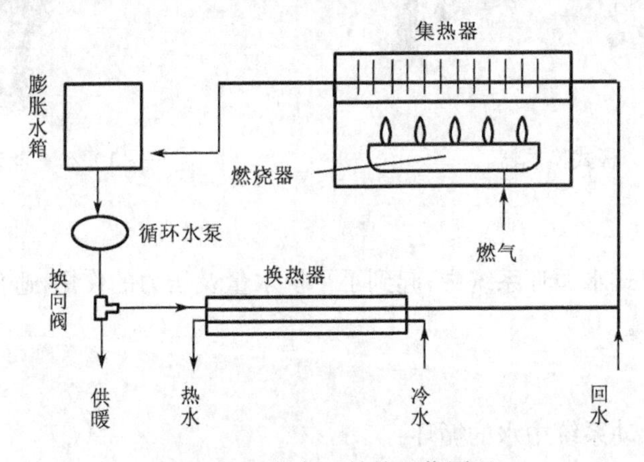

图 10.21 燃气壁挂炉工作原理

在卫浴状态下，循环水流经主换热器进行加热，由三通阀经板式换热器流回水泵，如此循环不断（小循环），而热水水路与循环水路是隔离的，其从冷水入口进来后经板式换热器，将循环水路的热量吸收过来，变成热水后从热水出口流出。

开机运行顺序如下：

供暖状态：开机—水泵转—风机转—风压开关动作—脉冲点火—比例阀吸合—点火燃烧—反馈电极探测火焰—正常燃烧。

洗浴状态：开机—开洗浴水—水流开关打开—水泵转—风机转—风压开关动作—脉冲点火—比例阀吸合—点火燃烧—反馈电极探测火焰—正常燃烧。

2. 使用注意事项及维护

使用家用燃气采暖热水炉的时候必须注意安全，因为燃气采暖热水炉的外壳温度很高，通常可达到220℃左右。如果放置于木地板或椅子、桌子上面，很容易烤焦着火。而且，家用燃气采暖热水炉周围不允许有棉布、衣服、塑料薄膜或报纸等易燃物体，也不可在家用燃气采暖热水炉的外壳上面搭烤衣服等易燃物。

家用燃气采暖热水炉一般都是在比较寒冷的情况下使用，这时用户往往要关闭门窗。因此，在使用家用燃气采暖热水炉的过程中，应该随时注意其燃烧室外壳必须密封严密，当发现陶瓷板的接缝处或者瓷板本身出现裂缝的时候，应该及时停止使用，待冷却后用石棉垫或黏结剂填补严密，以防燃气泄漏引起火灾或中毒事故。

在家用燃气采暖热水炉的工作过程中，如果出现“噗、噗”的声音，很有可能发生了回火现象，使燃烧在引射器内进行。这种现象可能是燃气压力不足或辐射板面气流过急引起的，切断燃气，待熄灭后重新点燃。如果无法消除回火，则应检查喷嘴是否堵塞，供气软管是否漏气，或燃气压力是否偏低。

使用过程中还应注意不要让油或水等液体散落在网上，以免金属网或陶瓷板破损。

如发现网面上冒出黄色火焰，表示燃烧器的空气不足，应调节风门，加大空气量。

如果网面上有蓝色火焰，表明燃烧的空气量过大，应调节风门，减少空气量。

如果网面上红色火焰跳出，火力较旺，表示燃气压力过高，应检查一下燃气压是否正常或减压阀是否正常，并将燃气压力降低。

如果点燃后，网面上漂浮蓝色火焰且晃动不稳定，通常是燃气喷嘴被异物堵塞所致。应进行疏通，疏通时应注意不要将喷嘴直径扩大，否则不能正常燃烧。

10.4 中餐灶及燃气烤箱

常用的燃气商业灶具主要有燃气大锅灶、燃气三门蒸柜(图10.22)、燃气炒菜灶、燃气烤箱、燃气蒸饭箱、燃气四眼煲仔灶(图10.23)、燃气低汤灶(图10.24)、燃气中餐灶、燃气扒板(图10.25)、燃气四眼西餐灶(图10.26)、燃气烤鸭炉(图10.27)、燃气直燃机、燃气鼓风粉肠炉。

图10.22 燃气三门蒸柜

图10.23 燃气四眼煲仔灶

图 10.24 燃气低汤灶

图 10.25 燃气扒板

图 10.26 燃气四眼西餐灶

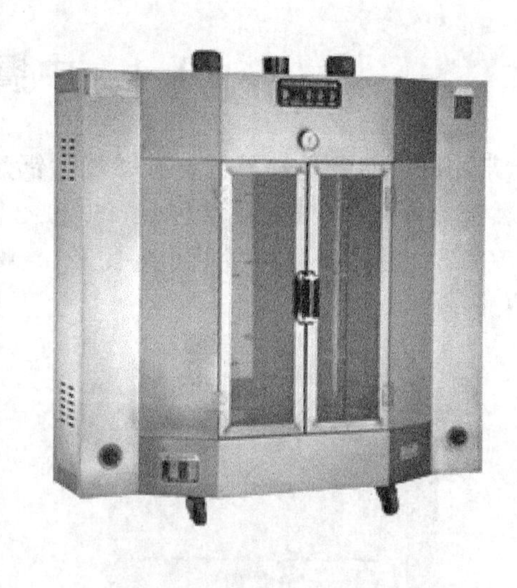

图 10.27 燃气烤鸭炉

10.4.1 燃气大锅灶

炊用燃气大锅灶(简称大锅灶)是指单个灶眼额定热负荷不大于 80kW、锅的公称直径大于或等于 600mm、金属组装式或转砌式的大锅灶。大锅灶是我国中餐厨房必不可少的燃气用具之一,既能满足蒸、煮主副食品,又能烧炒菜类、油炸食品、烧制汤水等。它兼有蒸煮灶、蒸箱、炸锅灶、炒菜灶的功能,用途广,操作方便,适用于工厂、企业、机关、学校、宾馆和饭店等。

1. 大锅灶的分类

按使用燃气种类，分为人工煤气大锅灶、天燃气大锅灶(图 10.28)、液化石油气大锅灶和沼气大锅灶。

按燃烧方式，分为扩散式燃烧大锅灶和大气式燃烧大锅灶。

按灶的结构形式，分为金属结构组装式大锅灶和砖砌体式大锅灶。

按排烟方式，可分为间接排烟式大锅灶和烟道排烟式大锅灶。间接排烟式大锅灶工作时所需空气取自室内，燃烧后的烟气经烟道由排烟装置排到室外。烟道排烟式大锅灶工作时所需空气取自室内，燃烧后的烟气经烟道直接排至室外。

图 10.28　燃气大锅灶

2. 大锅灶的型号编制

按国家规定，大锅灶的型号编制见表 10.3。

表 10.3　大锅灶型号编制

代号	燃气种类	灶眼数×锅的公称直径	改型序号

大锅灶用汉语拼音字母代号 DZ 表示；燃气种类用汉语拼音字母代号表示(R 表示人工煤气，T 表示天然气，Y 表示液化石油气，Z 表示沼气)；大锅灶的眼数用阿拉伯数字表示，单眼灶时可省略此代号，锅的公称直径以 mm 为单位；大锅灶的产品改型序号用汉语拼音字母表示，A 表示第一次改型，B 表示第二次改型……依此类推。

3. 大锅灶的结构

大锅灶由灶体、燃烧器、锅、烟道、烟筒、供气系统等组成。高档大锅灶还包括自动点火及熄火保护装置。大锅灶按结构可以分为砖砌大锅灶和金属组装大锅灶。

灶体既是锅、燃烧器、烟道等部分的支撑体，又是保证燃烧器正常工作的必要部件。金属结构组装式大锅灶由灶架、炉膛、面板等组成。灶架由金属材料焊制，高 700～800mm，特殊要求可专门设计。架子大小由锅而定。炉膛是供燃气充分燃烧的空间，即燃烧室，其形状、大小与锅匹配，由炉膛壁、排烟口、集烟道和二次进风口组成。炉膛壁有铸铁、耐火砖两种。使用金属材料时，内壁面上应粘贴耐火材料，以防金属材料在高温下氧化和散热过多。炉膛壁上设有 4～8 个排烟口，以控制燃烧产物合理流动，顺利进入环形集烟道。排烟口的数量、大小、形状及分布位置都影响排烟效果及火焰的均匀性。集烟道设在炉膛壁外，多为环形，与各排烟口相通。由各排烟口出来的烟气进入集烟道，送至烟筒，然后排入大气。烟气的排出，一种是靠机械力(抽风或送风)，一种是靠自然抽力，这可根据不同需要选择设计。

10.4.2　燃气炒菜灶

中餐燃气炒菜灶(简称炒菜灶，图 10.29)，一般是指主火热负荷在 46kW 以下、专门烹制中国传统风味菜肴的燃气用具。它具有火力集中，热负荷大等特点，能满足爆、炒、炸、煎、熘等多种工艺要求，适用于宾馆、饭店、餐厅和机关食堂等。

图 10.29　燃气炒菜灶

1. 炒菜灶的分类

1)按使用燃气的种类

按使用燃气的种类,可分为人工煤气炒菜灶、天然气炒菜灶、液化石油气炒菜灶和沼气炒菜灶等。

2)按炒菜灶的火眼数量

按炒菜灶的火眼数量,可分为单眼炒菜灶、二眼炒菜灶、三眼炒菜灶和多眼炒菜灶等。

3)按炒菜灶的制造材料

按炒菜灶的制造材料,可以分为砖砌炒菜灶和金属组装式炒菜灶。

4)按排烟方式

按排烟方式,可以分为直接排烟式炒菜灶和金属组装炒菜灶。

2. 炒菜灶的结构

炒菜灶由燃气供应系统、灶体和炉膛等几大部分组成。高档灶还包括自动点火装置、熄火保护装置和供水系统等,如图 10.30 所示。燃气供应系统包括进气管、燃气阀、主燃烧器、常明火和自动点火装置等。灶体包括灶架、围板、灶面板等。炉膛包括灶膛、锅支架和烟道等。

我国 20 世纪五六十年代使用的中餐灶均为砖砌灶体。而近年来生产的中餐灶,其灶架用角钢焊制而成,灶面板及围板等采用不锈钢或表面处理过的普通钢板。

对于单眼、二眼和多眼炒菜灶,其结构基本上与三眼炒菜灶相同,只是灶限数目和燃烧器的热负荷不同。

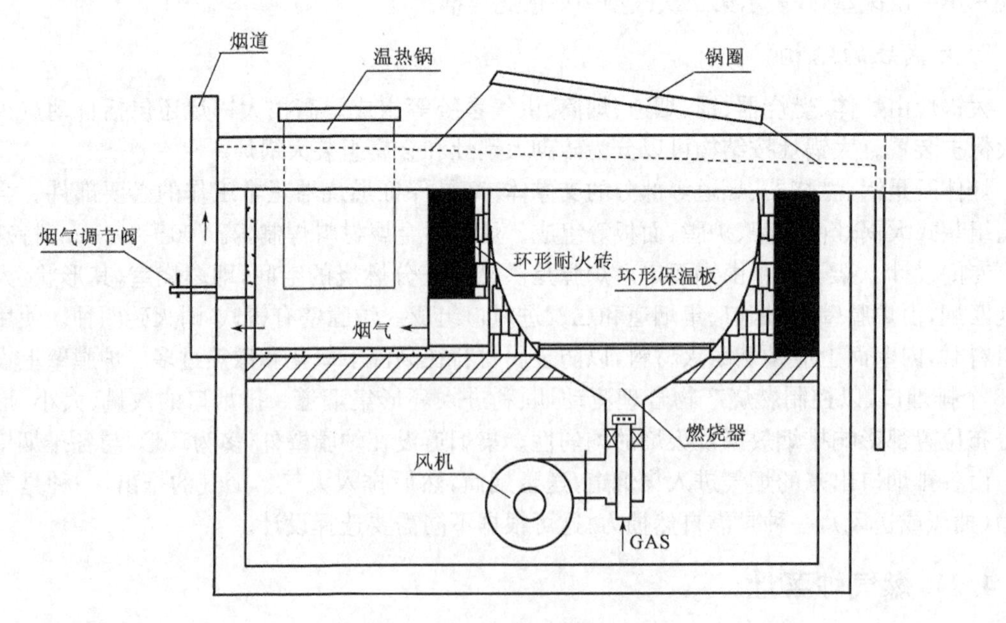

图 10.30　燃气炒菜灶结构

一般炒菜灶设主火、次火和子火燃烧器。主火燃烧器热负荷大,火力集中,作爆炒用,也能满足炸、煎、煸、熘等使用。子火燃烧器热负荷较小,作炖、煨或高汤用。二眼以上的炒菜灶可设次火，其热负荷介于主火与子火之间；菜量不大时，也具有中餐炒菜、爆、炸、煎、煸、熘等功能。一般二眼灶设一个主火、一个子火或一个主火、一个次火；三眼灶设二个主火、一个子火或一个主火、一个次火、一个子火；四限灶设两个主火、一个次火、一个子火或二个主火、二个子火等自由搭配。

一般来说，主火灶眼使用直径400～500mm的煸锅，也可使用直径300～320mm的炒勺；次火灶眼以使用直径300～320mm的炒勺为主；子火使用平底锅。

炒菜灶的灶眼数、热负荷及外形尺寸均比较灵活，可根据厨师制作不同特色菜肴的要求自由搭配。

3. 炒菜灶的使用

(1)打开燃气管道上的总阀门。

(2)对带有自动点火装置的炒菜灶先启动自动点火装置，点燃长明火或点燃燃烧器。对带自动点火装置的，则先点燃点火棒，再用点火棒点燃长明火或灶眼燃烧器。

(3)按使用说明书中规定的旋转方向打开燃气阀门，当主火燃烧器用两个阀门分别控制内外圈时，应先点燃靠近长明火的那一圈。内外圈可根据需要同时使用，也可只使用其中的一圈。

(4)对带有调风板的燃烧器，应调节调风板的开度，以保持火焰稳定和无黄焰。

(5)在使用过程中，可根据被加热物的多少，随时调节所用灶眼燃气阀门的开度。

(6)使用完毕后，关闭炒菜灶上所有燃气阀及燃气管道上的总阀门。

10.4.3 燃气烤箱

带有烤箱的燃气灶具称为燃气烤箱灶(简称烤箱灶，图10.31)，是家庭和公共部门使用的一种燃气炊事用具。它既有家用燃气灶的蒸、煮、烹、炒、炸等功能，又具有烘烤的功能，可以加工各种中西餐主食，烹制多种菜肴，烘烤各种糕点、肉类等食品，是一种用途广泛、造型美观的燃气炊事用具。燃气烤箱灶比燃气烤箱(图10.32)多了灶具的功能。

图10.31 燃气烤箱灶

图10.32 燃气烤箱

1. 烤箱灶的分类

按燃气的种类，可分为人工煤气烤箱灶、天然气烤箱灶、液化石油气烤箱灶和沼气烤箱灶。

按烤箱灶上部灶眼数量，可分为双眼烤箱灶、三眼烤箱灶、四眼烤箱灶等。

按烤箱灶的设置方式，可分为台式烤箱灶和落地式烤箱灶。

按烤箱灶的结构和控制装置，可分为不设任何控制装置的简易烤箱灶；设有自动点火装置和燃气阀门与烤箱门安全自锁装置的中档烤箱灶；设有自动点火装置、恒温器、熄火保护装置、温度显示器、时间控制器、电动转叉、燃气阀门与烤箱门之间安全自锁装置等的高档烤箱灶。

2.烤箱灶的主要结构

烤箱灶主要由供气系统、烹调灶眼、烤箱和点火部件等组成。高档烤箱还包括恒温器、熄火保护装置等部件。

供气系统包括燃气、管路、旋塞阀及其控制旋钮等。烹调灶眼部分包括燃烧器及其调风板、锅支架、承液盘、灶面板、装饰板等。烤箱部分包括排烟道、燃烧器、烤盘、烤箱门、保温层、框架、温度显示等。自动点火装置分为压电点火和脉冲点火。不设自动点火装置的烤箱设有点火棒或者点火枪。

3.烤箱灶的工作原理

烤箱灶上部的炊事用灶部分的工作原理与家用燃气灶相同。烤箱部分的工作原理如下：烤箱烘烤食品分三种方式：直接式——燃烧产物与食品直接接触；半直接式——燃烧产物与食品半直接接触；间接式——燃烧产物不与食品接触。

对于直接加热式烤箱，点燃燃烧器后，高温烟气首先加热烤箱底部的辐射板，然后流入烘箱的空间内，以对流传热方式对食品加热。同时，下部的辐射板以辐射传热方式对食品加热。经过热交换后的低温烟气流经烤箱的烟道排出箱体之外。为了使烘烤室内的温度场均匀，有的烤箱在烘烤室的上部设一个热负荷较小的红外线辐射器，以便使食品的上下受热均匀。对于间接加热式烤箱，高温烟气不进入烘烤室内，即烟气不与食品直接接触。它是使高温烟气通过烘烤室内的热交换器，以辐射传热方式对食品加热。流经热交换器的烟气通过烟道排出烤箱。

烤箱内的温度可以通过调节燃烧器的开关旋钮或恒温器的旋钮进行控制。

4.烤箱灶的使用

使用烤箱灶时，除按家用灶的使用方法进行操作外，还应按下列方法操作：用户在使用烤箱灶前，应认真阅读产品使用说明书，熟悉和掌握各种旋钮的用途、使用方法等，然后再进行操作。

初次使用烤箱时，应作下列调整：

(1)打开烤箱门，检查烤箱的底板、烟气分流板、燃烧器的位置是否符合产品说明书指示的位置，如果位置不正确，应将其调整到位。否则，即使有一个部件的位置不正确，也会妨碍热烟气的循环流动，致使烤箱内的温度分布不均匀和烘烤食品的效果不好。

(2)开启燃气管路的总阀门，再分别打开点火燃烧器、主火燃烧器的旋塞阀，按家用灶的点火方式点火，并调整其火焰的大小。

(3)使用烤箱时，应先将烤箱门打开至水平位置，再进行点火(其点火方法与家用灶的相同)。然后将烤箱燃烧器的旋钮调至说明书规定的各种食品所需温度的位置，待温度指示器达到烘烤食品的温度时，再把食品放入烤箱内。

(4)在烘烤食品过程中，不要多次开烤箱门观看食品烘烤情况，一般情况下，按产品说明书规定的烘烤时间掌握即可。食品烘烤完毕,应及时将烤箱燃气阀门关闭。

10.4.4 燃气蒸饭箱

燃气蒸饭箱(简称蒸箱)是一种蒸制食品的箱式或柜式大型燃气炊事用具。它将灶、锅和盛放被加热食品的抽屉等组装在一个箱内,具有独立完成蒸制食品的功能。

蒸箱适用于食堂、饭店等用作蒸制米、面多种主食和肉类等副食,还可用于餐具消毒,具有结构简单、操作方便、外形美观、节省燃气的特点。

1. 分类

按燃气种类,分为人工煤气蒸箱、天然气蒸箱、液化石油气蒸箱和沼气蒸箱等。

按排气方式可分为:直接排烟式蒸箱,其燃烧后的烟气直接排放在室内,室内气体由排烟装置(包括水蒸气)排至室外;烟道排烟式蒸箱,其燃烧后的烟气可借助于自然抽力或机械抽风经烟道直接排送至室外。

按用锅型式可分为:平底锅蒸箱,其锅底是平的,形状可长、可方,由蒸箱要求而异;成型锅蒸箱,其锅底一般通过专用成型设备加工成一定的形状,如波纹形、弧形等;小型锅炉蒸箱,其蒸箱的热源是一个小型燃气锅炉产生蒸汽,而不是普通敞口大锅。

按燃烧及加热方式为大气式蒸箱、无焰式蒸箱、火管式蒸箱和余热利用式蒸箱。

按单台蒸箱一次加工干面粉量可分为 20kg、40kg、80kg、100kg 等系列。这种分类方法直观地反映了蒸箱的大小,便于选用。

2. 结构

蒸箱(图 10.33)基本上由灶体、灶架、锅(蒸汽发生器)、小型锅炉、燃烧器、面板、自动补水装置、排烟口、箱体、烟囱、控制装置等组成。

1)灶体

蒸箱的灶体由灶架、锅、燃烧架、面板、自动加水装置和下烟道组成。灶体和箱体可以是整体结构,也可由分体结构组装成一体。

2)灶架

灶架有两种,一种为金属组装式,另一种是砖砌式。灶架的功能是固定锅、燃烧器、面板、围板及水箱等部件,并支撑上箱体和被加热物品。

3)锅(蒸汽发生器)

蒸箱用锅有平底锅、成型锅、小型锅炉等,采用较多的为平底锅。从食品卫生和人身健康方面考虑,锅的材料应选用防污染材料。平底锅的结构比较简单,其大小与蒸箱大小相匹配,一般为板材焊制,锅底设有放污管和进水管,锅帮上部设有溢水管。此种锅易于装置燃烧器,受热面均匀。锅一般为活动式,以便更换和清洗。

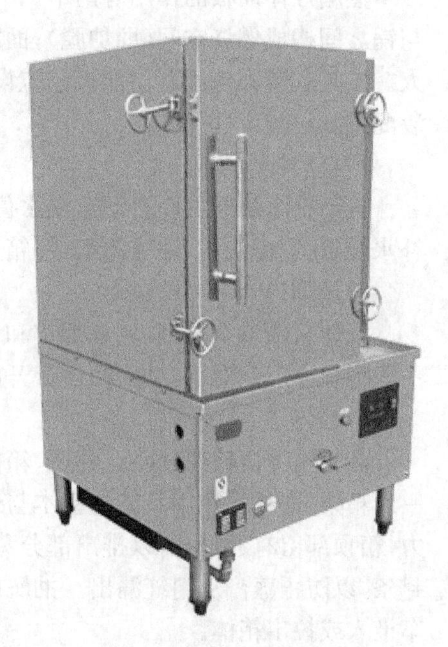

图 10.33 燃气蒸饭箱

成型锅分为波纹状锅和弧形锅两种。波纹形锅的锅底呈波纹状,由专用设备加工而成。波纹增加了锅底表面积。因此增加了锅的受热面,加热速度快,提高了热效率。但制作加工较复杂，成本较高。一般大型蒸箱用弧形锅，这可增加盛水量，材料用普通钢板。由于锅底呈弧形，装置燃烧器较困难。

4)小型锅炉

小型锅炉内设水管，当燃气燃烧加热水管时，管内水受热沸腾，产生蒸汽，进入蒸箱。此外，火管式锅炉是在锅内装有若干火管，在火管一端燃气由喷嘴喷出，并引入一定量的空气在火管中边流动边燃烧，烟气从另一端排出，燃气燃烧放出的热量由火管传给水，热效率可达70％以上。

5)燃烧器

蒸箱使用的燃烧器有下列几种形式：

(1)直管燃烧器，根据燃烧方式不同有大气式和扩散式之分。它具有构造简单、取材容易、制造方便的优点。

(2)H形燃烧器，此种形式缩短了燃烧器的长度，有利于燃烧器的装置及热量的利用，根据燃烧方式不同有大气式、扩散式和无焰式之分。热效率比直管式的约高10％。

(3)火管式燃烧器，结构有直管、弯管之分。根据燃烧方式不同有完全预混式、大气式和鼓风式几种。火焰在管道内燃烧，并沿管道前进，烟气由管道另一端排出，适用于流体加热，传热性能好，余热可回收，热效率高。

此外，有的蒸箱也采用圆形多火孔大气式燃烧器、排管形燃烧器，其火孔为缝隙式。

6)面板

蒸箱灶体面板的作用有两个。一是起灶墙的作用，内表面粘贴耐火材料(高铝纤维等)，它与锅之间构成燃烧空间(即炉膛)；面板也可做成夹层，中间填隔热材料，既保温又可防止烫伤人。二是起装饰作用。前面板还应设观火孔和调节手柄。为了便于调节维修，前面板应做成装配式。

7)自动补水装置

自动补水装置可以自动监视水位，防止烧干锅酿成事故。常用的自动补水装置为机械式补水装置，它由水箱、浮球阀组成，箱上留有进、出水口。

8)排烟口

灶体后侧设有排烟口、集烟道和水平烟道，以便将炉膛内的燃烧产物排出。排烟口和烟道一般为长方形。对于灶体、箱体分开的蒸箱，还应有一段烟囱，用以与上箱体的烟囱连接。

9)箱体

蒸箱箱体由箱架、面板、抽屉、箱门、蒸汽排放口、上排烟道等部分组成。

箱架、面板的作用及结构基本与灶体的灶架、面板作用相同。为了保证箱内一定的蒸汽压力，箱顶部留有通气孔，以排出部分蒸汽，起调节排放量和调节温度的作用。箱门内侧安装密封条，以防止蒸汽从门缝漏出。抽屉由屉架、屉底板、滑轨、把手组成。大型蒸箱的抽屉由接轨车推入或拉出箱体。

10)烟囱

整体式蒸箱烟囱较简单。组合式蒸箱(灶体和箱体组合的)的烟囱分别与灶体和箱体连在一起，分成上、下两部分。在组合时采取一定的密封措施，以保证箱体和灶体密封，同时也把烟囱连成一体。

11)控制装置

为了保证安全，防止干锅、爆炸等事故，蒸箱上常设有自动点火装置、熄火保护装置、自动补水装置、自动计时装置。

3. 工作原理

打开进水管阀门，水经自动加水装置浮球阀进入水箱，同时流入锅内。正常运行时，水箱水位高于锅。当锅内水下降到某一设定的水位时，因水箱和锅连通，水箱水位也下降到相应位置。此时浮球随液面也下降，浮球连杆带动阀门，将其打开，水进入水箱，使水箱和锅内水位提高。当锅和水箱水位达到相应高度时，浮球连杆将阀门关闭，停止补水。

点燃燃烧器进行加热，使锅内的水受热升温、沸腾、产生大量的水蒸气。蒸汽进入蒸箱内，在上升过程中遇到冷的箱壁和食品，这样，高温的蒸汽把热量传给冷的食品，本身却降温、冷却，其部分冷凝成水回到锅内再被加热。高温蒸汽不断进入箱内，进行热量交换，使食物由表向里升温，直至蒸熟。

蒸箱内的传热介质为蒸汽，蒸制食品时蒸汽应充满箱室。因此，一方面箱的门缝各处应尽量密封；另一方面，还应通过箱顶排气孔排出部分蒸汽，以使箱内维持微正压，对加热食品才有利。

4. 使用

燃气蒸箱的使用方法与大锅灶的使用方法基本相同，只是在点火前要先打开上水阀门上水。当水位至额定高度后，浮球阀会自动切断水路。

第11章 工业用燃气具

工业炉窑是对物料进行热加工，并使其发生物理和化学变化的工业加热设备。工业炉中，用于硅酸盐工业，如砂轮、耐火材料的加热设备称为窑，而用于金属加热及熔化的加热设备称为锅炉。

11.1 燃气锅炉

燃气锅炉包括燃气开水锅炉、燃气热水锅炉、燃气蒸汽锅炉等，其中燃气热水锅炉也称为燃气采暖锅炉和燃气洗浴锅炉。燃气锅炉是指燃料为燃气的锅炉，燃气锅炉与燃油锅炉、电锅炉比较起来最经济，所以大多数人们都选择了燃气锅炉作为蒸汽、采暖、洗浴用的锅炉设备。

11.1.1 燃气锅炉的分类

锅炉是由锅和炉组成的，上面的盛水部件为锅，下面的加热部分为炉，锅和炉的一体化设计称为锅炉。按照燃料不同分为电加热锅炉、燃煤锅炉(图 11.1)、燃油锅炉、燃气锅炉(图 11.2)、沼气锅炉、太阳能锅炉等。燃气锅炉顾名思义指的是燃料为燃气的锅炉。

图 11.1 燃煤锅炉

图 11.2 燃气锅炉

燃气锅炉按照燃料不同可以分为天然气锅炉、城市煤气锅炉、焦炉煤气锅炉、液化石油气锅炉和沼气锅炉等；按照功能不同可以分为燃气开水锅炉(图 11.3)、燃气热水锅炉(包括燃气采暖锅炉和燃气洗浴锅炉，图 11.4)、燃气蒸汽锅炉(图 11.5)等；按照构造不同可以分为立式燃气锅炉、卧式燃气锅炉；按照烟气流程不同可以分为单回程燃气锅炉、双回程燃气锅炉和三回程燃气锅炉。

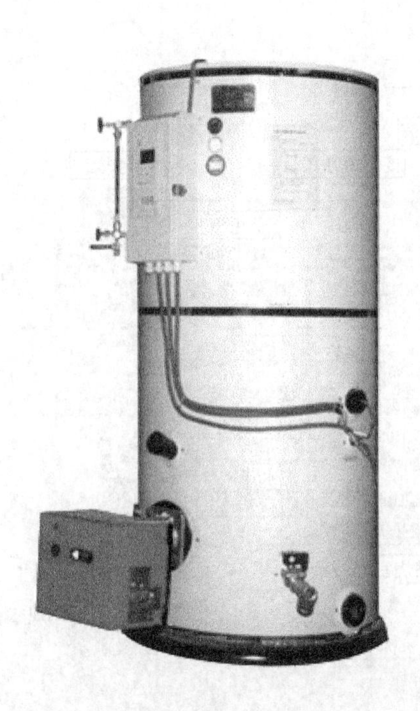

图 11.3　燃气开水锅炉

图 11.4　燃气热水锅炉

图 11.5　燃气蒸汽锅炉

11.1.2　燃气锅炉的结构及应用

1. 燃气锅炉的结构

燃气锅炉与燃煤锅炉结构上主要的区别是由于使用燃料的不同而引起的。燃气锅炉（如图 11.6）使用气体燃料（天然气或液化石油气等），燃气经过配风后燃烧，均需使用燃烧器将燃料喷入到锅炉的炉膛，采用火室燃烧而不需要炉排设施。由于燃气燃烧后均不产生炉渣，故燃气锅炉无排渣的出口及除渣的设施。喷入炉内的燃气，如果熄火或与空气在一定范围内混合，容易形成爆炸性气体，因此燃气锅炉都需采用自动化燃烧系统，包括火焰监测、熄火保护、防爆等安全设施。燃气锅炉结构紧凑，小型的锅炉本体及其通风、给水、控制等辅助设备均设置在一个底盘上。燃气锅炉与燃煤锅炉相同，都可以分为火管锅炉和水管锅炉两类，而且也有蒸汽锅炉与热水锅炉的分别。具体的锅炉元件分述如下：

（1）锅炉受压元件是指锅炉本体承受内部或外部介质压力作用的元件。

（2）锅壳作为火管锅炉汽水空间的筒形压力容器。锅壳内盛有水和饱和蒸汽，锅壳外各管座装有主汽阀、副汽阀、安全阀、放空阀、压力表和水位表，以及进水管、排污管等。通常锅壳内还装有汽水分离器和进水配水管，控制压力与水位的传感元件有时也装在锅壳内。

（3）封头（图 11.7）是锅壳的封口部分。火管锅炉的封头通常有平封头和扳边封头两种形式，平封头与锅壳的连接采用的是角焊结构，而扳边封头与锅壳的连接则采用对焊结构。从受力情况看，采用扳边封头和对焊连接比采用平封头和角焊连接要好。封头还有前后之分，火管锅炉的前后封头上开有许多管孔，用来安装烟管，所以又称为管钣。

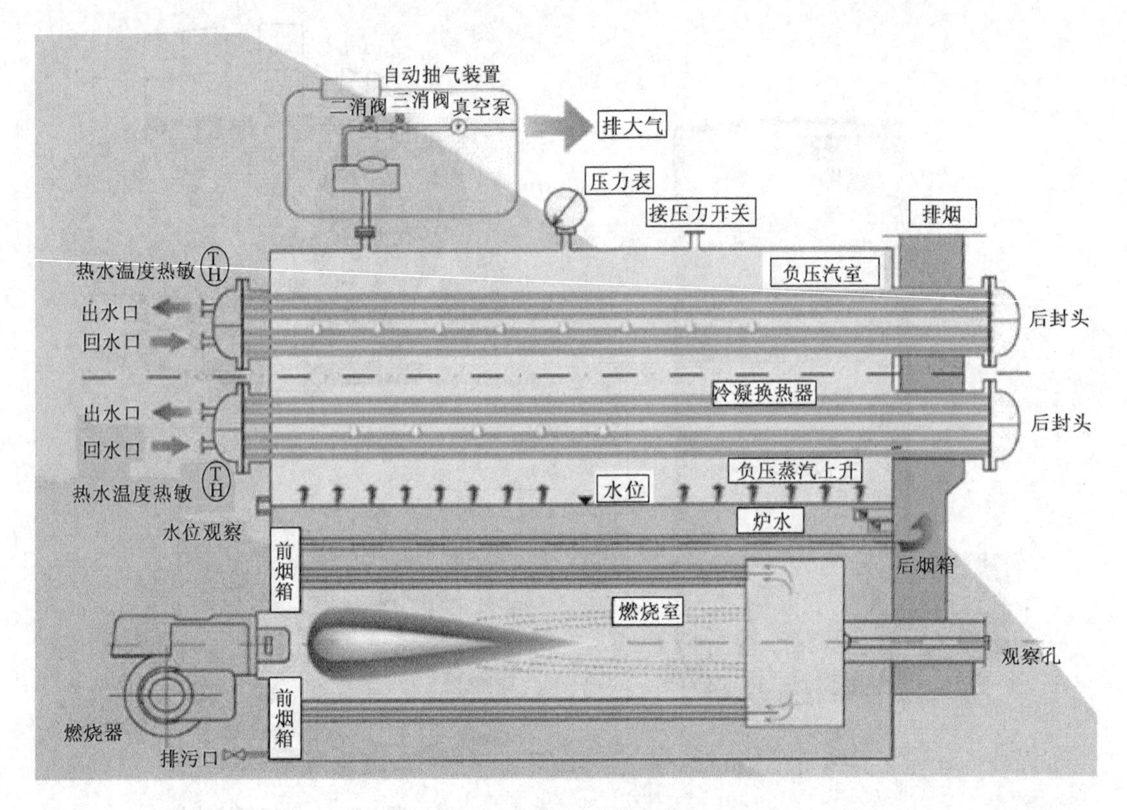

图 11.6　燃气锅炉结构图

(4)炉胆(火筒,图 11.8),锅炉内承受介质外压的筒形炉膛,作为内燃式火管锅炉的燃烧空间和辐射受热面。火管,也称为烟管,是烟气在管内冲刷的对流受热面。

图 11.7　封头

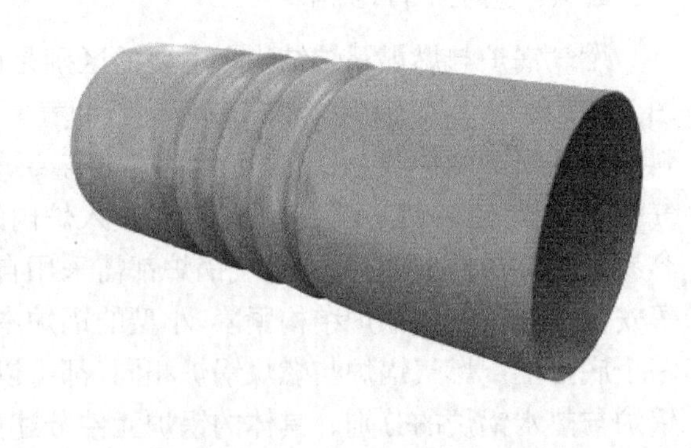

图 11.8　炉胆

(5)炉膛容积,燃油燃气锅炉的炉膛容积热负荷变化比较大,燃油工业锅炉的炉膛容积热负荷一般为 300～1000kW/m³。前些年国内使用的小型燃气锅炉,多数由燃煤锅炉改装,其炉膛容积热负荷对不同型式的锅炉相差很大。一般容量在 1～4t/h 的燃气锅炉,改装后炉膛容积热负荷为 450～850kW/m³。当采用无焰燃烧时,一般在 1150～1750kW/m³。国外设计的中小型燃气锅炉,采用强化燃烧措施,当设计考虑油、气两用时,炉膛容积热负荷取 600～1150kW/m³,对于只考虑燃气的锅炉则取 1150～1800kW/m³。

2.供热锅炉及其特性

近年来,常压热水锅炉供应低温热水的使用也日益增多。由于热水采暖系统的优点具有极大的吸引力,不少原有的蒸汽锅炉改装成热水锅炉。

热水锅炉是热水采暖系统中最主要的加热设备,目前已得到广泛应用。与蒸汽锅炉相比,其根本的区别在于热水锅炉内水的加热无相变过程,属于单相工质运行,由此就构成了热水锅炉自身的工作特点。

1)较大的裕度

水循环与蒸汽锅炉相同,热水锅炉的水循环也可分为自然循环和强制循环。自然循环的热水锅炉,其工质密度仅限于不同温度的水的密度差,因而差值小,循环的运动压力也就小,循环速度必定比蒸汽锅炉要低得多。为此,必须在水循环系统中保证有较大的裕度。

2)锅炉工作压力

热水锅炉的额定工作压力与供水温度之间并不存在严格的对应关系,该压力是由锅炉受压元件的强度决定的。在热水采暖系统中,系统工作压力是系统阻力与系统定压压力之和。系统定压值则根据最高建筑物供暖水不汽化的原则来确定,一般供水温度限制在定压压力时的饱和水温度以下 20～30℃。因此,系统的工作压力与系统阻力并不等同,它们之间存在着一个差值,这就是系统定压值。热水锅炉供水温度与定压值饱和温度的差值,表示锅炉中水加热温度距汽化点的程度,它表征了热水锅炉的运行可靠性。

3)传热效率

与蒸汽锅炉相比,热水锅炉的传热效率要高得多。在热水锅炉中,工质水的温度低,与高温烟气的传热温差大;水吸热后无相变始终处于液态,受热面到工质的放热系数值很高,几乎没有热阻;水吸热后不产生蒸汽,因此水垢也很少产生,减少了因水垢而形成的热阻;如果采用强制循环的方式,使水的流速增加又能提高换热系数。

4)工质流量

热水锅炉的供热工质水携带的是物理显热,而不是汽化潜热,在低压时物理显热比汽化潜热小得多,因此热水的载热量比蒸汽小。

5)低温腐蚀

热水锅炉工质温度低,特别是在锅炉尾部受热面处,如果进口水温过低或设计效率过高造成排烟温度太低,这都会产生低温腐蚀和堵灰现象。

6)保护装置

断水保护热水锅炉与蒸汽锅炉相同,在锅炉的控制系统中要考虑各种保护,如熄火保护、超压保护、高低温保护和断水保护,即出现各种异常情况时,锅炉应停止燃烧,起到保护作用,现代蒸汽锅炉的特征表现在高效率、高可靠、低成本和便于操作。

7)高效率

高效率是指锅炉的热效率高,热损失小。对于供热用的蒸汽锅炉工作压力一般为 0.7MPa、1.0MPa 和 1.3MPa 或以上,也有处于常压运行,即工作压力为 0.1MPa。蒸汽的吸热量是整个锅炉吸热量的 70％～85％,因此蒸发受热面是锅炉的主要受热面,受热面的形式、性质、传热方式、工质流速,以及运行中烟气侧和水侧的清洁程度都影响着锅炉的热效率。

8)高可靠

选择合适的金属材料及厚度,以满足锅炉的特殊要求,鉴于蒸汽锅炉是受压器,因此它在设计制造时必须注意安全可靠，而必要的保护系统也是锅炉可靠性设计所必需的。

9)低成本

锅炉的成本是指锅炉钢材的消耗率，其单位为 t/(t/h)。低成本指标要求锅炉单位蒸发量所耗钢材低，它是随着锅炉的型式、参数、容量、循环方式、加热面结构不同而不同的。

图 11.9 蒸汽锅炉

10)操作管理方便

蒸汽锅炉(图 11.9)配有机械化和全自动系统能极大降低操作人员的劳动强度。因此，无论是燃煤还是燃油燃气锅炉，都具有机械化和自动化的系统。特别是燃油燃气锅炉都具有燃烧管理系统(即燃烧程序控制系统)、燃烧控制系统(即燃烧负荷调节系统)、水位控制系统和保护报警系统等。

3. 燃气锅炉的发展

天然气锅炉相对其他燃料的锅炉具有以下优势：燃料费用比其他洁净能源相对便宜；供应稳定，不受不利天气的影响；在燃烧前后都无毒；性质稳定，易于控制温度，有效配合自动化生产；无需储存燃料及废物处理的费用；洁净燃烧减少了设备保养的费用。

燃气锅炉在我国有着非常好的发展前景：自 20 世纪 80 年代以来，中国大中城市的高层民用建筑有较大的发展；进入 90 年代以后，高层民用建筑增加的速度更快，而且高度也在不断增加。如此众多的高层建筑的出现，给与之配套的锅炉房设置带来一系列问题，如场地紧张、对周围环境的影响、对自动化程度和可靠性要求较高等。这些都促进了燃气锅炉的应用。

燃气锅炉的主要发展对象是高级宾馆、政府机关、医院、大型商业零售企业、写字楼和高级住宅区，同时也有可能向工业用户和普通民用住宅扩展，其市场潜力巨大。西气东输管线和进口天然气管线途经的大中城市、终点城市，以及进口液化气的港口城市及其辐射地区今后燃气锅炉发展的潜力巨大。长江以北(包括长江流域)的用户群广泛，长江以南的用户群集中在高级住宅区、高级宾馆和医院，也是重要的燃气锅炉发展对象。

11.2 燃气工业炉

11.2.1 燃气工业炉的分类

工厂常用的工业炉，一般根据炉子的结构特点、生产用途、炉温高低、加热方式、热工制度及炉子工作的连续性进行分类。

1. 按用途分类

(1)熔炼炉(图 11.10)，将金属等固体物料从固态熔化成液态，再加入其他合金元素进行精炼。加热目的是熔化金属等物料，如冲天炉、平炉、熔铜炉、熔铝炉和玻璃熔池窑等。

图 11.10 熔炼炉

(2)锻轧加热炉。(图 11.11),其加热目的是为了增大金属在轧制、锻造、冲压和拉拔前的可塑性，如轧钢加热炉、锻造加热炉等。

(3)热处理炉(图 11.12),其加热目的是为了改变金属的结晶组织,使其满足不同的热处理工艺要求,如淬火、退火、回火、渗碳及氮化等。

图 11.11 锻轧加热炉

图 11.12 热处理炉

(4)焙烧炉(图 11.13),又称焙烧窑,其加热目的是使物料发生物理或化学变化,以获得新的产品,如白云石、石灰石和耐火材料的焙烧等。

(5)干燥炉(图 11.14),其加热目的是为了排除物料中的水分,如铸型的干燥及黏土、砂子和型煤的干燥等。

图 11.13 焙烧炉

图 11.14 干燥炉

2. 按炉温分类

(1)高温炉,炉温在 1000℃以上,其炉内传热一般以辐射为主。

(2)中温炉,炉温为 650～1000℃,炉内除以辐射传热外,对流传热也不可忽视。

(3)低温炉,炉温在 650℃以下,以对流传热为主。

3. 按炉子工作的连续性分类

按炉子工作的连续性可分为连续性操作的炉子和周期性(间歇式)操作的炉子。

4. 按加热方式分类

(1)直接加热炉,指炉气直接与物料接触,故又称火焰炉。

(2)间接加热炉,指炉气不直接与物料接触。

5. 按行业分类

(1)炼铁高炉、热风炉、烧结炉、球团炉、焦炉、焙烧炉。

(2)炼钢、压力加工转炉、电弧炉、平炉、均热炉、轧钢加热炉、锻造加热炉。

(3)钢材热处理退火炉、正火炉、调质炉、回火炉、热压合炉、渗碳炉、软氮化炉、镀覆炉、气氛发生炉、烧结炉。

(4)铸铁、铸钢冲天炉、电弧炉、感应熔化炉、热处理炉、干燥炉。

(5)有色金属精炼炉、熔化炉、均热炉、焙烧炉、转炉、热处理炉(退火、调质、回火、烧结等)。

(6)耐火材料、陶瓷、水泥、烧成炉、热处理炉。

(7)化学工业,如煤化工和石油化工中用到的热解炉。

(8)环境保护,如废气燃烧炉、工业废弃物焚烧炉。

11.2.2 燃气工业炉的组成

燃气工业炉是一种较复杂的加热设备,主要由炉膛、燃气燃烧装置、余热利用装置、烟气排出装置、金属框架、各种测量仪表、机械传动及自动控制装置等部分组成。

1. 炉膛

炉膛(图 11.15),是由炉墙包围起来供燃料燃烧的立体空间。炉膛的作用是保证燃料尽可能地燃烧,并使炉膛出口烟气温度冷却到对流受热面安全工作允许的温度。为此,炉膛应有足够的空间,并布置足够的受热面。此外,应有合理的形状和尺寸,以便于和燃烧器配合,组织炉内空气动力场,使火焰不贴壁、不冲墙、充满度高,壁面热负荷均匀。

2. 炉墙

炉膛侧面的砖砌部分统称为炉墙(图 11.16)。它一方面经受高温,另一方面要减少热损失,所以在设计炉子时,选材要有足够的耐火度和良好的隔热性能,一般炉墙外壁温度不得超过 100℃。

11.15 热流经过炉膛

图 11.16 炉墙

此外，根据炉子工艺需要，炉墙上常开有炉门、观察孔、点火孔，以及装置燃烧器的孔洞，这些孔洞应不影响炉墙的强度和密封性。为此，炉墙外侧视需要可包以 5～10mm 厚的钢板。

3. 炉顶

炉膛顶都的砖砌部分称为炉顶，按结构形式可分为拱顶和吊顶。炉子跨度小于 3～4m 可采用拱顶，跨度较大的则采用吊顶。

拱顶的厚度随炉子的跨度增大而增加。拱顶支承在拱脚砖上，拱顶的横推力由固定在钢架上的拱脚梁承受。

吊顶由一些特种异形砖组成，异形砖用吊杆单独地或成组地吊在炉子的钢梁上。

4. 炉底

炉膛底部的砖砌部分称炉底。它经常受到很大机械负荷及各种料渣的侵蚀作用，因此，对砌筑材料要求高一些。对于低温炉炉底，通常采用 1～3/2 砖厚的黏土砖和 1/4～1/2 砖厚的绝热砖即可。对于高温炉炉底，通常采用镁砖、黏土砖、绝热砖、钢板、钢架和地基的砌筑形式。炉子基础，全炉荷载均由基础承受，所以炉子基础要防止不均匀下沉、基础开裂、设备倾斜，混凝土部分的温度不能超过 300℃，基础底应尽量高出地下水位、低于冰冻线以下。

5. 炉门及提升装置

炉门（图 11.17）的作用，一是为了便于被加热物件进出炉膛，二是为了保持炉温，减少炉内辐射和炉气溢出所造成的热损失，以及防止冷空气吹入炉内而恶化炉内气体。因此，要求炉门应严密、轻便、耐用和隔热。普通炉门（图 11.18）通常采用衬有耐火砖的铸铁材料制成。对一些高温炉，为了操作需要，其炉门设有水冷装置。

图 11.17　炉门

图 11.18　普通炉门

当炉门的重量不大时，可采用人工操作的扇形机构提升；当炉门很重、启动次数频繁时，可考虑采用气动、电动或液动提升机构。

6. 金属构架

为了使炉墙坚固并在操作情况下保持炉体形状，必须在炉子上安装由竖钢架、水平梁及连杆等组成的金属构架。金属构架有以下作用：承受拱顶侧压力或吊顶的全部重量，并把它传给基础；便于安装炉门、燃烧器及管道系统等附属设备；抵抗炉体的高温膨胀，使炉子不发生变形。

金属构架的材料大都选用槽钢、工字钢、角钢等型钢，连接杆用圆钢。

7. 烟道、阀门和烟囱

炉子排烟分上、下排烟两种方式。下排烟对车间布置及运行操作有利，但地下工程量大，造价高。当地下水位较高时烟道设计需要考虑防水措施。上排烟炉子的炉体结构比较简单，造价低，施工方便，便于余热利用，在得到同样数值的负压条件下，烟囱高度可以降低，但布置不紧凑，操作运行障碍较多。总之排烟方式与炉子结构形式及工厂周围环境有关。

1)烟道

烟道是连接炉子与烟囱的烟气通道，如图 11.19 所示。下排烟炉子的烟道，一般布置在地面以下 300mm。按排烟温度高低其材料可选用红砖或耐火砖，基础为混凝土。上排烟炉子的烟道多用金属管或金属管加耐火衬里，必要时须安装膨胀节。

2)阀门

为了调节炉膛内的炉压，在烟道上必须设烟气阀门或插板。当一般烟气温度低于 400℃时，可采用灰铸铁件或钢铸件制成；当烟气温度高于 600～700℃时，则必须采用水冷阀门，衬砖阀门或耐高温合金阀门。

3)烟囱

烟囱是常用的排烟装置，如图 11.20 所示。由于烟囱内烟气密度比外部空气密度小，烟囱根部产生抽力，因而能将炉内烟气排出。烟囱越高则抽力越大；烟气与周围大气的温差越大，抽力也越大。

图 11.19　烟道

图 11.20　烟囱

8. 燃气燃烧装置

燃气燃烧装置是燃气工业炉上的重要装置之一，根据炉子的结构形式、工作特点与燃烧器的特性，正确设计、选择及合理安装燃烧装置是非常重要的。

9. 炉子其他附件

炉子的其他附件主要包括各种测量仪器、燃烧调节装置、安全装置及余热利用装置。

10. 砌炉用耐火材料

由于用耐火材料砌筑的炉衬经常处在高温下，因此工作条件差，损耗快，需经常检修，从而直接影响炉子的产量、成本及劳动条件。有的耐火制品直接和被熔炼的金属接触，它渗入金属中就成为非金属杂质，严重降低产品质量。所以，选用耐火制品材料要满足以下基本要求：耐高温；结构强度大；耐急冷急热；抗炉渣、液体金属、烟尘及炉气的侵蚀；体积和形状变化要小；外观好、尺寸公差小。

11.2.3 燃气在加热工艺中的应用

金属在锻造之前必须先加热提高温度，其目的是为了提高金属的塑性，降低变形抗力，以利于金属的变形和获得良好的锻后组织。

为了保证钢的加热质量，除严格控制加热温度外，还必须考虑温度的均匀性，即对截面上的温差要有一定的要求。如对轧锻前的加热，每米厚度上温度差不得超过100～300℃。所以，在加热过程中，要对加热温度和炉温规定出一定的制度，即加热制度与温度制度。当前采用一段、二段、三段和多段加热制度(图11.21)。一段加热制度是指金属在一定的炉膛温度下加热，加热过程中炉温不变，只是金属表面和中心温度逐渐上升，最后达到所要求的温度。二段加热制度是指金属先后在加热和均热两个不同温度区域内加热，这样炉膛的热能就能更好地被利用。三段加热制度则按金属加热时间和温度的不同分为三个阶段：预热期、加热期、均热期。这种加热制度适合于合金钢、高碳钢的加热。多段加热制度对生产量大的炉子，为了保证加热质量，着眼于低温段的强化，采取多点供热，即形成多段加热。

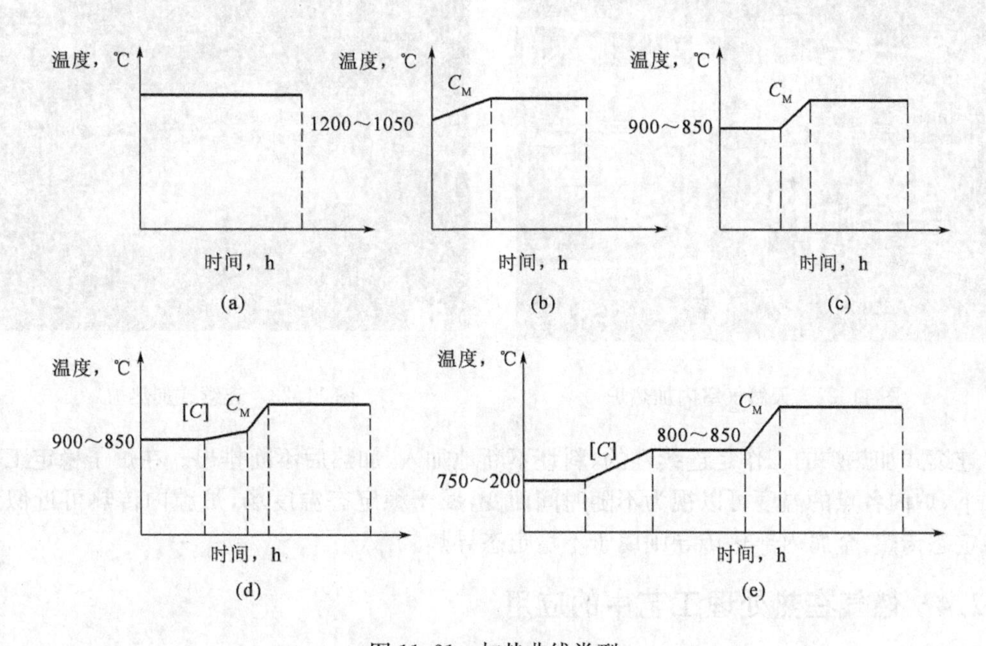

图11.21　加热曲线类型

(a)一段加热曲线；(b)二段加热曲线；(c)三段加热曲线；(d)四段加热曲线；(e)五段加热曲线；
[C]—钢料允许的加热速度；曲线C_M—最大可能的加热速度

1.天然气室内加热炉

天然气室内平焰加热炉(图11.22)由炉膛(加热室)、平焰燃烧装置及烟道等组成，主要用于小型锻造车间和辅助修理车间。其特点为炉温均匀，排烟温度高，单产燃料消耗大，间断式装出料，生产率低，操作难机械化。一般单位生产率为100～600kg/(m²/h)，单位燃料消耗量为4000～6700kJ/kg，金属烧损率为1%～2%，热效率为5%～30%。

2. 无氧或少氧化加热炉

无氧或少氧化加热炉是一种比较先进的加热设备，不仅可以防止金属高温下的氧化，而且可以提高金属加热及加工质量。无氧化加热过程为：燃气在单室中进行二阶段燃烧，首先燃气在 $\alpha=0.5\sim0.6$ 条件下燃烧，并在下部对工件进行加热，而后利用从二次风集气管上的喷嘴出来的空气引射未燃尽的炉气，它们在引射器中混合后到炉顶上部继续燃烧放热。这种炉子可使钢条加热到 1050～1100℃；如果要求更高的温度，必须对空气进行预热。

此外，为了防止被加热的金属与炉气直接接触而发生氧化，也可采用燃气辐射管加热金属。

3. 连续式加热炉

连续式加热炉(图 11.23)是轧钢车间应用最为普遍的炉子。料坯由炉尾装入，加热后由另一端排出。推钢式连续加热炉，钢坯杂炉内是靠推钢机的推力沿炉底滑道不断向前移运；机械化炉底连续加热炉，料坯则靠炉底的传动机械不停地在炉内向前运动。燃烧产生的炉气一般是对着被加热的料坯向炉尾流动，即逆流式流动。料坯移到出料端时，被加热到所需要的温度，经出料口出炉，再沿辊道送往轧机。

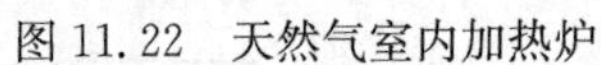

图 11.22　天然气室内加热炉

图 11.23　连续式加热炉

连续式加热炉的工作是连续性的，料坯不断地加入，加热后不断排出。在炉子稳定工作的条件下，炉内各点的温度可以视为不随时间而变，属于稳定态温度场，炉膛内传热可近似地当作稳定态传热，金属内部热传导则属于不稳定态导热。

11.2.4　燃气在热处理工艺中的应用

金属热处理的目的是改变金属的机械性能及工艺使用性能，消除应力，便于加工；使成分均匀，便于进行化学处理达到特殊要求。热处理工艺有退火、正火、淬火、回火、渗氮、渗碳及氰化等，虽然方法各不相同，但物件在热处理炉中至少要经过三个阶段，即加热、均热、冷却。

1. 直接加热的热处理炉

直接加热的热处理炉由于金属与炉气直接接触，金属在加热过程中可能产生氧化与脱碳作用，一般适用于处理工件要求不严的情况。对于产量不大的中小型工件的热处理，常用固定炉底箱形炉。燃烧器交错布置在炉底下的独立燃烧室内，燃烧产物由上升道进入炉子工作空间，并在炉膛内加热金属。加热物件以后的炉气有一部分经烟道排出炉外。为均匀炉温，使另一部分由对面的上升道再回到燃烧室与新燃烧产物混合，这样也可延长燃烧室的寿命和加强对流换热。这种炉子构造简单，投资少，但产量小，劳动条件差余热无法利用，热效率很低，仅为12%～17%。

2. 间接加热的热处理炉

间接加热的热处理炉可避免金属氧化和脱碳，常用的有以下三种类型。

1)马弗炉

马弗炉(图11.24)将被加热的物体用罩子保护起来，燃烧产物(烟气)先将热量直接传给罩子，再通过罩子把热量传给被加热的物体。

2)辐射管加热炉

辐射管加热炉把燃烧器安装在辐射管内，燃气燃烧后，通过辐射管表面将辐射热传递给加热物件。

3)浴炉

浴炉(图11.25)属于外热式井式炉，特点是加热金属的介质不是炉气而是熔融状态的盐类、金属液或油。特点是浴温均匀，被加热工件升温快，温度不会高于浴温，形状不同的被加热工件能里外均匀加热，不变形，表面不发生氧化、脱碳及渗碳现象。

图11.24　马弗炉

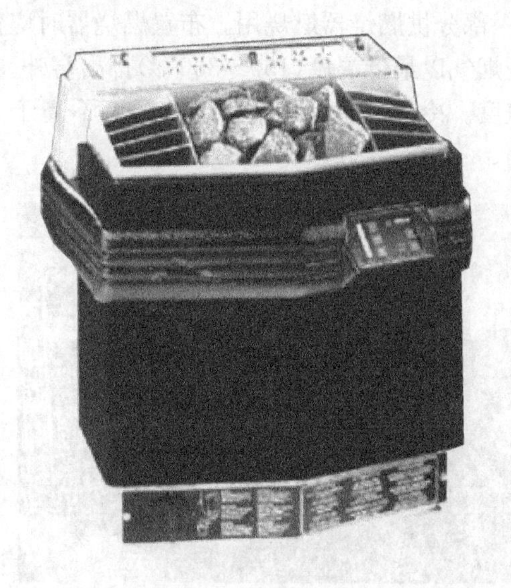

图11.25　浴炉

3. 可控气体炉

可控气体是指对炉气成分能调节控制，从而达到对碳势的控制。碳势是指在一定温度下，钢与炉气达到动态平衡(即不脱碳又不增碳)时，钢表面的含碳量碳势取决于炉气成分和温度。

可控气体热处理炉的主要特点是指在某一给定温度下，向炉内通入一定成分的人工制备气体，以达到某种热处理的目的。如气体渗碳、碳氮共渗及光亮淬火、退火、正火等。通常用调节通入气体的成分来实现对炉内气体的碳势控制。

11.2.5　燃气在硅酸盐煅烧工艺中的应用

硅酸盐工艺的生产过程离不开高温煅烧。例如，制造水泥要在水泥窑中烧制熟料；玻璃制品要在退火窑中退火;制造耐火材料及陶瓷制品要在窑中煅烧熟料,成形后的半成品要在窑中煅烧成为成品。实践证明,在硅酸盐工业中采用燃气作为能源其有特殊的优越性。

1. 煅烧窑

常用的煅烧窑有旋窑、间歇式倒焰窑、连续式隧道窑等。

1)旋窑

旋窑(回转窑,图 11.26)窑体横卧与水平成 3%~5%的倾斜坡度,窑体转动速度为每分钟 0.4~2 转,炉料随窑体转动而向前运动,并自动翻转搅拌以保证受热均匀。窑头处装有燃烧器,炉料出口后再经冷却器排出炉外。

2)间歇式倒焰窑

间歇式倒焰窑从燃烧室出来的热烟气先到窑顶而后向下流经制品,将热量传给制品后经窑底吸火孔集于支烟道,最后由主烟道进入烟囱。

3)连续式隧道窑

连续式隧道窑(图 11.27)是陶瓷耐火材料工业中最完善的一种窑型。按热工艺特征,沿隧道长度方向可分为预热带、烧成带和冷却带三个区域。高温煅烧作用在烧成带实现。在冷却带载有制品的料车将热量传给进窑的冷空气和窑壁。被加热的冷空气一部分抽出供干燥用,一部分供燃烧器燃烧用。布置燃烧器时应使烧成带全带煅烧温度均匀。预热带的长度应保证烟气以最低温度(150~300℃)排出窑外。烧成带的长度决定于高温时间、保温时间和料车速度。冷却带应保证制品出窑温度不高于 80℃,窑的高度和宽度都应保证截面温度分布均匀。

图 11.26 旋窑

图 11.27 连续式隧道窑

燃气隧道窑的燃烧方式采用外部燃烧或在窑内直接燃烧两种。

外部燃烧是燃气及空气混合均匀,在燃烧火道内燃烧完毕后,将其燃烧产物喷入窑内。燃烧火道砌在窑墙上。

窑内直接燃烧的目的是为了使窑截面温度均匀,这时运料车停止不动。火焰对准两车料垛之间留有的空隙喷入。

2. 玻璃熔窑

近代的玻璃池窑已广泛应用燃气,熔化玻璃用的燃气要求不含硫,否则将影响玻璃质量。玻璃熔窑可分为坩埚窑与池窑两种。

1)坩埚窑

坩埚窑(图 11.28)主要在熔制颜色玻璃或成分不同的玻璃时应用,特点是产量小,不经济,不易自动化,但制得的玻璃性质均匀。在坩埚窑中熔化玻璃时,熔化、澄清以及冷却等过程都依次在同一处进行。坩埚窑由坩埚、燃烧装置、空气及燃气预热装置、气体管道、阀门及排气设备等组成。

2)池窑

池窑(图 11.29)是现代化的玻璃熔窑,主要用于连续生产大批量同成分的玻璃。特点是产量大,耗热指标低,自动化与机械化程度高。池窑内的主要过程是熔化、澄清、冷却和成形,其过程沿窑长依次排列在窑池空间。池窑由于窑形结构不同,采用的燃烧方式和燃烧器布置方式不向,由于操作水平的差异,热耗指标变动很大。

图 11.28　坩埚窑

图 11.29　池窑

根据玻璃熔化的特点,要求火焰温度高、亮度大、硬而有力。为了保证高温,一般都采用空气预热(700～1000℃)的扩散式燃烧装置。

11.2.6　燃气在干燥工艺中的应用

从物料中除去水分的过程称为干燥工艺,如加热耐火材料的砖坯、铸造用的砂型及型芯,以及木材干燥、食品干燥等。在生产及生活中用干燥工艺干燥物料是十分普遍的,而使用气体燃料作热源比用其他燃料更具有独特的优势。

1.干燥方式

按传热方式不同有以下干燥方法:

(1)接触干燥。物料直接与加热表面接触,适用于干燥薄层物料,如纸张等。

(2)辐射干燥。利用辐射热源(如燃气红外线辐射器及燃气辐射管),靠辐射传热加热物料。布匹染色以后,一般要迅速均匀加热预烘,才能防止染料分子泳移,保证布匹颜色均匀,光泽鲜艳。的确良等化纤织品热定型要迅速均匀加热,其加热行车速度为 34m/min。

(3)对流干燥。是以热空气或热烟气作为干燥剂对物料进行干燥。

2.干燥装置

出于工艺要求的不同,干燥装置的形式很多,常用的热风发生器及干燥装置有以下几种:

(1)直接式热风发生器。燃烧产物与空气混合后形成的热风经引风机直接进入干燥物料。

(2)间接式热风发生器。冷空气在加热管外被间接加热成热风进入干燥室。

(3)热风式干燥装置。这是一种用燃气加热空气且具有部分排气循环的干燥装置,用于含水量多的物料干燥。

(4)连续式干燥装置。在连续干燥大量物料时效果很好,适用于大量生产,干燥后的质量稳定。缺点是设备占地多,投资大。

11.2.7 燃气工业炉的节能

炉子的用途就是加热物料,在一定的工艺条件下,增强传热就能提高生产率。单位时间内物料得到的热量越多,炉气传给物料的热量越多,无用热量损失就相对减少,从而提高炉子的总热效率。

在炉膛热交换中,物料得到的热量与燃气热值、过剩空气系数、燃气温度、空气温度、炉膛出口烟气温度、物料起始温度、物料最终温度、炉气黑度、物料受热面积、炉壁面积及炉气速度有关。下面分别分析这些因素对炉膛热交换的影响,以及如何利用这些因素来提高炉子的生产率和降低燃料消耗。

1.燃气的低热值

燃气的低热值越高,理论燃烧温度也越高。对燃气炉来说,这适用于热值小于 8370～9210kJ/m³ 的燃气。当热值较大时,再继续增大热值也不会使炉温有显著升高,因为燃烧产物在高温下热分解,以及燃烧产物体积随热值增加而相应增加的结果。例如,对高温熔炼炉,最合理的燃气热值为 8870～9210kJ/m³,这样既可得高温,又可节省优质燃料,对加热炉,炉温受到加热温度限制,一般以炉气温度比物料温度高 100～1500℃左右为宜。由于要求炉气温度不高,可选用热值 6200～7500kJ/m³ 的热值即可。所以,选用燃气热值时,要考虑价格便宜,生产方便,使用合理,应尽量用热值低的燃气。

2.过剩空气系数

从理论上讲,当 $a=1$ 时,燃烧温度最高,但为了达到完全燃烧,实际上 $a>1$。正确选用 a 是十分重要的,它与燃气种类、炉子用途、燃烧方法,以及燃烧装置的构造等多种因素有关。

3.燃气与空气初始温度

提高燃气与空气的初始温度可提高燃烧温度,从而提高炉子的生产率。采用烟气预热空气,既能减少烟气带走的热量降低炉子的燃气耗量,又能提高理论燃烧温度提高炉子的热效率。

4.炉膛出口烟气温度

炉气的平均温度越高,炉内热交换也就越大,炉子的生产率也越高,但是由炉膛排出的炉气温度也越高,烟气带走的热量增加。如均热炉被烟气带走的热量约占送入炉内热量的 50%～60%,连续式加热炉和热处理炉约占 30%～50%。所以,在提高出口炉气温度的同时,必须更好地利用烟气余热。

5.物料加热表面的初始温度及终温

物料的终温由工艺过程要求而定,加热初始温度一般等于室温,如果利用烟气预热物料,采用热装料,这对提高生产率、降低燃气消耗都有利。

6. 炉气黑度

炉气黑度越大，导来辐射系数越大，热交换量越大，炉子生产率越高。增大炉气黑度的方法有：采用有焰燃烧使火焰呈辉焰；采用火焰增碳法；采用增加气层厚度方法；利用富氧或氧气助燃，以增加炉气中三原子气体的浓度。

7. 物料受热面

单位质量的物料受热面积越大，物料接受炉气和炉壁传给的热量就越多。加热时间越短，炉子生产率就越高，燃料消耗量也相对越少，其方法可采用物料的多面加热和以分散加热代替成堆加热。

8. 炉膛的内表面积

在保证炉气充满炉膛的条件下，适当地加高炉顶，以增加内表面积，可以使导来辐射系数增大，传热量也增大，从而增大热交换量，提高炉子生产率和降低燃气耗量。

9. 炉气在炉膛内的流速

增大炉气速度，强化对流换热，也是提高炉子生产率及降低燃气耗量的一个途径。

10. 余热回收利用

燃料燃烧产生的高温气体在炉内和工件进行热交换后经排烟口排出，由于热交换时间短，很大一部分热量被烟气带走。在工业窑炉上，由烟气带走的热量损失占炉子供热量的40%～60%以上，充分利用好这部分余热，是提高炉子热效率的关键。降低离炉烟气温度，减少烟气带走的热量损失最有效的方式是利用烟气余热对煤气、空气和炉料进行预热。

在连续加热的炉子上，通过加长预热段的长度，延长烟气在炉内的停留时间，使之和炉料进行充分的热交换，可以大幅度提高炉子热效率，降低炉子排烟温度。但是对于非连续炉来说，高温烟气在炉内停留时间短，排烟温度接近炉温，利用烟气余热最有效和应用最广泛的措施是预热助燃空气。

通过预热助燃空气，可以强化燃料燃烧，提高燃料的理论燃烧温度，加快升温速度，提高生产率。一般认为，助燃空气温度每提高100℃，可节约燃料5%，提高理论燃烧温度50℃，具有明显的节能效果，尤其对使用低热值的高温炉来说，节能效果更显著。目前使用的空气换热器大多数都是金属换热器，传热方式分辐射式与对流式。预热器采用的材质有碳素管、渗铝管、不锈钢管和耐热钢管。排烟温度在900℃以下，可采用不锈钢管＋渗铝管，空气预热温度可达400℃；排烟温度900℃以上，采用耐热钢管＋不锈钢管，空气预热温度可达450℃以上。燃料节约率超过20%，排烟温度降低400℃。工业炉烟气余热回吸率标准见表11.1。

表11.1 工业炉烟气余热回收率标准

离炉烟气温度，℃	使用低热值燃料			使用高热值燃料		
	余热回收率标准，%	烟气排放温度，℃	空气预热温度，℃	余热回收率标准，%	烟气排放温度，℃	空气预热温度，℃
500	20	350	250	22	340	220
600	23	400	250	27	380	220
700	24	460	300	27	440	260
800	24	530	350	28	510	300

续表

离炉烟气温度,℃	使用低热值燃料			使用高热值燃料		
	余热回收率标准,%	烟气排放温度,℃	空气预热温度,℃	余热回收率标准,%	烟气排放温度,℃	空气预热温度,℃
900	26	580	350	28	560	300
1000	26	670	400	28	650	350
≥1100	26～48	710～470	≥450	30～55	670～400	≥400

11.3 燃气空调

11.3.1 燃气空调的历史

燃气空调始于20世纪30年代的瑞士,它利用低品位的燃气作为能源,节能效果并不明显。在20世纪80年代末,由于日本遭遇了石油危机,进口了大量价格低廉的天然气和液化石油气,按照当时合同的规定,即使在用气负荷低谷的夏季,日本也必须保证基本的进口量。因此,1981年,日本政府组织了十几家企业,合作开发采用燃气发动机驱动的燃气空调及家用燃气空调,燃气空调的市场比例逐渐得到提升,另外美国、韩国、德国等燃气空调也有较好的发展。

从世界制冷史来看,美国是世界上较早生产溴化锂吸收式制冷剂和燃气空调的国家,但由于美国电力充足、电费便宜,以及认为天然气资源紧张会危及美国安全,因而对燃气空调的应用较长时期采取一种遏制态度。以至自1974年到1998年的二十几年间,吸收式空调机的产量逐年下降,在1998年之前,燃气空调产品的市场份额不足1%。直到1999年7月,连续高温导致空调用电剧增,纽约地区14个电网中6个陷于瘫痪,数十座城市拉闸限电。从此以后,政府开始大力推广燃气空调,仅一年时间,燃气空调的市场份额就提高到7%。但燃气空调市场还是远不及日本。

燃气空调发展最快的国家首推日本。日本的能源主要依赖进口,天然气是主要进口能源,因此,长期以来日本大力发展燃气事业。日本在其经济腾飞的20世纪60年代末,就已经意识到燃气空调有消减夏季高峰电力、填补夏季低谷燃气的益处,政府及各燃气公司在税制、融资、价格等多方面给予优惠政策来大力发展燃气空调。大约用了10年的时间,燃气空调占据了日本中央空调市场的85%左右,至今仍保持这一比例。韩国在研究了日本经验之后也推动了燃气空调的生产与应用,如今,其燃气空调在国内市场的占有率比日本还高。

日本在20世纪80年代开发了小型燃气热泵空调(GHP)并投放市场实现商业化。

在我国燃气空调起步于20世纪90年代,并逐年发展起来,而家用燃气空调的产业化是近几年才开始的。在中国由于燃气供应问题一直阻碍着家用燃气空调的发展,但随着2003年的“西气东输”工程、基础设施的完善等工作的落实,燃气空调必然会有一个好的发展。燃气空调在国内的发展受到技术设备及配套水平的限制和燃气开发、输送的制约,从开发到使用都很缓慢,燃气空调占整个空调的比率也一直很低。尽管燃气空调与电力空调的市场竞争日益激烈,但是,给燃气空调发展提供的条件和空间始终处于“补台”的角色地位。由于传统煤电电力管理体制的强大和垄断局面,环境保护意识的淡薄,人们对电力消费的崇尚等复杂因素的影响,使得我国燃气空调与电力空调的竞争一直处于一种不平衡的状态，燃气空调也一直扮演着“电力不足燃气补，电力充足燃气走”的角色。而家用燃气空调的市场占有率也比较低。

11.3.2 燃气空调的作用

1. 有利于燃气和电力的峰谷平衡

电力和燃气是两大主要能源，在炎热的夏季，由于大量电空调的使用，使各地电力负荷率越来越不平衡。以上海市为例，2010 年夏季用电高峰负荷达到 2339.6×10⁴kW，其中空调用电大约能占到一半；2011 年夏季用电尖峰负荷达到 2800×10⁴kW，其中空调用电接近一半；2012 年夏季上海用电高峰负荷已达 2900×10⁴kW，其中空调负荷预计将超过 1150×10⁴kW，占总负荷比重的 40%左右。上海市电力负荷的峰谷差在不断增大。

燃气的峰谷正与电力相反，2012 冬季上海市平均 $2000\times10^4 m^3/d$，最大可能 $3000\times10^4 m^3/d$，创历史新高，而夏季用气量则要少很多。

燃气空调既可以制冷，又可以采暖。夏季采用燃气空调制冷可以补充夏季电力供应的缺口，有利于电力负荷率的改善和燃气的峰谷平衡，达到燃气与电力企业双赢的效果。

2. 有利于环境保护

燃气空调以燃气作为能源。随着能源结构的调整和天然气的发展，天然气的供应比重将进一步增大。燃气燃烧后的排放物少，可以有效减少大气污染的排放量，是一种清洁能源。表 11.2 列出了以煤为基准不同燃料燃烧后污染物的排放比较。

表 11.2 不同燃料燃烧后污染物的排放比较

燃 料	SO_x	NO_x	CO_2
煤	100%	100%	100%
石油	70%	80%	80%
燃气	0	20%～40%	60%

3. 提高建筑物空调系统运行的可靠性

当前电力供应紧张的局面暂时将无法得到改观，在夏季和冬季高峰用电季节，许多企业和建筑物将面临拉电或限电的情况。根据目前的气候状况，夏季高温日和冬季低温日持续时间具有增加的趋势，如无电力供应，这些单位大楼的电力空调系统将无法运行，影响正常的经济商务活动，而燃气空调系统可以避免拉电和限电的影响，保障空调系统的正常运行。

4. 提高能源利用效率，降低运行成本

在高峰用电季节，特别是夏季，电力价格正处于上调的趋势，而燃气公司对采用燃气空调用户，气价实行季节差价体系，以确保燃气空调客户的运行成本与电力空调有适度的竞争。如果采用燃气热电联产系统可将实现能源梯级利用。将燃气发电的排热用于吸收式制冷机制冷或供热，使燃料的利用效率达到 80%左右，更进一步降低客户运行成本。

11.3.3 燃气空调的分类

广义上的燃气空调有多种方式：燃气直燃机（图 11.30 和图 11.31）、燃气锅炉＋蒸汽吸收式制冷机、燃气锅炉＋蒸汽透平驱动离心机、燃气吸收式热泵（图 11.32）、CCHP（Combined

Cooling Heating Power 楼宇冷热电联产系统)等,具体分类见表 11.3。

表 11.3 燃气空调分类

分类方式	机组名称	分类依据
按用途分类	冷水机组	供应冷水
	冷热水机组	交替或同时供应冷水和热水
按驱动热源利用方式分类	单效	驱动热源在机组内被直接利用一次
	双效	驱动热源在机组内被直接和间接利用二次
	多效	驱动热源在机组内被直接和间接利用多次
	多级发生	驱动热源在多个压力不同的发生器内依次被直接利用

图 11.30 燃气直燃机

图 11.31 燃气型直燃式溴化锂吸收式机组

图 11.32 燃气吸收式热泵

11.3.4 燃气空调的工作原理

液体蒸发时必须从周围取得热量。把酒精洒在手上会感到凉爽,就是因为酒精吸收了人体的热量而蒸发。常用制冷装置都是根据蒸发除热的原理设计的。在正常大气压力条件(760mmHg)下,水是要达到 100℃才沸腾蒸发,而在低于大气压力(即真空)环境下,水可以在温度很低时沸腾。吸收式燃气空调(BCT)室外机的容器里可以制造 6mmHg 的真空条件,水的沸点只有 4℃。

溴化锂溶液就可以创造这种真空条件，因为溴化锂(LiBr)是一种吸水性极强的盐类物质，可以连续不断地将周围的水蒸气吸收过来，维持容器中的真空度。BCT室外机正是利用溴化锂作吸收剂、用水作制冷剂、用天然气作热源，其工作原理如图11.33所示。

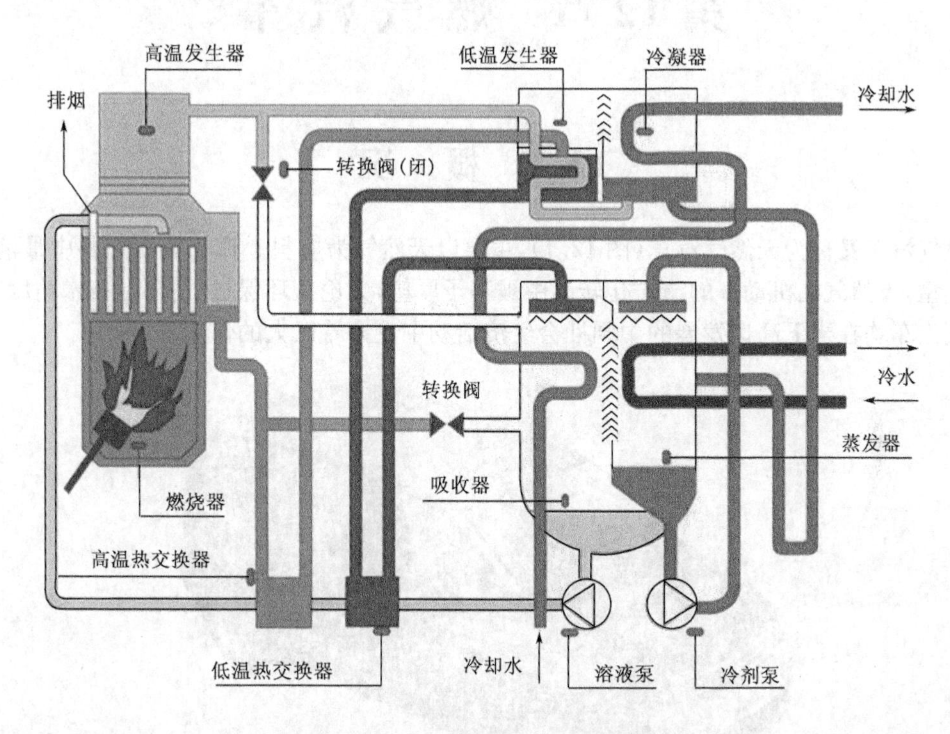

图11.33 吸收式燃气空调工作原理

4℃的冷剂水喷洒在蒸发器管束上，管内14℃的空调水降为7℃，冷剂水受热后蒸发，溴化锂溶液将蒸发的水蒸气热量吸收，然后通过冷却器释放到大气中去。变稀了的溶液经过燃烧器加热浓缩，分离出的水再次去蒸发，浓溶液再次去吸收，如此循环不止。

第12章 燃气汽车

12.1 概况

燃气汽车又称为天然气汽车(图12.1),主要以天然气为燃料。作为化石燃料中最清洁的能源类型,天然气在机动车的清洁化转型中被寄予厚望,无论从环保、经济还是技术角度出发,天然气汽车均在当下高速发展的中国社会经济活动中发挥着巨大的作用。

图12.1 燃气汽车

12.1.1 燃气汽车分类

1. 按使用的燃气分

(1)压缩天然气汽车(CNGV),指以压缩天然气(CNG)替代常规汽油或柴油作为汽车燃料的汽车。

(2)液化天然气汽车(LNGV),指以低温液态天然气(LNG)为燃料的新一代天然气汽车。

(3)液化石油气汽车(LPGV),指以液化石油气(LPG)作为燃料的汽车。

2. 按燃料使用状况分

(1)单燃料燃气汽车,指仅使用CNG、LPG、LNG中的一种,作为发动机燃料的汽车。

(2)两用燃料燃气汽车,指既可以使用天然气也可以使用汽油作为燃料的汽车。汽油与CNG或LPG之间互相转换,互不影响,汽车有两套独立的燃料系统,两种燃料均能注入发动机燃烧室。

(3)双燃料汽车,指具有两套燃料供应系统,一套供给CNG或LPG,一套供给其他燃料,两套燃料供给系统按预定的配比向气缸供给燃料,在气缸混合燃烧的汽车,如CNG—柴油,或LPG—柴油。

12.1.2 燃气汽车的特点

1. 清洁燃料汽车

天然气汽车的排放污染极大低于以汽油为燃料的汽车，尾气中不含硫化物和铅，一氧化碳降低 80%，碳氢化合物降低 60%，氮氧化合物降低 70%。因此，许多国家已将发展天然气汽车作为一种减轻大气污染的重要手段。

2. 具有显著的经济效益

(1)降低汽车营运成本。天然气的价格比汽油和柴油低得多，燃料费用可节省约 30%左右，使营运成本大幅降低。

(2)节省维修费用。发动机使用天然气做燃料，运行平稳、噪声低、不积炭，能延长发动机使用寿命，可节约 50%以上的维修费用。

3. 比汽油汽车更安全

(1)燃点高。天然气燃点在 650℃以上，比汽油燃点高，所以与汽油相比不易点燃。

(2)密度低。与空气的相对密度为 0.48，泄漏气体很快在空气中散发，很难形成遇火燃烧的浓度。

(3)辛烷值高。天然气辛烷值可达 130，比目前在用的汽油辛烷值高得多，抗爆性能好。

(4)爆炸极限窄。天然气的爆炸极限为 5%～15%，当压缩天然气从容器或管路中泄出时，会迅速扩散，使天然气燃烧困难。

(5)设计与配件更安全。国家颁布有严格的天然气汽车技术标准，设计上考虑了更严密的安全保障措施，从加气站设计、储气瓶生产、改车部件制造到安装调试等，每个环节都形成了严格的技术标准。

4. 动力性略有降低

这是由天然气特性决定的，使用天然气作为燃料时，燃料—空气的混合仍是采用原发动机的预混合方式，充气效率比使用汽油低，与使用汽油相比发动机功率下降约 10%～15%。

5. 改装成本较高

目前，轿车改装成本大概需要几千到一万元不等，一套大型车辆燃气系统的价格约 1.5 万元，而且各地对天然气改装也有很多门槛，现在很多客车、货车企业开始直接生产使用天然气的汽车。

12.1.3 燃气汽车的发展

1. 国外发展情况

在全球范围内，以压缩天然气(CNG)和液化石油气(LPG)作为汽车燃料已有 70 多年的历史。最早的压缩天然气(CNG)加气站是意大利人于 1931 年建成的，随后世界上很多国家也开始在燃气汽车技术上进行探索。国外使用 CNG、LPG 作为汽车燃料的历史很悠久，到 1973 年第一次石油危机之后，各国给予了足够的重视。

20 世纪 80 年代以来，随着对环境污染的日益重视，CNG、LPG 被作为“清洁燃料”，在世界各国得到了大力提倡，并且大力开展研究开发工作，技术上取得了很大的成功。目前，天然气汽车已遍布全世界80多个国家和地区。2014年全世界压缩天然气(CNG)汽车保有量为2282.6万辆。其覆盖面之大、保有量之多,确实为汽柴油以外的其他任何一种车用能源所不能企及的。

为适应汽车能源变革的大趋势,世界上各汽车制造商都纷纷投资开发天然气汽车,如美国的通用、福特、克莱斯勒。德国宝马公司从1994年起按年产2000辆天然气汽车投产。三大汽车公司组成“天然气汽车技术联合体”,已于1998年将天然气汽车造价降低一半。据报道,这一类汽车在美国的年增长率为13.46%。推动天然气汽车应用的主要力量是各国政府,政府将应用和推广天然气与LPG汽车作为能源战略措施并立为国策,通过制订法规来实施,带有一定的强制性。同时,又配套制定了各项优惠和补贴措施进行鼓励。在政策、法规和优惠措施的支撑下,许多国家都制订了发展计划。

2.我国发展情况

中国开始发展燃气汽车的标志是1988年在四川南充建立了第一座加气站,从1995年开始,已作为政府行为来推动,推动力度逐年加大,各大城市都在部署和采取行动。

20世纪80年代末至21世纪初,中国天然气汽车先实现了从无到有的突破,随后经历了从有到多的跨越,在20多年时间里稳步增长至100万辆,2010年以后更是进入爆发式增长。2010年至2015年,中国天然气汽车保有量从110万辆迅猛发展至年约500万辆(其中LNG汽车约20万辆),年均增长率超过40%。在全世界约2000万辆天然气汽车中,平均每4辆中就有1辆在中国,中国已成为全世界天然气汽车保有量的第一大国,图12.2为按车型分天然气汽车比例(新生产天然气汽车数量不包含当年改装车数量),图12.3为中国天然气汽车保有量及增速。

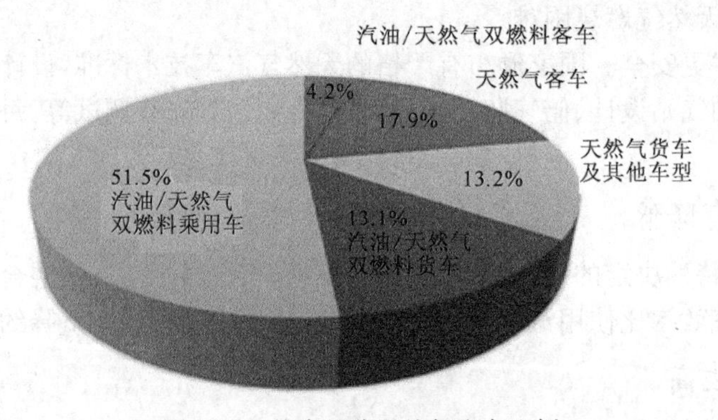

图12.2 按车型分天然气汽车比例

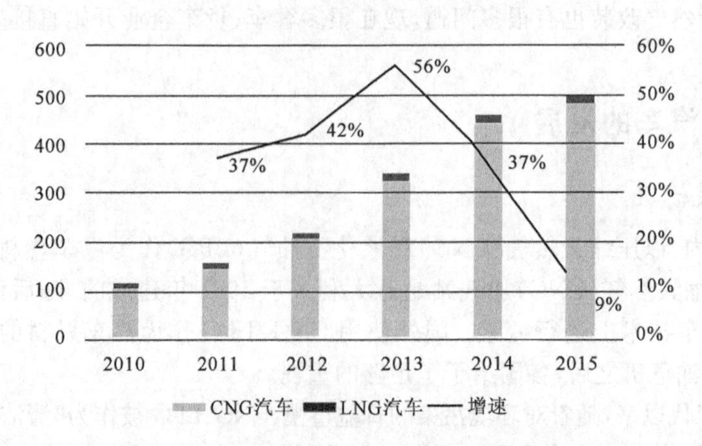

图12.3 中国天然气汽车保有量(万辆)及增速

从生产的天然气汽车的类型上看，既能以汽油又能以天然气提供动力的双燃料车型占了绝大多数，其中以小型乘用车为主。纯天然气汽车则以LNG客车和LNG卡车等营运类车辆为主。2012年至2016年3月，中国累计生产5种天然气车型88.35万辆。其中，双燃料乘用车占比一半以上，再就是双燃料货车、天然气客车和天然气货车，占比都在13%～18%，双燃料客车的比例仅为4.2%。

在全球应对气候变化和我国治理大气污染的双重压力下，天然气汽车在环保上有显著优势。与汽油和柴油相比，LNG单位热值更高，且燃烧产物主要为水和二氧化碳，几乎不含硫化物、氮氧化物和铅，对大气环境的污染(雾霾和温室气体)都更小。从经济上来说，由于天然气价格比原油低，天然气相对于汽柴油具有明显的比较优势。低油价背景下，天然气作为交通燃料在运营费用上仍低于汽柴油。相对于电动汽车等其他新能源汽车，天然气汽车在整车技术成熟度、续航里程、安全性、冷启动等方面表现更加出色。

以城市出租车和家用轿车为代表的CNG小型乘用车，安全环保，易于“油改气”，成本也较低。中国汽车研究中心的实验结果显示，与京V标准中的限值相比，燃用CNG时的总碳氢排放降低34%，非甲烷碳氢排放降低50%，一氧化碳排放降低70%，氮氧化物排放降低80%，颗粒物(PM)排放降低83%。经济性方面，以北京市出租车日行驶350千米计算，比较CNG和汽油作为燃料时的经济效益(基于今年3月时北京市的价格水平)，CNG出租车的燃料成本仅为汽油车的45%；每天燃料成本节省85元，按年运营时间350天计算，每年可以节省燃料成本接近3万元。此外，出租车改装仅仅需要几千元至1万元，采用CNG燃料汽车相对于汽油车大幅度降低了车辆的运营成本。

另一类以大货车和城市公交车为代表的LNG汽车，续航里程更长，适合重负荷的长途运输或商业运营。LNG是经加压降温而得到的液体，能量密度大。同样的钢瓶容积，LNG车用瓶装载的天然气是CNG储气瓶的2.8倍以上，这使LNG汽车续驶里程更长。由于LNG液化时会清除大量杂质，LNG中重金属、苯、硫等有害物质含量低于CNG，燃烧后的排放效果要优于CNG。

根据北京市环保局测算，目前北京市重型柴油车保有量约22万辆，仅占机动车保有量的4%，但其排放的氮氧化物和一次颗粒物分别占机动车排放总量的50%和90%以上，减排空间巨大。重型柴油车的“油改气”从经济角度也有可观效益。以LNG重卡为例，其初次购置费用比同马力柴油车高出8万～10万元，但鉴于等热值LNG价格仅为0号柴油价格的50%～70%，以一年行驶里程为15万公里计算，则一年可节约燃料费用近14万元，不到一年即可收回初次购置成本。

12.2 CNG汽车

CNG(Compressed Natural Gas)汽车是指以压缩天然气替代常规汽油或柴油作为汽车燃料的汽车，其结构如图12.4所示。目前，国内外有天然气管网条件的地区均以发展CNG汽车为主。

12.2.1 CNG汽车组成

CNG汽车是在原型车单一供油系统的基础上，加装了一套使用压缩天然气(CNG)作为燃料的装置。

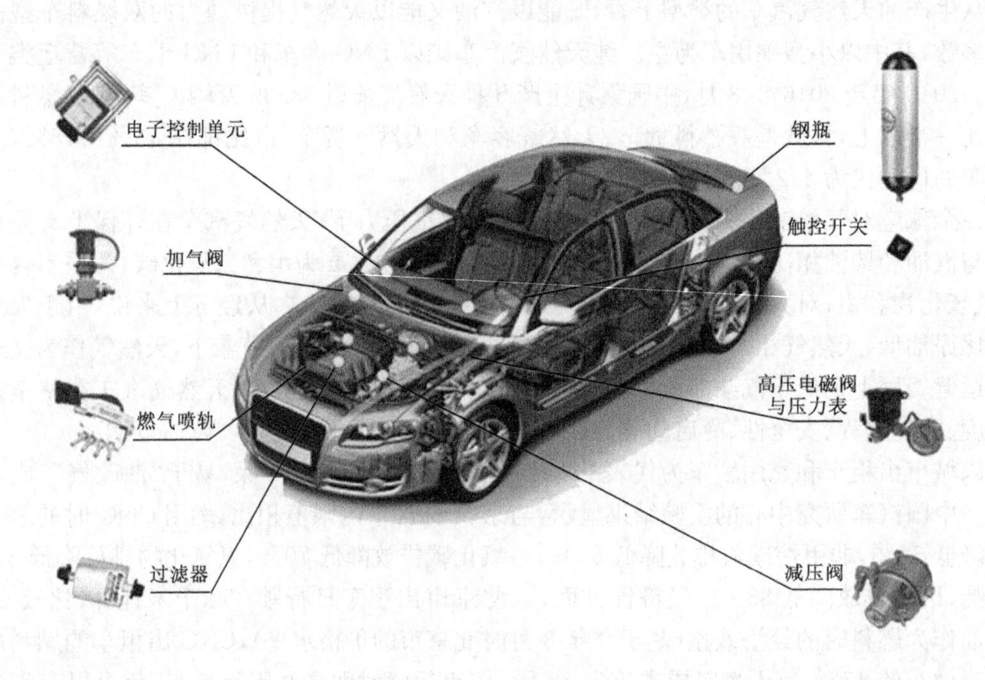

图 12.4　CNG 汽车

1. 储气系统

储气系统指储存 CNG 的装置，主要由天然气储气瓶、气量显示器（压力表）、充气阀、压力传感器、高压管线等组成。

2. 供给系统

供给系统主要由天然气滤清器、减压调节器、动力调节器、混合器等组成。

3. 控制系统

控制系统指根据用户需求随时切换燃料，并能根据发动机工况调整 CNG 供给量的装置，主要由油气燃料转换开关、ECU 电子控制单元、燃油及 CNG 电磁阀、喷射阀共轨及相关线束组成。

12.2.2　CNG 汽车供气原理

CNG 汽车的发动原理与汽油汽车的原理一致。当天然气汽车发动机启动后，天然气从储气瓶通过软管导入燃料，在发动机附近，天然气将进入压力调节器从而实现降压。将高压气瓶中储存的天然气经过减压后送到混合器中，燃料在四冲程发动机的混合器中与空气混合。传感器和计算机将对燃料和空气的混合气体进行调节，以便火花塞点燃天然气时，燃烧更有效。然后，天然气将进入多点顺序喷射喷轨，该喷轨会将气体引入气缸中，仍然使用原汽油机的点火系统中的火花塞点火，其工作原理如图 12.5 所示。

当使用天然气做燃料时，其气路流程为：储气瓶—高压电磁阀—减压器—过滤器—喷轨—气缸燃烧。

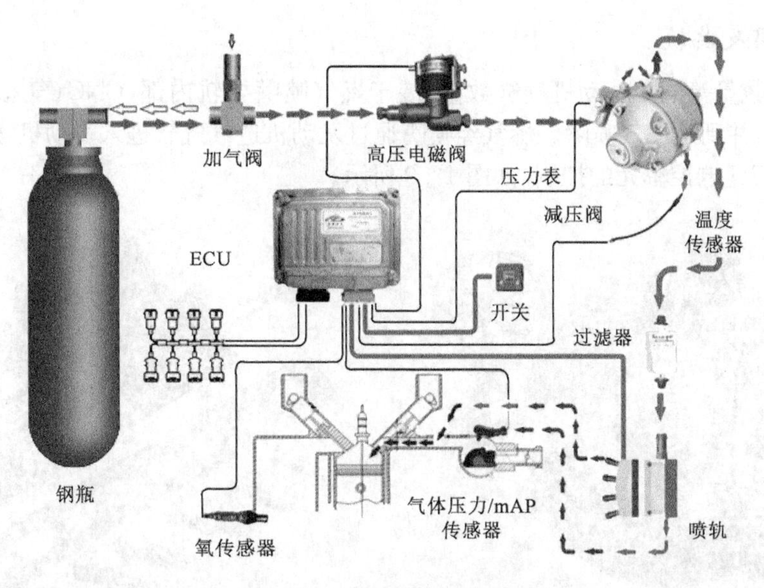

图 12.5　CNG 汽车工作原理

12.2.3　CNG 汽车装置主要零部件

1. 加气阀

加气阀有两种形式，插销式(图 12.6)和卡口式，包括手动双向截止阀和单向阀，充气时单向进气，不反溢气体，充气完毕后，关闭阀门，罩上防尘罩，防止灰尘、杂物进入。

2. 高压过滤器

高压过滤器(图 12.7)是车用 CNG 系统中的初级过滤装置，公称工作压力 20MPa，一般过滤精度为 10～15μm，主要过滤气瓶内随气体流出的杂质并能初步分离压缩天然气中的一些水分和烃类物质，滤芯要定期清洗。

图 12.6　插销式加气阀

图 12.7　高压过滤器

3. 减压器

减压器(图 12.8)具有减压、平衡压力、加热和供气量调节等功能。一级减压将 20MPa 的 CNG 减压至 0.4～0.6MPa，最大减压比达到 50 倍，流量大气体膨胀吸热严重(CNG 沸点 −162℃)，减压过程中大量吸热，为了防止减压器结霜结冰，影响发动机正常工作，采用发动机循环水对减压器中的 CNG 加热。

4.喷射阀及共轨

燃气喷嘴数量等同于发动机气缸数量，装于燃气喷嘴导轨内部，CNG(气态)经过减压器流至燃气导轨，并到达燃气喷嘴。燃气经喷嘴通过发动机进气气管进入发动机，燃气喷嘴的开启及关闭受ECU电控单元的控制，如图12.9所示。

图12.8 减压器

图12.9 喷轨

5.燃气ECU

ECU电控单元(图12.10)具有自诊断及自适应功能，在监测发动机工作状况后，根据车辆行驶要求提供适合的燃料供给的装置，其工作温度为－40～－100℃，并具有可用PC机编程的功能。

6.油气转换开关

油气转换开关(图12.11)的主要功能是进行油气转换、气量显示、启动方式的选择。

图12.10 ECU电控单元

图12.11 油气转换开关

7.高压电磁阀

高压电磁阀(图12.12)安装在储气罐与减压装置的气路中，用它来控制天然气从气瓶出来供给减压阀的通断。

8. CNG 储气瓶

CNG 储气瓶(图 12.13)是 CNG 供给系统中储存天然气的容器,分为钢质储气瓶和复合材料储气瓶。钢质储气瓶质量大,单位质量的容积小,但制造工艺成熟,成本较低;复合材料储气瓶质量比钢质储气瓶极大降低,单位质量的容积大,但制造工艺复杂,成本较高。

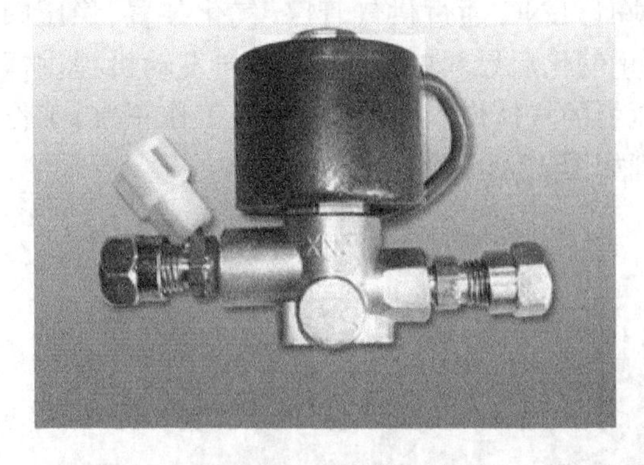

图 12.12　高压电磁阀

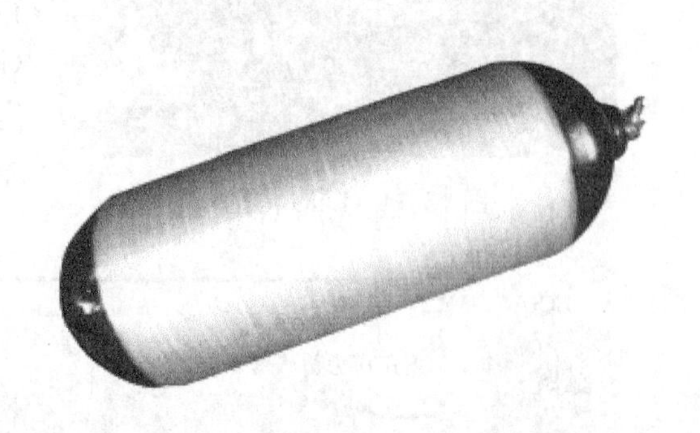

图 12.13　CNG 储气瓶

12.2.4　CNG 汽车使用常识

(1)气瓶中的天然气不允许全部用完,应保持瓶内压力在 0.1MPa 以上,防止空气进入。当发现气量指示灯红灯亮时,表示天然气即将用完,应及时到加气站进行充气。

(2)汽车行驶中如闻到有天然气泄漏的气味,应立即停车检查,关闭气瓶阀门,到改装厂去进行检修。

(3)CNG 装置属于高压设备,严禁个人私自拆装,调试。

(4)CNG 钢瓶属于缠绕气瓶,后备箱载物时严禁尖锐物体划伤气瓶树脂缠绕层,否则会影响钢瓶使用质量,发生危险。

(5)天冷时,因气体的热胀冷缩性较大,有时加气量会相对稍多,属于正常现象,如百公里耗气量明显增加,需要及时去改装厂找技术人员进行调试。

(6)CNG 汽车应定期到改装厂进行维护保养调试,确保行车安全。

(7)严禁明火检查供气系统各加连接部位的密封性。一般用肥皂水检查,建议司机在车上自备一瓶肥皂水,以备自检燃气系统是否漏气。

(8)车辆行驶中应保持冷却水温在 85℃左右,否则汽车的动力性能会下降,气耗增加。

(9)平时要勤检查高压线及火花塞,防止因漏电造成回火放炮。

(10)天然气减压过程中需要吸收大量热量,减压器由发动机冷却水循环加热供给热量,平时要经常检查此冷却管路是否堵塞,否则造成耗气增加,冬季尤为重要。

12.3　LNG 汽车

LNG 汽车(图 12.14)是液化天然气汽车的简称。LNG 汽车是以低温液态天然气为燃料的新一代天然气汽车,其突出优点是 LNG 能量密度大(约为 CNG 的 3 倍),汽车续驶里程长,可达 400km 以上,相对汽车使用柴油、汽油具有显著的经济效益,应用上以重卡和大巴居多。目前国内 LNG 单燃料车的市场推广现状是以原厂生产销售为主,以用车改装(主要是公交车)为辅的格局。

图 12.14　LNG 汽车

12.3.1　LNG 汽车工作原理

LNG 燃料供应系统由单只气瓶或多气瓶组成，在多气、加气管路的连接均采用并联形式。车辆正常行驶时，LNG 通过供气管路、气化装置、稳压阀(防止气化后燃料的压力波动)向发动机提供恒定压力的气体燃料，保证发动机工作正常，工作原理如图 12.15 所示。

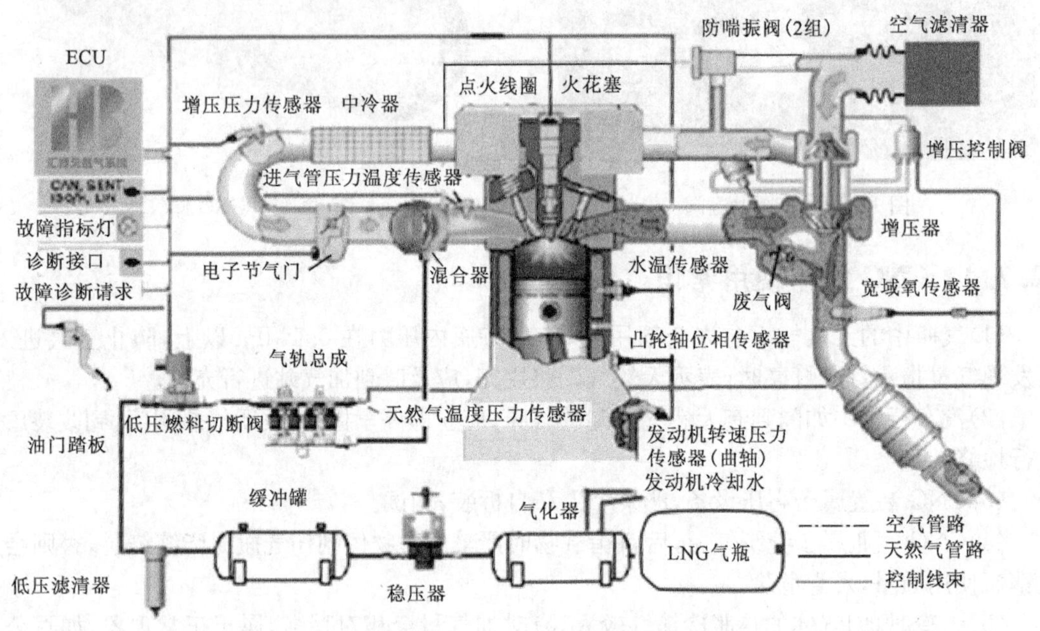

图 12.15　LNG 汽车工作原理

12.3.2　LNG 车载燃料系统组成

LNG 汽车与 CNG 汽车相比，燃料在进入发动机气缸前的供气压力、流量、混合比等方面技术要求都相同，只是储存天然气燃料的方式不同，LNG 车载燃料系统主要由 LNG 气瓶、连接管路、气化装置、调压装置、安全装置及控制系统等组成。

1. LNG 气瓶

LNG 液体属于低温液体，承载低温液体的 LNG 气瓶(图 12.16)属于低温绝热压力容器，其材料均采用 304 不锈钢材料。管、阀件采用含镍的不锈钢或镍和铜的合金材料。

车载 LNG 气瓶作为一种低温绝热压力容器，设计为双层(真空)结构。内胆用来储存低温液态的 LNG，在其外壁缠有多层绝热材料，具有超强的隔热性能，保证内胆中 LNG 始终处于低温状态。同时，内胆与外壳之间的空间被抽成高真空，以形成良好的绝热系统。外壳和支撑系统的设计能够承受运输车辆在行驶时所产生的相当于气瓶自身重力及压力 8 倍的外力冲击。此外，内胆设计有两级压力安全保护装置，当气瓶压力大于 1.75MPa 时，主安全阀自动开启，放散压力，副安全阀开启压力的设定比主安全阀高(开启压力大于 2.9MPa)，因此只有在主安全阀失灵或发生故障时，副安全阀才起作用。这种结构设计使气瓶的使用更加安全可靠，其具体结构形式如图 12.17 所示。

图 12.16　LNG 气瓶

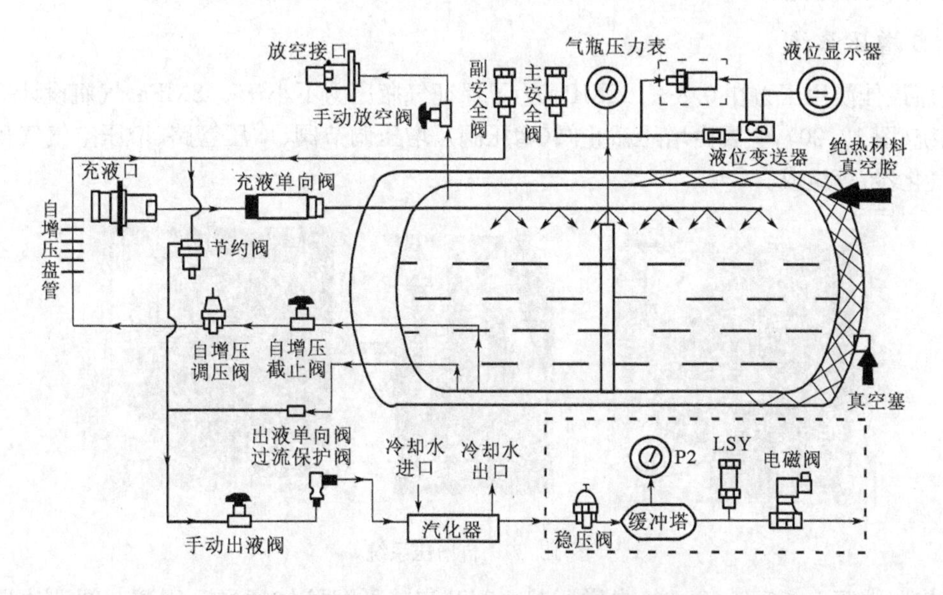

图 12.17　LNG 气瓶结构

2. 充液系统

为了使气瓶能够和油箱一样，及时补给燃料(LNG)，在气瓶上面安装一整套加液系统，由低温充液口、充液单向阀以及连接的管道组成，如图 12.18 所示。

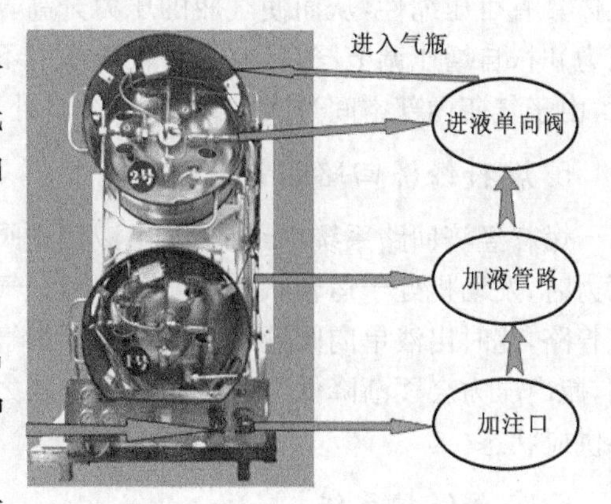

图 12.18　充液系统

3. 燃料供给系统

燃料供给系统(图 12.19)由出液单向阀、出液截止阀、过流阀、汽化器、缓冲罐调压阀、缓冲罐、缓冲罐压力表、管路安全阀、电磁阀组成。

汽车进行燃气供给时，开启手动出液阀，液化天然气通过出液单向阀后流经手动出液阀和

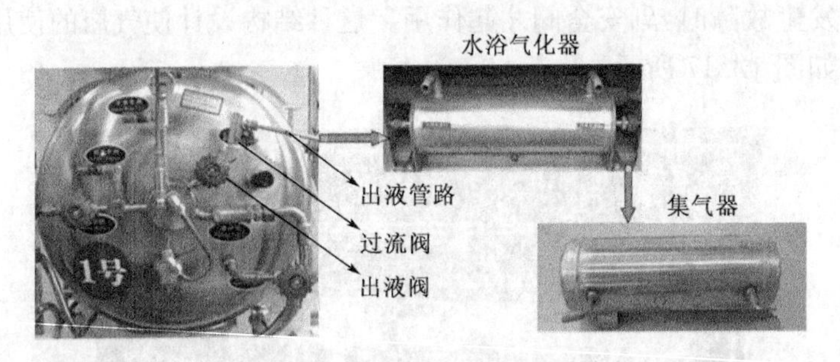

图 12.19　燃料供给系统

过流阀进入气化器，被发动机的冷却水加热变成气体，缓冲罐调压阀将气化后的燃气压力调定后，燃气通过电磁阀去往发动机。当过流阀的进口压力与出口压力差值大于设计值（即出口压力大于进口压力的 50%）时，过流阀会迅速关闭，停止对外供液，当关闭手动出液阀时，过流阀很快又回到开启状态。

4. 自增压系统

气瓶最佳使用压力在 0.8～1.2MPa，为了保证气瓶压力不小于 0.8MPa，气瓶设计一套自增压系统（图 12.20），主要由增压截止阀（增压阀）、增压调节阀、增压管路、增压空气气化盘管（空温气化器）等组成。

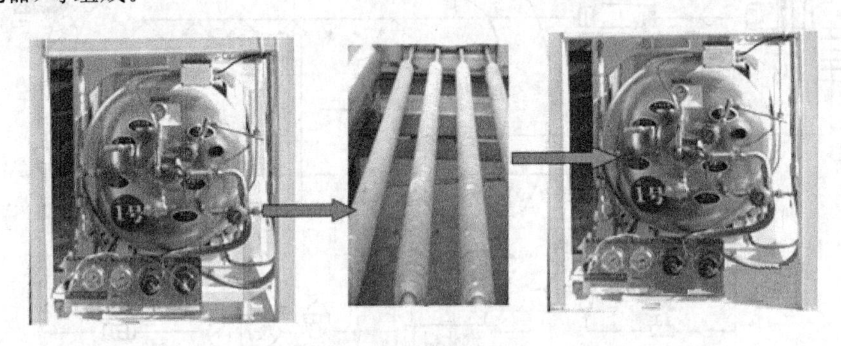

图 12.20　自增压系统

当气瓶内压力≤0.8MPa 时，自增压截止阀开启。低温液体通过升压调节阀到达自增压盘管，吸热变为气体后进入气瓶顶部气相空间。由于相同质量的气体体积远远大于液体，并且气体具有可压缩性，从而使气瓶的压力升高。当气瓶压力升至所需压力（自增压调节阀的设定压力）时，自增压调节阀自动关闭，气瓶压力不再升高。需要注意的是，当气瓶内液位不足 20L 时，由于气瓶内部空间过大，自增压系统将处于饱和状态并停止工作。

5. 燃料经济回路系统

燃料经济回路系统由经济阀、出液截止阀、过流阀组成。当气瓶内压力高于经济阀设定的压力时，发动机处于运转状态，经济阀开启，气瓶顶部气相空间的饱和蒸气通过经济阀进入供气管路，此时出液单向阀处于关闭状态。供气管路中的物质是气液混合物，随着气体的不断使用，瓶内压力会逐渐降低至经济阀的工作压力以下，经济阀关闭，此时供给系统又回到液体燃料供应状态。

6. 安全保护系统

LNG 气瓶在工业上属于压力容器，当压力容器压力高于设计压力时，压力容器会出现爆炸、破裂等失效可能。所以在LNG气瓶上安装一级安全阀、二级安全阀、气瓶增压管路安全阀、气瓶压力表等附件来控制气瓶压力过高引起的气瓶失效的可能，如图12.21所示。

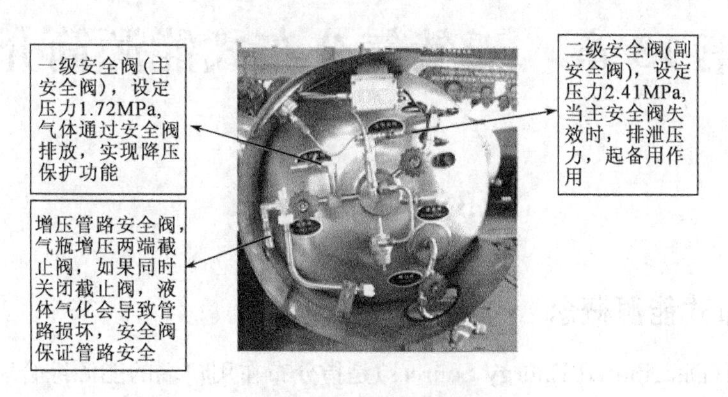

图12.21　安全保护系统

7.液位剩余量显示系统

液位剩余量显示系统简称液位计，变送器上可以连接两个压力传感器（选配）和一个液位传感器，所有的模拟量都通过变送器进行数据转换和处理，最终数据送与液晶（数字）显示器，显示器显示液位剩余量以及时告知驾驶员燃料的实时状况，参考图12.17。

12.3.3　LNG气瓶使用注意事项

（1）停驶状态的车辆，其气瓶所有阀门应均处于关闭状态，严禁开启任何阀门泄放内部压力。

（2）不得开启气瓶的抽真空接头（同时是外容器防爆口），否则气瓶的真空将丧失，气瓶将失去保温作用。

（3）安全阀铅封不得随意解除，安全阀超过法规规定的检验期限，需要技术监督部门进行检验。

（4）所有部件的防水胶带以及防尘装置不得随意开启，否则可能会因为空气的进入在使用过程中产生堵塞；由于粉尘颗粒的进入，在使用过程中引起阀门泄漏、发动机受损。

（5）所有部件应当远离腐蚀环境，存放地点尽量避免在露天让太阳暴晒。

如果不按照上述规定操作，可能引起冰堵阀门或管路，造成气瓶真空丧失、损坏等故障。

第13章　天然气分布式能源简介

13.1　概　况

13.1.1　分布式能源概念

分布式能源(Distributed Energy Sources)是指分布在用户端的能源综合利用系统。一次能源以气体燃料为主,可再生能源为辅,利用一切可以利用的资源;二次能源以分布在用户端的热电冷联产为主,其他中央能源供应系统为辅,实现以直接满足用户多种需求的能源梯级利用,并通过中央能源供应系统提供支持和补充。

图13.1　天然气分布式能源

天然气分布式能源(图13.1)是指利用天然气为燃料,通过冷热电三联供等方式实现能源的梯级利用,综合能源利用效率在70%以上,并在负荷中心就近实现能源供应的现代能源供应方式,是天然气高效利用的重要方式。建筑冷热电联产(BCHP)是解决建筑冷、热、电等全部能源需要并安装在用户现场的能源中心,是利用发电废热制冷制热的梯级能源利用技术,能源利用效率能够提高到80%以上,是当今世界高能效、高可靠、低排放的先进的能源技术手段,被各国政府、设计师、投资商所采纳。

国内由于分布式能源正处于发展过程,对分布式能源认识存在不同的表述。具有代表性的主要有如下两种:第一种是指将冷/热电系统以小规模、小容量、模块化、分散式的方式直接安装在用户端,可独立地输出冷、热、电能的系统。能源包括太阳能利用、风能利用、燃料电池和燃气冷热电三联供等多种形式。第二种是指安装在用户端的能源系统,一次能源以气体燃料为主,可再生能源为辅。二次能源以分布在用户端的冷、热、电联产为主,其他能源供应系统为辅,将电力、热力、制冷与蓄能技术结合,以直接满足用户多种需求,实现能源梯级利用,并通过公用能源供应系统提供支持和补充,实现资源利用最大化。

13.1.2　天然气分布式能源分类

天然气分布式能源应用广泛,主要分为四大类。根据《关于发展天然气分布式能源的指导意见》,我国将建设1000个左右天然气分布式能源项目,拟建设10个左右各类典型特征的分布式能源示范区域。目前处于应用探索期,国家在逐步试点,即将全面推广。

1. 大型楼宇

武汉创意天地分布式能源站是国家示范大型楼宇型分布式能源项目(BCHP项目,

图 13.2),也是国内少有的建设在城市中心区的分布式能源项目,因节能环保并大量节约城市土地资源而极具示范意义。

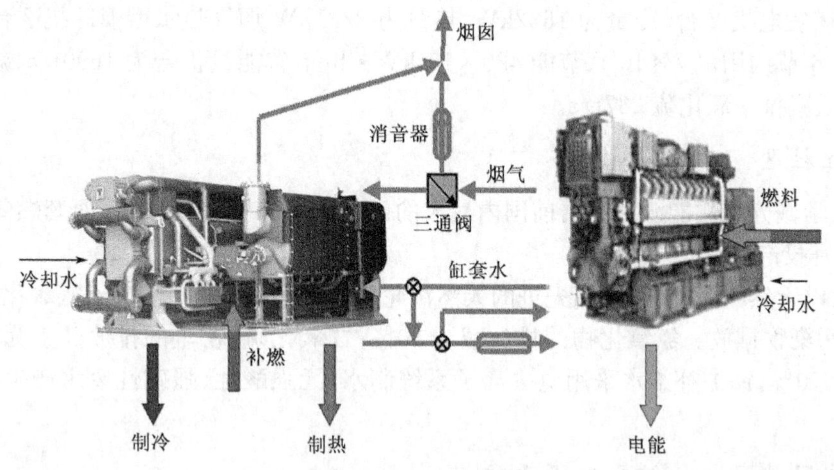

图 13.2 BCHP 项目

该项目位于武汉创意天地文化产业园内,拟建于园区地下室,占地约 4400m²,规划建设规模为 5×4MW 级燃气内燃机组,配 5 台单机制冷量为 3.93MW 的烟气热水型溴化锂热组,同时配置 3 台单机制冷量为 1.758MW 的离心式冷水机组作为调峰设施。项目建成后,年发电量约 1×10^8kW·h,年供热量约 13×10^4GJ,年供冷量约 21×10^4GJ,每年可节约标准煤 2.18×10^4t,具有良好的经济效益和环保效益。

2. 公共建筑设施

公共建筑设施(CCHP,图 13.3)在大型公共设施使用比较多。长沙黄花国际机场能源多联供能源站项目于 2011 年 7 月顺利通过竣工验收。该项目为 15.4×10^4m² 新建航站楼建筑,

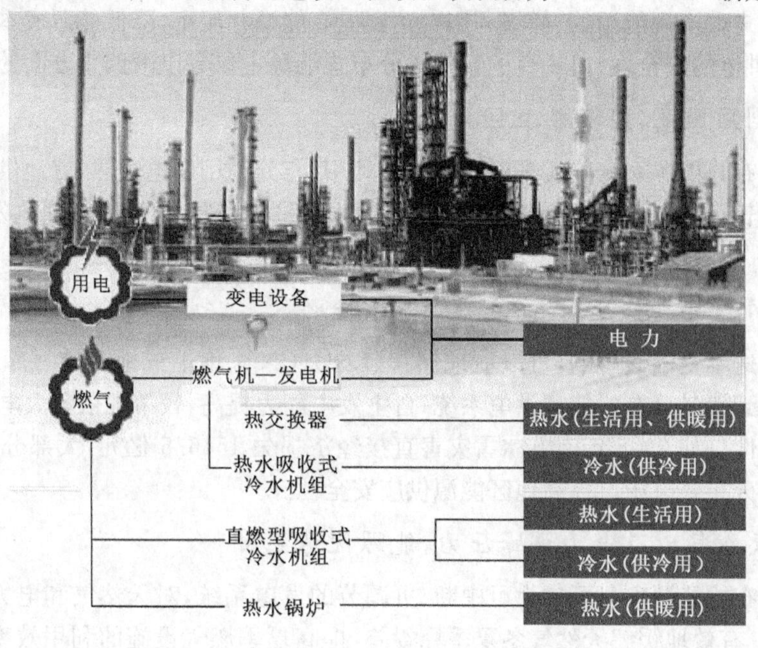

图 13.3 CCHP 流程图

提供全年冷、热以及部分电需求。设计总规模为制冷能力27MW，制热能力18MW，发电能力2320kW，总投资为8200万。北京南站能源中心采用“冷热电三联供＋污水源热泵系统”，配置1.6MW内燃发电机2台、冷量为1622kW、热量为2221kW烟气热水型溴冷机2台的设备配置方案。每年节约用水7×10^4t、节能420×10^4kW·h；节省能量折合为1600t/a、减排一氧化碳24000t/a、减排一氧化硫237t/a。

3.独立社区

广州大学城分布式能源站是目前国内最大的已投产分布式能源项目，两套燃气机组均于2009年10月投产运行。

能源站以天然气为燃料，采用先进的天然汽轮机发电设备，极大减少了氮氧化物、二氧化硫、粉尘等污染物排放。氮氧化物的排放减少80％；二氧化硫、粉尘的排放几乎为零；二氧化碳排放减少70％；锅炉补给水采用电去离子系统制水，无强酸性、强碱性废水产生，实现废水零排放。

4.新城区建设——综合能源系统

中新天津生态城是中国、新加坡两国政府战略性合作项目，是继苏州工业园之后两国合作的新亮点，是国家探索建设资源节约型、环境友好型城市的示范区。该园区致力于积极推广新能源技术，加强能源阶梯利用，提高能源利用效率，优先发展地热能、太阳能、风能、生物质能等可再生能源，全面实施国内首个智能电网示范区建设，可再生能源使用率到2020年达到20％。

13.1.3 分布式能源特点

分布式能源系统的本质就是根据用户的能源需求特点，利用一系列满足环保要求、适合就地方式生产电能的发电系统、热电联产系统、多联产动力系统或多联供动力系统，以“按需供能”方式，在用户端实现能源的“梯级利用”，达到提高能源利用率，降低能源成本，减少污染，保护环境，提高供电的安全性、可靠性的目的。分布式能源主要有以下四个方面的特点。

1.能源利用率高，经济效益巨大

天然气分布式能源系统能实现能源的梯级利用，充分利用发电余热，就地供热、供电，可减少电力与热力长距离输送的损耗，能源综合利用率在70％以上，超过大型煤电发电机组一倍；同时节约电网、热力管网输送环节的投资费用，产生巨大的经济效益。

2.大电网的有益补充，提高能源供应安全性

天然气输送不受气候影响，可以就地储存(LNG、CNG、地上或地下储气库)，城市或区域配有一定规模天然气分布式能源供电系统，自主发电能力提高，较单纯依赖大电网供电系统具有更高的安全性。如2008年南方冰雪灾害直接经济损失1516.5亿元，大部分是电网瘫痪造成。适度发展分布式电源可提高地区能源供应安全性。

3.降低天然气以及电力调峰压力，能源优势互补

天然气分布式能源项目可成为可中断、可调节的发电系统，对天然气和电力具有双重“削峰填谷”作用。有效地缓解天然气冬夏季峰谷差，提高夏季燃气设施的利用效率，增强供气系统安全性。同时，减少电力设备的峰值装机容量，以及天然气储气设施的投资，有效降低电网

以及天然气管网的运行成本。

4. 环境保护效益

采用清洁一次性能源的分布式功能系统，可大幅度减少二氧化碳等污染物排放。“十二五规划”预计的天然气分布式能源装机 5000×10^4kW，相当于可以减少 1×10^8kW 燃煤装机，相当于减少消耗 2×10^8t 煤炭，减排 4×10^8t 二氧化碳。

13.1.4 分布式能源发展状况

1. 国外发展状况

1)美国

美国能源部积极促进天然气为燃料的分布式能源系统，利用这些系统为基础发展微电网，再将微电网连接发展成为智能电网。美国目前的 CCHP 系统已逾 6000 座。政府还规定电力公司必须收购热电联产的电力产品，其电价和收购电量以长期合同形式固定。为热电联产系统提供税收减免和简化审批等优惠政策。

据美国能源部数据统计，从 1998 年到 2006 年，美国分布式热电联产规模翻了一番，装机容量从 4600×10^4kW 增加到 8500×10^4kW，占全国总装机容量的 7.8%，分布式发电站数量达到 6000 多座，年发电量 1600×10^8kW·h，占总发电量的 4.1%。其中，以天然气为原料的热电联产装机容量达到 6180×10^4kW，占热电联产总装机容量的 73%；天然气项目占热电联产总数量的 69%。

EIA《美国 2011 能源展望》指出，2011 年到 2035 年，美国居民以及商业用于购买分布式能源设备、发电系统和建筑节能方面将新增 110 亿美元的投资。分布式能源的应用包括采暖、通风、空调、水、暖气、照明、烹饪、制冷等，分布式能源平均增长率约 0.6%。与 2009 年相比，能源消耗增长了 1.5%，主要是用电和办公室设备耗能。

2)日本

日本的分布式发电以热电联产和太阳能光伏发电为主，总装机容量约 3600×10^4kW，占全国发电总装机容量的 13.4%。其中商业分布式发电项目 6319 个，主要用于医院、饭店、公共休闲娱乐设施等；工业分布式发电项目 7473 个，主要用于化工、制造业、电力、钢铁等行业。

日本制定了相关的法令和优惠政策保证该项事业的发展，有条件、有限度地允许这些分布式发电系统上网，通过优惠的环保资金支持分布式发电系统的建设。

3)欧盟

德国分布式能源在欧洲占有领先的地位，其中以天然气为燃料的分布式发电也占有相当的比重，从技术方面看，未来德国分散式能源系统占发电市场的份额有可能超过 50%，工业 CHP 将占较大的份额。

法国对热电联产项目的初始投资给予 15% 的政府补贴。法国 Dalkea 公司在欧洲经营 200 多个分布式能源站。

英国免除气候变化税、免除商务税、高质量的热电联产项目可申请政府采用节约能源技术项目的补贴金。英国已有 1000 多座分布式电源站。

丹麦政府鼓励发展分布式发电，并制定了一系列行之有效的法律、政策和税制。20 多年来，丹麦国民总产值翻了一番但能源消耗却未增加，环境污染也未加剧，其原因就在于丹麦积极发展冷、热、电联产，提倡科学用能，扶持分布式能源，靠提高能源利用率支持国民经济的发展。2013年以前，丹麦没有一个火电厂不供热，也没有一个供热锅炉房不发电。

2.我国发展状况

我国分布式能源的发展既有连续性，也有阶段性，再结合政策背景下的项目案例，可以大致划分出分布式能源的三个发展阶段。

1)初级阶段(1990—2000年)

从20世纪90年代分布式能源的理念传入我国之后，陆续有若干冷热电联产项目进行了初步探索。1992年山东淄博市张店热电厂率先实施冷热电联产，主要为宾馆、商厦、办公楼和住宅等用户提供能源供应。1996年上海市提出了鼓励发展单幢或数幢建筑物的小型冷热电联产项目。黄浦区中心医院1000kW燃气轮机冷热电联产项目于1998年投入运行，是上海首例公共建筑实施"分布式供能(冷热电)系统"的项目。该系统运行时不并网或上网，但由于该系统的设计负荷高于运行负荷而致亏损，已于2001年被迫关闭。

在1990—2000年期间，对分布式能源的实施在各领域各行业进行了一些初步尝试。将这一阶段定义为初级阶段，其各项政策及项目是以"热电联产"或"冷热电联产"的形式出现，并无"分布式能源"的说法。

2)实质性实施阶段(2001—2010年)

进入21世纪，一些规模稍大的分布式能源项目开始陆续在北上广等大城市投入使用，尤其以天然气为燃料的分布式能源系统为代表。由于其成本较高，故在经济发达及电价承受能力较高的地区试点先行，比如北京中关村国际商城冷热电联产项目、上海浦东国际机场能源中心燃气分布式供能系统一期工程、广州大学城分布式能源站。

这些工程产生了良好的经济效益和社会效益，增强了市场应用的信心和前景。将这一阶段定义为实质性实施阶段，因这一阶段不仅更多大型项目成功试点，"分布式能源"的概念也被更多人接受，并陆续出现在相关政府文件中。但该阶段的分布式能源仍存在并网难的困扰，几个成功的项目也是在当地政府的支持下才得以顺利并网。这一阶段虽然称为实质性实施阶段，但也只是相对于前一阶段而言，其发展仍相对比较缓慢。

3)转折阶段(2011年至今)

随着分布式能源的政策颁布力度不断加大、分布式能源的重要性不断被认识、新的分布式能源项目和能源公司不断投入市场，分布式能源的发展进程也在不断加快。国家电网公司于2013年发布了《关于做好分布式电源并网服务工作的意见》，对所允许并网的分布式能源提出了界定标准，并承诺为分布式能源项目接入电网提供诸多便利，对推广分布式能源具有开创意义。

政策放开后，天津等地出现多例个人用户自发电申请并网的案例。天津市民董强在自家联排别墅楼顶安装了一组3kW的光伏发电设备和一组1.5kW的风力发电设备，一半电力自用，一半卖给电力公司；江西萍乡市居民朱建兵在自家屋顶装了4kW光伏设备，也已成功并网发电。

13.2 分布式能源应用

13.2.1 工作原理

分布式能源系统目前主要应用有发电技术，如内燃机分布式发电技术、燃气轮机分布式发电技术、燃料电池等；分布式能源系统技术，如分布式风力发电、太阳能发电、可在上能源分布式发电等;制冷与热泵;冷热电联产。

1. 发电技术

分布式能源系统发电技术就是根据用户对各种能源的不同需求,按照"分配得当、各得所需、温度对口、梯级利用"的供能方式,尽力扩大资源和温度的利用空间(图 13.4),将输送环节的损耗降至最低,从而实现能源利用效能与效率的最大化,提高供电的安全性、可靠性,为用户提供更多选择,促进电力市场的健康发展。

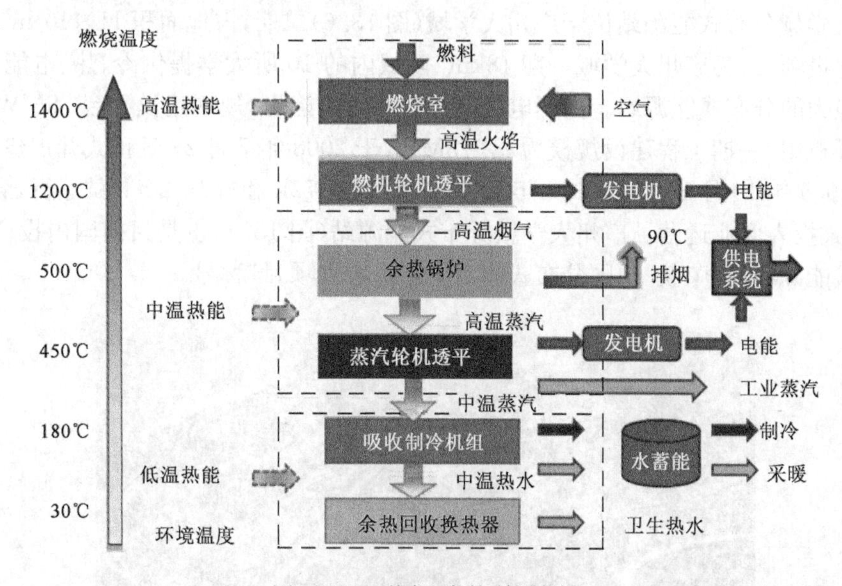

图 13.4 不同温度的利用范围

2. 热电冷联供系统

从实现同时供热(冷)和供电需求的功能来说热电冷联供系统(图 13.5)中的主要设备有发电机组、制冷机组和供热机组。其中,制冷机组多采用溴化锂吸收式制冷机。因能量转换和余热利用方式的不同,有的系统中还需在发电机组和溴化锂吸收式制冷机之间配置余热锅炉,将发电机组排放的高温烟气热量转换成蒸汽热量或热水热量。但在实际应用中,受负荷(空调

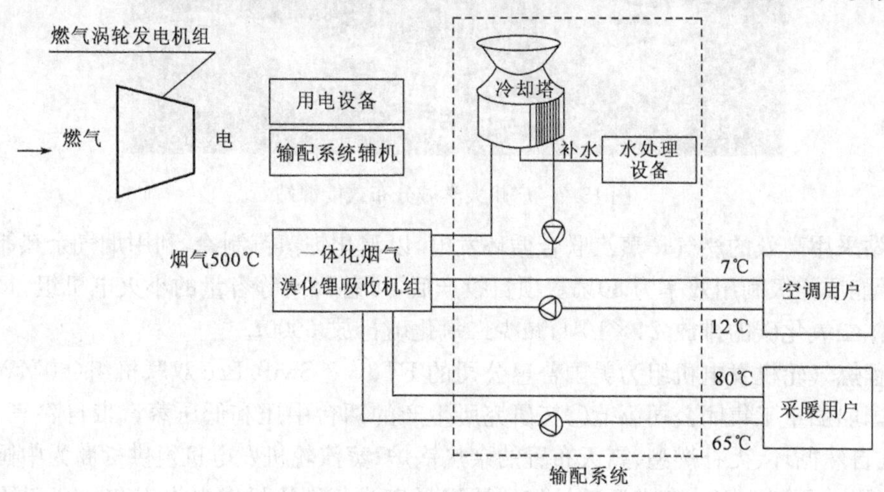

图 13.5 热电冷联供系统

负荷和电负荷)大小、负荷比例、负荷变化模式、运行控制目标、设备投资回收期等因素的影响，系统中还需要同时或分别配置直燃型溴化锂吸收式冷热水机组、电力螺杆式冷水机组、电力离心式冷水机组、燃油/燃气锅炉等冷(热)负荷调节设备才能使系统的综合经济性能达到最佳。

13.2.2 应用案例

1. 广州大学城

广州大学城分布式能源站位于广州大学城(图 13.6)二期，占地面积 $11\times10^4m^2$，是广州大学城配套建设项目，为广州大学城一期 $18km^2$ 区域内的 10 所大学提供冷、热、电能三联供，是目前全国最大的分布式能源站。由华电新能源公司投资建设，规划建设 4 台 78MW 燃气—蒸汽联合循环机组，一期工程建设规模为 2×78MW，于 2008 年 7 月 28 日正式开工建设，两套机组分别于 2009 年 10 月 13 日和 2009 年 10 月 20 日通过 72h 和“72＋24”h 试运行，满足并网运行条件，正式投入商业运营。广州大学城分布式能源站(图 13.7)也是目前国内投产发电的最大的分布式能源项目，荣获“中国分布式能源十年标志性项目”称号。

图 13.6 广州大学城

图 13.7 广州大学城分布式能源站

能源站采用高效的燃气—蒸汽联合循环发电，以溴化锂蒸汽制冷，利用烟气余热制备生活热水，设计能源梯级利用效率为 80%。项目投产后，可替代同等容量的小火电机组，每年可减少温室气体二氧化碳的排放 24×10^4t，减少二氧化硫排放 6000t。

本工程燃气轮机发电机组为美国普惠公司的 FT8－3 Swift Pac 双联机组(60MW)；余热锅炉为中国船舶重工集团公司第七〇三研究所生产的两台中压和低压蒸汽带自除氧、尾部制热水、卧式自然循环、无补燃型、露天布置的余热锅炉；蒸汽轮机发电机组供货商为中国长江动力公司(集团)，分别选用一套带调整抽汽的抽汽凝汽式蒸汽轮机发电机组和一套双压补汽式蒸汽轮机发电机组，配套 18MW 和 25MW 发电机各一台。

锅炉补给水采用RO膜+EDI(电去离子)系统制水,无强酸性、强碱性废水产生,生产、生活产生的废水经过处理后用于厂区内清洗、浇灌等,实现废水零排放。

2010年11月26日,华电广州大学城分布式能源站CDM项目成功获得联合国EB批准注册,开辟了国内分布式能源项目成功注册CDM的先河。

广州大学城分布式能源项目作为试点得到了时任广东省委书记张德江的专门批示和省经贸委的大力支持,剩余电量不仅可以上网,而且上网电价考虑了环保效益和社会效益,给予了一定的补贴。项目享受减免税政策,用地由政府划拨,有关冷、热管网由市政投资等一系列优惠政策。

2.浦东机场分布式能源系统

上海浦东国际机场(图13.8)一期工程总体规划占地12km²,需要供冷供热用户遍布整个机场。机场的供冷供热采取了"大集中、小分散"方案,冷、热源由机场区域性能源中心集中供应,对象包括候机楼、综合办公楼、配餐中心、商务设施区等主要建筑物,总面积达60×10^4m²,以及后建的磁悬浮车站。上海浦东国际机场能源中心是地上独立建筑物,面积已考虑远期需求。能源中心总供热量为121蒸吨,总供冷量为85800kW(24400冷吨),采用了冷、热、电三联供技术。配置一套发电功率为4000kW、电压为10.5kV的油、气两用燃气轮机发电机组,一台11蒸吨产生0.9MPa蒸汽余热锅炉,外配总量为110蒸吨油、气两辅助蒸汽锅炉、总量为64700kW的电制冷设备、总量为21100kW的双效蒸汽溴化锂制冷设备。

此外,上海还有上海黄浦区中心医院等多个项目。

图13.8 上海浦东国际机场

3.日本新宿区域分布式能源系统

日本新宿区域供热供冷中心(图13.9)于20世纪90年代初建成投产,其热电冷联产是一个大规模系统的典型实例。该系统通过管道向楼宇、商业设施、公寓等一定区域内的多个建筑群、客户端供应冷热水、蒸汽等能源。这样的集中供能系统在欧美,以及日本都已经广泛普及。把传统的办公室或楼宇单独供能(冷暖气,热水等)方式整合为一个区域集中供应的系统,可以提高能源供应的稳定性、经济性,同时在节能环保方面也有很多优势体现。

该系统由燃气—蒸汽联合循环热电联产装置、汽轮机拖动的离心式冷冻机、背压汽轮机排队汽余热驱动的吸收式冷冻机等组成。采用离心式以及蒸汽吸收式冷水机组,实现了世界最大规模冷冻容量的供给。特别是在项目建造期间,通过开发制造单机容量达到35200kW的蒸汽驱动凝汽式汽轮机和离心式冷水机组,采用压缩机三元叶轮设计,提高散流器的性能,改良热交换管道等手段,使得机组效率与传统机组相比大约有10%的提高。作为基本负荷制冷机采用这种“前置式”组合，能适应一年中冷、热负荷的变化而保持高效运行。

图 13.9　新宿区域供热供冷中心

参 考 文 献

[1] 段常贵. 燃气输配. 5 版. 北京：中国建筑工业出版社，2015.
[2] 同济大学，等. 燃气燃烧与应用. 5 版. 北京：中国建筑工业出版社，2011.
[3] 李一庆，范小平. 天然气加气站建设与管理. 北京：中国质检出版社，2014.
[4] 张培新. 燃气工程. 北京：中国建筑工业出版社，2012.
[5] 顾安忠. 液化天然气技术. 北京：机械工业出版社，2013.
[6] 华景新. 燃气工程施工. 北京：化学工业出版社，2008.
[7] 戴璐. 燃气输配工程施工技术. 北京：中国建筑工业出版社，2006.
[8] 李公藩. 燃气工程便携手册. 北京：机械工业出版社，2005.
[9] 严铭卿，廉乐明. 天然气输配工程. 北京：中国建筑工业出版社，2006.
[10] 陈刚，李慧敏. 建筑安装工程概预算与运行管理. 北京：机械学工业出版社，2006.
[11] 安装工程监理员一本通编委会. 安装工程监理员一本通. 武汉：华中科技大学出版社，2008.
[12] 王树立，赵会军. 输气管道设计与管理. 北京：化学工业出版社，2006.
[13] 刘长滨，李芊. 建筑安装与市政工程估价. 北京：中国建筑工业出版社，2006.
[14] 戴璐. 燃气输配工程施工技术. 北京：中国建筑工业出版社，2006.
[15] 李公藩. 燃气工程便携手册. 北京：机械工业出版社，2005.
[16] 华景新. 燃气工程监理. 北京：化学工业出版社，2007.
[17] 徐占发. 建设工程监理概论. 北京：机械工业出版社，2012.
[18] 杨效中. 建筑工程监理基础知识. 北京：中国建筑工业出版社，2003.
[19] 张守平，滕斌. 工程建设监理. 北京：北京理工大学出版社，2010.
[20] 宋金华，崔武文. 工程建设监理. 北京：中国建材工业出版社，2009.
[21] 顾安忠. 液化天然气技术. 北京：机械工业出版社，2004.
[22] 孙济美. 天然气和液化石油气汽车. 北京：北京理工大学出版社，1999.
[23] 李士伦. 天然气工程. 2 版. 北京：石油工业出版社，2008.
[24] 王遇冬，郑欣. 天然气处理原理与工艺. 北京：中国石化出版社，2016.
[25] 罗伯特 W 科尔布. 天然气革命：页岩气掀起新能源之战. 北京：机械工业出版社，2015.
[26] 王开岳. 天然气净化工艺. 北京：石油工业出版社，2015.
[27] 郭建新. 压缩天然气（CNG）应用与安全. 北京：中国石化出版社，2015.
[28] 石仁委. 天然气管道安全与管理. 北京：中国石化出版社，2015.
[29] 李军. 试论影响燃气管网规划的因素. 中小企业管理与科技，2016(34).
[30] 蒋健蓉. 申万重磅：这篇文章把天然气产业发展史说透了[J/OL]. [2015－06－28]. http://mt.sohu.com/20150628/n415781247.shtml.